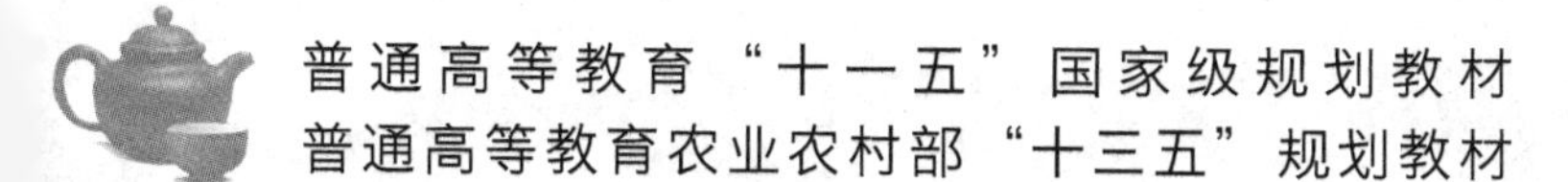

茶树病虫防治学

第三版

谭 琳 谭济才 主编

中国农业出版社
北 京

第三版编写人员

主　编　谭　琳（湖南农业大学）

谭济才（湖南农业大学）

副主编　叶恭银（浙江大学）

孙威江（福建农林大学）

杨云秋（安徽农业大学）

参　编　邓　欣（湖南农业大学）

胡秋龙（湖南农业大学）

张正群（山东农业大学）

陈应娟（西南大学）

晏嫦妤（华南农业大学）

姜　浩（安徽农业大学）

龚志华（湖南农业大学）

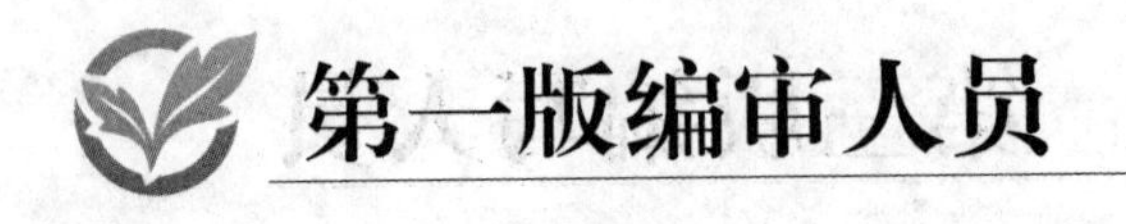

第一版编审人员

主　编　谭济才（湖南农业大学）

副主编　叶恭银（浙江大学）

　　　　　高旭晖（安徽农业大学）

参　编　韩宝瑜（安徽农业大学）

　　　　　邓　欣（湖南农业大学）

　　　　　刘桂华（云南农业大学）

　　　　　曹藩荣（华南农业大学）

主　审　张汉鹄（安徽农业大学）

第二版编写人员

主　编　谭济才（湖南农业大学）

副主编　叶恭银（浙江大学）

高旭晖（安徽农业大学）

孙威江（福建农林大学）

参　编　邓　欣（湖南农业大学）

蒋智林（云南农业大学）

谭　琳（湖南农业大学）

第三版前言

茶产业是中国的特色优势产业，肩负着支撑茶区经济、稳定扩大就业、服务乡村振兴的重要任务。我国茶区地域辽阔，气候适宜，环境多样，因而病虫区系复杂，种类繁多。在茶树的生长发育过程中，茶树的各个部位无不受到病虫的为害，尤其是芽、叶病虫害种类多、发生严重。据估计，每年因病虫害造成的茶叶产量直接损失一般为15%～20%，局部地区和个别年份损失更大，有的茶园甚至枝枯树死，无茶可采。受害的芽、叶内含物减少，制成干茶品质低劣，有些不堪饮用。随着茶园面积的增大和茶区植物的多元化，茶园病虫区系不断发生变化，有些次要病虫上升为主要病虫，新的危险性种类不断发生。为防治病虫害而带来的茶叶农药残留量超标问题及其对生态环境的负面影响难以估算。随着人们对植物保护与环境和谐发展的重视，以及当前农药种类的推陈出新，部分药剂已被禁用或限用，如何实现茶树病虫害的可持续控制是茶产业面临的新挑战。

《茶树病虫防治学》第三版在保持第二版框架的基础上，根据近年来茶产业、茶学学科和茶树植保新技术的发展，对教材做了全面修订，以满足新形势下的教学需求。主要修编工作包括：第五章更名为“茶树病虫害综合防治与绿色防控技术”，删除了原第五章第一节中“四、综合防治方案的设计”和第四节“无公害茶园常用农药介绍”。对争议性的部分害虫，如小贯小绿叶蝉、灰茶尺蠖等的学名及生物学特性进行了修订。针对目前全国各茶区发生的主要病虫害种类以及新发生的病虫害，进行了归类、列表，调整了部分重点介绍和简要介绍的病虫种类，补充和修订了茶树病虫害综合防治的一些新技术。各院校可以根据当地病虫害发生的实际情况选择性地教学，其余部分供学生进一步自学。

本次修订得到了编者及其所在院校和中国农业出版社的大力支持，谨此，一并致以衷心感谢！

限于编者学识水平以及未来茶树病虫害新种类的发生和防控技术新要求，书中不足或错漏在所难免，敬请读者批评指正。

编　者

2021年2月

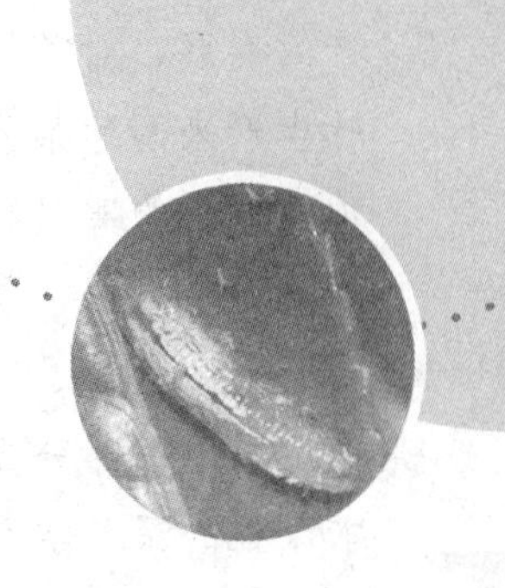

第一版前言

随着我国加入WTO后国际国内形势的变化和高等教育教学改革的深入发展，本科教育要以培养“厚基础、强能力、高素质、广适应”、具有创新精神的综合性应用人才为指导思想。为了拓宽学生的专业知识面，提高实践能力，加强对交叉学科和边缘学科的了解，面向21世纪调整本科教学课程体系，我们按照全国高等农林院校教材指导委员会和中国农业出版社的要求，在原教材《茶树病虫害》第二版（1989）的基础上作了较大的调整和修订，编写了本教材《茶树病虫防治学》。该教材被教育部列入高等院校“面向21世纪课程教材”。

考虑到《茶树病虫防治学》涉及农业昆虫学和植物病理学两个分支学科，本教材既要体现茶学专业教学大纲和课程改革的精神，又要反映本学科发展的新动向、新知识、新成就、新技术。同时，全国茶树病虫种类繁多，各茶区发生的种类和为害情况又不尽相同，在专业课程学时减少、教材编写字数压缩的情况下，编者试图将提炼的内容有机地组合，形成一个完整的、理论联系实践的学习体系，在有限的课时内，为学生提供全面系统的有关基本知识和基本技能，便于学生循序渐进地学习。

全书共分六章。第一章农业昆虫学基础知识阐述了昆虫的外部形态、内部结构、生物学特性、昆虫分类和昆虫生态。重点压缩和调整了原教材中烦琐的昆虫分类内容，加强了昆虫生态学的知识。第二章茶树害虫，按照害虫的分类地位和为害特性等分为食叶性害虫、刺吸性害虫、钻蛀性害虫、地下害虫和螨类五节，将原教材《茶树病虫害》中昆虫分类的部分内容和螨类的基础知识与害虫各论联系起来。在分别阐述每类害虫共性的基础上重点介绍1～2种主要害虫，举一反三，次要害虫列表简述，既节省篇幅，又便于学生自学。第三章植物病理学基础知识，在阐述植物病害概念、病原物及其与寄主植物关系、病害侵染循环流行的基础上，根据植物病理学领域内病原物的生物学和分类系统的研究进展进行了较大的修改。第四章茶树病害，根据病害发生为害部位分为叶部病害、枝干部病害和根部病害三节。重点介绍了对茶叶生产影响较大的几种叶部病害，其他病害只作一般介绍。第五章茶树病虫害综合防治与无公害茶叶生产，全部重写，因为这部分内容近几年研究进展较快，尤其是无公害茶叶生产的发展，对茶树病虫防治提出了更新、更高的要求。本章主要围绕无公害茶叶生产来阐述茶园病虫的综合防治。第六章茶树病虫研究的基本方法，是为了加强学生的实践和动手能力。将原教材第一、二章中的有关内容和附录编写成病虫调查方法、预测预报、标本采集与制作、病害诊断、农药药效与残留量试验五节。增加了近年来关于预测预报和农药残留量试验的研究方法和研究成果。书后引用了部分20世纪90年代后的文献资料，便于学生查阅，进一步加强对本课程的深入学习。

本教材编写出版得到了编者所在院校的大力支持，尤其是主编单位湖南农业大学提供了必要的条件和经费资助。编写中主要参考原教材和其他专著文献。全书由谭济才统稿，张汉鹄主审，肖能文硕士协助进行了文字整理。本书编者对原教材编者和有关单位、个人表示真挚的感谢。

由于编者水平有限，书中难免存在疏漏不足，甚至错误之处，敬请读者批评指正。

编　者

2001年12月

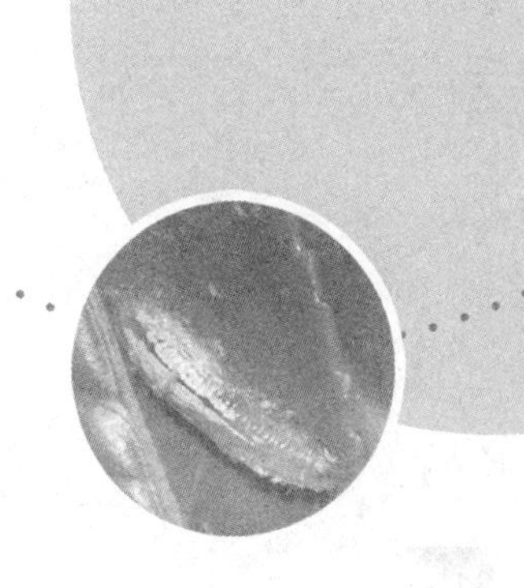

第二版前言

《茶树病虫防治学》作为面向21世纪课程教材自2002年6月出版以来，受到了普遍的好评 。后又被教育部遴选为普通高等教育“十一五”国家级规划教材，这是对第一版教材编者的极大鼓励和鞭策。考虑到第一版教材体系基本合理、层次较分明、内容新颖、图版清晰，且出版发行时间不长，本次没有做大的重编，只对部分章节做了修订，现将修订内容说明如下：

1. 新编委会做了适当调整：增加了福建农林大学孙威江作为副主编，湖南农业大学谭琳和云南农业大学蒋智林作为参编人员。

2. 保留原书六大章的基本结构，每章前补写100～200字的内容提要，提供每章的思考题，每节前有简练的概述，便于学生学习和理解。

3. 为了节约教材篇幅，又能较全面地介绍全国各茶区发生的主要病虫害种类，害虫和病害各论尽量归类、列表，在阐述各类病虫害共性的基础上，注意个性，举一反三。各院校可以根据当地病虫害发生的实际情况选择性地教学，其余部分供学生进一步自学。

4. 随着我国无公害茶叶生产的深入发展及对茶叶卫生质量的更高要求，补充和修订了茶树病虫害综合防治的一些新技术和无公害茶叶生产推荐的一些新农药品种。

本教材修订得到了中国农业出版社和编者所在院校的大力支持，本教材编者对第一版教材编者和有关单位、个人表示真挚的感谢。

编　者

2010年5月

目　录

第一章　农业昆虫学基础知识

［本章提要］本章主要介绍农业昆虫学相关的基础知识，包括昆虫的外部形态、内部构造、生物学特性，昆虫分类方法以及茶园有关的重要种类，并对昆虫发生与环境的关系做了阐述。通过本章的学习，学会利用昆虫的行为、习性来防治害虫，并了解气候、生物、土壤、人为因素等生态因子与茶树害虫发生的关系。

昆虫是节肢动物门（Arthropoda）昆虫纲（Insecta）的动物。全世界已知昆虫有100多万种，约占地球上所有动物的3/4，每年还在不断发现和鉴定新的种类。昆虫遍布地球的各个角落，从赤道到两极，从陆地到海洋，从农田到房舍，到处都有昆虫的分布。人们日常生活中经常见到的蚂蚁、蚊子、蟑螂、蜜蜂、蝴蝶等都是昆虫。昆虫的数量更是多得惊人，一群蜜蜂有5万多只，一窝蚂蚁达50多万只，一棵树上可有10多万只蚜虫。据估计，地球上昆虫的总重量可能是人类的12倍。因此，昆虫是地球上种类最多、数量最大的一类动物。

人们按照昆虫的生活方式和对人类的利害关系，将昆虫分为益虫和害虫。益虫包括资源昆虫（如蜜蜂酿蜜、传粉，蚕缫丝，螵蛸入药），天敌昆虫（如捕食、寄生害虫的螳螂、瓢虫和寄生蜂），清洁昆虫（如取食、分解动植物残体的蜣螂、埋葬虫）等。害虫包括卫生害虫（如苍蝇、蚊子、蟑螂），畜禽害虫（如羊皮蝇、牛虻、鸡虱），农林害虫（如毛虫、白蚁、蝗虫）等。茶树昆虫研究的目的是保护和利用益虫，控制和防治害虫。

在茶园生态系统中，生活着众多以茶树为食的害虫和以害虫为食的天敌昆虫。除此之外，茶树有害动物还有节肢动物门蛛形纲的螨类，软体动物门腹足纲的蜗牛和蛞蝓以及脊椎动物门哺乳纲的鼠类等，但这些有害动物的危害程度远不及昆虫。

因此，本章主要讲述昆虫的基本知识，包括其外部形态、内部构造、生长发育的特点、主要类群的区别以及其发生与环境条件的关系等。

第一节　昆虫的外部形态

昆虫的外部形态是识别其种类、研究其生物学、生态学以及防治害虫和利用益虫的重要依据。经过漫长的系统进化，昆虫形态虽然因种类的不同而有明显的区别，因虫期、性别的不同而异，还会因地理分布和季节演替而相应变化，但其外部的基本构造还是一致的。

一、昆虫体躯的一般构造

昆虫成虫的体躯一般由头、胸、腹3个体段组成（图1-1）。

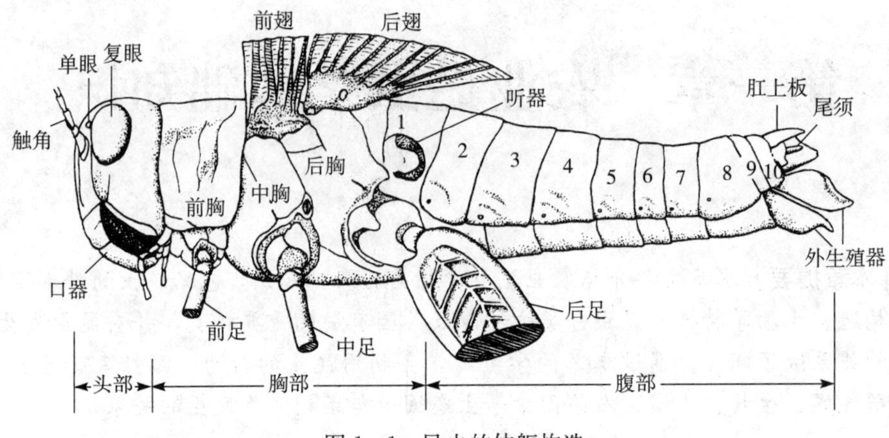

图 1-1 昆虫的体躯构造

头部是昆虫的感觉和取食中心，着生 1 个口器、1 对触角、1 对复眼，通常有 2～3 个单眼或无。胚胎时期的昆虫头部是分节的，孵化后的幼虫和成虫头部各体节已紧密愈合在一起。

胸部是昆虫的运动中心，由前胸、中胸和后胸 3 个体节组成，每体节着生 1 对足，通常中胸和后胸各生 1 对翅。

腹部是昆虫新陈代谢和生殖的中心，由 9～11 节组成，通常只能见到 9 节。第 1～8 节两侧各有 1 对气门，第 8～9 节着生外生殖器，腹末有尾须。一些昆虫腹部的节间膜上着生腺体，各种内脏器官大都在腹部内。

二、昆虫的头部

昆虫头部由几个体节愈合而成，形成一个坚硬的头壳，呈圆形或椭圆形。内部包含脑、消化道的前端和头部附肢的肌肉。外部着生各种感觉器官，并以收缩的颈部与胸部相连。

（一）头壳的分区

昆虫的头壳在形成过程中，由于体壁的内陷在表面形成许多沟和缝，将头壳划分为若干区域或骨片。正面是额，额下连着唇基，侧面是颊。额的上方有触角，触角两侧有复眼，额的下方有口器。头壳中央有“人”字形的蜕裂线，其上方为头顶或颅顶。头顶的后方是后头（图 1-2）。

（二）头部的形式

由于昆虫口器的着生方式不同形成了各种头式，常区分为以下 3 种（图 1-3）。

1. 下口式 口器向下，其轴线与体躯的纵轴垂直。这种头式较原始，适于取食植物性的食料。如蝗虫、螽斯和鳞翅目的幼虫等。

2. 前口式 口器前伸，其轴线与体躯的纵轴成一钝角或近于平行。适于捕食其他昆虫和小型动物。如步甲和草蛉等。

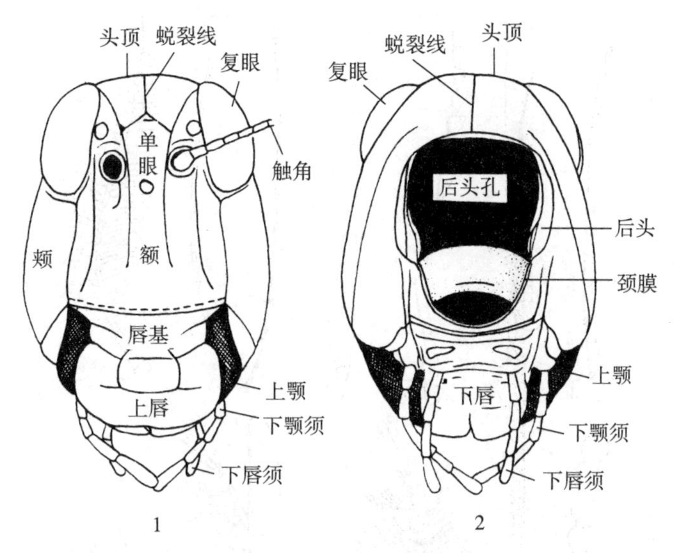

图 1-2　蝗虫头部构造

1. 正面观　2. 背面观

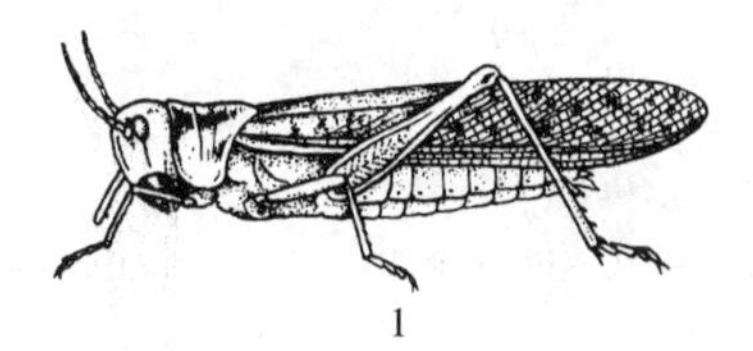
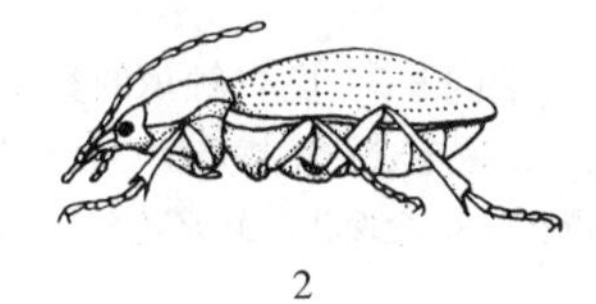
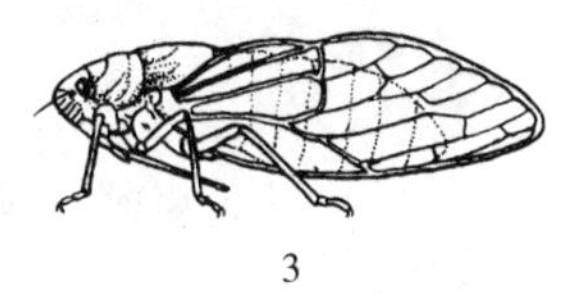

图 1-3　昆虫的头式

1. 下口式（蝗虫）　2. 前口式（步行虫）　3. 后口式（蝉）

3. 后口式　口器向腹面后方倾斜，其轴线与体躯的纵轴成一锐角，口器可紧贴腹面。适于刺吸植物或动物的汁液。如蝉、蚜虫和蝽等。

（三）触角

触角着生在复眼内侧额区的触角窝内，表面有许多感受器，是昆虫重要的嗅觉和触觉器官，其主要功能是感受各种化学物质和机械作用。

触角的基本构造分为 3 个部分：基部 1 节为柄节，第 2 节为梗节，其余各节统称为鞭节（图 1-4）。柄节和梗节较少变化，而鞭节的节数、形状和大小变化较大，从而形成不同类型的触角。如线状、刚毛状、栉齿状、锯齿状、鳃叶状、环毛状、锤状等（图 1-5）。

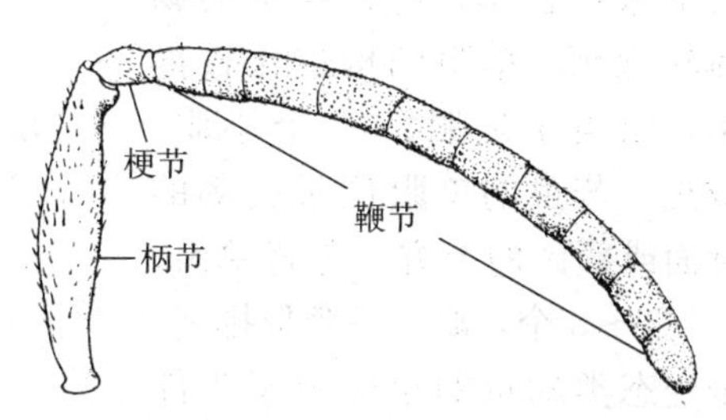

图 1-4　昆虫触角的构造（膝状）

不同类群、不同种类的昆虫触角形态不同。同种昆虫雌、雄虫体的触角往往也有差异。触角的形状是鉴定昆虫种类和识别雌、雄昆虫的依据之一。

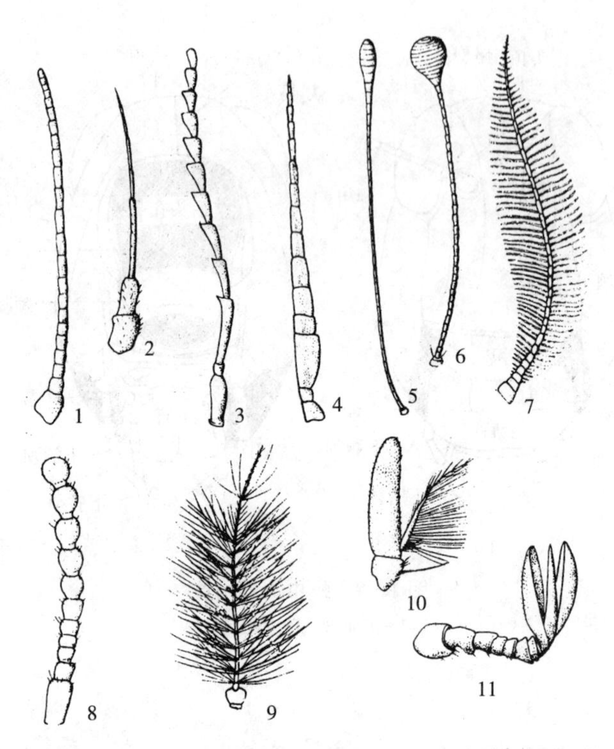

图 1-5 昆虫触角的类型

1. 线状 2. 刚毛状 3. 锯齿状 4. 剑状 5. 棒状
6. 锤状 7. 双栉齿状 8. 念珠状 9. 环毛状 10. 具芒状 11. 鳃叶状

(四) 眼

昆虫有复眼和单眼。复眼1对，位于额上方两侧，较大，多为圆形或椭圆形，突出于体壁。复眼由许多六角形柱状的小眼组成，类似蜂窝状（图1-6）。如蜻蜓的复眼由10 000～28 000个小眼组成，蛾蝶类的复眼有12 000～17 000个小眼。每个小眼是一个独立的感光单位，反射所观察物体的一个光点到视神经，形成一个像点。各个小眼形成的像点拼合成该物体的完整图像。复眼愈大，小眼愈多，视力愈强。昆虫主要用复眼观察物体的形象和色彩，对运动中的物体较敏感。单眼的构造比较简单，相当于复眼的一个小眼。成虫、若虫的单眼位于头部的背面或额区的上方，称背单眼，一般2～3个，略呈三角形排列。全变态类幼虫的单眼位于头部两侧，称侧单眼。一般认为，单眼只能辨别光的方向和强弱，不能形成物像。

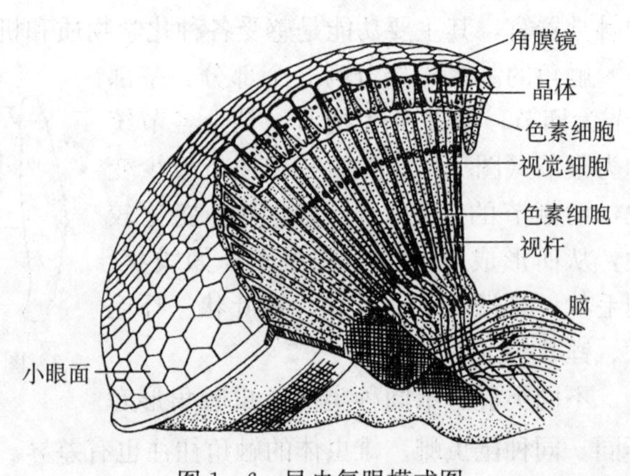

图 1-6 昆虫复眼模式图

不同种类的昆虫对光照度、

光波长和颜色的反应有差异，有日出性昆虫和夜出性昆虫之分。多数昆虫偏好紫外光，黑光灯就具有较强的诱虫效应。昆虫的辨色能力与其生境、产卵和寄主植物有一定相关性。蚜虫、粉虱对黄绿光的趋性较强。飞翔中的蚜虫常选择在黄色的物体上降落，生产上常用黄色粘虫板诱蚜。

（五）口器

昆虫口器的构造较复杂。由于各种昆虫的食性和取食方式的不同，在昆虫的系统进化中形成了多种口器类型。常见的有咀嚼式、刺吸式、虹吸式和锉吸式等。

1. 咀嚼式口器　咀嚼式口器较原始，其他各种类型都是在此基础上演变而成的。蝗虫的口器较典型，构造如图 1－7 所示。

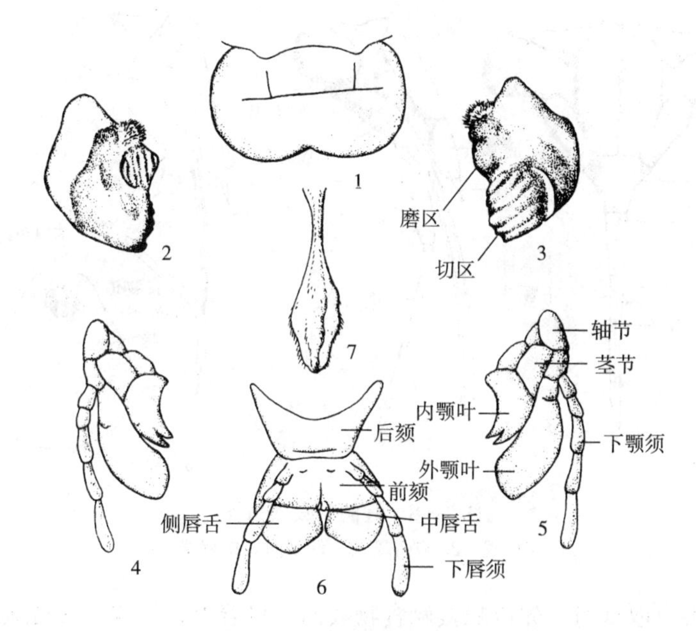

图 1－7　蝗虫的咀嚼式口器

1. 上唇　2～3. 上颚　4～5. 下颚　6. 下唇　7. 舌

（1）上唇　位于口器的上方，连接唇基下缘，似长方形，外壁骨化，内壁具有味觉器官。

（2）上颚　位于上唇下方两侧的两个坚硬的齿状物。每个上颚的端部具齿状的切区，用于咬切食物，近基部内侧具磨区，用于磨碎食物。

（3）下颚　位于上颚后方的片状物，左右对称。自基部起由轴节、茎节、内颚叶、外颚叶和下颚须组成。内颚叶端部骨化、具齿，辅助咀嚼。外颚叶用于握持食物。下颚须具有嗅觉和味觉功能。

（4）下唇　位于口器的下方，构造与下颚相似，但左右愈合成一个整体。自基部起有后颏、前颏、中唇舌、侧唇舌和 1 对下唇须。下唇主要是托持食物，下唇须具有嗅觉和味觉功能。

（5）舌　位于口器中央，囊状，具味觉及搅拌食物的功能。

咀嚼式口器是昆虫中比较常见的一种口器类型，例如直翅目和鞘翅目成虫和幼虫、脉翅目成虫、部分膜翅目成虫和幼虫以及鳞翅目幼虫等。

一般咀嚼式口器的害虫食量较大，对茶树的机械损伤明显。可咬食茶树叶片成半透膜、缺刻、孔洞，甚至吃光全部叶片。有的害虫潜入叶片上、下表皮之间取食，形成潜道、潜斑。有的钻入茶树枝干内部蛀食，形成蛀道。有的则在土下咬食茶树根系，咬断茶苗根颈部等。

2. 刺吸式口器 刺吸式口器由咀嚼式口器演变而成。下唇延伸成喙，3～4节，前方中央纵裂开口称中沟。上、下颚均延长成颚针，嵌合一体藏于中沟。1对上颚针对合成细管，针的端部常有倒刺。1对下颚针则对合于上颚针管内。每个下颚针的内壁具有2条纵槽，左右合成两细微管道，前方的称食物道，后方的称唾液道。上唇成为一狭长的三角形小片，覆于喙基前方（图1-8）。

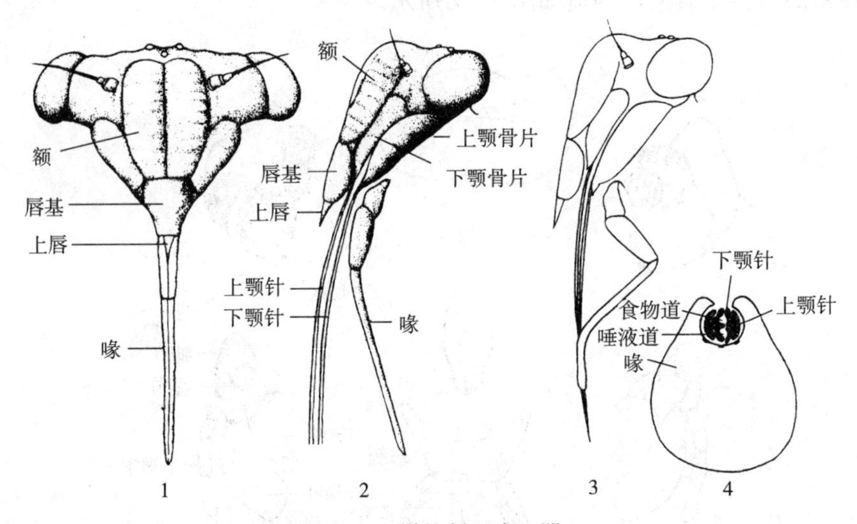

图1-8 蝉的刺吸式口器

1. 正面观 2. 侧面观 3. 侧剖面 4. 喙横切面

刺吸式害虫取食时，先以喙接触食物表面，接着上、下颚针交替刺入寄主组织中，喙则弯曲以托持口针。先由唾液道分泌唾液注入寄主，唾液中的酶类消解寄主组织，再由食物道将消解的寄主组织及汁液吸入体内。该生理过程常称为体外消化。刺吸破坏了植物细胞以及正常的生理生化代谢过程，受害的茶树叶片呈现褪色、斑点、卷曲、皱缩、畸形以至枯萎，或因部分组织受唾液酶类的刺激而致细胞增生，形成局部膨大的虫瘿。口针刺伤植物细胞的过程中，还会传播植物病毒，有些植物的病毒病就是由刺吸式口器害虫传播的。具有刺吸式口器的昆虫有半翅目的成虫、若虫等。

3. 其他类型的口器

（1）虹吸式口器 虹吸式口器的两下颚的外颚叶延长，形成能卷曲并富有弹性的长喙。外颚叶的横切面呈弦月形，腔内充满血液，其中有气管、神经和沿着外颚叶壁斜伸的短肌，左右两外颚叶在背腹面衔接合成喙，形成了食物道。口位于喙基部。下唇须发达，其余部分退化。如具有虹吸式口器的昆虫有鳞翅目成虫。

（2）锉吸式口器 锉吸式口器的右上颚高度退化或消失，只有左上颚针和1对下颚针。2根下颚针形成食物道，唾液道则由舌与下唇的中唇舌紧合而成。取食时，以左上颚锉破植物组织表皮，然后吸取汁液。锉吸式口器为蓟马类所特有。

昆虫口器的类型不同，其取食习性则有异，寄主植物的受害症状就有明显的不同。依据不同的被害状可判断是哪类害虫为害，还可以根据口器的类型选择适宜的杀虫剂。如胃毒剂适于防治咀嚼式害虫，内吸剂适于防治刺吸式害虫。

三、昆虫的胸部

胸部是昆虫的第2体段，由3个体节组成，依次称为前胸、中胸和后胸。每个胸节上各有1对足，分别称为前足、中足和后足。中、后胸称为具翅胸节，通常各有1对翅；分别称为前翅和后翅。

（一）胸部的基本构造

胸部3节肌肉发达，体壁较坚硬，连接紧密，支持着足和翅的活动。每个胸节均由4块骨板构成：背面的称背板，腹面的称腹板，两侧的称侧板（图1-9）。前胸的构造一般较简单，无明显的特化现象。具翅胸节较复杂，各骨板被若干沟、缝划分成一些骨片。这些骨片各有名称，如中胸的小盾片往往较发达，其形状、大小、色泽等特征常作为分类的依据。

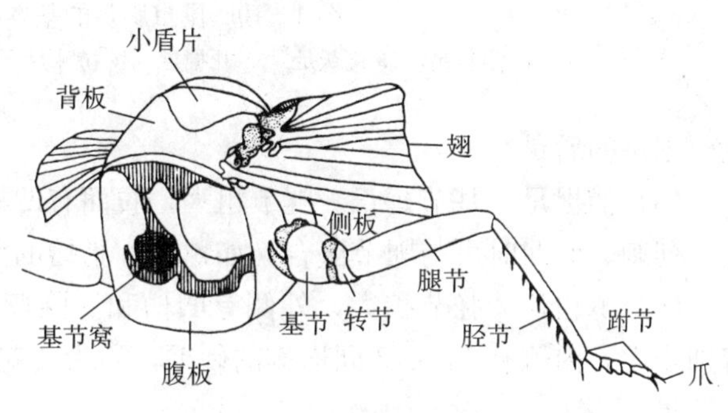

图1-9　具翅胸节和足的构造

（二）足

昆虫的足是胸部的附肢，成虫一般有3对足，着生于每胸节的侧腹面。

1. 足的基本构造　成虫的胸足由6节组成，节与节之间由膜质的组织相连（图1-9）。

（1）基节　与体躯相连的一节，较粗短，着生在基节窝内。

（2）转节　为第2节，较小。

（3）腿节　较粗壮，常为最强大的一节。善于跳跃的昆虫腿节发达。

（4）胫节　细而长，胫节上常有刺，端部有时有距，与腿节成膝状弯曲。

（5）跗节　连接于胫节端部的几个小节。昆虫的跗节常有2～5节。

（6）前跗节　位于跗节的前端，包括一对爪和爪之间的一个肉质中垫。

2. 足的类型　昆虫的生活方式不同，足也发生了适应性的变化，常见的类型如图1-10所示。

（1）步行足　足的各节无特化现象，适于行走。如步行甲、瓢虫和蝽类的足。

（2）跳跃足　腿节粗壮，胫节细长有力，适于跳跃。如蝗虫、跳甲的后足。

（3）开掘足　土栖昆虫的前足粗大、扁阔、坚硬，胫节扁平、外缘具齿，适于掘土。如蝼蛄、金龟子的前足。

（4）游泳足　水生昆虫足扁平如桨，胫节外缘具很长的缘毛，适于游泳。如龙

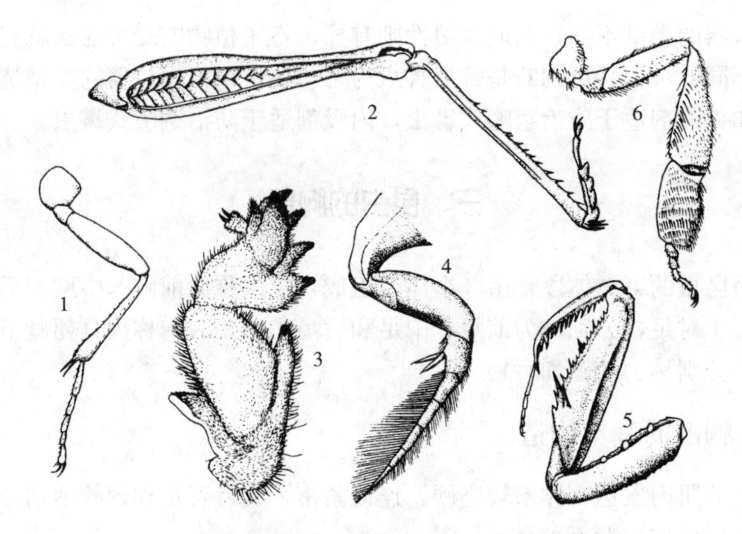

图1-10 昆虫胸足的基本类型

1. 步行足 2. 跳跃足 3. 开掘足 4. 游泳足 5. 捕捉足 6. 携粉足

虱、划蝽的后足。

(5) 捕捉足 基节延长，腿节粗大，腹面有凹槽，槽的两侧具刺。胫节的腹面有一列刺，弯曲时可与腿节嵌合。如螳螂、猎蝽的前足。

(6) 携粉足 胫节扩大，外侧有凹槽和一圈弯毛，形成“花粉篮”，第一附节特别膨大，内侧有11～12列横排的硬毛，称为“花粉刷”，适于采集花粉。如蜜蜂的后足。

(三) 翅

昆虫是唯一的有翅的无脊椎动物。翅极大地增进了昆虫的活动，扩大了昆虫的分布范围，增强了昆虫的生存能力。翅不是附肢，关于翅的起源有多种假说，目前被广泛接受的是侧背板起源说。这一假说认为，昆虫的翅是背板向两侧突出延伸成的膜质结构，贯穿有翅脉，强化了翅的强度。成虫一般有2对翅，少数种类1对翅或无翅。

1. 翅的基本构造 昆虫的翅一般近似于三角形，展开时朝向前面的边缘称为前缘，朝向后面的边缘称为后缘或内缘，外面的边缘称为外缘。与体躯相连的角称为肩角或基角，翅尖的角称为顶角，外缘与后缘所成的角称为臀角。整个翅分为臀前区、臀区、轭区和腋区（图1-11）。

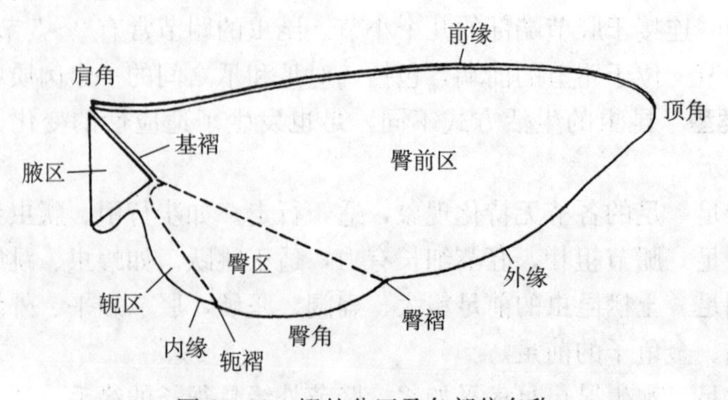

图1-11 翅的分区及各部位名称

翅脉在翅面上的分布形式称为脉序或脉相。脉相在不同类群间变化很大，同科、同属内有比较固定的形式，同种昆虫脉相相同。脉相是重要的分类依据，尤其在鳞翅目昆虫中。

根据对化石昆虫翅脉的研究，形式多样的脉序可归纳成假想的模式脉序。模式脉系的纵、横脉都有其名称和代号（图 1-12）。

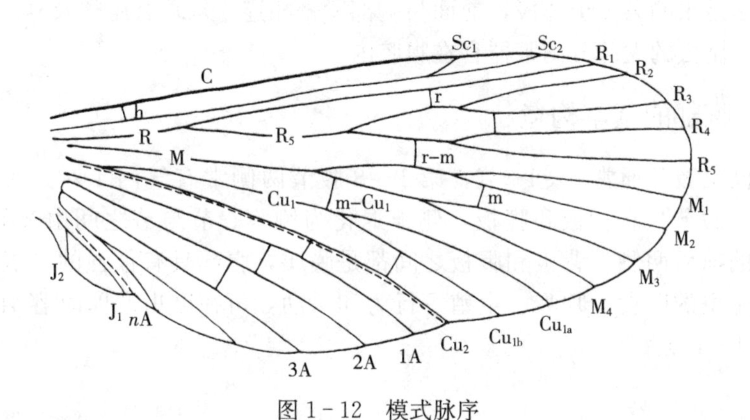

图 1-12　模式脉序

C. 前缘脉　Sc. 亚前缘脉　R. 径脉　M. 中脉　Cu. 肘脉　A. 臀脉　J. 轭脉

各类昆虫的脉相是在模式脉序的基础上，翅脉增、减、合并或消失的变化结果。昆虫在飞翔时，前、后翅必须联结在一起，方可动作一致。前、后翅联结在一起的连锁器有翅轭、翅缰、翅抱及翅钩列。

2. 翅的类型及功能　翅主要用于飞行。不同种类的昆虫由于适应于不同的生境，翅的结构有所变化，功能也随着变异。常见的有以下几种类型（图 1-13）。

（1）膜翅　翅膜质柔软透明，翅脉明显。如蜂类、蝇类和蚊类的翅。

（2）鞘翅　翅角质坚硬，翅脉消失，具有保护体躯的作用。如金龟子、天牛、叶甲的前翅。

（3）半鞘翅　翅的基部革质，端部膜质。如蝽类的前翅。

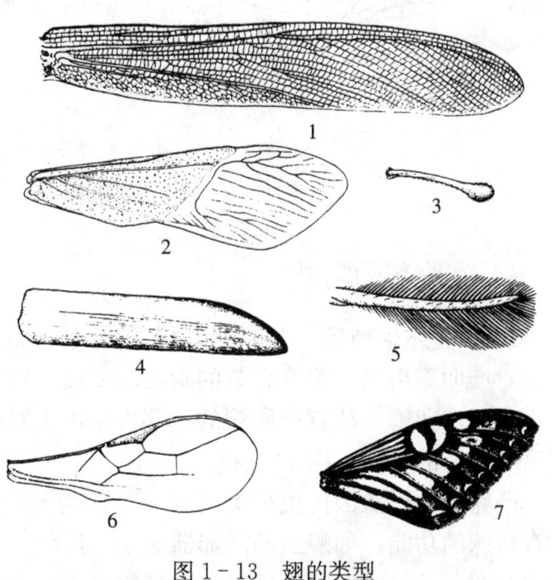

图 1-13　翅的类型

1. 覆翅　2. 半鞘翅　3. 平衡棒
4. 鞘翅　5. 缨翅　6. 膜翅　7. 鳞翅

（4）覆翅　翅皮革质坚韧，半透明，兼有飞翔和保护的作用。如蝗虫、螳螂的前翅。

（5）鳞翅　翅膜质，翅面上有鳞片。如蛾、蝶类的翅。

（6）缨翅　翅膜质狭长，边缘着生很多细长的缘毛。如蓟马的翅。

（7）平衡棒　双翅目蚊、蝇等昆虫的后翅退化为很小的棍棒状，用于飞翔时平衡身体。

四、昆虫的腹部

腹部是昆虫的第3个体段，前面与胸部紧密相连，末端有尾须及外生殖器，两侧有气门。昆虫的大部分内脏器官在腹腔内。

（一）腹部的基本构造

一般昆虫腹部通常9～11节，第1～8腹节两侧常有气门1对。腹节的构造较简单，每腹节只有背板和腹板，侧板退化为侧膜。节与节之间由节间膜相连。由于腹节的前后两侧、背板和腹板之间都是膜质，腹部具有很强的延展性和伸缩性，利于昆虫的取食、呼吸、生殖等行为和活动，可在昆虫产卵时容纳体内大量的卵（图1-14）。

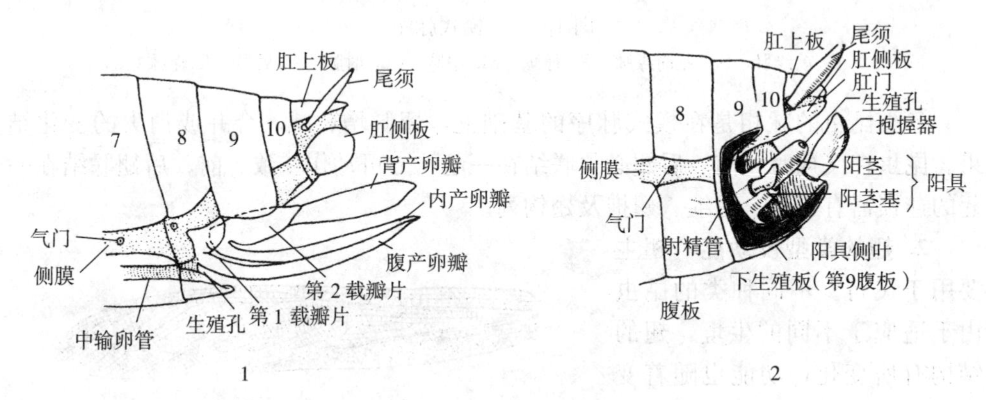

图1-14　腹部末端及外生殖器模式图

1. 雌性外生殖器模式构造　2. 雄性外生殖器模式构造

（二）腹部的附肢

1. 雌性外生殖器　雌性外生殖器也称产卵器，位于第8节、第9节的腹面，由3对产卵瓣组成。第8腹节的附肢演变成1对腹产卵瓣，第9腹节的附肢则变成了1对背产卵瓣，从背产卵瓣的基部再生出1对内产卵瓣。生殖孔开口于第8腹节或第9腹节的腹面（图1-14）。

产卵器的形状因昆虫种类而异，可作为分类的依据。有些特化成一定的形状，具有特殊的功能。如蝗虫的产卵器短小呈瓣状，可伸缩，产卵于土壤内。螽斯、叶蝉的产卵器矛状或刀状，用以划破植物表皮，产卵于植物组织中。姬蜂的产卵器细长，可产卵于寄主昆虫体内。胡蜂、蜜蜂的产卵器特化成能注射毒液的螯刺。也有很多昆虫无特化的产卵器，如蛾、蝶、甲虫、蝇类的雌虫腹部末端数节逐渐变细，相互套叠具有产卵器的功能，一般称为伪产卵器，产卵于物体表面或缝隙内。

2. 雄性外生殖器　雄性外生殖器又称交尾器，一般位于第9节，构造比较复杂。主要包括1个将精子输入雌体内的阳具，以及1对抱握雌体的抱握器。阳具是由第9

腹节腹板后的节间膜内陷而成的，呈锥状或管状，一般可分为阳茎基和阳茎两部分（图 1－14）。抱握器多由第 9 腹节的 1 对附肢特化而成，不同种类的昆虫差异较大，有叶状、钩状、钳状等。交尾器的外形在各类昆虫中有很大差异，常作为分类的依据。

3. 尾须 尾须是着生于腹部第 11 节两侧的 1 对须状物，分节或不分节，长短不一，种间有差异。尾须上常有感受器，具有感觉作用。

五、昆虫的体壁

昆虫的体壁又称外骨骼。体壁坚韧，以维持体形；不透水，以防止体内水分的蒸发、阻止微生物等有害物质的侵入；体壁下陷成幕骨或内脊以着生肌肉；体壁延展、曲折以利于昆虫的活动；体壁上还有多种感觉器官。

（一）体壁的构造

体壁自外向内，由表皮层、皮细胞层和基底膜组成。表皮层是皮细胞层向外分泌的非细胞性结构。皮细胞层为一层活的细胞结构，分化能力较强。基底膜是紧贴于皮细胞层下的膜。

表皮层从内向外又分为内表皮、外表皮和上表皮。内、外表皮中贯穿有许多微细孔道，这是新的体壁形成过程中由内向外运输营养物质的通道。内表皮最厚，无色，柔软，富于延展性，主要由蛋白质和几丁质组成。外表皮是原内表皮的外侧在酶促作用下经骨化和硬化逐渐形成的，主要含有骨蛋白和黑色素等。昆虫蜕皮，即蜕去外表皮及其以外的部分。外表皮的厚度和硬度因虫种而异。新的外表皮尚未完全形成前，昆虫的体色较浅且柔软。上表皮是最外最薄的一层，从内向外依次为多元酚层、蜡层和护蜡层。蜡层中分子作定向排列，阻止水分的散发，含有的脂肪酸可杀死入侵的真菌等（图 1－15）。

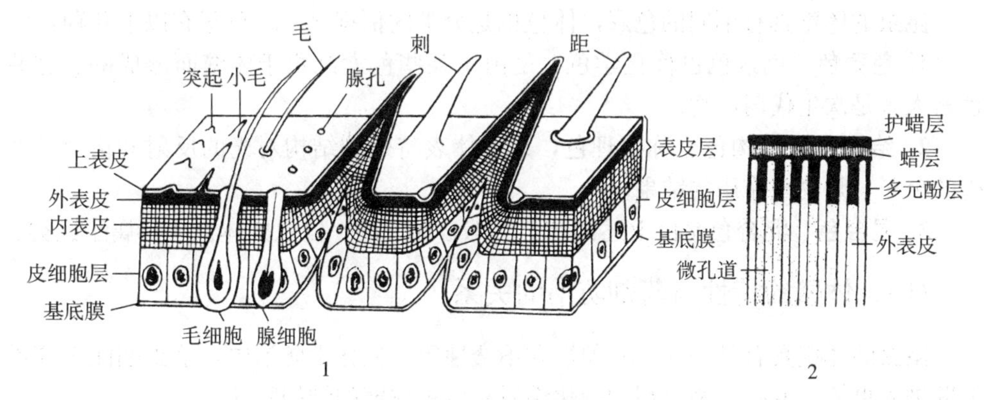

图 1－15 体壁的构造

1. 体壁的切面 2. 上表皮的切面

（二）体壁的衍生物

昆虫的体壁常向外突出形成许多外长物，向内陷入形成各种腺体（图 1－16）。这些衍生物按其结构可分为 4 类。

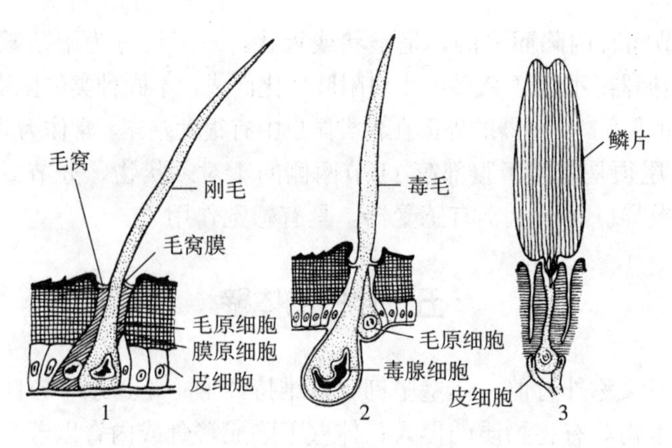

图 1-16 体壁衍生物
1. 刚毛 2. 毒毛 3. 鳞片

1. 非细胞性突起 非细胞性突起单纯由表皮层形成，无皮细胞层参与。如刻点、脊纹、皱褶、小瘤、小毛和小刺等。

2. 多细胞性突起 多细胞性突起由皮细胞层参与，形成中空的刺状结构，内壁含有1层皮细胞。基部固着在表皮上不能活动的称刺，如蝗虫、叶蝉足胫节上着生的刺；基部围有膜区可以活动的称距，如飞虱后足胫节末端着生的距。

3. 单细胞性突起 单细胞性突起由一个皮细胞特化而成，如刚毛、毒毛、感觉毛和鳞片等（图1-16）。刚毛与毒腺细胞相连形成毒毛。当毒毛折断时，毒液从折口流出。鳞片的构造与刚毛相似，但形状扁平，表面有脊纹及色素。

4. 皮细胞腺 皮细胞向内能够形成多种腺体，可向外分泌某些特殊物质。按其功能可分为唾腺、丝腺、蜡腺、胶腺、臭腺、毒腺和防御腺等。

（三）体壁的色彩

昆虫的体壁具有不同的色彩，体色也是分类的依据之一。色彩有以下几种：

1. 色素色 色素色也称化学色，是由于某些色素沉积于体壁而形成的。这些色素大多是次生代谢产物。

2. 结构色 结构色也称物理色，是由体表特殊的结构对光的反射和衍射而产生的色彩，是物理作用的结果。

3. 混合色 混合色是由上述两种色彩综合而成的。昆虫的体色大都属于此类。

（四）体壁的特性与药剂防治的关系

昆虫的体壁具有延展性、坚硬性和不透性等。在化学防治中，杀虫剂能否穿透体壁进入虫体，取决于杀虫剂的理化性质和昆虫体壁的结构特性。

许多杀虫剂需接触并透过体壁才能毒杀昆虫。一般地说，硬厚的体壁比柔软的体壁难以穿透。上表皮的蜡质层影响药液的黏着、展布和穿透。蜡质愈厚，熔点愈高，药滴的接触角愈大，则展布力愈小。蜡层的不透水性，使许多水溶性药剂无法进入，而易为脂溶性药剂透过。同一种昆虫，幼龄幼虫体壁较薄，易于毒杀；高龄幼虫体壁加厚，抗药性相应增强。同一虫体，体壁各部的厚度、化学组成等理化性质不一，药剂易从膜质区透过而进入虫体。触杀性药剂一旦透过体壁，则会直接破坏神经而杀死昆虫。有机杀虫剂的毒力常比无机杀虫剂的毒力强，油乳剂杀虫效果常比可湿性粉剂好。

第二节　昆虫的内部结构

昆虫的内部器官与外部形态有着密切的联系，它们在结构和功能上属于统一的整体。所有内部器官，包括消化、排泄、循环、呼吸、神经、生殖和内分泌等系统的各器官，均位于由体壁所包成的体腔内。这些内部器官既具各自独特的生理功能，又能相互协调进行正常的新陈代谢并繁殖后代。

一、昆虫体腔的基本构造与各器官的位置

昆虫没有像高等动物一样的血管，血液充满于整个体腔内，所以昆虫的体腔又称为血腔，所有内部器官都浸浴在血液中。整个体腔由分布于背、腹面的两层薄肌纤维膜分成 3 个血窦。背面的一层肌纤维膜称作背隔，着生在腹部背板两侧，在背板底下隔出一个背血窦，其中含有背血管和心脏，又名围心窦。腹面的一层肌纤维膜称作腹隔，着生在腹部腹板两侧，在腹板与腹隔之间的血窦称为腹血窦，其中包含了腹神经索，又名围神经窦。背隔与腹隔之间较大的血窦称为围脏窦，其内包含消化、排泄、呼吸、生殖等大部分内脏器官（图 1－17）。

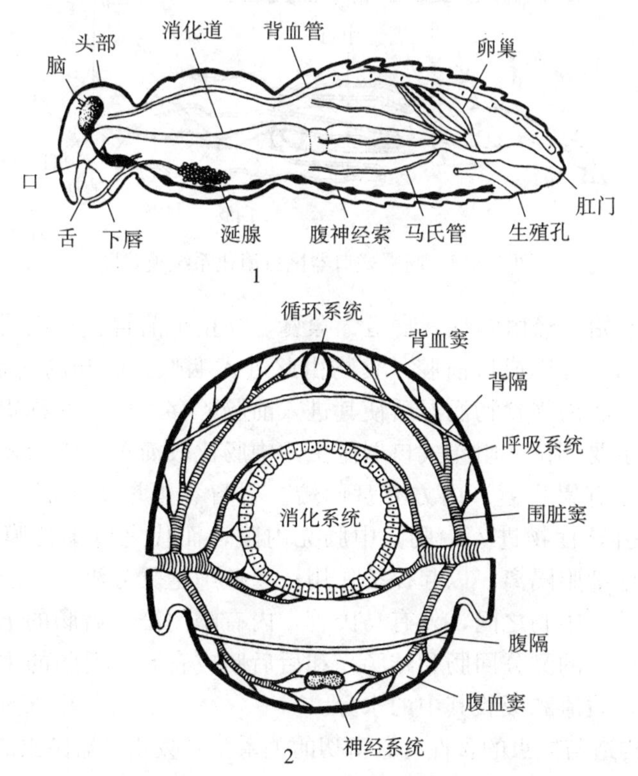

图 1－17　昆虫内部器官的位置

1. 昆虫纵切面模式图（示主要内部器官）　2. 昆虫腹部横切面模式图

围脏窦与背血窦之间的通道，有赖于背隔两侧、前后翼肌或背隔末端的空隙使血液流通。腹隔的两侧，亦复如此。

二、消化系统

昆虫的消化系统包括一条自口到肛门的消化道及与消化有关的腺体。消化道的主要功能是摄取、运送、消化食物及吸收营养物质。营养物质经血液输送到各组织中去，未消化的残渣和由马氏管吸收的代谢物则经后肠由肛门排出。与消化有关的腺体主要是唾腺，包括上颚腺、下颚腺和下唇腺3类。多数昆虫的唾腺是下唇腺，形状多种，有管状、葡萄状和三叉状。鳞翅目幼虫和叶蜂幼虫的下唇腺特化为丝腺，而上颚腺行使唾腺功能。唾液一般是近中性的透明液体，也有的呈强碱性或酸性。唾液的主要功能是湿润食物、溶解糖等固体颗粒、润滑口器保持清洁、建造昆虫本身居所、含消化酶以助消化。

（一）消化道的基本构造与功能

消化道是一根不对称的管道，纵贯于血腔中央。自前向后分为前肠、中肠和后肠（图1-18）。消化道的形状因昆虫取食方式和取食种类不同而有很大差异，但其基本结构是一致的。

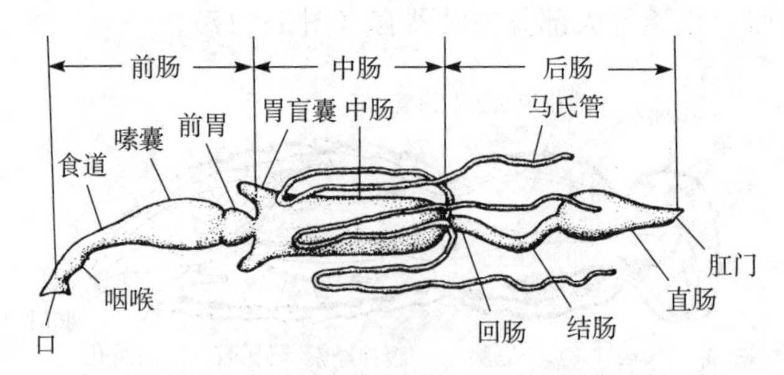

图1-18 咀嚼式口器昆虫消化系统模式图

前肠从口开始，经由咽喉、食道、嗉囊，终止于前胃。在咀嚼式口器的昆虫中，口器在前肠口外围成口前腔，食物由此进入咽喉。前肠的前端附近有唾腺，能分泌唾液在口腔内将食物润湿后使其进入前肠贮存。中肠亦称胃，是消化食物和吸收养分的主要部位。咀嚼式口器昆虫的中肠比较简单，常为短而均匀的管状构造，前端外方有胃盲囊，内方有贲门瓣。胃盲囊可增加中肠的分泌和吸收面积；贲门瓣可引导食物进入中肠。中肠无内膜，而代之以围食膜包围吞入的食物，使之与肠壁细胞隔离，以起保护作用；肠壁细胞具分泌消化液和吸收消化产物的功能。后肠与中肠之间，外有马氏管，内有幽门瓣，后肠的末端是肛门。后肠可分前后肠（有的又分回肠和结肠）和后后肠或直肠。后肠的主要功能为排除未经利用的食物残渣和吸收其中的水分。

消化道的构造与昆虫的食性有着密切的关系。刺吸式口器昆虫的消化道与咀嚼式口器昆虫显著不同。它们取食的是植物的汁液，因而在口前腔的一部分和咽喉处形成用以抽吸汁液的唧筒。中肠细而长，某些种类昆虫的中肠弯曲地盘在体腔内，其后端与后肠再回转到前肠内形成特殊的滤室构造（图1-19）。滤室的作用在于能将过多的糖分和水分直接经后肠排出体外。

（二）消化作用与杀虫剂毒效的关系

各类昆虫因其摄取食物和消化机能不同，肠内的酸碱度也不同。很多蛾、蝶类幼虫的中肠液pH为8～10，而蝗虫的中肠液pH为5.8～6.9。中肠的酸碱度影响一些杀虫剂的效果。一般来说，酸性的胃毒剂在碱性的中肠内易分解，溶解度大，发挥的毒效高。如用敌百虫防治鳞翅目害虫效果好，敌百虫可在碱性胃液的作用下，形成毒性更强的敌敌畏。又如苏云金杆菌使昆虫中毒的主要原因是其产生的伴孢晶体蛋白在碱性条件下被分解成具杀虫活性的小肽，因而对害虫表现毒性。因此，要更好地发挥杀虫剂的毒力，除了解其性能外，还应了解害虫的消化生理。

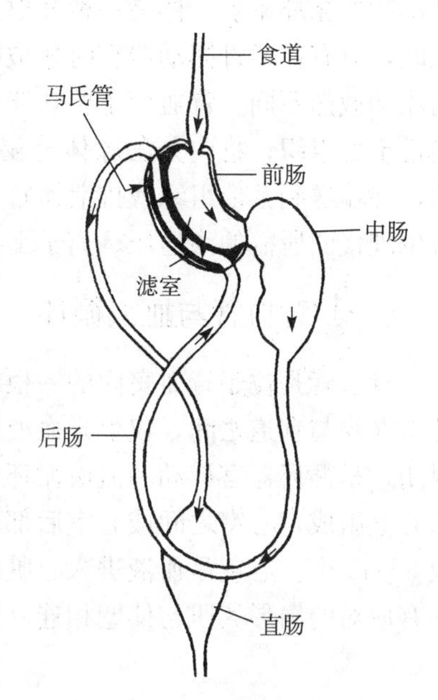

图1-19　刺吸式口器昆虫消化系统模式图

三、排泄系统

昆虫的排泄系统用于排泄体内新陈代谢所产生的含氮废物，并具有调节体液中水分和离子平衡的作用，使昆虫体内保持正常的生理环境。昆虫的排泄器官主要是着生于中、后肠交界处的马氏管，其他如体壁、消化道壁、脂肪体、围心细胞等，在不同昆虫中也起着不同的排泄作用。

昆虫的代谢产物包括二氧化碳、水、无机盐、尿酸和铵盐等。其中，二氧化碳主要通过呼吸器官、部分通过体壁排出；水除部分随呼吸散失外，大都参与调节体内水分平衡和液流。昆虫的排泄作用主要是排出尿酸和铵盐等含氮废物，分解并调节血液内的离子组成。至于从肛门排出的未消化和利用的食物残渣，那是排遗，而不是排泄。

马氏管是昆虫排泄的主要器官。马氏管是许多细长的管子，基部开口于中肠与后肠相连接的地方，末端闭塞，游离于体腔内（图1-18）。各种昆虫马氏管的数目不一，如介壳虫只有2根，半翅目及双翅目昆虫多为4根，鳞翅目昆虫多为6根，蜂类可达150根，直翅目昆虫多达300余根。马氏管的功能类似脊椎动物的肾脏，除具有排泄功能外，在有些昆虫中还能分泌黏液经肛门吹出泡沫，分泌丝用于结茧，分泌石灰质用于形成卵壳。

四、循环系统

昆虫的循环系统只是一条位于体腔背面，纵贯于背血窦中的背血管。与其他节肢动物的循环系统一样是一种开放式系统，即血液自由运行在体腔各部分器官和组织间，只有在通过搏动器官时才被限在血管内流动。这与高等动物血液封闭在血管内流动截然不同。背血管主要功能是保证消化系统吸收的营养物质、无机盐和水分输送至各组织；将内分泌腺体分泌的激素传送到作用部位；自组织中携带出代谢物，并输送到其他组织或排泄器官，进行中间代谢或排出体外，保障各系统进行正常生理代谢所需的渗透压、离子平衡和酸碱度等。其中血细胞则行使免疫功能。

（一）背血管与血液循环

背血管是位于背血窦内的一根前端开口的细长管。它的前部称动脉（大血管），开口在脑与食道之间，仅引导血液的前流；后部是心脏，常局限于腹部，通常后端封闭，是循环器官搏动和血液循环的动力机构，即为搏动器官。心脏由一系列膨大的心室组成，心室之间或心室后部两侧有1对心门。心室数目因昆虫种类而异，一般8～12个。心室是血液进入心脏的地方，最后一个心室末端封闭。在各心室外面均有成对的扇形翼肌与体壁相连（图1-20）。

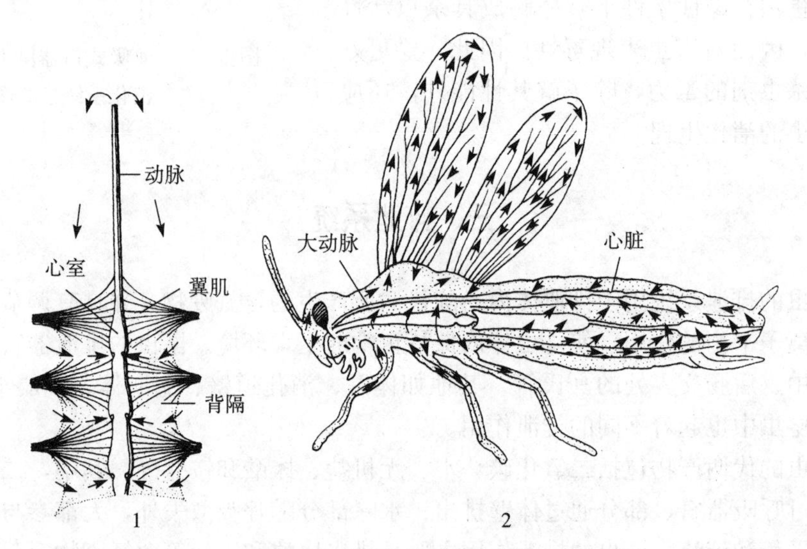

图1-20 昆虫循环系统模式图
1. 背血管 2. 血液循环图解

心脏搏动就是心室收缩和松弛。当心室收缩时，其后面的心门关闭，血液向前挤入前一心室，与此同时，前一心室正呈松弛状、将血液从后一心室及心门吸入。这样，前后心室的连续张缩使血液不断由后输向前方，使血液在背血管内不断向前流动，最后由动脉流到头部。血液再由头部向后方流动，经胸部之后，大部分血液流到腹血窦、围脏窦，再向上透过隔膜流入背血窦进入心室，如此反复，形成规律性的循环。此外，血液在部分血腔、附肢（如足、翅和触角）或其他附属器官内的循环，尚需辅搏动器官的参与。

（二）昆虫的血液

昆虫的血液就是体液，由血浆和悬浮在血浆中的血细胞组成。其更确切的名称应是血淋巴，昆虫血液的颜色，除摇蚊幼虫为红色外，其他都为无色或黄色、绿色、蓝色及淡琥珀色。昆虫血细胞不像高等动物能携带氧的红细胞，仅相当于高等动物的白细胞。其类型和数量因昆虫种类及生长发育阶段而异。昆虫的血液对呼吸的作用不大，其主要功能是贮藏水分，输送营养、代谢物和激素等，参与中间代谢和贮藏营养、吞噬及免疫作用、机械作用和防御作用。

五、呼吸系统

绝大多数昆虫的呼吸系统是一种管状气管系统，气体交换由气管直接进行，而不像高等动物必须通过血液来传递。少数低等无翅亚纲昆虫、水生和内寄生昆虫则无或仅有不完善的气管系统。

（一）基本构造与呼吸作用

昆虫的气管是富有弹性的管状物，在充满空气时呈银白色，气管内膜作螺旋状加厚，具有保持气管扩张和增加弹性的作用。气管在体壁下纵横交错，互相贯通。主要有纵贯身体两侧的侧气管主干，即侧纵干，向外经气门气管与外界相通，向内分出 3 条横走气管，即背气管、腹气管和内脏气管。这些气管再分支形成支气管、微气管，通至各组织细胞间（图 1－21）。

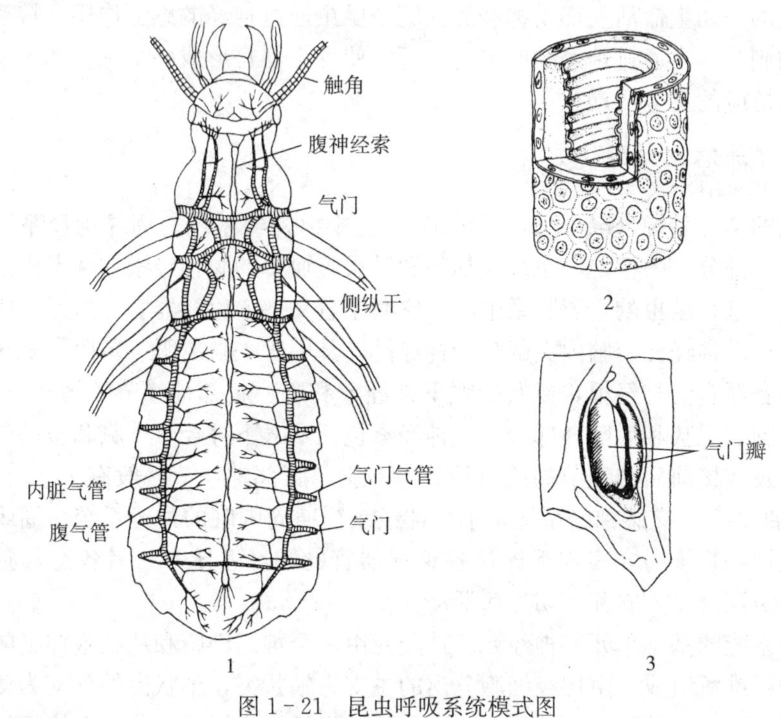

图 1－21　昆虫呼吸系统模式图
1. 气管　2. 气管组织　3. 气门

气门是气管在体壁上的开口，为圆形或椭圆形的孔，孔口有筛板或毛刷遮盖，是气门的过滤机构，能阻止灰尘和其他外物进入虫体。气门位于身体两侧，一般 9～10 对，即前胸或中、后胸及腹部第 1～8 节上各有 1 对。

昆虫的呼吸主要是靠空气的扩散作用和虫体有节奏的扩张和收缩引起的通风作用帮助完成的。氧气由气门进入主气管，再进入支气管、微气管，最后到达组织、细胞和血液内。呼吸作用所产生的二氧化碳再循着微气管、支气管、主气管至气门排出。

（二）呼吸作用与杀虫剂使用的关系

昆虫是变温动物，体温基本上取决于环境温度的变化，也常需通过呼吸和气门开闭的控制调节体温。气温低时，气门关闭度大，呼吸减弱，以保持体温；气温高时，气孔开度大，借助水分蒸发散热，以降低体温。因此，通过虫体呼吸和气体扩散，当空气中含有一定的有毒气体时，毒气也可随着空气进入虫体而引起中毒，这就是熏蒸杀虫剂应用的基本原理。在气温较高、二氧化碳浓度越高的情况下，熏杀效果更加显著。

此外，昆虫的气门疏水亲油，亲脂性农药如油乳剂，除能透过体壁外，由于油的表面张力较小，也易于进入气门，深入虫体内部毒杀害虫。肥皂水、面糊水等的杀虫作用，在于机械地堵塞气门，使昆虫窒息而死。

六、神经系统

昆虫的一切生命活动都受神经的支配。昆虫通过神经的感觉作用，接受外界环境条件的刺激，再通过神经的调节与支配，使各个器官形成一个统一体，做出与外界条件相适应的反应活动。

（一）神经系统基本构造

昆虫的神经系统（nervous system）分为中枢神经系统、周缘神经系统和交感神经系统 3 部分。中枢神经系统包括脑和纵贯腹血窦的腹神经索，两者由围咽神经节索相连。脑是昆虫的主要联系中心，它联系着头部的感觉器官、口区、胸部和腹部的所有运动神经元。脑内大部分为神经髓，其中含来自复眼、单眼、触角及口前腔各种感觉器官的神经根，以及咽喉下神经节和胸、腹部神经节的神经及其端丛。脑可分前脑、中脑和后脑 3 部分。腹神经索包括咽喉下神经节、胸和腹部的系列神经节，以及连接前后神经节的成对神经索。胸、腹部神经节一般有 11 个，即胸部 3 个，腹部 8 个。交感神经系统是中枢神经系统通向内脏的神经系统。周缘神经系统是中枢神经系统通向表皮下连接各感觉器官的神经系统。三者各有其独特的机能，彼此协调统一，支配一切生命活动（图 1－22）。

神经系统的基本单元是神经元。神经元由一个神经细胞和从细胞伸出的一支或多支神经纤维所组成。由神经细胞分出的主支为轴状突，轴状突的分支为侧支，轴状突和侧支再分为端丛。由神经细胞生出的神经纤维为树状突。一个神经细胞可能只有 1 个主支，也可能有 2 个或更多的主支，据此可区分为单极神经元（如运动神经元）、双极神经元和多极神经元（如感觉神经元）（图 1－23）。神经节是神经细胞和神经纤维的聚合体。神经元按功能又可分为运动神经元、感觉神经元和联络神经元。

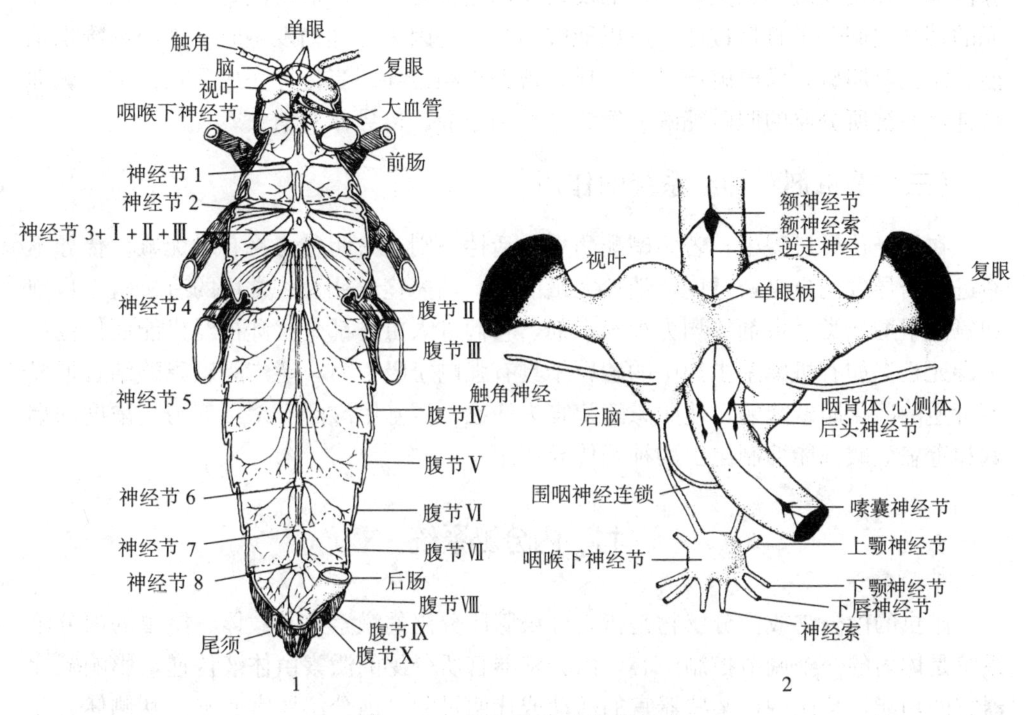

图 1-22　昆虫神经系统模式图

1. 蝗虫的中枢神经系统　2. 脑及咽喉下神经节图解

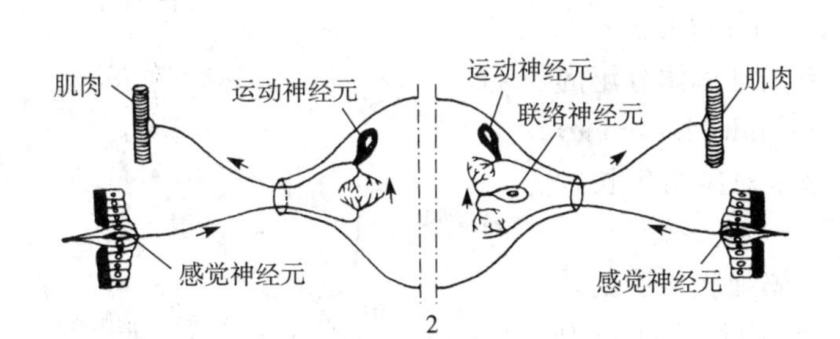

图 1-23　昆虫神经元图解

1. 神经元模式构造　2. 神经系统组织图解（示 1 个简单反射弧的传导途径）

（二）神经传导机制

神经活动的特点在于兴奋和传导。传导引起兴奋，兴奋后又自行抑制、动息协调。神经反应最基本的过程是反射弧。当感受器受到刺激，产生兴奋，经感觉神经纤维传至中枢神经，使中枢神经产生冲动，再经运动神经纤维传至反应器（肌肉或腺体等）作出反应。当然，神经的反射作用是很复杂的。值得注意的是，两个神经元的端丛之间并不直接接触，所以能够传导，是因为在冲动发生时，神经纤维末梢能分泌乙酰胆碱，像电解质导电一样，帮助神经传导。当传导完成后，乙酰胆碱即被神经系统所分泌的胆碱酯酶分解成胆碱和乙酸，传导作用消失。

（三）杀虫剂对神经系统的作用

在神经传导过程中，若胆碱酯酶失去活性，则乙酰胆碱必将有增无减，传导不断进行，导致昆虫兴奋过度，消耗大量能量，抽搐痉挛死亡。常用的有机磷杀虫剂和氨基甲酸酯类杀虫剂等均为神经毒剂，它们进入虫体都是扰乱神经机能而使昆虫中毒死亡。如有机磷杀虫剂中的磷原子具有强电子吸引力，能与胆碱酯酶结合形成不可逆的磷化胆碱酯酶，使胆碱酯酶丧失活性。氨基甲酸酯类杀虫剂与高浓度的烟碱和毒扁豆碱都能抑制昆虫的神经传导作用。

七、内分泌系统

昆虫的内分泌或内分泌物是指内分泌腺所分泌的激素及其载体。昆虫的内分泌系统是体内的一个调节控制中心，内分泌器官所分泌的激素由体液传递，影响靶标器官的功能，从而调控某些器官的活动或代谢过程。内分泌器官有脑、咽侧体、前胸腺、食道下神经节等。激素是一些由内分泌器官分泌出来的微量的具有生物活性的化学物质，按其分泌方式和作用机制又分为外激素和内激素。

（一）内激素及其对生长发育的影响

昆虫的内激素种类很多，作用机制也各不相同。其中对昆虫生长发育起控制作用的主要有 3 种激素：由脑神经细胞分泌的脑激素（brain hormone，BH）或称促前胸腺激素（prothoracotropic hormone，PTTH），由前胸腺分泌的蜕皮激素（moulting hormone，MH）和由咽侧体分泌的保幼激素（juvenile hormone，JH）。这 3 种激素对昆虫生长发育的控制如图 1-24 所示。

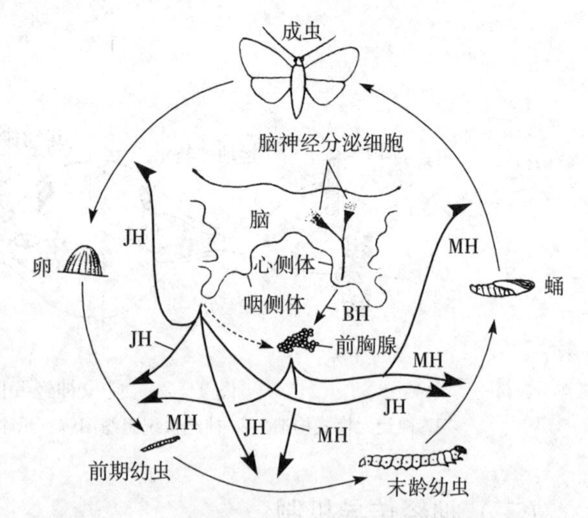

图 1-24 昆虫生长发育的内分泌控制图解

当脑神经分泌细胞接受到外界的刺激时产生 BH，BH 由血液输送至前胸两侧，激发前胸腺分泌能促使昆虫蜕皮发育的 MH；同时，BH 也可激发位于咽喉两侧的咽侧体分泌能促使虫体保持原形继续生长的 JH。在 JH 和 MH 的共同作用下，幼虫每蜕一次皮，仍能保持幼虫或若虫的特征，并能继续生长发育。随着幼虫龄期的增长，JH 的量逐渐减少，到了最后一龄幼虫时，JH

的浓度大大降低，这时 MH 起主导作用，蛹或成虫的特征可以充分分化和发育。显然这是在 BH 的支配下，JH 与 MH 两者对立统一，共同调节控制结果。值得指出的是，由于外界光照和温度等因子的周期性影响，昆虫 BH 的分泌也表现出周期性，因此，昆虫的生长发育与蜕皮现象也呈现出周期性、规律性的变化。

（二）外激素及其生理功能

外激素又名信息激素，是由昆虫个体的特殊腺体分泌到体外，能影响同种（有时也影响异种）其他个体的行为、发育和生殖等的化学物质。外激素有抑制或刺激作用。昆虫外激素主要有性抑制外激素、性外激素、集结外激素、标迹外激素和告警外激素等。

① 性抑制外激素：如蜜蜂蜂后的上颚腺分泌的性抑制外激素Ⅰ和Ⅱ，能抑制工蜂的卵巢发育和建筑应急王台。

② 性外激素：由同种昆虫不同性别个体释放，能引起同种异性个体间相互交配，如许多蛾类雌虫腹部末端几节节间膜表皮上有特殊的腺体，能分泌和散发雌性外激素，引诱雄蛾前来交配，也有些蛾类是雄虫分泌雄性外激素引诱雌蛾前来交配。

③ 集结外激素：一些为害树干的鞘翅目昆虫和一些社会性昆虫所具有，这类信息素可以诱集同种昆虫到某一地点集结。

④ 标迹外激素：如许多社会性昆虫能分泌一些物质，借以指引同一种群中的其他个体。蚂蚁和白蚁可分泌标迹外激素，即使远离蚁巢觅食也不致迷路。蜜蜂工蜂在蜜源附近释放标迹外激素，可指引其他工蜂前来采蜜。

⑤ 告警外激素：昆虫受到惊扰时，有些种类能释放出一些困扰敌方或给同伴告警的物质，如一个芽梢上的蚜虫，当其中一个受到刺激后，全群马上骚动就是由于告警激素的作用。

（三）昆虫激素的应用

昆虫激素及其类似物可以用来干扰昆虫的行为和扰乱正常的生长发育，达到利用益虫和控制害虫的目的。保幼激素和蜕皮激素类似物喷施到害虫体上，会使害虫提早蜕皮或推迟蜕皮，或蜕皮后不能正常化蛹和羽化。如保幼激素类似物双氧威能干扰多种害虫卵或幼虫的正常生长发育，使昆虫蜕皮异常而死亡。昆虫的性外激素可用于害虫发生时期、发生量等的预测。将性外激素与黏胶、农药、灯光等配合，直接诱杀害虫，也可在田间释放性外激素，使雄虫或雌虫无法觅得异性个体，从而干扰正常的交配行为。

若能将昆虫激素或其颉颃体的化学分子结构研究清楚，可以从植物体中分离或人工合成类似物。国内外在这方面作了许多研究，有的已商品化生产。随着昆虫激素的深入研究，激素及其类似物或其颉颃体在害虫防治中可能发挥更大的作用。

八、生殖系统

昆虫的生殖系统是产生卵子或精子、进行交配、繁殖种族的器官。生殖系统的生理功能，就在于增殖生殖细胞，使它们在一定时期内达到成熟阶段，经过交配、受精后产出体外。生殖系统位于消化道的背侧方，生殖孔多开口于腹部末端。

（一）雌性内生殖器官

昆虫的雌性内生殖器官（图 1-25）包括 1 对卵巢、1 对侧输卵管及一根开口于生殖孔的中输卵管。除此之外，大多数昆虫还在中输卵管后端连接有交配囊、受精囊和 1 对附腺。交配囊的形状和结构因种类而异，呈囊状而后端开口较大者称生殖腔，呈管状的通道称阴道。生殖腔或阴道后端以阴门开口于体外。

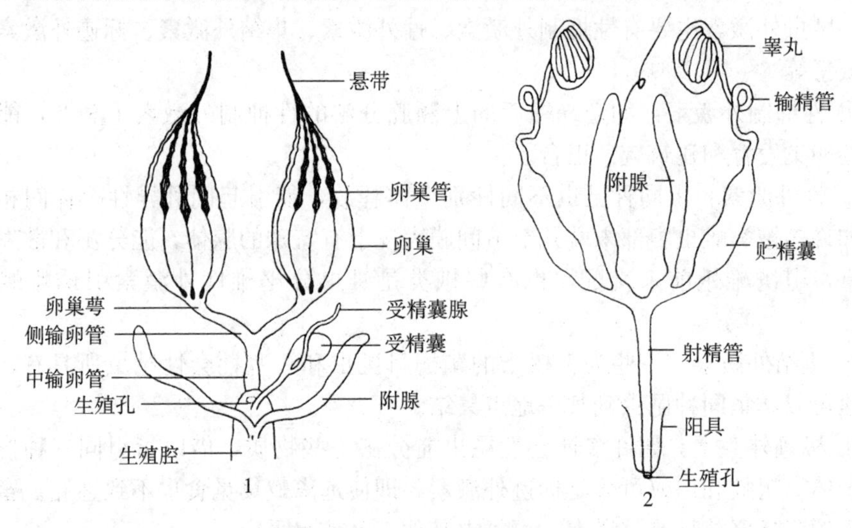

图 1-25 昆虫生殖系统模式图
1. 雌性生殖器官 2. 雄性生殖器官

卵巢由若干卵巢管构成，是产生卵子的器官，其数目因昆虫种类而异。一个卵巢包含有 1～200 根或更多卵巢管，一般为 4～8 根。卵巢管端部有一端丝，端丝集合成悬带，附着在体壁、背隔等处，以固定卵巢。卵按发育的先后依次排列在卵巢管内，愈在下面的愈大，也愈接近成熟，形成一系列卵室。每个卵巢基部与侧输卵管相连，两侧输卵管会合后形成一根中输卵管。中输卵管通至生殖腔，多数昆虫的生殖腔形成阴道。生殖腔背面附有一个受精囊，用以贮存精子，受精囊上常附有特殊的腺体，其分泌液有保持精子活力的作用。生殖腔上还连有一对附腺，产卵时，雌虫常由附腺分泌黏液将卵粒黏着在外物上或互相黏着在一起。有些昆虫的附腺分泌物能形成结实的卵鞘或卵囊，如蜚蠊、螳螂等。

（二）雄性内生殖器官

雄虫内生殖器由 1 对睾丸、1 对输精管和贮精囊、1 根射精管以及附腺等部分构成（图 1-25）。

睾丸由多数睾丸管构成，数目因昆虫种类而异。睾丸管是形成精子的器官。输精管与睾丸相连，基部往往膨大成贮精囊，用以暂时贮存精子。射精管开口在阳茎端部。附腺大多开口在输精管与射精管连接的地方，数目常为 1～3 对，其分泌物能稀释和浸浴精子，或形成包藏精子的精包。

（三）昆虫的交配与产卵

雌雄两性成虫交合的过程即称交配。大多数昆虫羽化为成虫后或羽化后不久就开始交配。交配时，雄虫将精液注入雌虫的生殖腔内，贮存于受精囊里。受精是指精子与卵子的结合过程。受精发生于交配之后和雌虫产卵之前，卵巢管内成熟的卵经输卵管排至生殖腔时，受精囊内贮存的精子可溢出使卵子受精。

雌虫接受精子后，一般不久即开始排卵。由于卵巢管内的卵是依次成熟的，因此，雌虫一生往往要排卵好几次，但并不一定要进行多次交配。成熟的卵脱离卵巢管后被排入生殖腔，然后产出体外，这个过程称为产卵。

第三节　昆虫的生物学特性

昆虫的生物学特性是昆虫个体发育的基本规律，包括昆虫从生殖、胚胎发育、胚后发育直至成虫各时期的生命特点。还包括昆虫一年中的发生经过，即昆虫的年生活史。

昆虫因种类不同，每个种都有其生物学特性，称为种性。各个种的生物学特性都是在其演化过程中逐步形成的，具有一定的稳定性。物种在不断演变，所以种的生物学特性也是可变的。研究昆虫的生物学特性对分类和演化的理论研究具有重要的意义。

一、昆虫的繁殖方式

昆虫繁殖的特点主要表现为繁殖方式多样化、繁殖力大、生活史短、所需的营养少。由于昆虫种类不同，它们的繁殖方式也不同。昆虫常见的繁殖方式有两性生殖、单性生殖、卵生和卵胎生几种。

1. 两性生殖　两性生殖是昆虫繁殖后代最普遍的方式。绝大多数昆虫为雌雄异体，两性生殖需要经过雌雄交配，雄性个体产生的精子与雌性个体产生的卵结合后，由雌虫将受精卵产出体外。

2. 单性生殖　单性生殖又称孤雌生殖，是指雌虫未经与雄虫交配，产出未受精的卵细胞，能够正常孵化发育成新的个体的现象。孤雌生殖通常又分为以下类型：

（1）经常性孤雌生殖　有的昆虫在自然情况下雄虫极少，有的甚至还未发现雄虫，这些种类昆虫经常进行孤雌生殖，如蓟马、介壳虫的某些种类。

（2）偶发性孤雌生殖　在正常情况下进行两性生殖的昆虫，偶尔也出现未受精卵发育成新个体的现象，如家蚕、飞蝗等。

（3）周期性孤雌生殖　一些昆虫两性生殖和孤雌生殖交替进行，在一次或多次孤雌生殖后，再进行一次两性生殖，称为周期性孤雌生殖或异态交替。如许多蚜虫从春季到秋季连续10多代都是孤雌生殖，一般不产生性蚜，而当冬季来临前才产生性蚜，雌雄交配后产下受精卵越冬。

3. 多胚生殖　昆虫无论是两性生殖还是单性生殖，多数是通过雌虫直接产卵繁殖。一个卵一般只孵化出一个幼体。但也有一个卵发育成两个或更多胚胎的生殖方式，称为多胚生殖。如很多营内寄生的寄生蜂，为应对寻找寄主的困难而进行多胚生殖。

4. 卵胎生 卵在母体内完成胚胎发育，孵化后直接产下幼虫，这种生殖方式称为卵胎生。营卵胎生的昆虫有蚜虫、一些蝇类等。

大多数昆虫都是两性卵生，单性生殖、卵胎生、多胚生殖只是昆虫生殖的特殊方式。昆虫繁殖方式的多样化，有利于昆虫的生存和繁衍，是昆虫在系统发育中长期形成的生物学特性。

二、昆虫的变态

昆虫在生长发育过程中，不仅虫体长大，从卵到成虫在外部形态和内部构造以及生活习性上也发生一系列的改变，这种变化现象称为变态。昆虫经过长期的演化，随着成虫、幼虫形态的分化、翅的出现以及幼期对生活环境的特殊适应，发生了不少变态类型。主要有不完全变态和完全变态两种类型，还有增节变态、表变态、原变态等。

（一）不完全变态

不完全变态昆虫的个体发育过程分为卵、幼虫、成虫 3 个阶段（图 1-26）。不完全变态又可分为半变态、渐变态和过渐变态几个亚型。半变态类昆虫的幼虫水生，成虫陆生。其幼虫在形态和行为习性方面与成虫有明显不同，特称为稚虫。如蜻蜓目。渐变态类昆虫的幼虫与成虫在形态、习性、栖境方面都很相似，不同之处是幼虫的翅和生殖器官未发育完全，特将其称为若虫。如直翅目和半翅目。过渐变态由幼虫期转变为成虫期需要经过一个不食和不大活动的类似蛹的虫态，特称为伪蛹或拟蛹。如缨翅目、半翅目粉虱科和雄介壳虫。

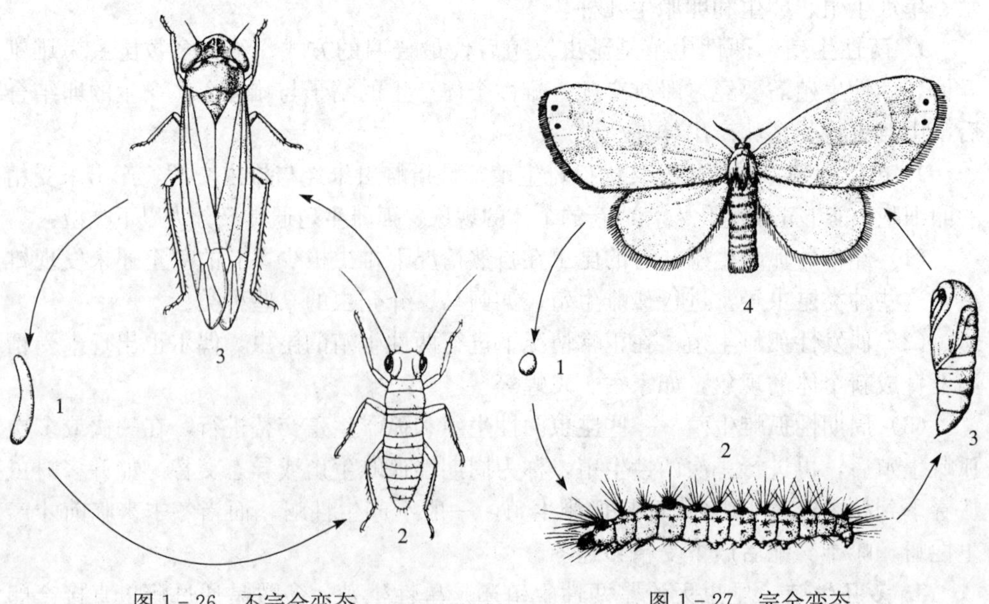

图 1-26 不完全变态
1. 卵 2. 若虫 3. 成虫

图 1-27 完全变态
1. 卵 2. 幼虫 3. 蛹 4. 成虫

（二）完全变态

完全变态昆虫的个体发育过程分为卵、幼虫、蛹、成虫 4 个阶段（图 1－27）。完全变态的昆虫，其幼虫的形态和生活习性与成虫有很大不同。翅在幼虫体内生长。当幼虫化蛹羽化为成虫时，幼虫时期的暂时性器官都会完全分解，而为新形成的器官所代替。鳞翅目、鞘翅目、膜翅目的昆虫属于完全变态。

三、昆虫的个体发育及特征

昆虫的个体发育分为胚胎发育和胚后发育两个时期。胚胎发育是指从受精卵开始，至发育为幼虫为止的过程。胚后发育是指从卵孵化至成虫性成熟的整个发育过程。

（一）卵期发育

卵期是昆虫胚胎发育的时期，昆虫卵期的长短因种类、季节和环境条件不同而异。

1. 卵的构造　昆虫的卵是一个具有完整结构的生殖细胞。卵最外面一层为坚硬的卵壳，表面有特殊的刻纹，起到保护卵和胚胎的作用。卵壳下一层为卵黄膜，包围着原生质和丰富的卵黄。卵核一般位于卵的中央。在卵壳一端有 1 个受精时精子进入的小孔，称为精孔（图 1－28）。

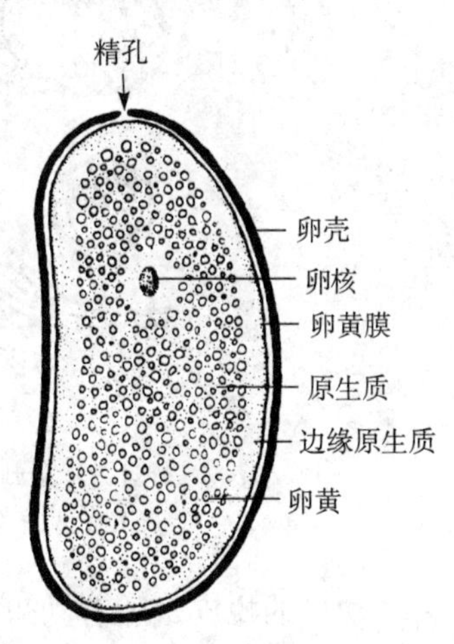

图 1－28　昆虫卵的模式构造

卵一般较小，其大小与昆虫大小有关，一般为 0.5～2.0 mm，最大的螽斯卵可达 10 mm，最小的寄生蜂卵只有 0.02 mm。

2. 卵的类型　昆虫卵的类型很多，有球形、肾形、桶形、半球形、扁圆形等，因昆虫种类不同而异，草蛉类的卵有丝状卵柄，蜉蝣的卵上有多条细丝（图 1－29）。

3. 卵的发育　从受精开始，精子与卵核结合成合子核，并开始分裂，产生大量子核并向周围移动，与周质共同形成胚盘。继之腹面胚盘增厚，形成胚带。待幼体发育完成，破壳而出，称为孵化，进入胚后发育。

4. 产卵的方式　昆虫产卵的方式和场所因种类不同而异。有的产在植物枝叶表面，有的产在树皮裂缝、土缝或卷叶中等隐蔽处，有的产在植物组织中（如叶蝉、盲蝽、螽斯），有的产在土壤中（如蝗虫、蟋蟀、蝼蛄），各种内寄生蜂则产在其寄主体内。昆虫有的卵单粒分散产出，称散产；有的将许多卵积聚产成块，称块产。卵块外常有各种保护物，大多是雌虫附腺的分泌物或母体上脱落下来的毛和鳞片。

（二）幼虫期发育

幼虫期是胚后发育的开始，是昆虫的营养生长期，一般也是害虫取食为害的主要虫期。幼虫从孵化至化蛹（完全变态）或若虫变为成虫（不完全变态）之前的发育阶段，称为幼虫期或若虫期。

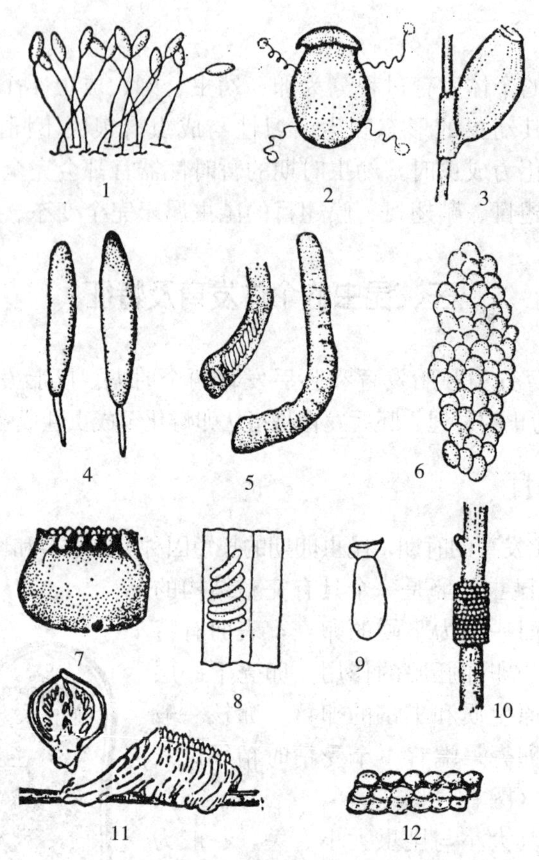

图1-29 昆虫卵的类型

1. 草蛉 2. 蜉蝣 3. 头虱 4. 高粱瘿蚊 5. 东亚飞蝗 6. 玉米螟 7. 美洲蜚蠊
8. 灰飞虱 9. 米象 10. 天幕毛虫 11. 中华螳螂 12. 菜蝽

1. 幼虫的蜕皮 随着幼虫生长，虫体增大，当长大到一定程度时，受到体壁的限制，则须脱去旧表皮，形成新表皮。这种现象称蜕皮，脱下的旧表皮称为蜕。昆虫的生长和蜕皮总是交替进行的。幼虫每蜕皮1次，增加1龄。每两次蜕皮之间的时间称为龄期，每两次蜕皮之间的虫态称为龄虫，如2龄期、2龄虫。昆虫蜕皮次数因种类不同而异。蝶、蛾幼虫一般为4~5次，金龟子幼虫为2次。

2. 幼虫的类型 完全变态昆虫的幼虫有各种不同的类型，大体可分为4类(图1-30)。

(1) 原足型 腹部分节或不分节，胸足和其他附肢只是几个突起，很像是一个发育不完全的胚胎。如膜翅目寄生蜂早龄幼虫。

(2) 多足型 具有3对胸足，还具有多对腹足。

① 蛃型：体较长，略呈纺锤形，前口式，胸足发达。如广翅目、毛翅目和部分水生鞘翅目幼虫。

② 蠋型：体近圆柱形，口器向下，触角无或短，胸足和腹足粗短。如鳞翅目、部分膜翅目、长翅目幼虫。

(3) 寡足型 具有3对发达的胸足，腹部附肢消失。

① 步甲型：前口式，胸足发达，行动迅速。如步甲、瓢虫、水龟虫、草蛉的幼虫。

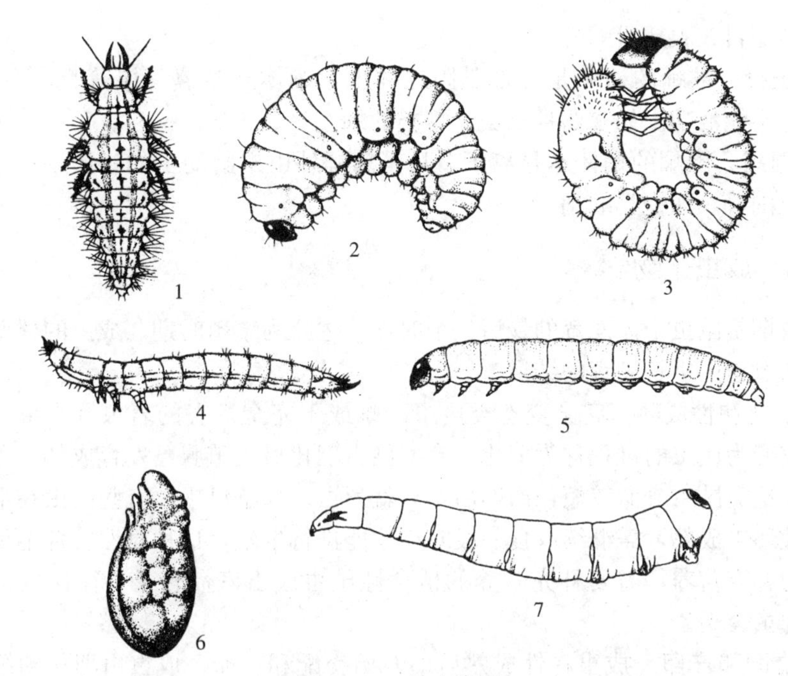

图 1-30　幼虫类型

1. 步甲型（草蛉）　2. 全头型（象甲）　3. 蛴螬型（蛴螬）
4. 叩甲型（叩头虫）　5. 蠋型（蛾类）　6. 原足型（赤眼蜂）　7. 无头型（蝇蛆）

② 叩甲型：体壁较硬，胸足短，体细长稍扁，全体宽度基本相等。如叩甲、拟步甲幼虫。

③ 蛴螬型：体肥胖呈 C 形弯曲，体多皱缩，爬行迟缓。如金龟子幼虫。

④ 扁型：体扁平，胸足有或退化。如扁泥甲、花甲科幼虫。

(4) 无足型　幼虫全无附肢，无胸、腹足。

① 无头型：头部缩入胸部，无头壳。如蛆。

② 半头型：头壳部分退化，仅前半部可见，后半部缩入胸内。如大蚊科幼虫。

③ 全头型：头壳全部外露。如蚤目、吉丁虫和少数潜叶鳞翅目幼虫。

(三) 蛹期发育

完全变态类昆虫的末龄幼虫老熟后，寻找适当场所，不食不动，缩短身体，进入前蛹期（又称预蛹期），也就是末龄幼虫在化蛹前的静止时期，末龄幼虫预蛹期脱去最后一次皮变为蛹的过程称化蛹。从化蛹到变为成虫经历的时期为蛹期。昆虫的蛹内部发生着激烈的变化，成虫的所有器官都在蛹期形成。蛹期是完全变态昆虫由幼虫转变为成虫的过渡期。

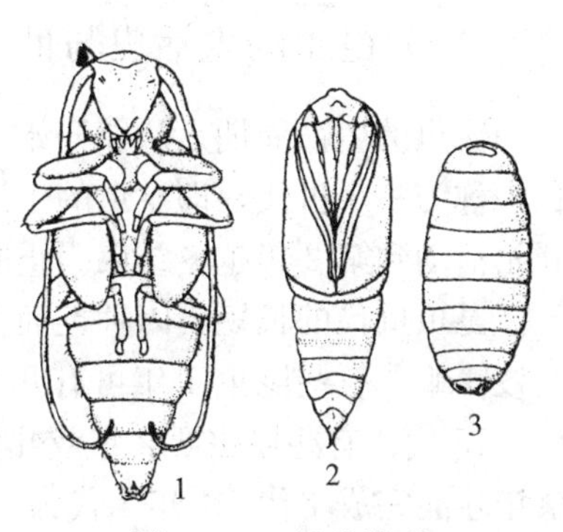

图 1-31　蛹的类型

1. 裸蛹（天牛）　2. 被蛹（蛾类）
3. 围蛹（蝇类）

蛹分为 3 种类型（图 1-31）。

1. 裸蛹　裸蛹又称离蛹，附肢和翅不黏着在体上，呈分离状态，可以活动，腹节也可活动。如鞘翅目、膜翅目的蛹。

2. 被蛹 被蛹的翅和足等都黏附在体上，蛹体外被覆一层薄膜，不能活动，腹节间也不能活动。如鳞翅目蝶类、蛾类的蛹。

3. 围蛹 围蛹的蛹体本是离蛹，只是离蛹外由末龄幼虫的蜕形成一个角质化外壳所包围着。如蝇类的蛹。

（四）成虫生物学

成虫期是昆虫个体发育的最后一个时期，主要为繁殖时期。成虫的繁殖特征是整个生活过程中生长发育的结果。

1. 羽化和性成熟 完全变态类昆虫的蛹或不完全变态的若虫（稚虫）脱掉最后一次皮变为成虫的过程称为羽化。有些昆虫羽化后生殖腺已发育成熟，不久就交配产卵，这类昆虫寿命较短，产卵后不久就死亡。如茶尺蠖。有些昆虫在羽化为成虫时，性还未成熟，需继续取食一段时期才能进行生殖，这种对性发育不可缺少的营养称为补充营养。需要补充营养的植食性昆虫成虫寿命较长，往往也是为害虫态。如蝗虫、天牛。

2. 交配和产卵 成虫在性成熟后即开始交配和产卵。成虫由羽化到第一次交配为止称为交配前期；由羽化到第一次产卵的间隔期称为产卵前期。多数昆虫的交配和产卵前期都不过几天，有些昆虫则较长。交配和产卵的次数因虫种而异。通常成虫寿命短的昆虫，如很多蛾类，一生只交配 1 次或 2 次。成虫寿命长的如蝗虫、甲虫，一生可交配多次。产卵期的长短、产卵次数和产卵量也因不同虫种而异。

3. 性二型现象 性二型是指同一种昆虫，雌雄二性除第一性征（生殖器官）的差异外，在形态、大小、颜色等第二性征方面还存在差异的现象。如蚧总科和蓑蛾科等昆虫雌雄个体不同，雄成虫有翅，雌成虫无翅。

4. 多型现象 多型现象是指同种昆虫同一性别的个体有 2 种以上不同类型，表现在构造、颜色等方面不同。在社会性昆虫中，不同类型还有显著的行为上的差异，甚至有相应的职能分工。如白蚁、蜜蜂等。

四、昆虫的生活史

（一）昆虫的生活史与世代

昆虫的生命周期是从卵开始，经过幼虫、蛹到成虫开始产生后代的个体发育过程，称为一个世代，即昆虫的生活史。一种昆虫在一年内的生活史，即由当年越冬开始活动到第 2 年越冬结束为止的发育过程称为年生活史。

昆虫世代的长短，因种类而异；有些昆虫 1 年只有 1 个世代，如茶丽纹象甲、茶枝镰蛾；有些昆虫 1 年可有几个世代，如茶尺蠖 1 年 6～7 代、小绿叶蝉则 1 年 10～15 代；有些昆虫要 2 年或几年才完成 1 代，如茶天牛 2 年 1 代，十七年蝉要十余年才能完成 1 代。1 年 1 代为一化性，1 年 2 代为二化性，1 年 3 代为三化性，1 年 3 代以上的为多化性。大多数昆虫世代长短和 1 年内发生的代数，常受气候因子等环境条件的影响，其中温度的影响最大，也可随纬度的降低代数增加。如茶毛虫在安徽茶区 1 年 2 代，湖南、江西 3 代，台湾5～6 代。

昆虫代别一般按当年卵期出现的先后，称为第1世代、第2世代……前一年留下的越冬卵于春季孵化的，习惯上作为当年第1代；前一年留下的越冬幼虫、蛹、成虫，则不能称为当年第1代，而是前一年的最后1代或越冬代。越冬代产的卵才能称当年的第1代。

1年发生1代的昆虫，世代与年生活史的意义是一致的；1年发生多代的昆虫，年生活史包含了几个世代。年生活史可用表或图的形式来表示，如茶黑毒蛾生活史（表1-1）。

表1-1　茶黑毒蛾的年生活史（杭州，1980—1981）

代别	月份											
	1	2	3	4	5	6	7	8	9	10	11	12
Ⅰ	●●●	●●●	●●●	●● ———	—— ○○○ ＋	＋						
Ⅱ					●	● ——— ○○	○ ＋＋					
Ⅲ							●●● —	—— ○○ ＋＋				
Ⅳ								○○	—— ○○ ＋＋ ●●	○○ ＋＋ ●●●	●●●	●●●

注：●为卵；一为幼虫；○为蛹；＋为成虫。

一年发生数代的昆虫，成虫期和产卵期长的种类，前后世代间常有首尾重叠现象，世代划分变得困难，这种现象称为世代重叠。

（二）休眠与滞育

由于不利的环境条件影响，昆虫生长发育出现停滞现象，在低温下的冬眠称为越冬，高温下的夏眠称为越夏。停滞有休眠和滞育两种状况。

1. 休眠　休眠是指昆虫在不利的环境条件来临之前在生理上做好了一定的准备，体内积累了更多的脂肪和糖类，休眠期内呼吸强度降低，新陈代谢减弱。只要环境条件恢复正常，很快就可以恢复生长发育。

2. 滞育　滞育是昆虫长期适应不良环境而形成的种的遗传特性，滞育可在不利环境出现之前或未出现真正不利环境条件的情况下发生。一旦进入滞育后必须经过较长时间的滞育期，即使给予适宜的条件也不能马上恢复生长发育，因此昆虫的滞育具有一定的遗传稳定性。关于滞育的生理机制，近年来逐步证明是昆虫内分泌系统活动的结果。

休眠和滞育是昆虫对不良环境的巧妙适应。休眠和滞育有时无真正界限，只是滞育的遗传保守性更牢固。处于休眠和滞育期的昆虫，对不良环境的抵抗力增强。因此在使用药剂和采取其他措施防治害虫时，必须考虑这些因素。

五、昆虫的习性与行为

昆虫在生命活动中，对复杂多变的外界环境能主动调节和适应，产生相应的行为。它是昆虫神经系统接受外界某些刺激信息后发生的一系列反射活动。

1. 行为周期性 行为周期性是指昆虫的生命活动表现出一定时间节律的现象，如昼夜活动规律和季节活动规律。蟑螂和蚊子在白天和夜间大部分时间处于休息静蛰状态，在黄昏时则表现出高度活跃；蝴蝶总是白天活动，而蛾类总是夜间活动，有日出性和夜出性之分。昆虫在一年中什么时候越冬，什么时候苏醒，也表现出特定的节律。人们常将这类节律活动现象喻为“生物钟”或“昆虫钟”。

2. 趋性 趋性是昆虫对外界因子（如光、温度、湿度、化学物质等）刺激而产生的不可克制的反应。对刺激因子趋向的称正趋性，对刺激因子背向的称负趋性。昆虫的趋性主要有趋光性、趋化性、趋温性、趋湿性等，以趋光性和趋化性最常见。趋性在害虫防治上应用较为广泛。

（1）趋光性 大多数夜出性昆虫对灯光表现正趋性，对日光表现为避光性。一般来说，短波光对昆虫的诱集力特别大。常用黑光灯诱集害虫，集中消灭和进行害虫发生的测报。如茶尺蠖、小地老虎等。

（2）趋化性 昆虫对挥发性化学物质所表现出的冲动反应，称趋化性。无论是趋或避，都必须通过嗅觉系统才能起作用。昆虫辨认寄主，主要是靠寄主所发出的某种具有信号作用的气味。根据害虫对化学物质的趋或避的反应，有诱集剂及拒避剂的应用。目前用得最多的是糖醋液诱杀地老虎、小卷叶蛾等。拒避剂用于防治卫生害虫，如涂抹皮肤用的避蚊剂等。

3. 群集性 群集性就是同种昆虫的大量个体高密度聚集在一起的习性。昆虫群集的原因很多，根据其性质，分为群集和群栖两大类。群集往往是在有限的空间个体大量集中或大量繁殖的结果。这与昆虫对生活小区的一定地点的选择性有关。它们群集的地方可以获得丰富的食料，如蚜虫、介壳虫、粉虱等。也有些昆虫的群集具有季节性，它们在越冬期间大量群集，越冬结束后就分散，如叶甲、蝽类、瓢虫等。群集是暂时性的，遇到生态条件不适合或生活到一定时期就会分散。群栖通常与昆虫向其他生活小区迁移有关，并且具有本能的性质。群栖是占据个体生命的全部或几乎占据生命全部的长期性的聚集。群栖形成以后，往往不再分开。必要时（如生态条件不适时）群体共同向一个方向迁移，如飞蝗。研究和掌握昆虫的群集性，对害虫的预测预报和防治具有重要的意义。

4. 假死性 假死是某些昆虫的重要防御方式。有些昆虫受到突然震动时，立即本能地从树上掉落地面或原地不动，即所谓假死现象。这是一种简单的无条件反射，是昆虫的一种自卫适应性，能有效躲避敌害，如茶叶甲、金龟子等。

第四节 昆虫的分类

昆虫分类学是研究一切昆虫科学的基础。要识别种类繁多的昆虫，就必须正确鉴定种类和确定名称。昆虫分类在生产上对害虫的防治、益虫的引进和利用具有重要的实践意义；对探讨种的起源，种群的形成、分布、进化与变异以及整个昆虫区系的形成、发展与演替也有重要的指导意义。

一、昆虫分类的基本知识

1. 昆虫分类的基本方法　要识别形形色色的昆虫，必须掌握正确的分类方法。昆虫分类主要以形态学为依据。因为形态的差别比较明显，观察比较方便，也要结合解剖学、生理学、生态学、遗传学、地理学等相关学科的研究。昆虫血缘关系愈近，它们的外部形态、内部结构以至生物学特性愈相近，对环境条件的要求和发生发展规律也愈近，因此分类地位亦愈近。分类学家通过采用对比分析与归纳方法将它们分门别类，就能找出它们之间的亲缘关系，建立正确的分类系统。使用者根据分类系统就能检索、鉴定昆虫。

2. 昆虫分类的阶元　昆虫分类所采用的一系列分类阶元和动植物分类是一致的，即界、门、纲、目、科、属、种。有时还增设若干中间层级插入其中，如科上设总科、科下设亚科、族等，种下还有亚种或变种。例如，茶毛虫的分类地位是：

界 kingdom：动物界 Animal

门 phylum：节肢动物门 Arthropoda

纲 class：昆虫纲 Insecta

目 order：鳞翅目 Lepidoptera

科 family：毒蛾科 Lymantriidae

属 genus：黄毒蛾属 *Euproctis*

种 species：茶毛虫 *Euproctis pseudoconspersa*

分类以种为最基本的单元。每个种都有其国际统一的科学名称，简称学名。学名采用拉丁语二名法，由属名和种名组成，并在后面加上定名人的姓氏（或缩写）。属名和定名人名的第1个字母大写。属名和种名在印刷时都用斜体。如茶毛虫的学名 *Euproctis pseudoconspersa* Strand，第1个词为属名，第二个为种名，最后为定名人。一种昆虫如有亚种名，则紧接在种名之后，如东亚飞蝗的学名 *Locusta migratoria manilensis* Meyen，前三个词分别为属名、种名、亚种名，最后为定名人。

《国际动物命名法规》规定族以上的分类阶元均有一定的字尾，如总科为oidea，科为idae，亚科为inae，族为ini。

3. 种的概念　种是在生物进化中具有相同的形态特征，能够自由交配，并能正常繁殖后代的自然类群。不同种之间具有生殖隔离现象。昆虫的种是以种群形式存在的，种与种之间有着血缘关系。种既是分类单元，又是进化单元，是生物进化过程中连续性与间断性统一的基本间断形式。

4. 昆虫分类检索表　检索表只是分类分析的工具，应用于各分类单元的鉴定。检索表有多种形式，本书采用二项式检索表，格式是两两对应。优点是每对性状互相靠近，便于比较，非常便利，也节省篇幅。但有时各单元之间的关系不明显。

二、茶园昆虫重要目、科概述

昆虫纲的分目是根据翅的有无及类型、变态的类型、口器的构造、触角的形态、跗节的节数等特征进行的。具体的目数及分类系统，各分类学家并不一致，我国常采用的昆虫纲分为33个目，其中无翅亚纲4个目、有翅亚纲29个目。本书介绍与茶树昆虫有关的主要目、科。

（一）直翅目

直翅目（Orthoptera）包括蝗虫、蟋蟀、螽斯、蝼蛄等。体中型至大型，头下口式，口器咀嚼式，触角多呈线状、鞭状，少数剑状，复眼发达。前胸发达，前翅狭长皮革质，休息时覆盖在后翅上，称为覆翅。后翅膜质，有宽阔的臀区，不用时呈扇状纵褶于前翅之下。后足腿节粗壮，为跳跃足或前足特化为开掘足。跗节3～4节，少数种类5节或少于2节。产卵器发达。雄虫多能发音，借翅上特化部分互相摩擦或后足腿节与翅摩擦而发音。发音的种类多具听器。听器位于前足的胫节上或腹部第1节的两侧。有尾须1对，分节或不分节。属不完全变态。多为植食性，许多是农作物的重要害虫。

直翅目常见科检索表

1. 成、若虫均在地面生活，取食植物地上部分；前足非开掘足，后足为跳跃足。雌成虫产卵器发达，外露 …… 2
   成、若虫在土中生活，取食植物根部或茎部；前足为开掘足。雌成虫产卵器不外露 …… 蝼蛄科（Gryllotalpidae）
2. 触角较体长，产卵器刀剑状，听器位于前足胫节上 …… 3
   触角较体短，产卵器凿状，听器位于腹部第1节两侧 …… 4
3. 跗节均4节，尾须短小，产卵器刀状 …… 螽斯科（Tettingonidae）
   跗节均3节，或仅后足为4节，尾须很长，产卵器剑状 …… 蟋蟀科（Gryllidae）
4. 前胸背板向后伸达腹部，前、中足跗节2节，后足跗节3节 …… 菱蝗科（Tettigidae）
   前胸背板不向后伸达腹部，跗节均为3节 …… 蝗科（Locustidae）

为害茶树的有多种蝗虫（图1-32）、螽斯（图1-33）、蝼蛄（图1-34）和蟋蟀。

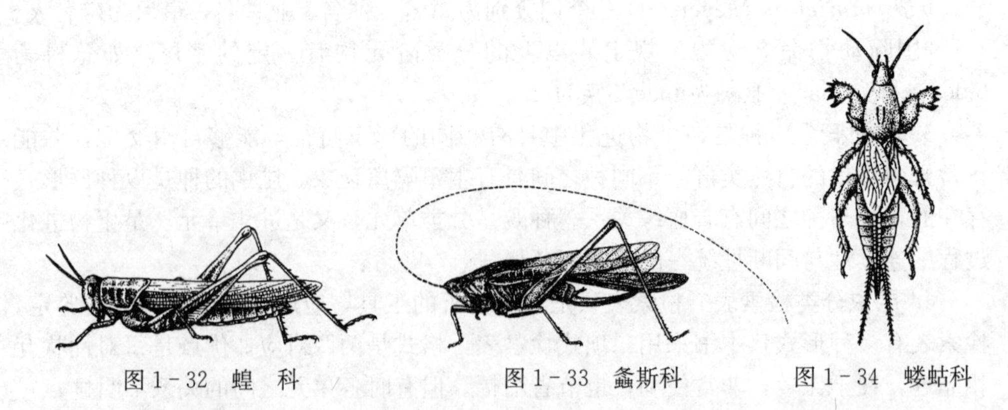

图1-32 蝗 科　　图1-33 螽斯科　　图1-34 蝼蛄科

（二）半翅目

半翅目（Hemiptera）包括蝽、蚜虫、飞虱、粉虱、蝉、叶蝉、蜡蝉、蚧类等。体微型至大型，形态变化较大，口器刺吸式，喙一般3～4节，触角丝状、棒状、刚毛状或线状。前胸背板发达，中胸明显，背面可见小盾片。多数种类有两对翅，前翅为半鞘翅、覆翅或膜翅，后翅为膜翅，少数种类具1对翅或无翅（图1-35）。本目分为异翅亚目和同翅亚目。

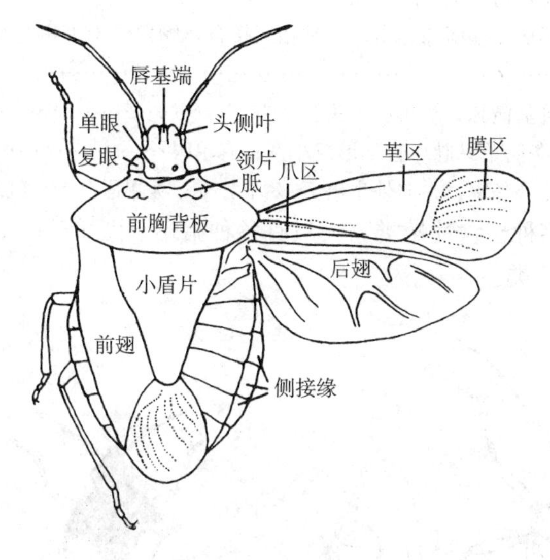

图1-35　半翅目分类特征

1. 异翅亚目　异翅亚目前翅为半鞘翅，基部加厚成革质（革区），端部膜质（膜区）。半鞘翅可分为基半部的革片、爪片和缘片和端半部的膜区，有的种类还有楔片。膜区上有不同的脉纹图案，为分科的根据。后翅膜质。也有少数种类前翅质地均匀为网状如茶网蝽，或退化以至无翅。多数种类在胸部腹面中、后足基节旁有一臭腺孔挥发臭液。属不完全变态。多为植食性，少数种类为肉食性。

2. 同翅亚目　同翅亚目前翅质地均匀，膜质或革质。静止时呈屋脊状覆盖于体背。有的翅短或无翅，以雌介壳虫、蚜虫最常见。除粉虱及雄介壳虫具有不食不动的"蛹"期属过渐变态外，其他均属渐变态类。很多种类是农作物的重要害虫。排泄的液体含有大量糖分，常称蜜露，导致烟煤病。有些种类能传播植物病毒。

与茶树有关的异翅亚目常见科检索表

1. 触角5节，小盾板发达 …………………………………… 2
   触角4节，小盾板短小 …………………………………… 3
2. 小盾板长过前翅爪片 ………………………… 蝽科（Pentatomidae）
   小盾板盖住整个腹部 ………………………… 盾蝽科（Scutelleridae）
3. 无翅（前翅退化呈鳞状），体卵圆扁平，通常褐色 ………… 臭虫科（Cimicidae）
   有翅 …………………………………… 4
4. 前翅全为膜质，宽阔透明，遍布网纹；前胸亦同，并向前后扩展盖住小盾片及部分头部；跗节2节；体小扁平 ………………………… 网蝽科（Tingidae）
   不如上述，体翅不透明，无网状花纹 ………………………… 5
5. 前翅革区有楔片 …………………………………… 6
   前翅革区无楔片 …………………………………… 7
6. 前翅膜区脉纹围成2个环室，且无支脉分出；无单眼，喙4节 ………… 盲蝽科（Miridae）
   前翅膜区无环室，通常有1～3条脉纹；有单眼，喙3节 ………… 花蝽科（Anthocoridae）

7. 前胸背板有1明显横沟；头长似锥状，喙3节，适于刺螯，第1节通常粗而弯曲；前足基节间有1纵沟（发音沟），接承喙端 ………………………………… 猎蝽科（Reduviidae）
   不如上述，喙不弯曲，前足基节间无纵沟 …………………………………………………… 8
8. 前翅膜区多纵脉，都从1基横脉生出，且常相互接合；触角位于头侧上方，有单眼 ……… ……………………………………………………………………………… 缘蝽科（Coreidae）
   前翅膜区脉纹不出自基横脉，触角位于头侧下方 ………………………………………… 9
9. 前翅膜区只有4～5条简单纵脉，且不形成小室；有单眼………………… 长蝽科（Lygaeidae）
   前翅膜区脉纹形成几个基室，并向外生出7～8个分支；无单眼…… 红蝽科（Pyrrhocoridae）

为害茶树的有多种植食性蝽类。天敌有各种猎蝽（图1－36）、花蝽（图1－37）和姬猎蝽等肉食性蝽类。

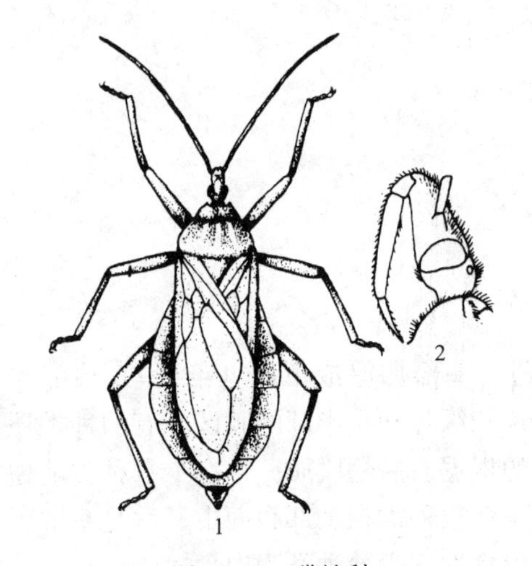

图1－36 猎蝽科

1. 成虫 2. 头部侧面

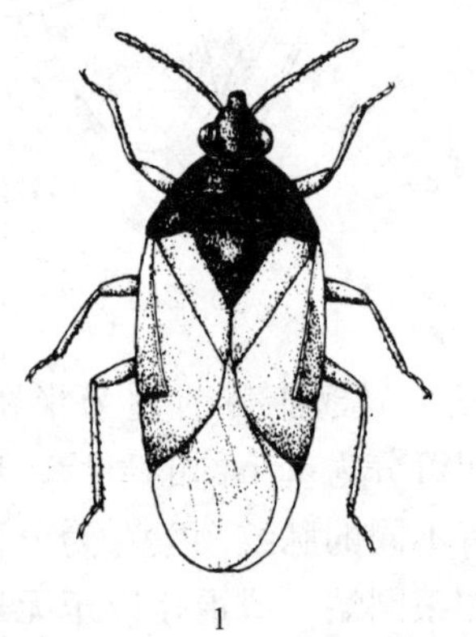

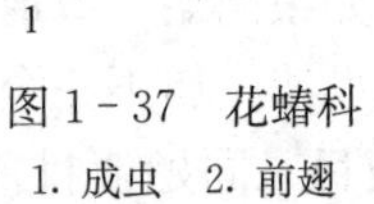

图1－37 花蝽科

1. 成虫 2. 前翅

与茶树有关的同翅亚目常见科检索表

1. 跗节3节；触角短鬃形或锥状 ……………………………………………………………… 2
   跗节1～2节；触角长，线形，或足全退化 ………………………………………………… 8
2. 单眼3个；前足腿节变粗，下方多刺；无中垫；雄性常有发音器，位于腹部 ……………… ……………………………………………………………………………… 蝉科（Cicadidae）
   单眼2个或无，前足不如上述；中垫发达；后足能跳跃；无发音器 ……………………… 3
3. 前胸背板畸形，发达，向后延伸盖住小盾板 ……………………… 角蝉科（Membracidae）
   前胸背板正常，不向后延伸盖住小盾板 ……………………………………………………… 4
4. 触角鬃形；后足基节长且横向扩张，胫节有纵脊，生有2列以上刺毛 ………………… 5
   触角锥形；后足基节短，不横向扩张，胫节具刺，但无成列刺毛 ……………………… 6
5. 头扁平；前胸常有耳状突起；后足胫节叶状扁平……………………… 耳叶蝉科（Ledridae）
   头不扁平；前胸不如上述；后足胫节亦非叶状 …………………… 叶蝉科（Cicadellidae）
6. 前翅前缘基部无肩板；中足基节短，左右靠近；后足基节活动………… 沫蝉科（Cercopidae）
   前翅前缘基部有肩板；中足基节长，左右远距；后足基节固定 ………………………… 7
7. 后足胫节有1大型端距；体小 ……………………………………… 飞虱科（Delphacidae）
   后足胫节无距…………………………………………………………… 蜡蝉科（Fulgoridae）
8. 跗节2节，同样发达；均有翅 ……………………………………………………………… 9

跗节 1 节，或有 2 节者第 1 节退化；有的足全退化；有翅或无翅 ……………………………… 10

9. 触角线形，10 节；前翅革质，爪片明显，主脉有 3 个叉分支 …………… 木虱科（Psyllidae）
触角线形，7 节；前翅膜质，无爪片，主脉简单；腹末节背面有皿状孔、盖片及舌状突…… ……………………………………………………………………………… 粉虱科（Aleyrodidae）

10. 触角上有明显的感觉器；腹末有尾片，两侧常有 1 对腹管；有翅或无翅，有翅个体具翅 2 对，前翅有翅痣，分支脉纹有 4 个以上………………………………………… 蚜科（Aphididae）
触角上无明显感觉器；腹末无尾片及腹管；雌虫无翅；雄虫有 1 对翅，无翅痣，脉纹只分 2 支 ……………………………………………………………………………………………… 11

11. 腹部有气门；雄虫具复眼；雌虫有绵状蜡丝 ………………………… 绵蚧科（Monophlebidae）
腹部无气门；雄虫无复眼 ………………………………………………………………………… 12

12. 雌虫腹末有深裂；肛门上盖有 2 块三角形肛板；体极隆起，有较厚蜡质覆盖 …………… ………………………………………………………………………………… 蜡蚧科（Coccidae）
雌虫腹末无深裂和肛板 …………………………………………………………………………… 13

13. 雌虫体被蜡粉；肛门周围常有刺毛，腹末数节分节明显 ………… 粉蚧科（Pseudococcidae）
雌虫体被蜡质盾状介壳；肛门周围无刺毛，腹末数节愈合成较骨化的臀板 ………………… ……………………………………………………………………………… 盾蚧科（Diaspididae）

（三）缨翅目

缨翅目（Thysanoptera）通称蓟马，为小型昆虫，体细长，体长只有 1～2 mm。黑色、黄色或黄褐色。触角线状，6～9 节，略呈念珠状，末端数节尖锐。口器锉吸式，能锉伤植物表面，吮吸其汁液。复眼发达；有翅型具 2～3 个单眼，无翅型缺单眼。翅膜质，狭长，翅脉退化，最多只有 2 条长的纵脉，翅缘多缨状长毛，并列整齐。有的无翅。跗节 1～2 节，末端中垫呈泡状，爪退化。卵散产于植物组织中。过渐变态。成虫、若虫均多植食性，如为害茶的茶黄蓟马。少数种类捕食蚜虫、螨类等。

（四）脉翅目

脉翅目（Neuroptera）包括草蛉、褐蛉、粉蛉等（图 1-38）。头下口式，灵活。咀嚼式口器。触角细长，一般为线状、念珠状、栉状或棒状。前、后翅均膜质，大小、形状和脉相相似。翅脉网状，边缘多叉。少数种类翅脉较简单。足细长，跗节 5 节。完全变态。卵长卵形，有长柄。幼虫有 3 对胸足，口器咀嚼式，但上颚、下颚左右各合成尖锐的长管状，适于刺入其他昆虫体内吸取体液。蛹为裸蛹，有丝质的茧。本目成

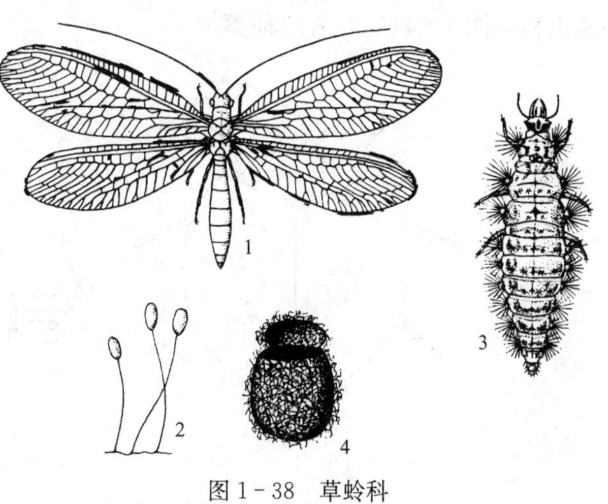

图 1-38　草蛉科
1. 成虫　2. 卵　3. 幼虫　4. 茧

虫、幼虫几乎都是捕食性，以蚜虫、介壳虫、木虱、叶蝉及蚁类等小昆虫为食，是重要的天敌昆虫。如中华草蛉（*Chrysopa sinica* Tjeder）。

（五）鞘翅目

鞘翅目（Coleoptera）包括各种甲虫。本目为昆虫纲中最大的一个目。成虫体微小至大型。体壁坚硬。口器咀嚼式，触角一般 10～11 节，形状变化很大，除线状外，还有锤状、锯状、膝状或鳃片状等。前翅加厚，角质，无翅脉，称为鞘翅。两鞘翅呈直线相接于体背，盖住中、后胸及大部分或全部腹部。后翅膜质，静止时折叠于前翅下。少数种类无后翅。前胸发达，中胸小盾片外露。跗节 5 节或 4 节，很少 3 节。完全变态。幼虫头部发达，口器咀嚼式，无腹足，有蛃型、蛴螬型、无足型。蛹多为裸蛹。

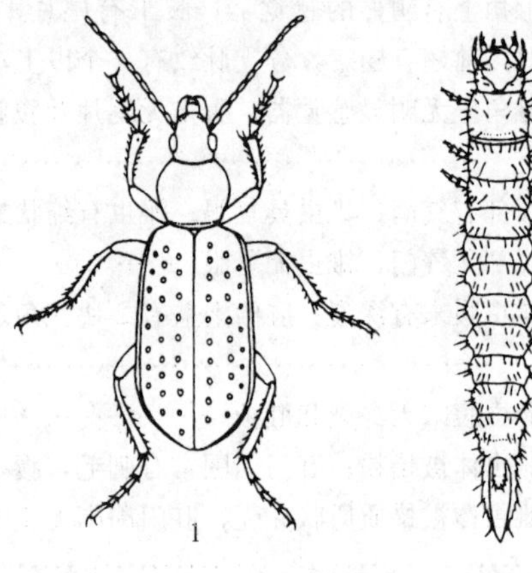

图 1-39 步甲科
1. 成虫 2. 幼虫

食性较复杂。肉食性种类如步甲科、虎甲科、瓢虫科的大多数昆虫；植食性种类则占大多数，其中有取食植物地上部、植物根部，钻蛀植物组织、取食种子、花果等的种类。另外，还有腐食性、粪食性、尸食性的种类。茶园中常见的植食性害虫有叶甲科、象甲科、天牛科、小蠹科、金龟甲科等科的种类，捕食性的有步甲科（图 1-39）、虎甲科（图 1-40）和瓢虫科（图 1-41）等科的种类。

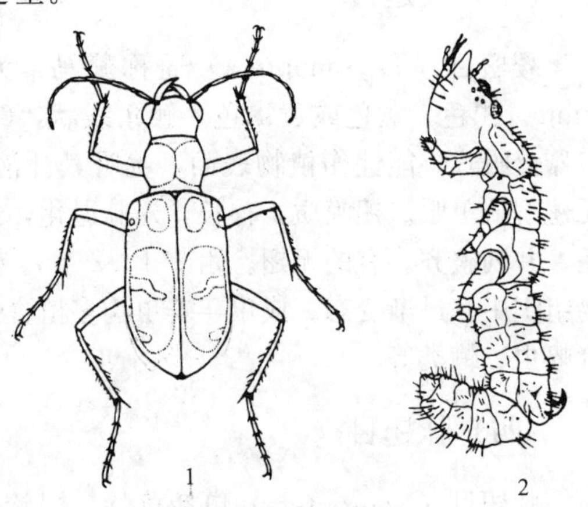

图 1-40 虎甲科
1. 成虫 2. 幼虫

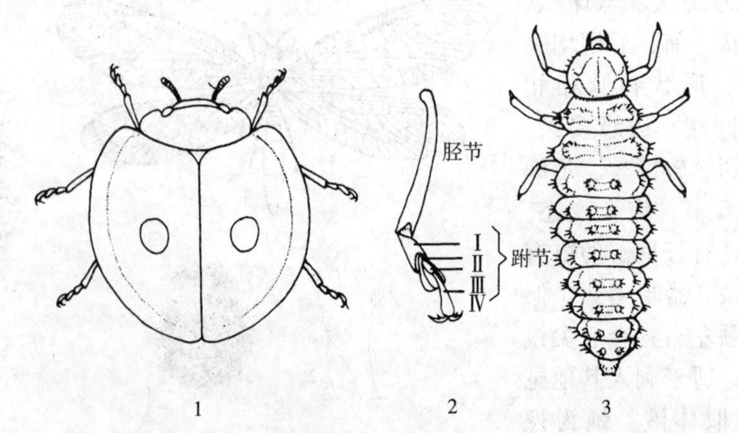

图 1-41 瓢虫科
1. 成虫 2. 成虫后足 3. 幼虫

（六）鳞翅目

鳞翅目（Lepidoptera）是昆虫纲中的第二大目，包括蛾类与蝶类。成虫触角有线状、羽毛状、棒状等。口器虹吸式，下唇须发达。两下颚外颚叶延伸成喙，组成喙的两外叶互相嵌接，中间合成一个食物管，喙不取食时呈发条状卷曲在头的下面。这种口器是鳞翅目成虫特有的。胸部发达，大多数成虫有 2 对翅，发达，只有少数种类雌性的翅退化或缺（雌蓑蛾无翅）。前翅比后翅大，前翅翅脉不超过 15 支，后翅翅脉不超过 10 支。中脉基部一般退化或消失，翅基中央径脉（R）主干与肘脉（Cu）之间连有横脉围成一大型翅室（称中室），以中室识别各脉则较容易。前翅翅脉包括亚前缘脉（Sc）1 支，径脉（R）3～5 支，中脉（M）3 支，肘脉（Cu）2 支，臀脉（A）1～3 支。后翅翅脉的亚前缘脉与第 1 径脉合并（$Sc+R_1$），径分脉（Rs）不分支。翅的形状和脉序是成虫分类的主要依据。成虫身体、翅及附器均被鳞片毛，且组成不同颜色的斑纹，翅面上的斑与线纹是本目分类的依据。前翅上有基横线、内横线、中横线、外横线、亚缘线和缘线，还有环状纹、肾状纹、楔状纹等（图 1－42）。足细长，胫节端部常有距，跗节 5 节。腹部多纺锤形，腹末有外生殖器。

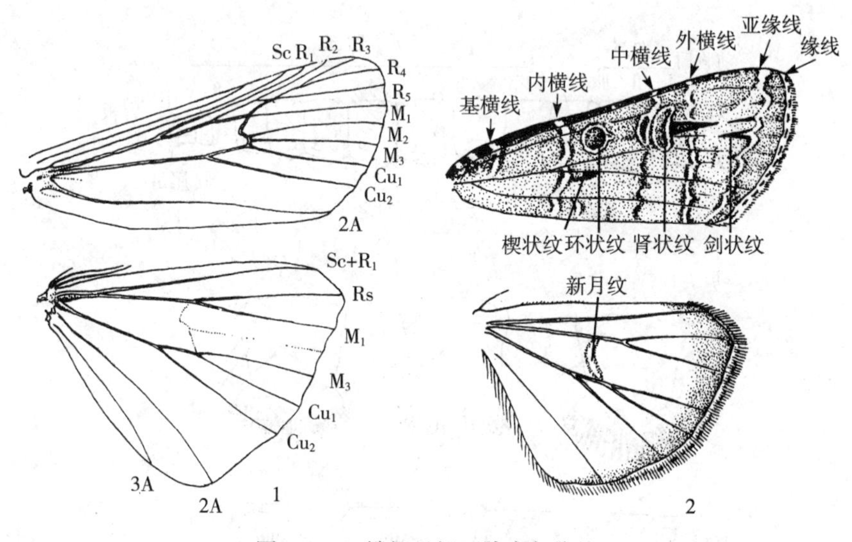

图 1－42 鳞翅目翅面脉序与线纹

1. 脉序 2. 线纹

幼虫体多呈圆柱形而柔软。头多为圆形，坚硬。纵贯头前中央有 1 倒 Y 形的蜕裂线。咀嚼式口器，但下颚与下唇合成一体，中央有 1 突出的吐丝器。颅侧两边各有 6 个侧单眼（图 1－43）。胸部 3 节，前胸背板骨化，称为前胸盾。有 3 对胸足。腹部 10 节，末节背板骨化，称为臀板。腹部具 2～5 对腹足，具 5 对腹足的分别着生在第 3、4、5、6 及第 10 腹节上，第 10 节上的腹足称为臀足或尾足。有的蛾类幼虫腹足减少或退化，如尺蠖只有 2 对腹足，潜叶蛾幼虫足退化。腹足的末端有趾钩。趾钩的存在是本目昆虫幼虫和其他目幼虫区别的主要特征。趾钩的数量、排列、长短是鉴定本目幼虫的依据之一（图 1－44）。

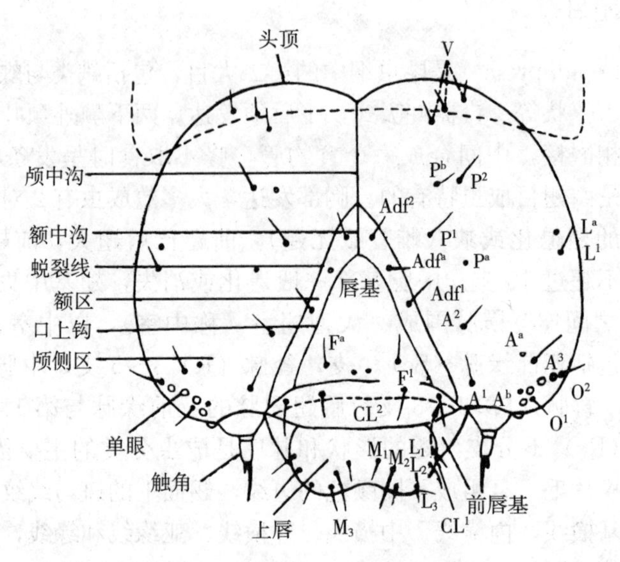

图 1-43 鳞翅目幼虫头部正面

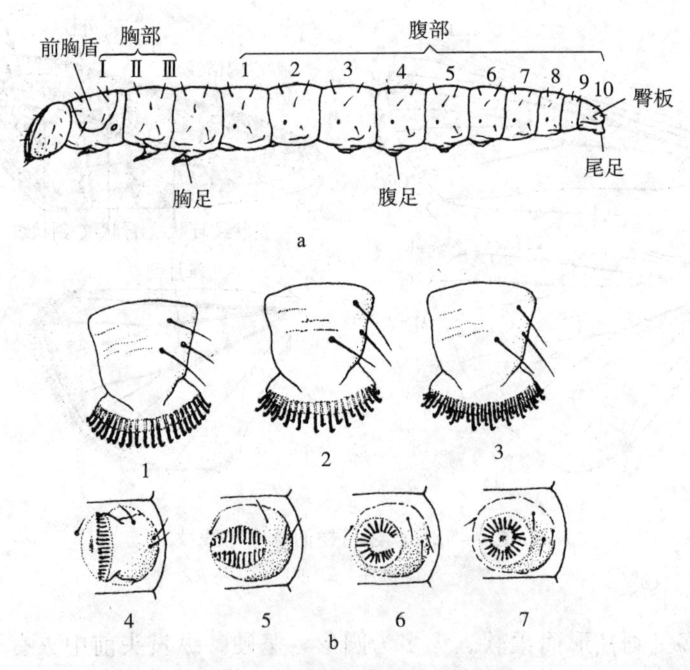

图 1-44 鳞翅目幼虫及趾钩

a. 幼虫体躯 b. 腹足趾钩：1. 单序 2. 2序 3. 3序

4. 中列式 5. 2横式 6. 缺环式 7. 环式

幼虫胴部（胸、腹部的总称）体表有明显的纵行条纹，从背中线至腹中线依次为背线、亚背线、气门上线、气门线、气门下线、基线和腹线（图1-45）。幼虫体表常具各种外长物，常见有刚毛、毛突、枝刺、毛瘤、毛撮等（图1-46）。

蛹为被蛹，翅明显，包被于虫体腹面前半部两侧，触角、口器和足均位于两翅之间。腹部 10 节。第 8～10 节常愈合，且第 10 节常向后延长成臀棘，臀棘末端常具钩刺。

蝶类和蛾类成虫的主要区别为：蝶类触角球杆状或锤状，静止时 4 翅竖于背上，白天活动；蛾类触角非球杆状，而是羽毛状、丝状等，静止时 4 翅呈屋脊状折叠，夜间活动。

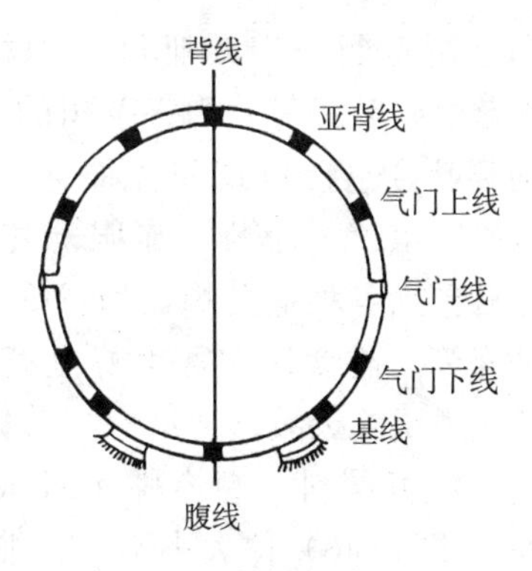

图 1-45　鳞翅目幼虫纵线

鳞翅目昆虫多为植食性，成虫可吮吸花蜜或果汁，主要以幼虫食叶、潜叶、蛀果、蛀干，是茶树上以咀嚼式口器为害的最大类群。常见的有毒蛾科、尺蛾科、刺蛾科、蓑蛾科、卷蛾科、蚕蛾科、细蛾科、夜蛾科、织叶蛾科等。

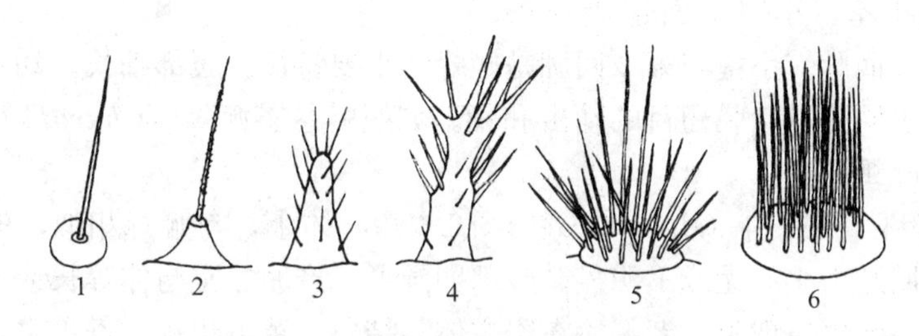

图 1-46　鳞翅目幼虫外长物

1. 刚毛　2. 毛突　3～4. 枝刺　5. 毛瘤　6. 毛撮

（七）膜翅目

膜翅目（Hymenoptera）包括蜂与蚂蚁。体微小至中等大小，少数为大型种类。头灵活，复眼大，单眼 3 个。触角膝状、线状不一。口器一般咀嚼式，少数嚼吸式。具膜质翅 2 对。前翅较大，前缘常有翅痣；后翅小于前翅，其前缘具 1 列翅钩，以钩住前翅翅缘。翅脉相当特化，纵脉常很弯曲。腹部第 1 节多向前并入胸部，称为并胸腹节，第 2 节常缩小成腰，称为腹柄。雌性都有发达的产卵器，多数呈针状，具有刺螫能力。足的转节 2 节，跗节 5 节（图 1-47）。

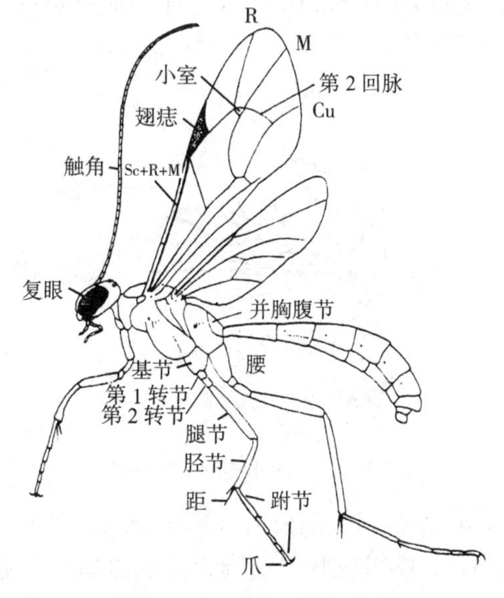

图 1-47　膜翅目体躯特征

完全变态。幼虫头部发达，大多无足，体肥软而色淡。只有叶蜂类具有 3 对胸足及 6 对以上腹足。腹足自第 2 节开始出现，但无趾钩，可与鳞翅目幼虫相区别。

膜翅目分为广腰亚目、细腰亚目

和针尾亚目。广腰亚目多为植食性，如茎蜂、叶蜂等，为害茶树的种类少。细腰亚目包括蚂蚁和各种寄生蜂，如姬蜂、茧蜂、小蜂、赤眼蜂等。针尾亚目包括各种捕食蜂，如青蜂、胡蜂、马蜂等。捕食蜂和寄生蜂是茶树害虫的一类重要天敌。

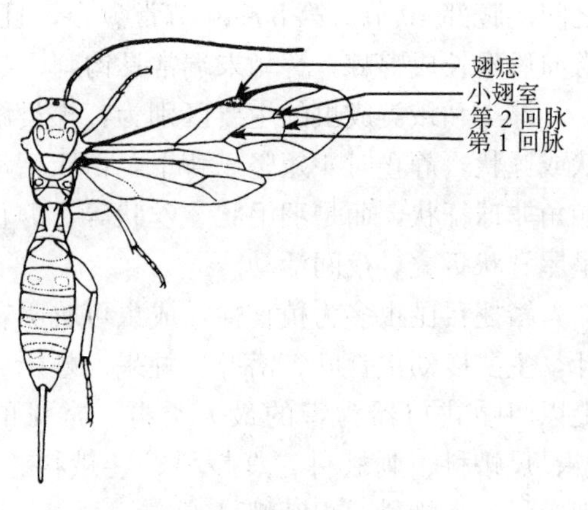

图1-48　姬蜂科

1. 姬蜂科　姬蜂科（Ichneumonidae，图1-48）体大小不一，细长。触角线状，多节。前翅翅痣明显，近翅端第2列翅室中间有1个很小的四角形或五角形的小室。小室下面连接一条横脉，称第2回脉。小室与第2回脉是姬蜂的重要特征。腹部细长。幼虫为内寄生昆虫，寄生于鳞翅目、膜翅目的幼虫和蛹。如螟蛉悬茧姬蜂（*Charops bicolor*）寄生于茶小卷叶蛾幼虫。

2. 茧蜂科　茧蜂科（Braconidae，图1-49）体小，与姬蜂相似，但翅脉较简单，无第2回脉，小室无或不明显。腹部卵圆形，产卵器常与体等长或更长。幼虫内寄生，有多胚生殖现象。老熟后在寄主体外结白、黄茧化蛹。寄主主要为鳞翅目昆虫和蚜虫等。如棉褐带卷蛾茧蜂（*Bracon adoxophyesi*），外寄生于茶小卷蛾幼虫。

3. 青蜂科　青蜂科（Chrysididae，图1-50）体多中型，具强金属光泽，青、蓝或紫红色，坚硬光滑或具粗刻点。前胸背板接触翅基片，小盾片发达，并胸腹节后侧常有锐刺。翅脉退化，后翅无闭室。腹部无柄，背板通常3节，腹面凹入，末节背板后缘常有刺。产卵器管状。整个身体能蜷缩成球形。如上海青蜂（*Chrysis shanghaiensis* Smith），寄生于黄刺蛾茧内。

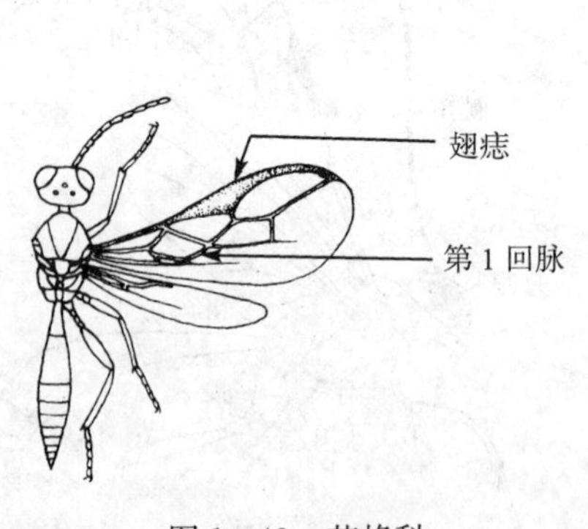

图1-49　茧蜂科

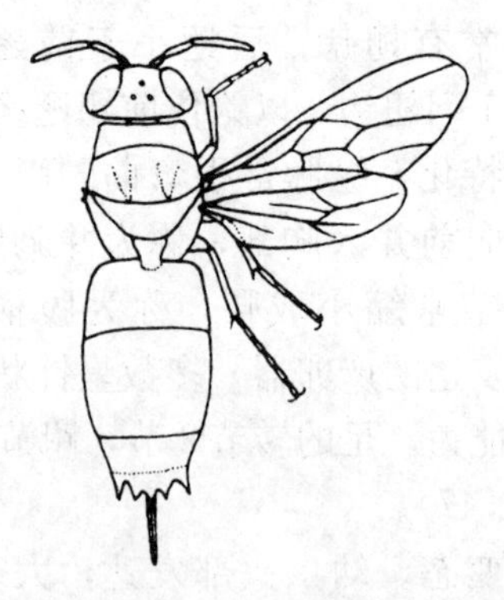
图1-50　青蜂科

4. 胡蜂科　胡蜂科（Vespidae，图1-51）体中大型，多黄色，有暗斑带。触角细长，略呈膝状。前胸背板达翅基片。翅狭长，休息时纵褶。前翅第1中室一般很长，中足胫节有2短距，爪简单。腹部无柄。肉食性。如黄边胡蜂（*Vespa crabro* Linnaeus），捕食蛾类幼虫。

（八）双翅目

图 1-51　胡蜂科

双翅目（Diptera）包括蝇、蚊、虻、蚋等。成虫复眼发达，口器刺吸式或舐吸式。具 1 对发达膜质的前翅，翅脉简单，后翅特化为小的平衡棒。完全变态。本目幼虫常见的有蝇、蚊类。幼虫无足型，蛆式，有的具有足状突起，称为“伪足”。不同种类的幼虫其头部的骨化程度不同：具有骨化头壳的如蚊类；头部完全不骨化，不明显或完全无头，只有 1～2 个口钩，如蝇类。

成虫吸取动物血液或植物汁液，也有取食腐败食物的。幼虫食性复杂，植食性的蛀果、潜叶，如实蝇、潜叶蝇、种蝇等；捕食性的捕食小虫，如捕食蝇、食虫虻等；寄生性的寄生于昆虫和家畜体上，如寄蝇；也有腐食性和粪食性的，取食腐败食物或粪便，如苍蝇。所以本目昆虫与人类关系密切。在茶树上有茶潜叶蝇（*Chlorops theae* Lefroy），潜食茶树叶片；茶枝瘿蚊（*Asphondylia* sp.），蛀害茶枝；茶芽瘿蚊，为害茶芽。本目也有多种食蚜蝇、食虫虻、寄生蝇等，捕食或寄生害虫，是茶树害虫的重要天敌。

1. 食蚜蝇科　食蚜蝇科（Syrphidae，图 1-52）体中型，外形似蜜蜂，多有黄、黑相间的斑纹。触角 3 节，扁形，具触角芒。主要特征是在翅上有一条两端游离的“伪脉”，位于 R 脉与 M 脉之间。翅大，外缘有与边缘平行的横脉。飞行迅速，常在花上或空中飞翔。幼虫蛆式，长而略扁，前端尖，后端截形，表皮粗糙，体侧有短而柔软的突起，白色。常见的如黑带食蚜蝇（*Epistrophe balteata* De Geer）、短刺刺腿食蚜蝇（*Ischiodon scutellaris* Fabricius）等捕食蚜虫。

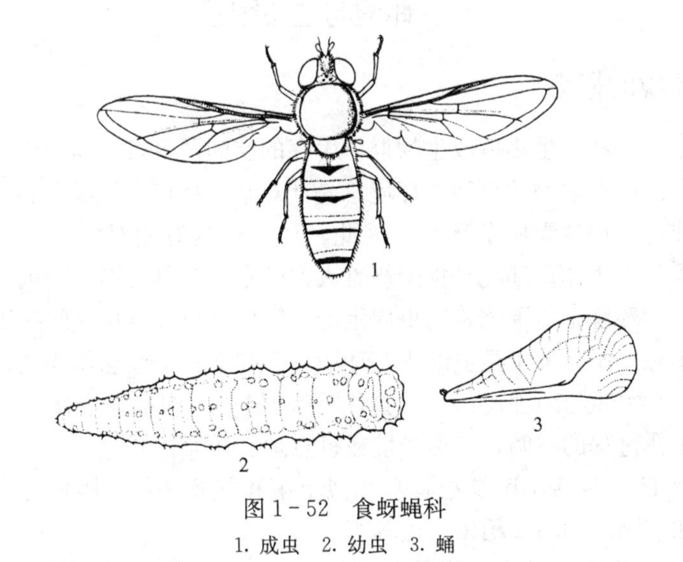

图 1-52　食蚜蝇科
1. 成虫　2. 幼虫　3. 蛹

2. 寄蝇科　寄蝇科（Tachinidae，图 1-53）体小型至中型，外形似家蝇。多毛，灰暗，有褐色斑纹。头大，触角芒光滑。中胸后小盾片发达，半圆形，位于小盾片下方，是本科主要特征。腹末多毛。幼虫蛆状，多寄生在鳞翅目幼虫和蛹内，其次寄生在鞘翅目、直翅目和其他昆虫上。如日本追寄蝇（*Exorista japonica* Townsend），寄生于夜蛾、蓑蛾、斑蛾、毒蛾等。

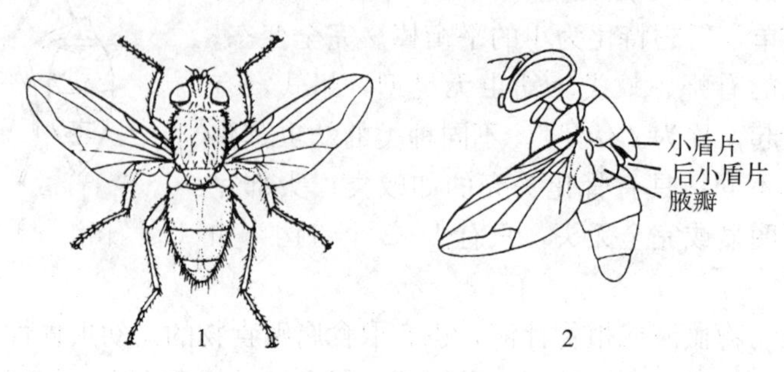

图 1-53 寄蝇科

1. 成虫 2. 体侧面观

第五节 昆虫发生与环境的关系

昆虫的生长发育、繁殖和数量动态，都受环境条件制约。研究昆虫与周围环境条件相互关系的科学称为昆虫生态学。昆虫生态学是生态学中的一个重要组成部分。当前环境保护引起了全社会的关注，害虫综合防治工作不断深入，因此农业昆虫生态学的研究与农业生态系统研究紧密相关。研究与了解昆虫生存的环境、昆虫种群、群落与其生态系统中有关生态因子的各种关系，是开展害虫预测预报和综合防治必须具备的理论基础。

一、环境与生态因子

（一）环境的概念

环境是指某一特定生物体或生物群体生存的空间及直接、间接影响该生物体或生物群体生存的一切事物的总和。环境总是针对某一特定主体或中心而言的，离开了这个主体或中心也就无所谓环境，因此，环境只具有相对的意义。在环境科学中，一般以人类为主体。环境是指围绕着人群的空间及其周围各种因素的总体。在昆虫生态学中，环境是指围绕着昆虫周围的空间以及可以直接或间接影响昆虫生长发育的各种生态因子。关于昆虫的生存环境，有如下几个概念需要进行区分。

1. 生境 生境是指生物的居住场所或活动场所，即生物个体、种群或群落能在其中完成生命过程的空间，又称栖境或栖息地。

2. 生活小区 生活小区是指具有相似土壤和气候条件，栖息着一定动植物群体的地区，如茶园、橘园、稻田、松林等。

3. 生态位 生态位是指生物种群在生活小区内占据的资源部位。如茶尺蠖的生境包括茶园和周围的环境，因为茶尺蠖成虫除了茶园外，还能在周围植物上栖息和产卵。茶园是茶尺蠖的生活小区，而茶尺蠖幼虫的生态位则是茶树的枝叶。

（二）生态因子的分类

环境是由许多生态因子组成的。这些生态因子在性质和强度方面各不相同。它们之间相互组合、相互制约，构成了多种多样的生存环境，为各类极不相同的生物的生存进化创造了不同的生境类型。

生态因子有不同的分类方法。按生态因子对生物种群数量变动的作用，可分为密度制约因子和非密度制约因子。密度制约因子如食物、天敌等生物因子，它们的影响大小随昆虫种群密度而变化；非密度制约因子如温度、降水等气候因子，它们的影响大小不随昆虫种群密度而变化。

对昆虫而言，生态因子按其性质通常分为两大类：一类为非生物因子，另一类为生物因子。非生物因子又可分为气候因子（如温度、湿度、光、风等）和土壤因子（如土壤温、湿度，土壤理化结构等）。生物因子也可分为食物因子和天敌因子等。在生物因子中，还应该包括人为因子。人是社会性的，在当今世界上，人类对生物圈的影响是其他生物因子所无法比拟的，为了强调人的作用与其他生物有本质上的区别，往往把人为因子独立出来。

（三）生态因子的作用方式

生物和环境之间的关系是相互的和辩证的。非生物因子对昆虫的影响一般称为作用。如气候的恶劣变化常造成昆虫的死亡或停止繁殖，洪水泛滥引起一些昆虫迁移。昆虫的发生也会对环境造成影响，一般称为反作用。如昆虫大发生会破坏植被，影响农田小气候。至于生物与生物之间的关系就更加密切了，鸟吃昆虫，螳螂捕蝉，它们之间的关系称为捕食；又如寄生蜂与寄主之间的关系称为寄生。动物与动物之间的关系是相互的，称为相互作用。捕食与被捕食或寄生与被寄生，两种生物在长期的共同进化过程中，捕食者与寄生者发展了寻找、捕捉、寄生、消化被捕食者（或称猎物）和被寄生者（或称寄主）的各种适应性，而猎物或寄主也发展了逃避敌害的各种适应性。这种复杂的相互关系及其伴随的两种生物特有的形态、生理和生态的适应性特征是通过自然选择，适者生存法则而形成的，在进化论中称为协同进化。

生态因子不仅由于其性质不同（如温度、光照和水），对昆虫生活有不同的影响，而且，同一因子量的区别（如温度的高低、光照的长短），对昆虫的生活或某一生命活动过程也会有不同的影响。

二、非生物因子对昆虫的影响

对昆虫影响较大的非生物因子主要有气候因子和土壤因子。

（一）气候因子

气候因子是昆虫生活所必需的条件，是经常地作用于昆虫的环境因子。昆虫虽然对气候有一定适应性，但都有其适应幅度。当气候变化超过这个幅度时，必将引起种群数量下降；相反，当气候变化符合某种昆虫要求时，就将促进其大发生。

气候因子包括温度、湿度、光、风、雨等。这些因子在自然情况下总是同时存在的，并且是在相互影响的综合状态下存在的，它们综合作用于昆虫，但对昆虫所起的作用又各有其独特的意义。

1. 温度 温度是气候因子中对昆虫影响最显著的一个因子。昆虫是变温动物，自身无稳定的体温，其体温基本上决定于周围环境的温度。一般来说，环境温度较低时，虫体温度比气温略高；环境温度较高时，由于蒸发水分而体温又略低于环境温度。环境温度通过昆虫体温进而必然影响其体内新陈代谢的生理进程。由此可见，昆虫新陈代谢的速度和行为在很大程度上要受外界环境温度的影响。

（1）昆虫对温度的要求和温区的划分 昆虫的生长发育和繁殖，都要求在一定的温度范围内进行，这个范围称为昆虫的适宜温区或有效温区（一般在 8～40 ℃）。在适宜温区内，还有对昆虫的生长发育和繁殖最为适宜的温度范围，称为最适温区（一般在 22～30 ℃）。适宜温区的下限即最低有效温度，是昆虫开始生长发育的温度，称为发育起点温度（一般为 8～15 ℃）。适宜温区的上限，即最高有效温度，是昆虫生长发育开始被抑制的温度，称为高温临界（一般为 35～45 ℃或更高些）。在发育起点温度以下或在高温临界温度以上一定范围内，昆虫并不死亡，因温度过低呈冷眠状态，或因温度过高呈热眠状态，当温度恢复到适宜温区范围时，仍可恢复活动。因此，在发育起点温度以下，有一个停育低温区，温度再下降，昆虫因过冷而死亡，即为致死低温区。同样，在高温临界上有一个停育高温区，在此温度范围内昆虫的生长发育因温度过高而停育，温度再高，昆虫因过热而死亡，即为致死高温区（一般在 45 ℃以上）（表 1－2）。

表 1－2 温区的划分和昆虫在不同温区内的反应

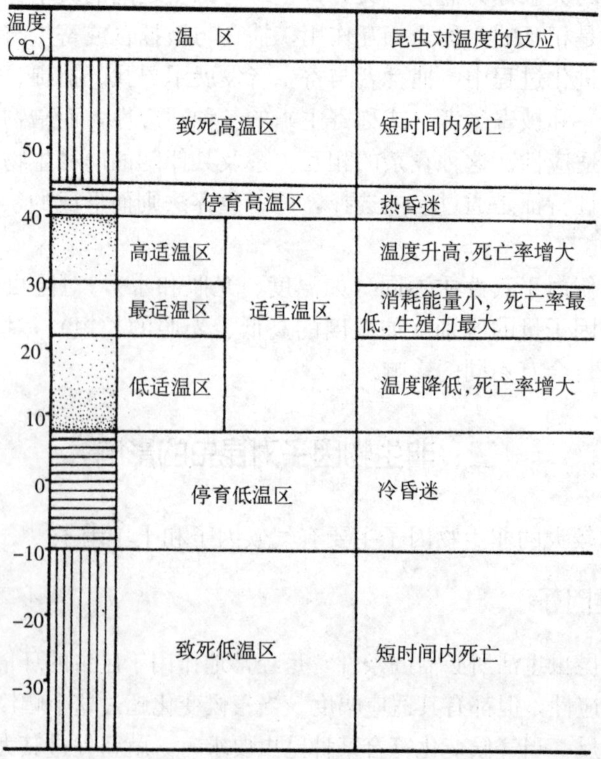

温度（℃）	温 区		昆虫对温度的反应
50	致死高温区		短时间内死亡
	停育高温区		热昏迷
40	高适温区	适宜温区	温度升高，死亡率增大
30	最适温区		消耗能量小，死亡率最低，生殖力最大
20 10	低适温区		温度降低，死亡率增大
0	停育低温区		冷昏迷
−10 −20 −30	致死低温区		短时间内死亡

应该指出，最适温度不一定是昆虫生长发育最快的温度，而是对种的生存和繁殖最有利的温度。因为在一定高温下，昆虫生长发育可能最快，但它的生活力和生殖力却显著降低，从种的繁衍来看则不是最适宜的温度条件。

昆虫对温度的反应和适应，因昆虫种类（不同种类各有其温度生态标准，有广温性种和狭温性种之分）、发育阶段（同一种类不同虫期的适应性有差别）、生理状况（一般虫体内含水量多、含脂肪量相对减少时，抗低温能力差）、时间差异（温度骤升或骤降，常使昆虫对高温或低温的适应范围缩小，温度过高或过低持续时间愈长，对昆虫的伤害愈大）、季节变化（春、秋季寒流比冬季严寒对昆虫杀伤力更大）等情况而异。

（2）温度对昆虫生长发育的影响和有效积温法则　温度对昆虫影响主要表现在对其发育速度、生殖力、死亡率、分布、取食、迁移和蛰伏等生命活动上，其中以对发育速度的影响最为明显。

昆虫生长发育的基础是新陈代谢，即体内一系列生物化学反应。这些反应是在多种激素和酶的作用下进行的。气温的高低变化直接影响酶和激素的活性，从而影响昆虫生长发育速度。在有效温区内，昆虫发育速度与温度的高低往往成S形曲线关系：在高适温区或低适温区内，发育速度均较缓慢；在最适温区内，发育速度与温度一般成正比关系。

在适温区范围内，昆虫体内生化反应随温度的升高而加快，或随温度下降而缓慢，发育速度随之加快或缓慢，这时有效温度与昆虫发育速度成正相关；发育速率与发育时间成负相关，即有效温度愈高，发育所需的时间愈短。昆虫完成某发育阶段（1个虫期或1个世代）需要一定热量的积累，发育所经时间与该时间内温度的乘积为一个常数，即$K=NT$（K为积温常数，N为发育历期，T为温度）。因昆虫必须在发育起点温度以上才能开始发育，因此式中温度T应减去发育起点温度C，这就是有效积温法则。即：

$$K = N(T-C)$$

式中，K和C对某种昆虫或某一发育阶段来说为常数；T和N可从实际观察中得来。

发育速度（V）是发育所需时间的倒数，即$V=1/N$，因此，发育速度与积温的关系可以用公式表示为：

$$V = \frac{T-C}{K} \text{或} T = C+KV$$

昆虫有效积温和发育起点温度的研究，可采用实验的方法，将一种昆虫或某一虫期分别饲养在两种不同的温度条件下，观察其发育所需时间，根据$K=N(T-C)$，便产生2个联立式：

第1种温度条件下　$K=N_1(T_1-C)$　(1-1)

第2种温度条件下　$K=N_2(T_2-C)$　(1-2)

由式（1-1)(1-2)，得

$$N_1(T_1-C) = N_2(T_2-C)$$

$$C = \frac{N_1T_1-N_2T_2}{N_1-N_2}$$

将计算的C代入式（1-1）或式（1-2），可求得K。

如果有3个以上的温度处理，计算上就比较复杂，但结果更为可靠，其计算方法为：

根据$T=C+KV$，按统计学上“最小二乘法”进行计算，其推导公式为：

$$K=\frac{n\sum VT-\sum V\cdot\sum T}{n\sum V^2-(\sum V)^2} \text{及} C=\frac{\sum V^2\cdot\sum T-\sum V\cdot\sum VT}{n\sum V^2-(\sum V)^2}$$

式中，n——观察组数；

T——观察的温度；

V——T温度下的发育速度；

$\sum$——总和符号。

有效积温法则的应用：

① 预测某种害虫发生代数：推测某种昆虫在当地可能发生的世代数，估计该种昆虫能否在当地分布。根据下式：

$$\text{世代数}=\frac{\text{某地全年有效积温总和}K_1\text{（℃）}}{\text{某昆虫完成1个世代的有效积温}K\text{（℃）}}$$

如已知茶毛虫发育起点温度$C=7.90$ ℃±0.38 ℃，完成1个世代的有效积温$K=1\ 340.36$ ℃±123.55 ℃，进而运用各地的气象资料可推算出茶毛虫在各地的发生代数(表1-3)。

表1-3 茶毛虫在各地发生代数的推算及实际发生代数

地点	年积温总和（K_1）	K_1/K	推算世代数	实际发生代数
安徽屯溪	3 286.9	2.45	2^+	2
浙江杭州	3 230.1	2.41	2^+	2
四川都江堰	3 009.6	2.25	2^+	2
贵州湄潭	3 055.5	2.28	2^+	2
河南南阳	2 598.5	1.94	2^-	2
云南勐海	4 248.6	3.17	3^+	2～3
江西修水	3 565.5	2.66	2～3	2～3
湖南长沙	3 606.0	2.69	2～3	3
福建福安	4 227.6	3.15	3^+	3～4
台湾台北	5 426.1	4.16	4^+	5

对于1年发生1代或1代以上的昆虫，假如K_1小于K，说明该地区的有效积温不足以完成这种昆虫的1个世代。这种昆虫就不可能在该地区发生或很少发生，而温度成为这种昆虫地理分布的限制。但对于1年以上才发生1个世代的昆虫，则要分年度计算各个虫态的有效积温才能推算发生情况。

② 预测某种害虫下一虫态或下一世代的发生期：在已知某一昆虫发育阶段的发育起点温度的基础上，用有效积温常数除以当地日平均有效温度，即得一定温度下的发育天数$N=K/(T-C)$。

如已知茶小卷叶蛾卵的发育起点温度为6 ℃，卵期有效积温为70 ℃，若盛卵期后的平均气温为 20 ℃，代入公式 $N=K/(T-C)$ 计算，预测经过 5 d 就可孵化出幼虫，据此即可发出预报。

$$N=\frac{70}{20-6}=\frac{70}{14}=5\ (\mathrm{d})$$

③ 控制昆虫的发育进度：如已接蜂的一批松毛虫赤眼蜂，要求再过 20 d 释放成蜂，以便及时田间释放来寄生茶毛虫卵块。已知它的发育起点温度为 10.34 ℃，有效积温为 161.36 ℃，应放在何种温度下饲养？可将以上数据代入下式计算：

$$T=\frac{K}{N}+C=\frac{161.36}{20}+10.34=18.4(℃)$$

采用 18.4 ℃为饲养温度，则可按要求日期育出成蜂供茶园释放。

应当指出，有效积温法则有一定局限性。因为影响昆虫生长发育速度的因子不仅是温度，其他因素如湿度、食料等也有很大的影响，有时甚至还是主导因素；测报所利用的气象资料多来自气象站，大气候与小气候也有差异；如果气温超过适温区，有效积温公式则无法显示高温延缓发育的影响；有些昆虫有滞育现象，而滞育多数不是由发育起点以下的低温所引起，对这样的昆虫仅根据有效积温来推测也不适当。因此，在实际工作中应用有效积温法则，必须全面分析，避免绝对化。

(3) 温度对昆虫生殖的影响　在一般情况下，昆虫的性成熟时期和成虫寿命均随温度升高而缩短。在低温下，寿命虽长，但成虫多因性腺不能成熟或不能进行性活动等生理原因而很少产卵。只有在比较适合的温度范围内，性成熟较快，产卵前期及产卵间隔期均短，生殖力也大。过高的温度常引起不孕，特别是引起雄性不育。

(4) 低温和高温对昆虫的作用　昆虫的耐寒性和耐热性表现在各种昆虫对温度都有一定的适应范围，因而一地的最低或最高温度常是限制某种昆虫分布的生态因子。

在自然条件下，昆虫有适应冬季低温的能力。一般在低温来临前即开始作越冬准备，大量积累脂肪和糖类，减少细胞原生质和体液中含水量，降低呼吸速率，停止生长发育，处于休眠或滞育状态。已经完成越冬准备的昆虫，冬季低温对它们杀伤力不是很大，但异常年份的低温对它们的存活率仍有影响。

昆虫耐低温的能力常用“过冷却点”来表示，即昆虫在低温条件下，体温迅速下降，但至 0 ℃时体液尚不致结冰，这个过程称为过冷却现象。当体温降至一定程度，体液在结冰前产生放热现象，引起体温突然回升。若这时气温仍然很低，虫体温度随即下降，体液开始结冰，这一导致体温回升并引起体液结冰开始的温度，称为过冷却点。昆虫因种类、世代、虫期不同，过冷却点也不同。在过冷却点下，若低温持续时间不长，昆虫仍可复苏；若低温持续期长，甚至继续下降，则昆虫死亡。低温对昆虫的致死作用，主要是体液的冰冻和结晶，使原生质遭受机械损伤、脱水和生理结构破坏所引起。

昆虫的耐寒性与过冷却现象关系很密切，过冷却点越低的昆虫种类则耐寒性越强。昆虫耐寒性强弱因虫种、虫态、虫龄和生理状况、季节变化和环境湿度等条件而异。

高温对昆虫的影响主要表现在失水。失水过多就会影响昆虫的生存、发育、寿命和生殖。因为失水将扰乱酶系，破坏细胞代谢，甚至使部分蛋白质凝固。高温持续时间不长时，昆虫还能恢复正常生活，持续时间过长则导致死亡。高温对昆虫的影响比低温深刻，可逆性较小。昆虫耐高温性也因虫种、虫龄、环境条件而异。利用红外线、高频电离辐射做热处理防治仓储害虫，是利用高温防治害虫的一种方式。

2. 湿度 湿度实质上就是水的问题。水是一切生理活动的介质。昆虫和其他生物一样需要一定的水分来维持其正常的生命活动，如消化作用的进行、营养物质的运输、废物的排除、激素的传递、体温的调节都不能脱离水分的作用。

昆虫具有一定的调节水分的能力。昆虫获得水分可通过以下方式：由食物取得水分、直接饮水、表皮吸水、利用代谢水等。昆虫丧失水分或保持水分的主要途径是体表蒸发失水或体壁蜡质化保水、呼吸时气门开闭引起失水或保水、排泄时失水或保水等。

一般环境温度升高，昆虫失水速度加快；湿度增大，失水速度变慢，吸水速度加快；湿度降低，失水速度加快，吸水速度变慢；气流的速度也与昆虫水分散失的快慢有关系。

昆虫对湿度的要求也和温度一样，有一个适宜的范围。多数昆虫最适宜的湿度为相对湿度70%～90%。适宜湿度不但因昆虫种类而有差别，即使同种昆虫的不同虫态亦不相同。

湿度对昆虫生长发育有一定影响，但远远不如温度那样显著。一般地说，裸露生活的昆虫，其生长发育和生殖大多要求相当高的大气湿度，但若阴雨连绵，则使其发育不良或致病死亡。但是也有相反的，刺吸式口器的昆虫和螨类，如蚜虫、红蜘蛛等，一般都是天气干旱时发生最多。因为湿度低，植物中的含水量相对减少，食物中的干物质相对也多，因此有利其生长发育。若过于干旱，以致植物过分缺水，增加了汁液黏滞性，降低了细胞膨压，反而使取食困难，对其生长发育不利。若夏季多雨，食物内含水量过多，酸度增大，引起消化不良，可造成大量死亡。

湿度对昆虫的影响主要表现在成活率和生殖力等方面。当昆虫卵孵化、幼虫蜕皮、化蛹及成虫羽化时，如果大气湿度过低，卵极易干瘪，幼虫不易从老皮中脱出而大批死亡，孵化率、化蛹率、羽化率显著降低。干旱影响昆虫性腺的发育，是造成雄性不育的一个原因，也影响交尾和雌虫产卵量。

降水包括降雨、降雪等形式。降水可改变空气温度和湿度，影响昆虫的生长发育、繁殖力和存活率。冬季降雪形成覆盖层，其厚度对小气候影响很大，对一些潜伏地表或地下越冬的昆虫，有时可起保护作用。

降水影响土壤温、湿度，从而影响作物的生长发育状况和营养成分，间接对昆虫起作用。土壤含水量的变化又直接影响土栖昆虫的生活，如铜绿金龟甲卵最适于发育的土壤的含水量为11%～15%，在含水量超过25%的土壤中，卵不能孵化或幼虫死亡。

降雨对昆虫的直接影响主要是机械杀伤作用，对多种昆虫的存活率是重要的影响因素。强降雨可冲刷或杀伤弱小昆虫，使其数量下降。如在适温情况下，集中降雨18.6～29.6 mm，雨后茶叶瘿螨虫口减少45%～74%。暴风雨甚至对很多鳞翅目幼虫、鞘翅目成虫也有很大的杀伤力。

3. 温、湿度的综合作用　自然界中温度和湿度总是相互影响、综合作用于昆虫的。对同一种昆虫来说，这种作用在适宜温度范围内因湿度的变化而变化；反之，在适宜湿度范围内又因温度的变化而变化。温度和湿度的综合作用是复杂的，不同温度和湿度的组合，对昆虫的孵化率、羽化率、化蛹率、死亡率和成虫产卵量有着不同程度的影响。只有在温度、湿度两者都适宜的条件下，才有利于昆虫的发生。如茶小卷叶蛾卵在不同温、湿度组合条件下的孵化率是不同的。在相同适宜的温度下，孵化率随相对湿度升高而增加；在相同适宜的湿度下，孵化率随温度升高而下降（表 1－4）。

表 1－4　茶小卷叶蛾卵在不同温、湿度组合下的孵化率

温度（℃）	相对湿度（%）	孵化率（%）	温度（℃）	相对湿度（%）	孵化率（%）
25	90	100.0	25	50	57.9
25	80	96.4	28	80	93.1
25	69	87.1	30	80	70.7
25	61	83.6	32	80	61.6

为了说明气候条件的温、湿度组合与昆虫发生动态的关系，常采用湿温系数（湿度与温度的比值）或雨温系数（降水量与温度的比值）来表示。其公式为：

$$Q=\frac{RH}{T}$$

式中，Q——湿温系数；

RH——某时期相对湿度平均值；

T——某时期温度平均值。

$$或\ Q_1=\frac{P}{\sum T}\qquad Q_2=\frac{P}{\sum(T-C)}$$

式中，Q_1——雨温系数；

Q_2——降水量与有效积温比值；

P——某时期内降水量；

$\sum T$——某时期内温积；

$\sum(T-C)$——某时期内有效积温；

C——发育起点温度。

以上公式的时间因素可用日、候（5 d）、旬或月的资料。在应用时，应首先提出温度的限制范围，再参考湿温系数，则这种系数对于害虫的预测是可以利用的。单独利用湿温系数实际上不能说明问题。因为相同的湿温系数可由多种温度和多种湿度组合而成，如表 1－3 所示，这些组合对昆虫的效应很不相同。

根据 1 年或数年中各月的温、湿度组合，可以制成气候图，借以研究温、湿度组合对昆虫分布与数量的影响。绘制气候图时，以横轴表示月（旬）平均温度，纵轴表示降水量或平均相对湿度，将月（旬）的温、湿度组合用线连接起来，注明时间，即制成一个地方 1 年中的温、湿度气候图。在图中还可用矩形标出某种昆虫最适宜的和较适宜的温、湿度范围。比较一种昆虫的分布地区和非分布地区的气候图，或猖獗年份与非猖獗年份的气候图，往往可以找出该虫的生存条件，有利于或不利于该虫的温、湿度条件及其在1年中出现的时期，就可预测下一年或下一代该种昆虫的发生趋势。

如朱俊庆研究，7月上旬至8月中旬的气温和相对湿度左右着茶黑毒蛾当年第3代、第4代的种群数量，还影响第2年第1代、第2代的为害程度。预测方法是，以气温为横坐标，相对湿度为纵坐标，以7月上旬至8月中旬的旬平均气温和相对湿度在坐标图中作点，按时间先后连成图形，并以气温在28℃以下、相对湿度在80%以上作适宜区，以图形在适宜区内所占的比例来判断翌年第1代、第2代的发生趋势（图1-54）。

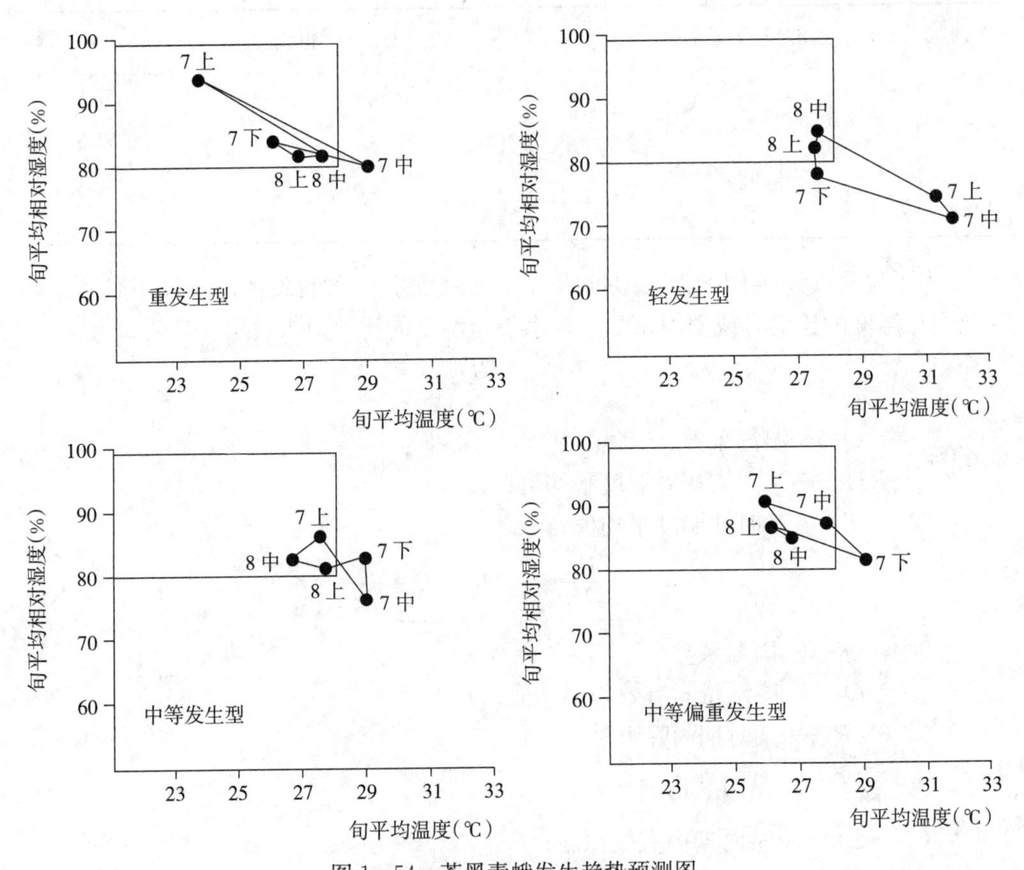

图1-54　茶黑毒蛾发生趋势预测图

应该指出，气候图仅考虑到温度和湿度两个因素，在应用上有一定的局限性。用于分析昆虫的发生和分布时，仍应结合其他因素综合考虑。

4. 光　太阳辐射是地球上光能和热能的主要来源。光是一种电磁波，因为波长不同，显出各种不同的性质。光能和热能在辐射光谱上出现于不同的波长部分。人眼所能看见的光只限于光波的一部分，即390～770 nm。昆虫的可见光区同人的可见光区是不同的，多数昆虫偏于短波光，250～700 nm是多数昆虫的可见光区，因此，昆虫可以看到人眼所看不见的紫外光。黑光灯的光波长在360～400 nm，因此用黑光灯诱虫常较白光灯诱虫效果好。

昆虫识别颜色的能力与人眼很不相同。人类可区别可见光谱中60种光色，蜜蜂只能区别4种，即红、黄、绿、紫。又如蚜虫，对黄色光很敏感，所以利用黄色粘虫板可以诱其降落。不同颜色的光，对不同种类昆虫产卵、觅食等生命活动具有不同影响。

光强度对昆虫活动和行为的影响明显，表现于昆虫的日出性、夜出性、趋光性和背光性等。如菜粉蝶等多种蝶类喜欢在光线充足的白天活动，活动的强度与天气的阴晴及云量多少有密切的关系。夜出性昆虫，如小地老虎、茶毛虫等多种蛾类成虫都在傍晚和夜间活动。大多数夜出性成虫对灯光表现出正趋光性，但蜚蠊和蚊子等成虫表现出负趋光性。夜出性昆虫趋光性的强弱也因种类、性别、不同虫期而有差别，如铜绿金龟甲和大黑金龟甲的成虫都有趋光性，但前者以雌虫趋光性较强，后者以雄虫趋光性较强。

光照时间及其周期性的变化是引起昆虫滞育的重要因素，季节周期性影响着昆虫年生活史的循环。

在自然界中，一年中光周期的变化是有较稳定的规律性的。一年中以冬至日的光照时数最短，自冬季至夏季光照时间逐渐变长，到夏至日则光照时数最长，以后又逐渐变短，如此周而复始，循环不已。这种周期性的变化同四季气温变化规律相适应。短日照的来临预示着冬季即将到来，对昆虫起着越冬滞育的信息作用。如在山东、安徽等偏北茶区，茶蚜到了秋季要产生两性蚜虫产卵越冬。已经证明，秋季短光照周期的到来是产生两性蚜的条件。有些昆虫，在光照和温度的综合作用下，还可以影响局部世代的发生数量。

5. 风　风是因大气中气压的差异而形成的气流。风不仅直接影响到昆虫的垂直分布、水平分布以及昆虫在大气层中的活动范围，而且通过影响大气温、湿度，从而间接影响昆虫的体温及体内水分平衡。

风对昆虫垂直分布的影响，是由于地面受太阳辐射热的作用而发生对流现象。上升气流常把许多具翅昆虫或小型无翅昆虫带到高空中去，向远处飘浮滑翔，待气压减弱，空气下沉时再降落到地面。

风对昆虫水平分布的作用，视风的强度、速度和风向而不同，直接影响昆虫扩散和迁移的频度、方向和范围。如茶蚜的有翅蚜多选择在晴朗温暖的黄昏，风速不超过4 m/s时起飞，起飞后则被动地随风飘移，可借风力分布到1 100～1 300 km的范围。

许多善飞的昆虫种类多在微风或无风晴天飞行，风速增大，飞行的虫数减少。当风速超过4 m/s时，一般都停止自发的飞行。由于风影响昆虫的飞行，因此生活在多风地区的昆虫常具有相适应的形态特征和习性。如生长在海岛上的昆虫，由于强风的关系，在群落中无翅型占多数，但也有翅特别发达可以抗强风的种类。在西藏多风高原地区的蚱蜢，多为无翅型，而生活在低处的均为有翅型，当地有些蝶类，在有风天气不飞翔，如加以惊动则起飞后不久就展翅贴伏地面，以防被风吹跑。

由于我国的地理特点形成了特殊的大气环流季节性变化，春夏季为海洋性东南季风，秋冬季为大陆性西北季风，这对我国几种重要农业害虫的南北往返迁飞有很大影响，如褐飞虱、稻纵卷叶螟、黏虫等都有每年春夏季由南向北、秋季再由北向南迁飞的发生规律。

(二) 土壤因子

土壤是由固、液、气三相物质所组成，具有特定的温湿度条件、通气状况、机械组成、化学特性和有机物种类，形成一个特殊的生态环境，所以大部分昆虫都与土壤有不同程度的联系。有的种类（如蝼蛄、蟋蟀等）终生生活在土壤中，多数种类在其一生中，可有1个或几个虫态生活在土中，如茶尺蠖在土中化蛹、蝗虫在土中产卵、丽纹象甲的幼虫在土中生活。因此，土壤与昆虫有密切的关系，直接影响土栖昆虫的活动，甚至生存。同时，土壤还是植物生活的基础，通过食物影响着昆虫的生活和种群数量。

1. 土壤温、湿度对昆虫的影响 土壤温度主要取决于太阳辐射，其变化因土壤层次和土壤覆盖物不同而异。土壤表层的温度变化比气温大，土层越深则土温变化越小。土壤温度有日变化、季节变化，还有不同深度层次间的变化，这类变化又因土壤类型和物理性质不同而有差异。在土壤内生活的昆虫，土温的变化影响其生长发育、繁殖和栖息活动。

土栖昆虫随着土壤温度的日变化和季节变化，有向适温层移动的活动规律。一般当秋季温度下降时，昆虫向下移动，气温愈低，潜土愈深；春季天气渐暖，昆虫向土壤表层上升；夏季表土层温度高时，昆虫又下潜。了解土中昆虫垂直迁移活动的规律，就能更好地测报和防治这类害虫。

土壤湿度主要取决于土壤含水量。土壤水分的来源主要是降水、地下水和灌溉。土壤中的湿度，除近表土层外，一般总是达到饱和状态，因此许多昆虫的不活动虫期常以土壤为栖息场所，可以避免空气干燥的不良影响，其他虫态也可移栖于温度适宜的土层。土壤湿度大小对土栖昆虫的分布、生长发育均有影响。如细胸金针虫、小地老虎的主要为害区限于含水量较多的低洼地，沟金针虫则适应于旱地平原。

不少在土壤中越冬的昆虫，其出土数量和时期受土壤含水量的影响。如我国南方4～6月春雨连绵，有利于茶角胸叶甲、茶丽纹象甲的成虫羽化出土，成虫羽化出土盛期常出现在降雨之后。

土壤温、湿度也关系到一些土壤微生物和昆虫病原菌的生存。在温暖潮湿的土壤内有利于它们繁殖，改良土壤，可抑制某些害虫的发生。

2. 土壤理化性状对昆虫的影响 土壤的理化性状对土栖或半土栖昆虫的活动、分布和生存都有很大的影响。土壤物理性状主要表现在团粒结构上，沙土、壤土、黏土等不同类型结构会影响昆虫在土壤中的活动。如蝼蛄、蛴螬的体型较大、虫体柔软，多在松软的沙土和沙壤土中活动；象甲、叶甲幼虫在具团粒结构的壤土中生活；茶尺蠖、扁刺蛾的幼虫在土中化蛹时，如果茶丛根际土壤疏松，则入土较深，反之则入土较浅。

土栖昆虫常以土壤有机物为食料，土壤中施有机肥料对土壤生物群落的组成影响很大。施用未腐熟有机肥易引致地下害虫的发生。如根蛆类幼虫原是腐食性的，成虫喜产卵于未腐熟的有机肥上。如土壤干燥缺水，幼虫就有迁害作物根部的习性。土壤的酸碱度、含盐量、重金属离子，甚至土壤的农药残留量等都会影响昆虫的分布和发生数量。

总之，在土壤生物群落中，有益种类远较有害种类多，同时存在着种间相互依存、相互制约的关系。因此，要对土壤进行科学的维护和管理，特别是不要轻易施用农药，减少化肥的使用量，必须防治某些地下害虫时，也要全面考虑，慎重从事，合理用药。可以采用夏季伏耕暴晒防治土栖性或半土栖性害虫，使虫体迅速失水而死亡；还可通过各种农业生产活动改变土壤条件，造成对害虫不利而有利于天敌和作物生长发育的环境条件。

三、生物因子对昆虫的影响

对昆虫影响较大的生物因子主要有食物因子和天敌因子。

（一）食物因子

食物是昆虫维持其新陈代谢所必需的能量来源，因此食物因子对昆虫的影响比其他因子更为深刻，可直接影响昆虫的生存、生长发育、繁殖和寿命，从而明显地影响到生境中昆虫的种群数量。

1. 昆虫的食性　昆虫在长期演化过程中，形成对食物的一定要求和选择称为昆虫的食性。根据食物来源不同，昆虫的食性分为以下几类。

（1）植食性　以植物为食，包括不同植物种类和部位。大部分昆虫都属于这一类。植食性昆虫根据其取食种类多少，可进一步分为：单食性，即只取一种植物，如三化螟只为害水稻；寡食性，仅能取食同一科内近缘的几种植物，如茶蚕、茶梢蛾、茶毛虫可以取食茶、油茶、山茶等山茶科的一些种类；多食性，能取食不同科的多种植物，如小贯小绿叶蝉、茶蓑蛾、扁刺蛾等。

（2）肉食性　以活的动物为食。肉食性昆虫又有捕食性与寄生性之分，大多为捕食或寄生害虫的天敌昆虫。

（3）腐食性　以死亡动植物的尸体、组织、排泄物为食，腐食性昆虫在生态循环中有重要的作用。

（4）杂食性　杂食性昆虫既取食植物性食物，又取食动物性食物，如蟑螂。

2. 食物对昆虫的影响　昆虫作为异养生物，必须从其他生物上摄取食物。只有获得足够的适宜食物，满足其自身的能量消耗和营养物质的积累，才能保证其正常生长发育和种群的繁荣。昆虫对食物的适应实质上是对营养的适应。适于某种昆虫消化利用的食物，对其就有营养价值，就能促进其生长发育和繁殖；反之将对其产生不利的影响。

各种昆虫都有其一定的新陈代谢形式和最适宜的食物。尽管多食性和寡食性昆虫能取食多种食物，但不同的食物种类产生的营养效应不同。因此，每种昆虫都会寻求自己最适宜的食物。如红蜡蚧可为害 60 多种植物，为害茶树时平均每雌产卵 200 多粒，为害枸骨冬青时平均每雌可产卵 300 多粒。同一种昆虫不同发育阶段对食物的营养要求也不一样。如一般鳞翅目幼虫在幼龄期要求食物的含氮量多于含糖量，老龄幼虫则相反。就植物的叶位来说，幼嫩芽叶由于含氮量较高，碳氮比较小，适于许多食叶幼龄幼虫的生理要求；老叶则因碳氮比较大，适于虫龄较大的幼虫取食。因此茶尺蠖、卷叶蛾、茶细蛾等在幼龄期都取食嫩叶，随虫龄增大逐渐为害成叶、老叶。茶蚜、小绿叶蝉、茶黄蓟马等刺吸式口器害虫由于需要较多的蛋白质供生长发育，因此主要取食含氮量较多的幼嫩芽叶。

除植食性昆虫外，捕食性、寄生性甚至腐食性昆虫也都有各自最适宜的取食对象，如澳洲瓢虫最喜捕食吹绵蚧，七星瓢虫最喜捕食蚜虫，赤眼蜂最喜寄生于蛾、蝶类的卵中。

研究食物对昆虫影响的规律，在农业生产上具有很大的意义。首先，可以推测某种作物引入一个新地区时可能发生的害虫组成；其次，知道某种害虫食性的适宜范围（包括食物种类和最适宜的植物生长期），可以设置正确的耕作制（如轮作、调整农时），通过消灭杂草寄主或选用抗虫品种等来创造不利于害虫繁殖的条件。

3. 植物抗虫性机制 生物有机体是相互适应的。植物对昆虫也可产生适应性。由于昆虫对植物的为害，那些无抗虫性的植物种类或品种逐渐被淘汰，而具有抗虫性的被保留下来，这就是植物对虫害的适应。所谓抗虫性是指植物具有影响昆虫为害程度的遗传特性，或者说，抗虫性是某一品种在相同环境条件下或初期受害水平相同的情况下，比别的品种能获得优质高产的性能。

某些植物品种由于形态解剖特征、物候特点、生物化学特性或生长发育阶段等的特异性，使某些害虫不取食为害，或不能在其上正常地生长发育和大量繁殖，或对它的产量影响不大，这类品种就是具有抗虫性的品种。

植物抗虫性的机制可表现为不选择性、抗生性和耐害性 3 个方面。

（1）不选择性 植物的形态结构、生化反应和发育阶段，能对害虫产生机械的、化学的或物候的作用，减少或不被害虫选择来产卵、栖息或取食。如在华中地区，菜螟对萝卜的为害，早播（9 月）受害较重，10 月上中旬播种的受害较轻。这是萝卜苗期与菜螟发生期相遇与否的物候原因。在茶树上，凡发芽早、芽头密度大的品种，茶蚜发生早、受害重。抗茶橙瘿螨的品种，一般具有叶片茸毛密度大、上表皮角质化程度强、气孔密度低的特点。日本报道，儿茶素尤其是酯型儿茶素对茶红叶螨有忌避作用，因此，酯型儿茶素含量高的品种受害轻。

（2）抗生性 植物不能全面地满足昆虫营养上的需要或含有对昆虫有毒的物质，或缺少一些昆虫特殊需要的物质，因而昆虫取食后发育不良，寿命缩短，生殖力减弱，甚至死亡，或者由于昆虫的取食刺激而在伤害部位产生化学或组织上的变化，而抗拒昆虫继续取食。这些都属于抗生性的范围。如花椰菜的抗菜粉蝶品种中，存在多种与抗性相关的氨基酸，如脯氨酸和酪氨酸，而在感性品种中未发现此类氨基酸，而游离氨基酸和可溶性氮则比抗性品种中含量高。南瓜中 D-葡萄糖浓度在 1%以上时，对瓜螟有抗性，高抗性品种中还含有半乳糖醛酸。抗茶橙瘿螨的茶树品种中，氨基酸总量及茶氨酸、谷氨酸和天门冬氨酸的含量比感性品种高。

（3）耐害性 耐害性是指植物在害虫为害后具有较强的增殖和补偿能力，所受的损失很低。如圆而长的芜菁品种，一般具有强大的根，比扁平或扁圆具细根的品种对萝卜蝇侵害有较强的耐害性，且受害后恢复较快。又如某些禾谷类作物受蛀茎虫为害时，被害茎枯死，但能以分蘖补偿。

上述 3 种抗虫机制，在同一种植物或品种上，对某种害虫可能只有一种机制，也可能同时具有几种机制，有时这 3 种机制之间很难截然划分，甚至存在连锁反应。

害虫对抗性品种经过一段时间的适应，可能形成新的生物型，这时抗性品种对新的生物型害虫将成为易感品种，如水稻褐飞虱已发现有 7 种生物型。因此抗虫品种并不是一劳永逸的，需要不断选育或更新。

4. 食物链和食物网 在自然界生物与生物之间最重要的联系是营养关系，即取食和被取食的食物关系。这种通过取食和被取食的关系，把生物群落中的各个成员直接或间接地联结成一体的食物关系称为食物链或营养链。古语说“螳螂捕蝉，黄雀在后”，其实在黄雀之后，还有更高一级的动物或寄生性生物，这是自然界普遍存在的现象。

自然界的食物链，常见的有捕食链和寄生链两种类型。捕食链的特点是在诸环节之间逐级捕食，逐级个体依次增大，个体数量依次减少。寄生链是通过逐级寄生，导致寄主缓慢死亡，逐级个体依次变小，而个体数量往往依次增多。食物链的环节一般为 4～6 节，由于能量的消耗关系，食物链的环节不可能很长。以茶毛虫为例：

捕食链：茶树←茶毛虫←瓢虫←蜘蛛←食虫鸟。

寄生链：茶树←茶毛虫←绒茧蜂←小蜂。

实际上，在自然界中这种食物链并不仅是一个简单的直链，常有很多分支。也不仅仅是单纯的捕食链或寄生链，而是相互交错，形成复杂的网状结构。这种通过多条食物链联系起来的网状结构就称为食物网。

食物的联系是形成自然界中生物群落组成的重要因素，其中任何一个环节的变动（增加或插入、减少或消失）必将引起整个群落组合的改变，这就是人为改变作物或引用新的捕食性或寄生性昆虫以改变自然界动物群落的理论基础。在进行害虫防治的研究时，要考虑到任何一种害虫与其他生物的有机联系。

（二）天敌因子

昆虫的生物性敌害，通常称为天敌。昆虫之间以及昆虫与其他生物之间，由于种间斗争，可存在捕食、寄生、共生、共栖和竞争的自然现象。天敌因子不是昆虫生存所必需的条件，而是抑制因子之一。天敌因子对于农业害虫种群消长经常起作用。

1. 昆虫天敌主要类群及其作用 昆虫天敌主要有捕食性天敌和寄生性天敌两大类。捕食性天敌又有捕食性昆虫和其他捕食性动物，寄生性天敌又有寄生性昆虫和病原微生物。其中捕食性昆虫和寄生性昆虫通称天敌昆虫。昆虫天敌主要包括 3 大类群：病原微生物、天敌昆虫和其他食虫动物。

（1）昆虫的病原微生物 引起昆虫发生疾病的微生物有细菌、真菌、病毒、原生动物、线虫等，其中以细菌、真菌和病毒比较重要。昆虫感染这类病原微生物之后，可能形成流行病而大量死亡。

使昆虫感病的真菌称为虫生真菌，我国已从茶树害虫中分离到虫生真菌 40 多种，常见的有僵菌和虫霉菌。僵菌如布氏白僵菌（*Beauveria brongniartii*），寄生茶小卷叶蛾、部分鞘翅目成虫；球孢白僵菌（*Beauveria bassiana*），寄生茶叶象甲；绿僵菌（*Metarhizium anisopliae*），寄生蝙蝠蛾幼虫。虫霉菌如弗氏虫霉（*Triplosporium fresenii*），寄生蚜虫；圆孢虫疫霉（*Erynia radicans*），寄生小绿叶蝉、茶尺蠖；细脚拟青霉（*Paeciomyces tenuipes*），寄生茶尺蠖等多种害虫；韦伯虫座孢菌（*Aegerita webberi*），寄生黑刺粉虱等。

引起昆虫感病的细菌主要是芽孢杆菌（*Bacillus* spp.），一般分为2类：专性寄生细菌与兼性寄生细菌。专性寄生细菌不分泌结晶毒素，寄生性比较单一，如金龟甲乳状病菌。兼性寄生细菌可产生蛋白质结晶毒素，寄主范围广，如苏云金杆菌（*Bacillus thuringiensis*，Bt）。苏云金杆菌已发现很多变种或菌株，如青虫菌、杀螟杆菌、7216菌、HD-1等。它们都具有高致病力，尤其是对鳞翅目幼虫防治效果好。

昆虫病毒是指以昆虫为宿主的病毒。目前已发现对害虫有活性的昆虫病毒高达1 200多种，近1 700株，以杆状病毒科的核型多角体病毒（nuclear polyhedrosis virus，NPV）、颗粒体病毒（granulosis virus，GV）以及呼肠孤病毒科的质型多角体病毒（cytoplasmic polyhedrosis virus，CPV）居多。用于茶树害虫防治的病毒包括茶毛虫核型多角体病毒、茶尺蠖核型多角体病毒、灰茶尺蠖核型多角体病毒、茶刺蛾核型多角体病毒、茶小卷叶蛾颗粒体病毒、茶刺蛾颗粒体病毒、褐刺蛾质型多角体病毒等。

（2）天敌昆虫　天敌昆虫包括捕食性和寄生性两类。捕食性昆虫分属18个目200多个科，常见的有螳螂、瓢虫、草蛉、蜻蜓、食蚜蝇、猎蝽、步甲、胡蜂等。我国已有许多捕食性昆虫应用于害虫防治，如澳洲瓢虫、大红瓢虫等成功地控制了吹绵蚧；草蛉和七星瓢虫对鳞翅目幼虫、茶蚜有很好的控制作用等。寄生性昆虫分属膜翅目、双翅目、鳞翅目和鞘翅目等，以前两目的种类最多、最重要。膜翅目寄生性昆虫通称寄生蜂，双翅目寄生性昆虫主要是寄生蝇。我国曾利用日光蜂防治苹果绵蚜，赤眼蜂防治农林业鳞翅目害虫，平腹小蜂防治荔枝蝽，金小蜂防治越冬红铃虫等，都取得了显著效果。

（3）其他食虫动物　常见的有蜘蛛、捕食螨、鸟类、两栖类、爬虫类等。蜘蛛是一大类经常留守在茶园内捕食害虫的天敌。据统计，全国茶园蜘蛛多达280多种，有结网蛛和游猎蛛之分。结网蛛如迷宫漏斗蛛（*Agelena labyrinthica*），游猎蛛如斜纹猫蛛（*Oxyopes sertatus*）、三突花蛛（*Misumenops tricuspidatus*）等都是茶园常见的优势种类。蜘蛛专门捕食活的猎物，且无甚选择，对茶园害虫有重要的自然控制作用，但有时也会捕食天敌昆虫。捕食螨（多达40多种）主要是捕食害螨的天敌，也取食一些昆虫的卵和初孵幼虫。如德氏钝绥螨（*Amblyseius deleoni*）在四川苗溪对茶跗线螨表现出良好的抑制效应。鸟类大都食虫，特别是靠近山区的茶园，鸟类繁多，常成为控制害虫尤其是鳞翅目幼虫的重要天敌。常见的食虫益鸟有白脸山雀（*Parus major*）、灰喜鹊（*Cyanopica cyana*）、棕背伯劳（*Lanius schach*）、棕头鸦雀（*Paradoxornis webbianus*）等。此外，其他食虫动物还有两栖类的青蛙、蟾蜍等，爬虫类的蜥蜴、石龙子、壁虎以及哺乳类的蝙蝠、老鼠等。

在害虫消长动态的预测中，应当充分估计害虫天敌的盛衰趋势，才能提高数量预测的准确性。在制订害虫综合防治方案时，也必须考虑这些措施对天敌的影响，以及天敌在防治体系中可能发挥的作用，采取一切措施尽可能做到保护天敌或减少伤害天敌。

2. 捕食和寄生的概念　捕食是指一种动物营自由生活，在袭击另一种动物时，可杀死它而食之。这种捕食动物称为捕食者，被捕食的动物称为猎物。如瓢虫、草蛉捕食蚜虫或棉铃虫幼虫；鸟类捕食昆虫等。一般捕食者的体型较大，数量较少，捕食性昆虫的成虫和幼虫其食物来源基本相同。

寄生是指一种或几种生物以另一种动物为食料，而被食动物并不立即死亡的现象。如赤眼蜂寄生于茶毛虫卵，绒茧蜂寄生于茶细蛾幼虫和蛹等，被寄生者称为寄主，寄生者称为寄生物。一般寄生物比寄主体型小，数量比寄主多。一头寄生物一般在一头寄主上就能完成它的生长发育过程。寄生性昆虫是以幼虫期营寄生生活，成虫期营自由生活，幼虫与成虫的食料来源常不相同。

寄生性天敌具有不同寄生习性。根据在寄主体上的寄生部位，有外寄生和内寄生之分；根据被寄生的寄主发育阶段，有卵寄生、幼虫寄生、蛹寄生等。只寄生寄主一个虫期称为单期寄生，如卵寄生；寄生寄主两个虫期以上称为跨期寄生，如卵-幼虫寄生，幼虫-蛹寄生。同一寄主体内寄生物的种类和数量也不相同：两种以上寄生物混合寄生于同一寄主的现象，称为共寄生；一个寄主体内有两个或两个以上寄生物寄生的，称为多寄生；若一个寄主体内只有一个寄生物寄生时，称为单寄生。

生物学上还有一种特殊的重寄生现象，是指一种寄生物寄生于某一寄主时，它本身又被另一种寄生物所寄生。如寄生茶毛虫幼虫的绒茧蜂，它又能被金小蜂寄生。重寄生现象可达4～5级之多，在此情况下，第一寄生物称原寄生物，寄生于原寄生物的寄生物称重寄生物。寄生于害虫体上的天敌均为原寄生，重寄生不利于害虫天敌的生存和繁衍。

3. 天敌与害虫的基本关系　自然界中的每种昆虫都有很多天敌，天敌与害虫之间存在着相互依存和相互制约的关系。

天敌对害虫的影响表现在以下4个方面：天敌在生物群落的能量转换或物质循环中，起着突出的作用；天敌是害虫种群数量的调节者；天敌种群对害虫种群有跟随现象，即在害虫发生时，取食这种害虫的天敌跟随发生，当害虫种群出现高峰时，天敌种群的数量也会增多；天敌是害虫进化的选择因素。天敌作用的大小取决于其食性专化程度、搜索能力、生殖力和繁殖速度以及对环境的适应性。

害虫对天敌的反应表现在以下3个方面：忌避的保护方法如警戒色、化学防御、拟态等；增加与天敌距离的保护方法如假死或突发性昏迷（叶甲类），恫吓现象（如茶叶斑蛾幼虫体背上的毛分泌的黏液）；选择性保护方法如多型现象（蚜虫类）、物候隔离、细胞防御反应（寄主卵胚胎发育后期不适于寄生蜂产卵）。

确定某种害虫天敌的优势种，是保护利用天敌的重要条件。仅根据田间某种天敌的种群密度或寄生率（捕食率）高低来鉴别优势种是不全面的。在害虫大发生之后出现某种天敌的高密度或高寄生率，并不能表明这种天敌就是优势种，因为这时害虫已经引起经济损失。如果某种天敌能将害虫控制在低密度状态，即使其密度（或寄生率）不甚高，但发挥了抑制害虫暴发的作用，这种天敌应是优势种，或者天敌高密度或高寄生率可出现在害虫引起经济损失之前，能够适时地抑制虫害发生，这种天敌也应是优势种。因此，衡量天敌优势种的标准应是在一定气候条件和营养条件下，根据害虫与天敌间对立统一结果所产生的经济效益而定。

四、人类活动对昆虫的影响

人类生产活动是一种强大的改造自然的因素。在人们尚未掌握害虫发生规律时，生产活动有时无意间破坏了自然生物群落，使某些以野生植物为食的昆虫转变为农作物的主要害虫，有时无意间助长某些害虫传播蔓延，或者形成有利于某些害虫种群数量上升的条件。

人们一旦掌握了害虫的发生规律，在生产实践活动中，对农业害虫的防治和天敌的保护利用，将产生深刻的影响，一般包括以下几个方面：

1. 改变农田生态系统 在农业基本建设中，兴修水利，改变耕作制度，变换种植作物种类等，可能引起当地农田生态系统的改变，如开垦荒山为茶园，甚至毁林垦地、围湖造田，或将以旱粮为主的农田改变为以水稻或棉花为主的农田，相应的害虫和天敌类群也会发生根本的变化。

2. 改变昆虫种类的组成 人们在调运种子或苗木时，可能助长某种害虫的传播，造成某些害虫在新发生地大量繁殖和猖獗成灾。也可以从别的地区引进益虫，使当地益虫数量增加。如我国南方引进澳洲瓢虫和移殖大红瓢虫，成功地控制了柑橘和木麻黄行道树上的吹绵蚧的为害。

3. 改变害虫生长发育的环境条件 人们通过各种农业措施，可以种植抗虫品种，改变农田小气候条件，使之不利于害虫为害或发生，甚至使害虫生活条件恶化，达到根治的目的。

4. 直接杀灭害虫 可以采用农业的、化学的、物理的、生物的或机械的防治措施，直接杀死大量害虫，在提高预测预报技术的基础上，采用综合防治措施，贯彻“预防为主，综合防治”的植物保护方针。

五、昆虫种群、群落和生态系统的若干概念

（一）种群及其数量变动

1. 种群 种群是指在一定空间中同种生物个体的组合。种群是由同种生物个体组成的，占有一定的空间领域，是同种个体通过种内关系组成的一个统一体或系统。种群是物种在自然界中存在的基本单位，也是生物群落的基本组成部分。从进化论观点看，种群还是一个演化单位。

2. 种群动态 种群动态是种群生态学的核心问题，是种群数量在时间和空间上的变动规律。种群动态研究的问题包括：生物个体的多少（数量或密度），哪里多、哪里少（分布），怎样变动（数量变动和扩散迁移），为什么这样变动（环境影响与种群调节）。

3. 昆虫种群的空间数量差异 环境条件的适宜程度，在地理上必然关系到昆虫的分布与种群数量。由于种群数量与为害程度的差异而使昆虫的发生有分布区和为害区之分。分布区是指某种昆虫在该地区环境条件下可以完成其生长发育和繁殖，有种的存在。为害区则指环境条件适宜，有利于种群的发生而具有较大的种群

数量，常造成一定的为害。各种昆虫的分布区与为害区是不同的，生态可塑性广的种类常具有较大的分布区，生态可塑性狭的种类其分布区常较小。如小贯小绿叶蝉的分布遍及全国各茶区，而茶蚕则主要分布在一些山区茶园中。

4. 昆虫种群的季节性消长　昆虫种群在时间上往往随着自然界季节的变化而表现出数量变动。在一化性昆虫中，季节性消长比较简单，一年内只有一个增殖期。多化性昆虫的季节消长比较复杂，表现出不同的季节性消长规律。常见的有以下几种类型：

（1）斜坡型　种群数量仅在前期出现增长高峰，以后便趋渐下降，如绿盲蝽和灰地老虎等害虫在茶树上只在早春为害嫩梢、芽叶且比较严重。

（2）阶梯上升型　种群数量随昆虫世代的发生而递增，如茶尺蠖等。

（3）马鞍型　种群数量常在春、秋两季出现高峰，在夏季因高温干旱而减少，如茶蚜、小贯小绿叶蝉等。

（4）抛物线型　种群数量在生长季节中期出现高峰，而在前期和后期则较少，如斜纹夜蛾等。

5. 农业昆虫的生态对策　农业昆虫有着由遗传性所决定的各自的生物学特征。在长期进化过程中，昆虫可以通过改变自身的个体大小、年龄组配、繁殖力、存活率、扩散能力以及基因频率等，使其与环境条件相适应。昆虫在不同生态环境中向着不同方向演化，这就是昆虫的生态对策。

在自然界中，按照昆虫种群特征可以分成两种适应类型，或称为两个不同的进化方向，生态学上称为 r 型选择性昆虫和 K 型选择性昆虫。一般认为，r 型昆虫的生活环境常是多变的、不稳定的。在这种生态条件下，自然选择对内禀增长率 r_M（即在给定的物理和生物条件下，具有稳定年龄组配的种群的最大瞬时增长速率）值大的种群有利。只要环境条件适宜，种群增长极快。这类害虫常体型偏小，寿命及每个世代的周期较短，繁殖能力很强，并具有较强的扩散与迁移能力，如叶蝉、蚜虫等。K 型昆虫的生活环境常较稳定，其进化方向往往使其种群数量维持在动态平衡水平 K 值附近，这类害虫体型较大，世代历期较长，扩散能力较差，内禀增长率较低，种群数量也较稳定，如蛀梗虫、天牛类。r 型与 K 型之间往往无明显的界限，其间还有多种过渡类型，构成一个 $r-K$ 型连续系统。农业昆虫多属于这种过渡型。

在害虫防治决策中，要根据害虫的生态对策采取相应的防治措施。如 r 型害虫常为害作物的营养器官，繁殖快，扩散能力强，天敌对其控制作用小，一旦为害接近经济受害水平，有时需要采用化学农药防治。K 型害虫体型较大、栖境隐蔽，天敌作用也难发挥，对这类害虫防治的最优对策是采取农业防治。过渡类型的昆虫天敌种类较多，控制效果好，采取生物防治易见成效。

（二）生物群落与生物多样性

1. 生物群落　生物群落是指栖息在一定地域或生境中各种生物种群通过相互作用而有机结合的复合体。虽然生物群落的概念一般包括某一特定生境中所有的生物种群，但是在实践中，很少有可能对生境中全部生物（包括动物、植物、微生物）的种群都进行研究，更常见的是把群落这个概念用于某一类生物的集合体，如森林鸟类群落、茶园昆虫群落等。

群落有一些基本特征，能说明群落是生物种群组合的更高层次上的群体。

（1）具有一定的种类组成　每个群落都是由一定的动物、植物、微生物种群组成的，因此，种类组成是区别不同群落的首要特征。一个群落中种类成分的多少及每种个体的数量多少，是度量群落多样性的基础。

（2）不同物种间的相互影响　群落并非种群的简单集合，而是物种有规律的共处，即在有序状态下生存。哪些种群能够组合在一起构成群落，取决于两个条件：第一，必须共同适应它们所处的无机环境；第二，它们内部的相互关系必须取得协调、平衡。因此，研究群落中不同种群之间的关系是阐明群落形成机制的重要内容。

（3）具有一定的结构　群落具有一系列结构特征，如形态结构、生态结构与营养结构。但其结构常是松散的，不像一个有机体结构那样清晰。

（4）具有一定的动态特征　生物群落是生态系统中具有生命的部分，生命的特征是不停地运动，群落也是如此，其运动形式包括季节动态、年际动态、演替与进化等。

（5）具有一定的边界特征　任一群落都分布在特定地段或特定生境上，在自然条件下，有些群落具有明显的边界，可以清楚区分；有些则边界不明显，而处于连续变化中。但在多数情况下，不同群落间都存在过渡带，被称为群落交错区，并导致明显的边缘效应。

2. 生物多样性　生物多样性是指生物中的多样化、变异性以及物种生境的生态复杂性。生物多样性一般有 3 个水平：遗传多样性，指地球上生物个体中所包含的遗传信息之总和；物种多样性，指地球上生物有机体的多样化；生态系统多样性，涉及的是生物圈中生物群落、生境与生态过程的多样化。此处仅从群落特征角度来叙述种的多样性，不涉及生物多样性的其他领域。

（1）物种多样性的内容　种的多样性具有 2 种含义：种的数目或丰富度，指一个群落或生境中物种数目的多少，在统计种的数目的时候，需要说明多大的面积，以便比较；种的均匀度，指一个群落或生境中全部物种数目的分配状况，它反映的是各个物种个体数目分配的均匀程度。

（2）多样性指数　多样性指数是群落中物种丰富度和均匀度的综合指标。测定多样性指数有不同的方法和计算公式，此处介绍常用的香农-威纳指数。

香农-威纳指数来源于信息论，信息论中熵的公式原来是表示信息的紊乱和不确定程度的，在生态学中也可用来描述种的个体出现的不确定性，这就是种的多样性。香农-威纳指数即是按此原理设计的，其计算公式为：

$$H = -\sum_{i=1}^{s} P_i \log_2 P_i$$

式中，H——信息量，即物种的多样性指数；

s——物种数目；

P_i——第 i 种的个体数占全部个体数的比例。

信息量 H 越大，即多样性指数越高。群落中种类数目多，可增加多样性；种类之间个体分配的均匀性增加也会使多样性增加。多样性指数越高，说明群落越复杂，其稳定性也越大。应当指出的是，应用多样性指数时，具低丰富度和高均匀度的群落与具高丰富度和低均匀度的群落，可能得到相同的多样性指数。因此，在研究群落结构和多样性指数时，应根据实际情况具体分析。

（三）生态系统与农业生态系统

1. 生态系统　生态系统是指一定空间范围内，所有生物（动物、植物、微生物）和非生物（无机物质、有机化合物、气候因素等）成分通过物质循环、能量转换和信息联系而相互作用形成的一个系统，也就是生物群落与非生物环境构成的一个综合体。在不同的环境中存在着不同的生物群落，构成不同的生态系统。根据生态系统的状况又分为自然生态系统和人工生态系统等。

生态系统不论是自然的还是人工的，都具有以下的共同特性：

① 生态系统是生态学上一个主要结构和功能单位，属于生态学研究的最高层次（生态学研究的4个层次依次为个体、种群、群落和生态系统）。

② 任何一个生态系统都是由生物成分和非生物成分组成的。非生物成分包括无机物质（如氧、二氧化碳、金属元素等）、有机化合物（如蛋白质、糖类、腐殖质等）、气候因素（如温度、湿度、风等）。生物成分包括生产者（指能利用简单无机物质制造食物的自养生物，如植物、藻类和某些细菌）、消费者（指以其他生物为食的各种动物，如植食动物、肉食动物、杂食动物和寄生动物等）、分解者（指分解动植物残体、粪便及各种有机物质的细菌、真菌、原生动物等）。

③ 生态系统具有一定的结构和自我调节能力。生态系统的结构包括垂直结构、水平结构和时间结构等。生态系统的结构越复杂，物种数目越多，自我调节能力就越强。在一定的时间和相对稳定的条件下，生态系统各部分的结构与功能处于相互适应、相互协调的关系中，而维持着某种相对稳定的状态，即所谓生态平衡。生态系统的自我调节能力是有限度的，超过这个限度，调节就会失去作用，即生态平衡遭到破坏。

④ 生态系统具有三大基本功能，即物质循环、能量流动和信息传递。物质循环包括无机物质和有机物质的循环利用。能量流动是单方向的，由自养生物到异养生物一级一级传递，能量在流动过程中不断被消耗和减少。信息传递则包括营养信息、化学信息、物理信息和行为信息的传递等，构成了信息网。三大功能的正常运转就能维持生态系统的平衡和稳定。

2. 农业生态系统　农业生态系统是指人类从事各种农业生产实践活动所形成的人工生态系统。其特点是：

① 农业生态系统中的自养生物主要是人工栽培作物，如茶树、水稻、柑橘等。生物结构和层次的单一化取代了自然生态系统中物种的多样性，使整体生态系统趋向相对不稳定和不平衡。

② 农业生态系统的农产品，如茶叶、稻谷、柑橘等不断地被人类收获，同时也带走了生态系统中的物质，因此，需要不断地补充物质（如播种、施肥、灌溉等），以维持生态系统正常运转。

③ 农业生态系统有不同的耕作制度和管理措施。如茶园在开荒垦地、种植茶树后，需经常修剪、施肥、翻耕、采摘、防治病虫等，这些耕作制度和管理措施会

对农业生态系统造成干扰，从而影响到系统的稳定和正常演替。

④ 由于作物的单一栽植和农业措施的经常干扰，农业生态系统中的病虫害和天敌种类减少，食物网结构趋于简单，从而造成专化性病虫害容易发生，某些优势种经常暴发成灾。

⑤ 农业生态系统还会带来一些其他问题。如水土流失增加，需要消耗大量的化石能源，由于农药和化肥的大量使用而造成环境污染，作物的抗性能力下降等。

因此改进耕作制度，合理使用石化能源，保护农业生态环境，既是保证作物高产优质无污染的需要，也是全人类环境保护的需要。

复习思考题

1. 昆虫具有哪些主要特征？
2. 咀嚼式口器和刺吸式口器的基本构造和为害状有何不同？
3. 昆虫口器类型与化学药剂防治有何关系？
4. 昆虫体壁构造与化学防治有何关系？
5. 昆虫的哪些习性可被利用开展防治？
6. 昆虫的一生是怎样变化的？各个发育阶段有何特点？
7. 如何区别和鉴定茶园中主要害虫的目、科？
8. 为什么要保护茶园的生物多样性？
9. 与昆虫发生最紧密的环境因素有哪些？
10. 昆虫信息素有哪些类型？在茶园中如何应用？
11. 说明昆虫的变态类型及其特点。
12. 什么是有效积温法则？在茶叶生产中如何应用？

第二章　茶树害虫

［**本章提要**］本章将全国发生较普遍、为害较严重的茶树主要害虫归纳为五节，其中又以食叶性害虫和吸汁性害虫种类最多，为害最大。每类害虫在形态特征、生活习性、发生与环境的关系等方面都有很多相似的地方，但各类之间则存在较大的差异，学习时在了解各类害虫共性的基础上，注重个性，举一反三，有助于进一步理解和掌握。

我国茶区分布广泛，害虫种类繁多。据不完全统计，全国常见茶树害虫有400多种，其中经常发生为害的有50～60种。按其为害部位、为害方式和分类地位，大体可归纳为以下五大类：食叶性害虫，吸汁性害虫，蛀梗、蛀果的钻蛀性害虫，地下害虫，螨类。

各地主要茶树害虫的种类并非固定不变，随着时间和空间的转移，虫情也会发生变化，次要害虫可以上升为主要害虫，主要害虫也可以成为次要害虫，新的害虫也将不断出现。在防治上要注意兼治，且应结合实际，随时注意和分析害虫发生的新动向，争取主动，及时研究和解决害虫防治上的新问题。

第一节　食叶性害虫

食叶性害虫主要指咬食茶树叶片、嫩梢的咀嚼式口器害虫。它们为害后往往造成透明枯斑、缺刻、孔洞、潜道、卷叶或嫩梢折断，甚至蚕食整张叶片，仅剩叶脉、叶柄或枝干，严重时状如火烧。这类害虫主要包括鳞翅目的尺蛾科、毒蛾科、刺蛾科、蓑蛾科、卷蛾科、斑蛾科、夜蛾科、细蛾科和蚕蛾科等科的幼虫，以及鞘翅目的象甲科、叶甲科和金龟甲科等科的成虫。

一、尺 蠖 类

尺蠖是为害茶树叶片的重要害虫，隶属鳞翅目尺蛾科。

（一）茶园尺蠖类的基本特性

1. 特征识别　成虫体较细瘦，翅宽大而薄，静止时常4翅平展，前后翅颜色相近并常有细波纹相连。幼虫体细长，表面较光滑，似植物枝条，腹部仅第6节和臀节具足，静止时常以第6腹足和臀足紧握住茶树枝叶，竖立似枝条状，不易被发现；爬行时体躯一屈一伸，俗称拱拱虫、量寸虫、造桥虫等。

2. 为害状识别　低龄幼虫喜停栖于叶片边缘，咬食叶片边缘呈网状半透明膜斑，高龄幼虫常自叶缘咬食叶片呈光滑的C形缺刻，甚至蚕食整张叶片。严重时造成枝梗光秃，状如火烧。

3. 生物学特性 发生代数因种类和地区而异。以蛹在土中或以幼虫在茶丛中越冬。成虫多在傍晚、夜间或凌晨羽化，白天4翅平展静伏茶丛或树丛中，傍晚开始活动，具趋光性。羽化后当晚或次日交尾，交尾后第1晚或第2晚产卵。卵多以卵堆产于茶树或茶园附近树木的枝梗裂皮缝、枯枝落叶间等处，卵堆上常覆盖雌蛾腹部末端脱下的黄色毛丛，也有种类散产于叶腋和芽腋处。初孵幼虫爬行敏捷，吐丝随风飘荡而自然扩散。幼虫共4～5龄或5～7龄，其中1龄、2龄食量较小，4龄进入暴食期，末龄食量最大。幼虫老熟后多入土化蛹，也有在茶丛中部吐丝缀连叶片或枝叶化蛹其中的。

（二）茶园尺蠖主要种类

为害茶树的尺蠖类害虫有10多种。国内主要有茶尺蠖、油桐尺蠖（*Buzura suppressaria* Guenée）、木橑尺蠖（*Culcula panterinaria* Bremer et Grey）、茶银尺蠖［*Scopula subpunctaria*（Herrich-Schaeffer）］、灰尺蠖（*Ectropis* sp.）、灰茶尺蠖（*Ectropis grisescens* Warren）、茶用克尺蠖（*Jankowskia athleta* Oberthür）和云尺蠖（*Buzura thiberaria* Oberthur）等。

茶尺蠖和灰茶尺蠖是茶树害虫尺蠖类的2个近缘种，在外部形态上非常相似，较难区分，长期以来都把它们看作为1个种，统称为茶尺蠖。2014年，姜楠等研究明确了它们是2个种——茶尺蠖和灰茶尺蠖。两者可从以下3方面进行区别：

① 地理分布：茶尺蠖主要分布在浙江省钱塘江以北、安徽郎溪以东和江苏大部分茶区，分布范围较小；灰茶尺蠖分布于全国大部分产茶省，分布的范围比较广。少数地区两者同时存在，2个近缘种的混发区为浙江、江苏、安徽交界区域，呈带状分布。

② 成虫前后翅鳞片上的纹路：茶尺蠖前翅的外横线中部向后突出，从突出处至前缘的一段纹路较平直，后翅的外横线呈起伏较大的波状纹；灰茶尺蠖前翅的外横线相对呈圆弧形，纹路没有平直部分，后翅的外横线较平直，起伏较小。

③ 高龄幼虫背板斑纹：茶尺蠖高龄幼虫第2腹节背面的“八”字形黑色斑纹较细长，前面的1对黑点被“八”字形黑色斑纹遮盖或部分遮盖，后面的1对黑点清晰可见；灰茶尺蠖高龄幼虫第2腹节背面的“八”字形黑斑较粗短，该节前、后2对黑点均清晰可见。

考虑到两种害虫有时混合发生，在发生规律、生活习性上基本相同，本节主要介绍茶尺蠖。

1. 茶尺蠖 茶尺蠖（*Ectropis obliqua* Prout）又名拱拱虫、量寸虫、寸梗虫、吊丝虫等。国内分布于江苏、浙江、安徽、江西、湖北、湖南等省。以浙江杭州、湖州、绍兴、宁波地区，江苏宜兴溧阳山区，安徽宣州、郎溪、广德一带发生最多。1年中以夏、秋茶期间为害最重。严重时可使枝梗光秃，状如火烧，有时无茶可采，造成树势衰弱，耐寒力差，冬季易受冻害，两三年后才能恢复原有产量。除茶树外，尚可为害大豆、豇豆、芝麻、向日葵及辣蓼等。

（1）形态特征（图2-1） 成虫体长9～12 mm，翅展20～30 mm。全体灰白色，翅面疏被茶褐或黑褐色鳞片。前翅内横线、外横线、外缘线和亚外缘线黑褐色，弯曲呈波状纹，有时内横线和亚外缘线不明显，外缘有7个小黑点；后翅稍短小，外横线和亚外缘线深茶褐色，亚外缘线有时不明显，外缘有5个小黑点。秋季发生的通常体色较深，线纹明显，体型较大。有时体翅黑褐色，翅面线纹不明显。

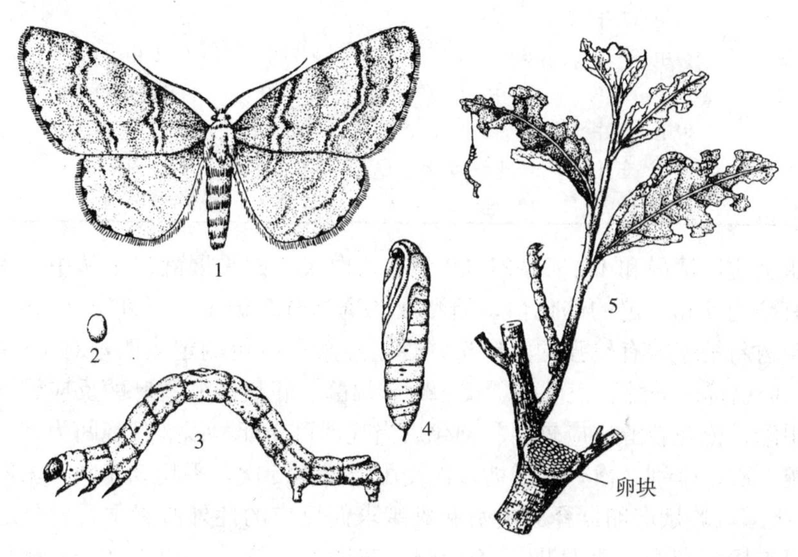

图2-1　茶尺蠖

1. 成虫　2. 卵　3. 幼虫　4. 蛹　5. 为害状

卵为椭圆形，长径约0.8 mm，短径约0.5 mm。初产时鲜绿色，后渐变黄绿色，再转灰褐色，近孵化时黑色。常数十粒、百余粒重叠成堆，覆有灰白色絮状物。

幼虫共4～5龄。初孵幼虫体长约1.5 mm，黑色，胸、腹部每节都有环列白色小点和纵行白线，以后体色转褐色，白点、白线渐不明显，后期体长4 mm左右。2龄初体长4～6 mm，头黑褐色，胸、腹部赭色或深茶褐色，白点、白线全消失，腹部第1节背面有2个不明显的黑点，第2节背面有2个较明显的深褐色斑纹。3龄初体长7～9 mm，茶褐色；腹部第1节背面的黑点明显，第2节背面黑纹呈“八”字形，第8节出现一个不明显的倒“八”字形黑纹。4龄初体长13～16 mm，灰褐色，腹部第2节至第4节有1～2个不明显的灰黑色菱形斑，第8节背面的倒“八”字形斑纹明显。5龄初体长18～22 mm，充分长成时长达26～30 mm，灰褐色，腹部第2节至第4节背面的黑色菱形斑纹及第8节背面的倒“八”字形黑纹均甚明显。

蛹为长椭圆形，长10～14 mm，赭褐色。触角与翅芽达腹部第4节后缘。第5腹节前缘两侧各有眼状斑1个。臀棘近三角形，有的臀棘末端有1分叉的短刺。

（2）发生规律与习性　在江苏南部和安徽宣州、郎溪、广德一带1年发生5～6代。在浙江杭州1年发生6～7代，一般年份以6代为主，10月平均气温在20 ℃以上，则可能部分发生7代。以蛹在树冠下土中越冬。在杭州翌年3月初开始羽化出土。一般4月上中旬第1代幼虫开始发生，为害春茶。第2代幼虫于5月下旬至6月上旬发生，第3代幼虫于6月中旬至7月上旬发生，均为害夏茶。以后大体上每月发生1代，直至最后1代以老熟幼虫入土化蛹越冬。由于越冬蛹羽化迟早不一，加之发生代数多，从第3代开始即有世代重叠现象。各代各虫态发生期见表2-1。

表 2-1 茶尺蠖各代各虫态发生期（月/旬）

（浙江杭州）

代别	卵	幼虫	蛹	成虫	受害的主要茶季
1	3/上~4/上	3/下~5/上	4/下~5/下	5/中~5/下	头茶
2	5/中~5/下	5/下~6/上	6/上~6/中	6/中~6/下	二茶
3	6/中~6/下	6/中~7/上	7/上~7/中	7/中	二茶
4	7/中~7/下	7/中~8/下	7/下~8/中	8/上~8/中	三茶
5	8/上~8/中	8/中~9/上	8/下~9/上	9/上~9/中	四茶
6	9/上~9/中	9/中~10/上	9/下至越冬（部分）	10/上~10/中	四茶
7	10/中~10/下	10/下~12/中	12/中至越冬	次年 3/上~4/上	四茶

成虫羽化以清晨和 17:00~21:00 为盛。白天 4 翅平展静伏茶丛中，傍晚开始活动，有趋光性和一定的趋化性，糖醋液能诱到雌、雄蛾。据许宁（1996）研究，成虫对茶树新梢气味有较强的定向选择性。经触角电位测定表明，对 1-戊烯-3-醇、顺-3-己烯-1-醇、正戊醇、反-2-己烯醛、正庚醇和香叶醇反应较强，而对水杨酸甲酯、橙花叔醇反应较弱。羽化后当晚即可交配，以翌日晚间为多。雌蛾多数仅交配 1 次，个别 2 次，雄蛾能多次交配，最多 5 次，平均 3.4 次。据殷坤山等（1990）报道，雌蛾产卵器释放出引起雄蛾求偶反应的性外激素主要成分之一为十八碳环氧二烯。交配后翌日即开始产卵，产卵均在夜晚，以 20:00~24:00 为盛。卵成堆产在茶树上部枝丫间、茎基裂缝和枯枝落叶间。产卵量以春、秋季节较多，每雌产卵 272~718 粒，平均 300 余粒；夏季较少，100~200 粒。成虫寿命一般 3~7 d，平均气温 19 ℃时 6~7 d，27 ℃时 3~4 d。

卵均在白天孵化，以 10:00~15:00 为盛。同一卵块的卵粒在 1 d 内孵化完毕。卵期 5~32 d，平均 19.5 ℃时 10 d、24~25 ℃时 7 d、27~28 ℃时 6 d。据侯建文等在皖南自然变温下测定，第 1 代卵的发育起点温度为 6.13 ℃±0.11 ℃，有效积温153.91 ℃±3.87 ℃，发育历期（N）与温度（T）间的关系式为：$N=153.91/(T-6.13)$。

初孵幼虫爬行迅速，有趋光性、趋嫩性。据王勇等（1991）观察，1 龄幼虫喜趋向柠檬黄、土黄、黄绿等色。2 龄后怕阳光，晴天日间常躲在叶背或叶丛间隐蔽处，以腹足固定，体躯大部离开枝叶，受惊动后立即吐丝下垂。清晨前及黄昏后取食最盛。1 龄幼虫仅食叶肉，残留表皮，被害叶呈现褐色点状凹斑。2 龄即能穿孔，或自边缘咬食嫩叶，形成缺刻（花边叶）。3 龄后食量急增，严重时连叶脉也吃光，造成秃枝，促使茶树衰老，甚至死亡。幼虫共 4 龄或 5 龄，第 1 代、第 2 代、第 6 代大多 4 龄后即化蛹，少数 5 龄后化蛹；第 3 代、第 4 代、第 5 代大多 5 龄，仅少数 4 龄化蛹。据胡萃等（1990）测定，若以叶面积计，低龄幼虫食量小，4 龄明显增加，5 龄进入暴食期，5 龄食量占幼虫期总食量的 79.8%，4 龄、5 龄合计占 92.9%，各龄食量呈几何级数增长，累计食量（y）与虫龄（x）成指数曲线关系，即：$y=6.9636e^{1.1623x}$。吕文明等（1989）报道，1~6 代各代幼虫每头平均取食鲜叶量各为：0.65 g、0.54 g、0.60 g、0.67 g、0.71 g 和 0.56 g。幼虫历期长短受温度影响颇大。气温高，历期短。在杭州，第 2 代、第 3 代、第 4 代、第 5 代历期较短，第 1 代和第 6 代则较长（表 2-2）。幼虫的发育起点温度为 9.46 ℃±1.65 ℃，有效积温 208.39 ℃±24.37 ℃。幼虫在田间呈聚集分布，个体群大小为 2 m 长茶行范围。

表 2-2　茶尺蠖各代幼虫历期

（浙江杭州）

代　别	平均历期（d）					
	1 龄	2 龄	3 龄	4～5 龄	预蛹	合计
1	9.76	5.41	5.04	6.79	1.66	28.66
2	3.18	2.13	2.23	4.42	1.30	13.26
3	2.41	2.00	2.00	4.29	1.40	12.10
4	3.18	1.97	2.03	4.33	1.26	12.77
5	3.41	2.47	2.29	6.47	1.74	16.38
6	5.38	3.22	4.40	6.74	2.27	22.01

幼虫老熟后，即落到树冠下入土化蛹。化蛹前先在土中做一土室，入土化蛹的深度一般为 1 cm 左右，越冬蛹 1.5～3 cm。大发生时也有在落叶间化蛹的，化蛹部位均在离茶丛基部 3～33 cm 处，以 20 cm 内最多。越冬蛹在茶树南面较多。越冬蛹历期 132～164 d，第 1 代和第 5 代 9～10 d，第 2～4 代一般 6～8 d。

据安徽恒温下测定，全世代发育起点温度为 6.90 ℃±0.79 ℃，有效积温为 631.59 ℃±26.39 ℃。全世代发育速率（V）与温度（T）的关系式为：$V=6.90+631.59T$。

（3）发生与环境条件的关系　茶尺蠖在高山茶园一般发生不多，而山坞、四周环山的地区和避风向阳、阳光充分的茶园常受害较重。茶树生长好、留叶多、较郁闭的茶园往往发生较多。避风向阳、地势平坦、温度较高、土壤湿润的茶园，第 1 代发生较早。

若秋季前期温暖，促使发生第 7 代，到后期低温，第 7 代幼虫死亡多，越冬蛹的数量减少。如冬季气温特低，越冬蛹死亡增加，同样能够减少翌年的发生基数。4 月以后，凡阴雨连绵，或多雾多露、温度高，有利于成虫羽化和卵的孵化，虫口会逐代迅速上升。

目前已发现的天敌有姬蜂、茧蜂、寄蝇、步行虫、蚂蚁、蜘蛛、线虫、病毒、真菌及鸟类等。据胡萃等（1993）报道，20 世纪 70 年代初期，在浙江杭州茶叶试验场及其周边部分茶园调查，寄生蜂有茶尺蠖绒茧蜂（*Apanteles* sp.）、单白绵绒茧蜂（*Apanteles* sp.）和尺蠖悬茧姬蜂（*Charops* sp.）。它们占寄生天敌总数的 99.06%，其中茶尺蠖绒茧蜂又占寄生蜂总数的 95.93%，在 4～6 月间，寄生率平均达 66.52%，最高达 96%以上；20 世纪 80 年代末 90 年代初调查结果表明，单白绵绒茧蜂为优势种类，寄生率平均 21.18%～45.57%，最高达 46.72%，寄生率以第 1 代、第 2 代和第 6 代为高，第 3～5 代则较低。绒茧蜂对茶尺蠖自然控制作用大，基本上致死幼虫于 3 龄，颇值得研究与利用。能捕食茶尺蠖的主要天敌为蜘蛛和鸟类。蜘蛛的优势种类有八斑鞘腹蛛［*Coleosoma octomaculatum*（Böesenberg et Strand)］、草间小黑蛛［*Erigonidium graminicolum*（Sundevall)］、迷宫漏斗蛛（*Agelena labyrinthica* Clerck）、斜纹猫蛛［*Oxyopes sertatus*（L. koch)］、斑管巢蛛（*Clubiona reichlini* Schenkel）、三突花蛛（*Misumenops tricuspidutus* Fabricius）、鞍形花蟹蛛（*Xysticus ephippiatus* Simon）。据调查，斜纹猫蛛亚成蛛、三突花蛛雄蛛和草间小黑蛛捕食茶尺蠖1～2龄幼虫的平均日捕食量各为1.2头、1.3头和3.3头。据谭济才观察，1997年秋季在南岳生态控制茶园曾有数公顷茶园发生茶尺蠖，引来许多鸟类捕食，很快就被控制，第二年很少发生。病原性天敌主要有茶尺蠖核型多角体病毒（NPV）、苏云金杆菌和圆孢虫疫霉［*Erynia radicans* (Breefeld) Humber et Ben-Zéev］。在室温28℃±3℃，相对湿度68%～82%条件下，EoNPV对2龄幼虫的致死中浓度（LC_{50}）为每毫升（2.72±0.95）$\times 10^6$个多角体（PIB），当浓度为每毫升2.2$\times 10^6$个PIB时，2龄幼虫的致死中时（LT_{50}）为9.5 d。据叶恭银等（1991）测定，该病毒致病力因茶尺蠖幼虫虫龄及环境温度等的不同而变化。温度30℃或更高时，致病力极显著下降。据李增智等（1988）报道，圆孢虫疫霉能引起茶尺蠖真菌病大流行，该病始于茶尺蠖的第3代、第4代，但发病率极低，至第5代盛发，其中当虫口密度大且环境适宜（主要阴雨高湿）时会大流行，发病率达90%以上，导致越冬蛹大为减少，进而明显抑制翌年第1代的发生量。

2. 其他尺蠖　尺蠖类除茶尺蠖为害较普遍、严重外，其他种类多在某些地区较重或某些年份暴发成灾。其中茶银尺蠖虽发生与分布也相当普遍，但很少造成严重为害。常见且较主要的种类还有油桐尺蠖、木橑尺蠖和灰尺蠖。其中油桐尺蠖、木橑尺蠖除为害茶树外，尚为害多种果树、林木，茶银尺蠖、灰尺蠖食性窄，仅为害茶树和油茶。这4种尺蠖的主要形态特征、生活习性与发生规律分别见图2-2、表2-3和表2-4。

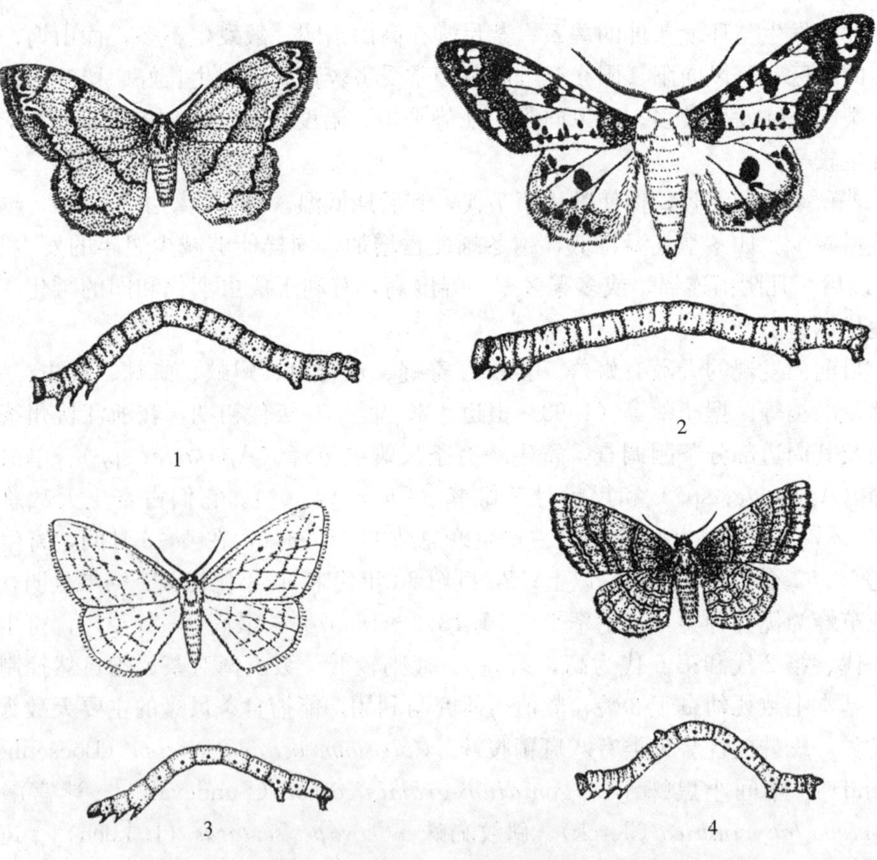

图2-2　4种尺蠖的成虫和幼虫

1. 油桐尺蠖　2. 木橑尺蠖　3. 茶银尺蠖　4. 灰尺蠖

表 2-3　4 种尺蠖主要形态特征的比较

虫态	油桐尺蠖	木橑尺蠖	茶银尺蠖	灰尺蠖
成虫	体长 23～25 mm，翅展 55～76 mm，体、翅灰白色，密布灰黑色小点。前翅隐约有 3 条波纹，后翅 2 条，以靠近外缘的波纹颜色较深而明显。雌蛾腹部粗壮，末端具黄色毛丛	体长 23～30 mm，翅展 58～80 mm。翅底白色，前翅基部有一个大的橙色圆斑，前、后翅各有一串橙色、灰色斑相间的波状带纹。腹末具稠密的棕黄色毛丛	体长 12～14 mm，翅展 31～36 mm。体、翅白色。前翅有 4 条淡棕黄色波纹，近前缘有 1 明显褐色点，后翅有 3 条淡棕黄色波纹，中央有 1 个棕褐色点	体长 13～20 mm，翅展 47～55 mm。体、翅灰褐色，前、后翅有黑褐色不规则略平行的波纹 3～4 条，外缘有黑褐色小点
卵	椭圆形，长 0.7～0.8 mm。鲜绿色，近孵化时灰褐色。卵粒常重叠成堆，覆黄色茸毛	椭圆形，长平均 0.76 mm。翠绿色，近孵化时青灰色	椭圆形，长约 0.8 mm。表面满布白点，淡绿色，近孵化时淡灰色	椭圆形，长约 1 mm。表面具方格形纹，淡绿色，近孵化时深绿色
幼虫	体色多变，由褐色渐变为青绿、灰绿、灰褐等色。头部密布棕色小点，头顶中央下凹，额区有倒 V 纹，成熟时体长约 67 mm，腹部第 4、5 节背面各有 1 对小突起	体色多变，绿色、浅褐绿色至棕黑色。成熟时体长 60～79 mm，体表散生灰白色斑点。头部密布乳白、琥珀色突起，前胸背板前端两侧各有 1 个突起	体色由淡黄绿色渐变成青绿色。成熟时体长 22～27 mm。气门线银白色，体背有黄绿色、深绿色相间的纵向条纹各 10 条，各体节之间有 1 黄白色环纹	体色由灰黑色渐变为淡绿，直至紫褐色或暗褐色。成熟时体长 41～58 mm，腹部第 2 节背面有 1 对褐色突起
蛹	圆锥形，长 19～28 mm。体棕色至黑褐色。头顶有 1 对黑褐色小突起。臀棘明显，基部膨大，端部针状	圆锥形，长 24～27 mm。体翠绿色至黑褐色。头顶有 1 对耳形齿状突起，臀棘 1 根，基部扁球形，端部分叉	长椭圆形，长 10～14 mm。体绿色，翅芽后转白色，近羽化时出现棕褐色点线纹。尾端有钩刺 4 根	圆锥形，长 14～19 mm。体棕红色，腹部末端有端部分叉的臀棘 1 根

表 2-4　4 种尺蠖主要生活习性与发生规律的比较

种类	主要生活习性	发生规律
油桐尺蠖	卵成堆产于茶园附近树干裂皮等缝隙、孔洞内，极少数产于茶树枝杈上。每雌产卵约2 450粒。卵期 9～15 d。幼虫共 6 龄或 7 龄，全期最短 30 d，最长达 54 d。幼虫期总食量平均每头 12.8 g。老熟后爬至根际松土 3～5 cm 处化蛹，化蛹部位在茶树周围 30 cm 范围内。发蛾期长，如在广州越冬代发蛾期长达 1 个月左右，第 2 代达 40 d 以上，第 3 代近 2 个月。发生代蛹期为 35～40 d，越冬代超过 190 d	在浙江、安徽、湖南年发生 2～3 代，广东 3～4 代。以蛹在根际表土中越冬。2～3 代区幼虫发生期分别在 5 月中旬至 6 月下旬，7 月中旬至 8 月下旬。第 2 代幼虫化蛹后，部分开始越冬，于翌年 4 月中旬至 5 月上旬羽化，部分羽化进入第 3 代，幼虫期在 9 月下旬至 11 月中旬。3～4 代区幼虫发生期分别在 4 月中旬至 6 月下旬，6 月下旬至 8 月下旬，8 月下旬至 10 月下旬；第 3 代幼虫化蛹后部分进入越冬，于翌年 4 月羽化，部分进入第 4 代，幼虫期在 11 月上旬至 12 月中旬。近树木或建筑物的茶园发生较重

（续）

种类	主要生活习性	发生规律
木橑尺蠖	卵多产于茶园行道树木的树干裂缝处、附近建筑物上、茶树枝干缝隙处以及地表土缝中。产卵期1.67～2.35 d。每雌产卵452～1 483粒。卵期7～17 d。幼虫共5～6龄，每头可食叶10～13 g。幼虫历期25～39 d，以第3代最长	在浙江、安徽年发生2～3代，华北发生1代。以蛹在土中越冬。1代区幼虫发生于7～8月；2代区幼虫分别发生于5月上旬至7月上旬，7月下旬至10月下旬；3代区幼虫分别发生于5月上旬至7月上旬，7月下旬至8月下旬，8月中旬至10月下旬。茶园行道树木或建筑附近虫口往往密度较大，而在这些茶园中幼虫较分散
茶银尺蠖	卵散产，多产在叶腋处和芽腋处。每雌产卵80粒左右。发生代卵期5.5～8.9 d，幼虫期14.6～22.5 d，蛹期7.9～16.3 d，成虫期3.7～8.3 d。幼虫共5龄，老熟后在茶丛中部吐丝缀连叶片或枝叶，化蛹于其中	在浙江杭州1年发生6代，以春、夏茶受害较重。以幼虫在茶树中、下部成叶上越冬。幼虫发生期分别在5月上旬至6月上旬，6月中旬至7月上旬，7月中旬至8月上旬，8月中旬至9月上旬，9月下旬至11月上旬，12月上旬至翌年4月上旬。世代重叠现象明显
灰尺蠖	卵散产于茶树枝干及枝叶上。每雌产卵200～400粒。成虫寿命5～11 d。幼虫共有6龄，每头总食叶量为1 328～1 390 mm^2。幼虫期25～37 d。老熟后化蛹土中。非越冬蛹历期14～16 d，越冬蛹达150 d以上	在湖南长沙地区1年发生4代，以第3代、第4代为害严重。以蛹在土中越冬。各代成虫羽化期长达1个月左右，高峰期亦持续半个月。幼虫期分别发生在4月上旬至6月上旬，6月上旬至7月中旬，7月中旬至9月上旬，8月下旬至10月下旬

（三）茶园尺蠖类的防治方法

1. 灭蛹 在越冬期间，结合秋冬季深耕施基肥，清除树冠下表土中虫蛹，深埋施肥沟底。若结合培土，在茶丛根颈四周培土10 cm，并加镇压，效果更好。

2. 人工捕杀 根据幼虫受惊后吐丝下垂的习性，可在傍晚或清晨打落承接，加以消灭。也可于清晨在成虫静伏的场所进行捕杀。木橑尺蠖和油桐尺蠖成虫白天喜栖息在茶园附近的林木主干及建筑物墙壁上，可于清晨捕杀。

3. 灯光诱杀 在成虫盛发期，设置杀虫灯进行诱杀。

4. 放鸡除虫 鸡食蛹，也吃幼虫，如震动茶丛，幼虫吐丝下垂，引鸡啄食，可消灭更多。

5. 生物防治 尽量减少化学农药使用次数，降低农药用量，以保护自然天敌，充分发挥其自然控制作用。对茶尺蠖，可自茶园采集或通过人工饲养的越冬绒茧蜂茧，室内保护过冬，于翌年待蜂羽化后释放到茶园中，以防治茶尺蠖第1代幼虫；对第1代、第2代、第5代或第6代可施用茶尺蠖核型多角体病毒（NPV）悬浮液，一般浓度为每毫升1.5×10^{10}个多角体，使用时期掌握在1龄、2龄幼虫期。可通过室内以茶树叶片饲养茶尺蠖幼虫至4龄初，再饲以每毫升2.2×10^{6}个PIB的茶尺蠖核型多角体病毒液持续喂饲48 h，最后收集病死虫，供提取制备病毒液，用于茶园防治。对油桐尺蠖，可以浓度为每毫升2×10^{10}个PIB的油桐尺蠖核型多角体病毒或每公顷用量为4.5×10^{13}个孢子的苏云金杆菌HD-1制剂喷施防治。对木橑尺蠖，可按每公顷用量为$(1.50\sim2.25)\times10^{8}$个多角体的木橑尺蠖核型多角体病毒悬浮液加以喷洒。油桐尺蠖核型多角体病毒和木橑尺蠖核型多角体病毒均可用6龄初幼虫饲毒法，以增殖各自的病毒，供实际应用。

6. 化学防治　茶尺蠖防治的重点是第4代，其次是第3代、第5代，第1代、第2代提倡挑治。应严格按防治指标实施，以第1龄、第2龄幼虫盛期施药最好。施药方式以低容量蓬面扫喷为宜。要注意轮换用药，并注意保护天敌。寄生蜂寄生率高时，不宜也不必施药。

二、毒蛾类

毒蛾类属鳞翅目毒蛾科。幼虫俗称毛虫、毒毛虫等。

（一）茶园毒蛾类的基本特性

1. 特征识别　成虫体中型，较肥壮，多毛。触角栉齿状，下唇须退化。足生厚毛。雌蛾腹末有毛丛，产卵时用以覆盖卵块。前翅三角形，有副室，肘脉似分4支；后翅 $Sc+R_1$ 脉在中室1/3处有短距离愈合。幼虫体具毛瘤及长短不一的毒毛，有的成毛束或毛撮，腹部第6、第7节背中各有一翻缩腺，趾钩单序，中列式。

2. 为害状识别　幼虫有群集性。初孵幼虫常群聚在卵块附近的叶片背面取食下表皮，呈现嫩黄色半透明膜（稍久即变灰白色）；3龄后即分群向中、上部茶丛为害，咬食嫩梢芽叶成缺刻、光杆，有明显的为害中心。有些种类在茶丛间吐丝结稀网，并黏结茶叶碎屑及大量粪便。

3. 生物学特性　多数种类一年发生3代或4代。以卵块在茶叶背面越冬，发生代数较整齐。成虫白天静伏在茶丛间叶背，黄昏后开始活动，19:00～23:00活动最盛，有趋光性。活动性和趋光性雄蛾比雌蛾强。卵成块产于茶丛中下部叶片的背面，少数种类不成块产。幼虫老熟后在茶丛基部结薄茧化蛹和越冬。茶白毒蛾和肾毒蛾幼虫分散为害，以幼虫在茶丛中下部叶背化蛹和越冬。天敌有鸟类、蜘蛛、螳螂、步行甲等捕食性天敌和茧蜂、姬蜂、细菌、病毒等寄生性天敌。

（二）茶园毒蛾主要种类

为害茶树的毒蛾类害虫很多，茶园常见的种类有茶毛虫、茶黑毒蛾、茶白毒蛾（*Arctornis alba* Bremer）、肾毒蛾（*Cifuna locuples* Walker）、蔚茸毒蛾（*Dasychira glaucinoptera* Collenette）、皱茸毒蛾（*Dasychira caperata* Chao）。以茶毛虫和茶黑毒蛾为害最严重。

1. 茶毛虫　茶毛虫（*Euproctis pseudoconspersa* Strand）又名茶黄毒蛾、茶毒蛾、油茶毒蛾，俗称毒毛虫、痒辣子、摆头虫等。分布遍及全国各产茶省，尤以一些老茶区常有发生。国外主要分布于日本、越南、印度等国。茶毛虫除为害茶外，还为害油茶、山茶、油桐、柑橘、梨、枇杷、柿、樱桃、乌桕、玉米等。

（1）形态特征（图2-3）　成虫雌蛾体长8～13 mm，翅展26～35 mm，体黄褐色。前翅浅橙黄色或黄褐色，除前翅前缘、顶角和臀角外，均稀布黑褐色鳞片，内、外横线黄白色，顶角黄色区内有两个黑色圆斑。后翅浅橙黄色或浅褐黄色，外缘和缘毛橙黄色。腹部具黄色毛丛。雄蛾体长 6～10 mm，翅展 20～28 mm，黄褐色至深茶褐色，翅的颜色有季节性变化。第 1、第 2 代为深茶褐色，第 3 代为黄褐色，腹末无毛丛，其余特征同雌蛾。

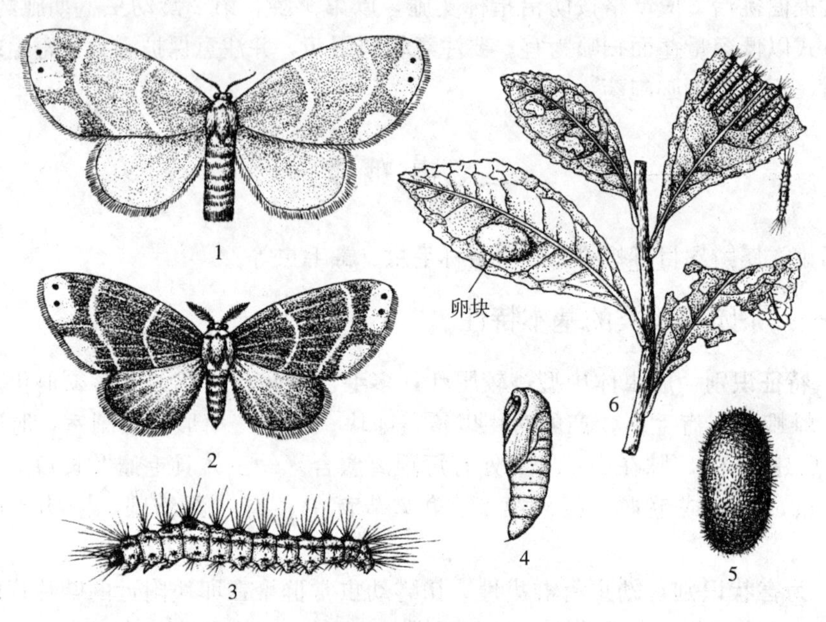

图 2-3 茶毛虫

1. 雌成虫 2. 雄成虫 3. 幼虫 4. 蛹 5. 茧 6. 为害状

卵粒扁球形，黄白色。卵块椭圆形，数十粒至百余粒集成一块。卵块上覆雌蛾腹末脱下的黄褐色厚茸毛，长 8～12 mm，宽 5～7 mm，多产于叶片背面。

幼虫 6～7 龄。1 龄长 1.3～1.8 mm，淡黄色；2 龄长 2.2～3.9 mm，淡黄色，前胸气门上线的毛瘤呈浅褐色；3 龄长 3.6～6.2 mm，淡黄色，第 1 腹节、第 2 腹节亚背线上毛瘤变黑色；4 龄后体色逐渐变黄褐色，亚背线上的毛瘤逐渐变黑绒球状。老熟幼虫体长 20～22 mm，头部褐色，体黄棕色。胸部 3 节稍细。气门上线褐色，其上有黑褐色小绒瘤，瘤上生黄白色长毛，气门线上方有隐约可见的白线。从前胸至第 9 腹节均有 8 个毛瘤，分别位于亚背线、气门上线、气门下线和基线上，以亚背线上的最大。毛瘤上有长短不一的黄白色毒毛，第 9 腹节末端长毛向后伸出。腹部第 6 节、第 7 节背面中央各有一淡黄色翻缩腺。

蛹长 8～12 mm，短圆锥形，浅咖啡色，疏被茶褐色毛。翅芽达第 4 节后缘，臀棘长，末端有长钩刺 1 束，有 20 余根。蛹外有丝质薄茧，黄褐色，长椭圆形，上有长毛。

(2) 发生规律与习性 茶毛虫 1 年发生代数因各地气候而异。一般长江以北各茶区、西南茶区及浙江中北部多数茶区 1 年 2 代，湖南、江西、浙江南部及福建北部 1 年 3 代，广西、广东、福建南部 1 年 4 代，台湾、海南 1 年 5 代。同一茶区的高山茶园与平地茶园发生代数也有差异。

各地均以卵块在茶树中下部老叶背面近主脉处越冬。福建南部常有蛹在土中或幼虫在茶树上越冬。各代发生整齐，无世代重叠现象。各代发生期见表 2-5。

表 2-5　茶毛虫各代发生期（月/旬）

地点	代别	卵	幼虫	蛹	成虫
浙江	1	上年 10/中～4/中	4/中～6/中	6/上～7/上	6/中～7/中
嵊州	2	6/中～7/中	7/上～9/下	9/上～10/下	10/中～11/中
湖南	1	上年 10/中～4/中	4/上～5/下	5/中～6/下	6/上～6/中
长沙	2	6/中～6/下	6/下～7/下	7/下～8/上	8/上～8/中
	3	8/中～8/下	8/下～10/上	9/下～10/中	10/中～11/中

茶毛虫各虫态历期因各地各代而不同。湖南长沙各虫态历期见表 2-6。

表 2-6　茶毛虫各虫态历期（d）

（湖南长沙）

代别	卵	幼虫	蛹	成虫
1	115～120	49～52	10～14	3～9
2	12～15	24～34	12～21	2～7
3	7～13	31～35	23～31	4～10

成虫多于下午羽化，白天静伏在茶丛间叶背，黄昏后开始活动，19:00～23:00 活动最盛。有趋光性，雄蛾较雌蛾趋性强。羽化后当日或翌日交尾，交尾后当日或翌日产卵。卵成块产于茶丛中下部叶片背面，一般一次产完。每雌蛾产卵 50～200 粒，多的达 300 粒。后期雌蛾产生未受精卵，卵块松散或分成数小块，多数不能孵化。一般越冬卵多产在向阳较暖的茶园中，非越冬卵常产在茶丛枝叶茂盛或荫蔽的茶园中。

幼虫多在早晨至中午孵化。据湖南茶叶科学研究所观察，室内孵化率可达 98%，室外稍低。孵化盛期一般在始孵后 5 d 左右。幼虫群集性很强。1 龄、2 龄幼虫常数十头至百余头群聚在卵块附近的叶片背面，咬食叶片下表皮及叶肉，留上表皮，被害处呈半透明网状膜斑，后变灰白色。3 龄后食量增加，开始分群迁移到茶丛上部枝叶间取食，常吐丝结稀网，受惊后吐丝下落。4 龄后遇惊动停止取食，并抬头左右摆动。5 龄、6 龄幼虫食量大增，叶片、芽叶、树皮、花果被食光。幼虫怕光和高温，迁移时排列整齐，头左右摆动，鱼贯而行。幼虫老熟后，停止取食，爬至茶树根际土块缝中、枯枝落叶下结茧化蛹。阴暗湿润的地方化蛹较多。

（3）发生与环境条件的关系　茶毛虫在不同地区，甚至同一地区不同年份和季节，发生的迟早和发生量不同，常出现某些地区的间歇性大发生及局部成灾。

第 1 代茶毛虫发生的迟早与春季温度有关。一般春暖早则发生早。山区较平原区、高山区较半山区，茶毛虫发生期常迟 10 d 左右。春末和夏秋气温较高，雌蛾多在繁茂荫蔽处或阴坡茶园产卵；秋末气温下降，则多在向阳茶园产卵。第 1 代幼虫常以阳坡茶园较多，第 2 代、第 3 代幼虫则以阴坡或荫蔽茶园较多。梅雨季节有利于细菌性软腐病流行，对茶毛虫有一定的抑制作用。暴雨冲击可使大批幼虫落地死亡。成虫期遇高温干旱，羽化率低，产卵量少。

茶毛虫天敌种类多。卵期的寄生性天敌有茶毛虫黑卵蜂（*Telenomus* sp.）和赤眼蜂（*Trichogramma* sp.），幼虫期寄生性天敌有茶毛虫绒茧蜂（*Apanteles lacteicolor* Viereck）等。捕食成虫和幼虫的有多种螳螂、步行甲、蜘蛛等，如中华大刀螂（*Paratenodera sinensis* Saussure）、广腹螳螂（*Hierodula patellifera* Serville）、广屁步甲［*Pheropsophus occipitalis*（MacLeay）］等。细菌性软化病和核型多角体病毒寄生于茶毛虫幼虫，对茶毛虫的大发生有抑制作用。

一般栽培管理粗放、杂草丛生、间作高秆作物的茶园发生较重。

2. 茶黑毒蛾 茶黑毒蛾（*Dasychira baibarana* Matsumura）国内分布于安徽、江苏、浙江、福建、湖北、湖南、贵州、云南、广西、台湾等省（自治区）。国外日本有发生。寄主植物除茶外，还有油茶。据云南报道，还为害山茶科红木荷、云南山枇花、小山茶花，桦木科植物尼泊尔桤木、滇桤木，杜鹃花科圆叶米饭花等多种植物。

（1）形态特征（图 2-4） 雄蛾体长 13～15 mm，翅展 28～30 mm。雌蛾体长 16～18 mm，翅展 36～38 mm。体、翅暗褐色至栗黑色。触角雄蛾为长双栉齿状，雌蛾为短双栉齿状。前翅浅栗色，上面密布黑褐色鳞片，基部颜色较深，中区铅色，内横线与中横线靠近，锯齿状，外横线稍粗，黑色，呈波形，其内侧近前缘有一个近圆形较大的斑纹，斑纹中央黑褐色，边缘白色。下方臀角内侧有一个不规则黑褐色斑块。近顶角处常有 3～4 个短小黑色斜纹。后翅灰褐色，比前翅色浅，无线纹。足被长毛，静止时多毛的前足伸向前面。

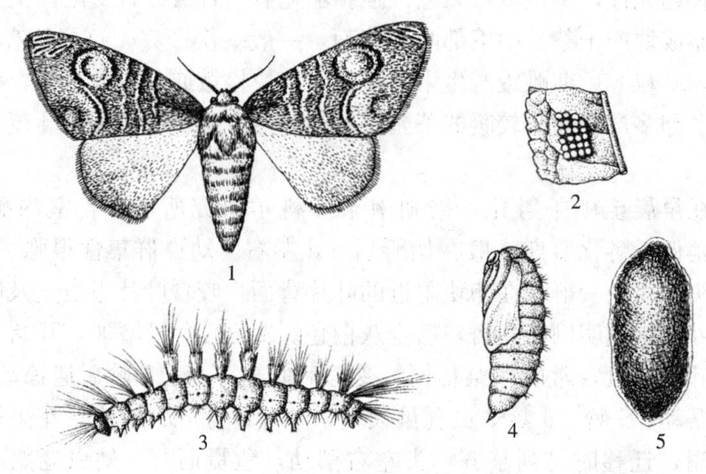

图 2-4 茶黑毒蛾

1. 成虫 2. 卵块 3. 幼虫 4. 蛹 5. 茧

卵为扁球形或球形，灰白色，坚硬，中央通常有凹陷，无光泽。卵块一般有卵粒 20～30 粒，多达 100 粒以上，排列整齐或不整齐，有的重叠成堆。

幼虫共有 5 龄，各龄幼虫形态差异较大。初孵幼虫有小刺状长毛，幼虫老熟时体长23～30 mm。头部褐色至黑褐色，背中及体侧有红色纵线，各体节疣突上多白、黑色细毛，呈放射状簇生。前胸两侧有较大的黑色毛瘤，毛瘤上有多根长毛向前伸出。腹部第 1～4 节背面各有 1 对黄褐色毛束耸立、毛密而排列整齐的毛刷。第 5 节背面有 1 对白色毛束，短而较稀疏。第 6 节、第 7 节背中央各有 1 个翻缩腺，椭圆形凹陷，浅黄色。第 8 节背面有 1 束灰褐色毛丛，向后斜伸。

蛹体长13～15 mm，黄褐色有光泽，体表多黄色短毛，腹末臀棘较尖，末端有小钩。蛹外有丝质的绒茧。茧椭圆形，多细绒毛，松软，棕黄色。

(2) 发生规律与习性 茶黑毒蛾在皖南、杭州均1年发生4代。主要以卵在茶树中下部老叶背面越冬。云南昆明、南涧等地人工饲养和野外观察发现，1年发生4～5代。在海拔1 500 m以下发生5代，无越冬期；在海拔1 500～2 300 m茶园，1年发生多为4～4.5代，有越冬期；海拔1 800 m以上地区各虫态均可越冬，但以蛹和卵为主（占越冬虫源的72.4%），其次是幼虫（占越冬虫源的25.3%）和成虫（占越冬虫源的2.3%）。

成虫白天栖于茶丛枝干及叶片背面，黄昏后开始飞翔活动，有趋光性，雄蛾扑灯较多。雌蛾羽化当天即可交配。交配后1～2 d开始产卵。卵多产于老叶背面、茶丛下杂草上，也有产在其他寄主上的。产卵量各代不等。第1代的产卵量较大，每雌蛾平均为277粒，以后各代产卵量有所减少。卵块整齐排列在叶背面，有的还重叠成堆。成虫羽化期如遇旬均温28 ℃以上的高温，就明显抑制虫情的发生。在杭州均温28 ℃以下，蛹羽化正常；高于30 ℃，蛹全部死亡。初孵幼虫群集性很强，常停留在卵块四周取食卵壳，以后群集于茶丛中下部叶片背面取食叶肉。2龄后开始分散，并迁至茶丛嫩叶背面为害。多在黄昏至清晨取食。幼虫有假死性，受惊时则吐丝下垂或蜷缩坠落。老熟后在茶丛基部土隙、枯枝落叶、树干分杈等处结茧化蛹。蛹期第4代最长，平均16.5 d；第3代最短，平均9.6 d；第1代、第2代11～12 d。除第4代外，各代发生都较整齐。各虫态发生期见表2-7。

表2-7 茶黑毒蛾各代发生期（月/旬）

（浙江杭州）

代别	卵 期	幼虫期	蛹 期	成虫期
1代	上年9/中～4/中	4/上～5/中	5/上～5/下	5/下～6/上
2代	5/下～6/上	6/上～6/下	6/中～7/上	7/上～7/中
3代	7/上～7/下	7/下～8/中	8/上～8/中	8/中～8/下
4代	8/中～8/下	8/下～9/下	9/中～10/中	9/中～10/中

在云南1年发生4～4.5代。各代幼虫发生期：第1代3月下旬至5月中旬，第2代6月上旬至7月下旬，第3代8月中旬至10月上旬，第4代10月中旬至11月下旬。为害严重的为第1代、第2代、第4代（海拔2 000 m的茶园为第3代）。

(3) 发生与环境条件的关系 茶黑毒蛾有间歇发生和局部严重为害的特点。一般冬季温暖，春暖较早，又能达到适当的湿度，幼虫发生早且严重。温、湿度直接影响各虫态的发育速度。据黄山茶林场资料，茶黑毒蛾最适温度20～25 ℃，湿度80%以上，当地5月下旬至6月、8月下旬至9月，因气候适宜，虫口数量较多。早春气温高低影响越冬卵孵化的早迟，还影响成虫产卵量和产卵场所。如皖南屯溪低山区春暖较早，3月下旬幼虫孵化，而黄山及祁门一带高山区则4月初才见始孵。由于季节性温湿度的影响，在黄山山区，第1代、第2代多发生在海拔300 m以下的低山或阳坡茶园，第3代、第4代常发生在500 m以上茶园。

据云南南涧观察，茶黑毒蛾最适的温度为22.4～26.5 ℃。平均温度在4.2 ℃时停止活动，8.5 ℃开始取食生长，超过28 ℃时各虫态生长发育不良。适宜湿度为70%～80%。如2月下旬开始温湿度同时升高，3月下旬至5月中旬常暴发为害春茶。夏季如雨量丰富，虽有发生，但不会造成严重为害。若雨量偏少，温度偏高，春季又有丰富的虫源，则会暴发。秋季若10月下旬雨量偏少，温暖情况下，至11月中旬出现1次发生高峰期，为害秋茶。

茶黑毒蛾的发生与天敌的多少有密切的关系。如卵寄生的赤眼蜂（*Trichogramma* sp.）对卵的寄生率达40%～70%。

（三）茶园毒蛾类的防治方法

1. 加强茶园管理 抓住越冬期及时清除园内枯枝落叶和杂草，结合翻挖茶园和施底肥，根际培土，消灭越冬虫源。

2. 人工捕杀 摘除各代卵块，并及时处理，尤其是11月至翌年3月摘除越冬卵块，效果更好。将摘出的卵块放入寄生蜂保护器内，以利卵寄生蜂羽化后飞回茶园。在1龄、2龄幼虫期，将群集的幼虫连叶剪下，集中消灭。

3. 培土灭蛹 盛蛹期进行中耕培土，在根际培土6 cm以上，稍加压紧，防止成虫羽化出土。

4. 灯光诱蛾 在成虫羽化期，每天19:00～23:00在茶园用杀虫灯进行诱杀。根据发蛾数量可作害虫的预测预报。

5. 性诱杀 利用雌成虫的性激素引诱雄成虫捕杀。从室内饲养老龄幼虫中获得未交尾的雌成虫，将未交配的雌成虫放入小铁丝笼内，每天黄昏后放入茶园，铁丝笼稍高于茶丛蓬面以诱集雄蛾，次日早晨在铁丝笼外集中消灭雄蛾。收集未经交尾的雌蛾，取腹末3节，放入二氯甲烷溶液内浸泡数小时，用研钵磨碎，继续浸泡24 h后用滤纸过滤，滤液每毫升10个雌当量滴于5 cm×5 cm的滤纸上，制成性诱纸芯。纸芯用铁丝串穿，放在直径10 cm左右的水盆诱捕器中，盆内放水并加入少量洗衣粉，每天黄昏放出，次日清晨收回，可诱集较多雄蛾。中国科学院动物研究所已研制成茶毛虫性引诱剂，做成橡皮塞诱芯，悬挂于茶丛中，下接水盆，经湖南农业大学田间试验，效果很好。

6. 生物防治 在幼虫3龄前喷施Bt菌剂或核型多角体病毒。Bt浓度以每毫升2亿个孢子为宜；病毒浓度以每毫升1亿个多角体或每公顷375～450头病毒虫尸为宜，防治效果达95%以上。还可利用茶毛虫黑卵蜂、绒茧蜂寄生茶毛虫的卵和幼虫。

7. 药剂防治 喷雾方式以超低容量喷雾为宜。

三、刺蛾类

刺蛾类是茶树的常见食叶害虫之一，均属鳞翅目刺蛾科。幼虫俗称刺毛虫、火辣子、毛辣子，蚕食叶片。此类害虫种类较多，为害茶树的有几十种。

（一）茶园刺蛾类的基本特性

1. 形态识别 成虫体肥壮，密生茸毛和厚鳞粉，大多黄褐色或暗灰色，少数间有鲜绿色。翅通常短而阔，前翅靠近外缘常有1～2条斜纹。幼虫体扁肥胖，椭圆形或称蛞蝓形，体有4列毒枝刺（少数种类体光滑，无枝刺），触及人体皮肤引起红肿疼痛，影响茶园耕作、采茶。幼虫头小，隐于前胸下，胸足短小，腹足由吸盘取代，不善爬行，靠体躯伸缩前进。化蛹前结有石灰质硬茧壳，在茧内化蛹，茧的一端有开口。

2. 为害状识别 幼虫栖居叶背取食。幼龄幼虫取食下表皮和叶肉，留下枯黄半透膜；中龄以后咬食叶片成缺刻，常从叶尖向叶基锯食，留下平直如刀切的半截叶片。为害严重时，叶片蚕食殆尽，仅剩叶柄和枝条。

3. 主要生物学特性 多数种类一年发生2～3代，有的种类在海南一年发生5代。多以老熟幼虫在茧内于表土或枝干处越冬，也有种类如淡黄刺蛾以幼虫在叶背越冬。成虫多在黄昏后或夜间羽化，趋光性较强。羽化后当晚交尾，交尾后多于翌日开始产卵。卵有散产，也有聚集产，产于叶面或叶背。幼虫共有6龄，也有多达9龄的。幼虫多食性，除为害茶树外，尚为害多种果树、林木。初孵幼虫有的能咬食卵壳，孵化后常不立即取食叶片。低龄幼虫食量小，中龄后食量渐增。老熟即爬至土表茶蔸分杈处或枯叶下结茧化蛹，或者直接于叶背或枝杈间、枝干上结茧化蛹。因以幼虫在茧内越冬，第2年发生较迟，对春茶影响小，主要为害夏、秋茶。

（二）茶园刺蛾主要种类

国内各茶区主要种有扁刺蛾、茶刺蛾［*Iragoides fasciata*（Moore）］、丽绿刺蛾［*Parasa lepida*（Cramer）］、黄刺蛾［*Cnidocampa flavescens*（Walker）］、茶淡黄刺蛾（*Darna trima* Moore）、白痣姹刺蛾［*Chalcocelis albiguttata*（Snellen）］、红点龟形小刺蛾（*Narosa nigrisigna* Wileman）和褐刺蛾［*Setora postornata*（Hampson）］等。

1. 扁刺蛾 扁刺蛾［*Thosea sinensis*（Walker）］分布遍及全国各产茶区，以长江流域以南发生较多。主要为害夏、秋茶，食性极杂。除为害茶树外，还可为害油茶、梨、枫杨、柑橘、枇杷、桃、李、核桃、苹果等30科40多种植物。幼虫咬食叶片，严重时常将茶树叶片吃光，形成光杆。

（1）形态特征（图2-5） 成虫体长10～18 mm，翅展26～35 mm。体、翅灰褐色，前翅近端部有一暗褐色带纹，自前缘斜向后缘，斜纹内侧有一黑褐色点，后翅暗灰色。

卵长约1.1 mm，长椭圆形，略扁平，淡黄绿色，孵化前变褐色。

成长幼虫体长21～26 mm，淡鲜绿色，椭圆而较扁平，背隆起，背部中央有1条白色纵线，两侧有蓝绿色窄边，两边各有1列橘红色至橘黄色小点，近中间一个比较显著。各体节具4个绿色枝状丛刺，背侧1对发达，两边1对很小，前后小丛刺之间有下陷的深绿色斜纹。

蛹长10～15 mm，椭圆形，乳白色，羽化前焦黄色。

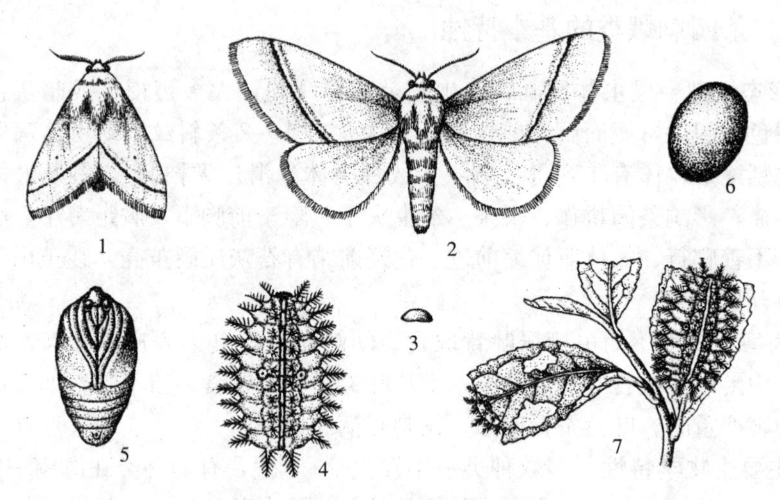

图2-5 扁刺蛾
1. 雄成虫 2. 雌成虫 3. 卵 4. 幼虫 5. 蛹 6. 茧 7. 为害状

茧长约14 mm，卵形，硬脆，黑褐色。

（2）发生规律与习性 扁刺蛾在长江中下游地区一般1年发生2代，在江西、广东等偏南茶区少数可发生3代，均以老熟幼虫在根际表土中结茧越冬。翌年4月开始化蛹，5月开始羽化。第1代、第2代幼虫分别于6月及8～10月发生为害。各地发生期见表2-8。

表2-8 扁刺蛾各代各虫态发生期（月/旬）

地 点	代别	卵	幼 虫	蛹	成 虫
安徽郎溪	1	5/下～6/下	6/上～7/下	7/上～8/下	7/中～8/下
	2	7/下～8/下	8/上～翌年5/上	4/下～6/中	5/下～6/下
浙江杭州	1	5/下～7/上	6/中～7/中	7/中～8/上	8/上～8/下
	2	8/上～8/下	8/中～翌年4/下	4/下～6/下	5/下～6/下
江西南昌	1	5/中～6/下	6/下～7/中	6/下～8/下	7/中～8/下
	2	7/中～8/下	7/下～翌年4/下	4/中～6/上	5/中～6/中

成虫多于夜晚羽化、活动。飞翔能力和趋光性均较强。羽化后当日即可交尾，翌日开始产卵。卵多散产于叶面。每雌产卵10～200粒，平均100粒左右，产卵期3～4 d。羽化后1～2 d内产卵最多。

幼虫多栖于叶背，且常以茶丛边缘叶背较多。幼龄时咬食叶肉，残留上表皮，形成透明枯斑。稍大即自叶尖蚕食，形成比较平直的缺刻如刀切状，且常残留半叶即转害另一叶。幼虫多先在茶丛下部为害，后逐渐转移至上部为害。夜晚和清晨常爬至叶面活动。虫口多时茶丛被害光秃。幼虫行动缓慢，老熟后爬至根际落叶下或表土内结茧化蛹。其入土深浅、近远视土壤疏松程度而异，一般多在3～5 cm深处。枯枝、落叶等地面覆盖层下也常结茧较多。

卵期5～8 d；幼虫期28～44 d（非越冬代），越冬幼虫长达210 d左右；蛹期9～20 d；成虫期3～7 d。在安徽皖南，1～6龄幼虫的历期各为2.5 d、4.5 d、

6.5 d、7.4 d、7.6 d 和 6.7 d。

天敌常见的有蠋敌（*Arma custos* Fabricius）、厉蝽（*Cantheconidea concinna* Walker）、益蝽（*Picromerus lewisi* Scott）、寄生蝇等。此外，尚有真菌和核型多角体病毒。幼虫受病毒感染而死的一般达 35%～50%，也可高达 90%以上。蛹期真菌致死率常达 70%～80%。

2. 其他刺蛾　为害茶树的刺蛾除扁刺蛾外，常见的还有茶刺蛾（图 2-6）、丽绿刺蛾、黄刺蛾和褐刺蛾（图 2-7）。它们的形态特征、主要生活习性和发生规律分别见表 2-9 和表 2-10。

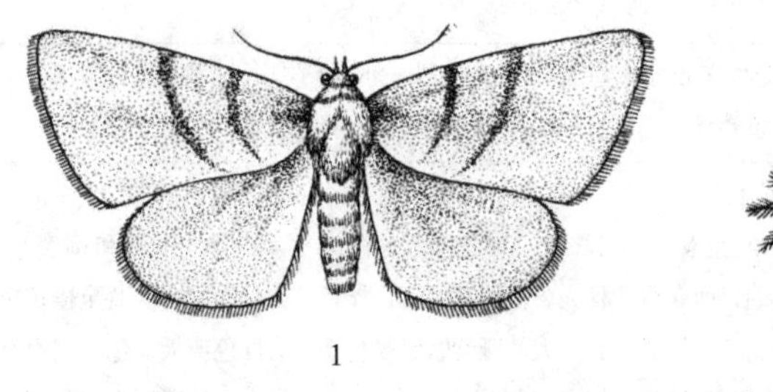

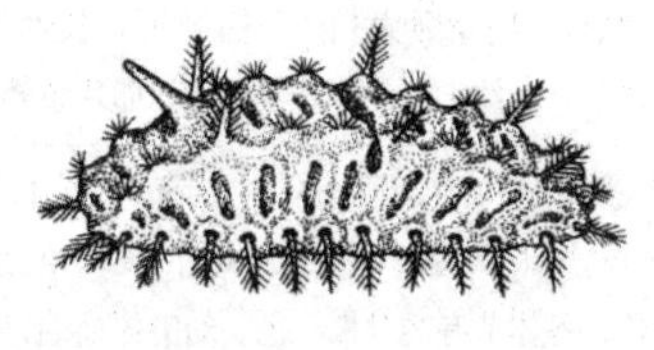

1　　2

图 2-6　茶刺蛾

1. 成虫　2. 幼虫

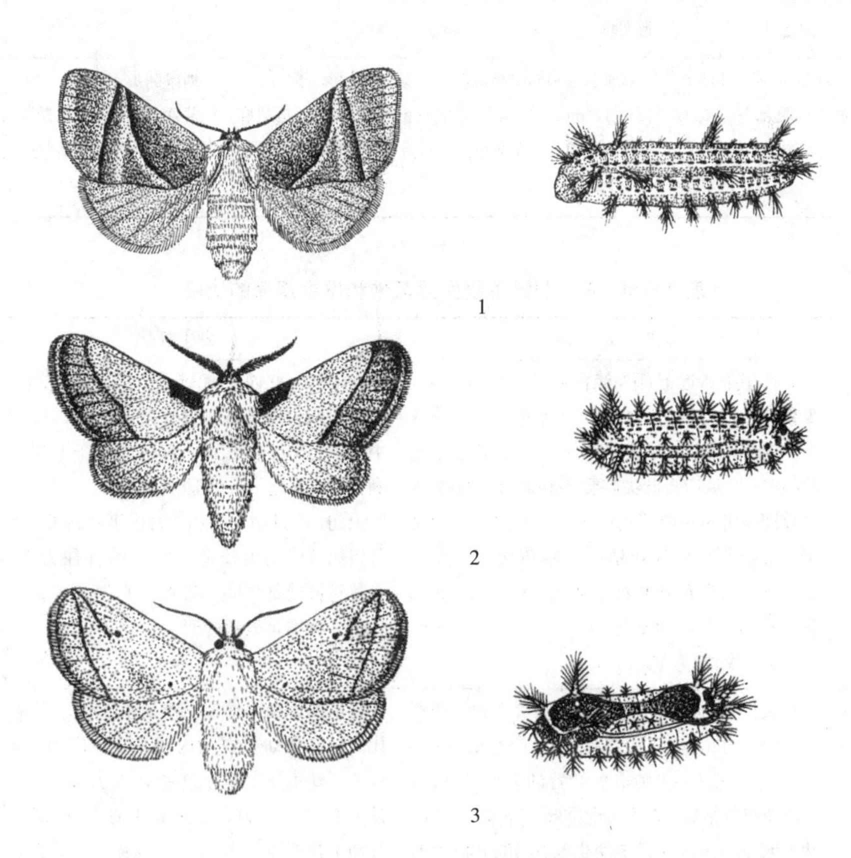

图 2-7　3 种刺蛾的成虫和幼虫

1. 褐刺蛾　2. 丽绿刺蛾　3. 黄刺蛾

表 2-9　4 种刺蛾形态特征的比较

虫态	茶刺蛾	丽绿刺蛾	黄刺蛾	褐刺蛾
成虫	体长 12～16 mm，翅展 24～30 mm。体和前翅浅灰红褐色。前翅从前缘至后缘有 2 条不明显的暗褐色斜纹	体长 15～20 mm，翅展 29～39 mm。头、胸、背绿色，中央有褐色纵纹延伸至腹背。前翅绿色，基斑紫褐色，有 1 条深褐色稍呈弧形的斜线，线外为深褐色阔带。后翅浅褐色，无斑纹	体长 11～15 mm，翅展 28～34 mm。前翅黄色，但近外缘处褐色，近前缘土黄色，自翅尖至肩角处附近和到内缘离翅基 3/4 处有斜行褐色条纹 2 条。后翅淡黄褐色	体长 17～19.5 mm，翅展 30～41 mm，褐色至深褐色。前翅自前缘中部有 2 条深色弧线分别伸达臀角和后缘近基角。前翅臀角附近有 1 近三角形棕色斑。后翅褐色
卵	椭圆形，扁平，淡黄白色半透明，长约 1 mm	椭圆形，长约 1 mm，淡绿色，卵块鱼鳞状	椭圆形，扁平，长约 1.6 mm，淡黄色	长椭圆形，长 1.4～1.8 mm，黄色，后渐变深
幼虫	成熟时体长 30～35 mm，背部隆起，黄绿至绿色。各体节有 2 对枝状丛刺。体前背中有 1 个绿或红绿色角状突起。体背中部有 1 个红褐或淡紫色近菱形斑。体侧气门线上有 1 列红点	成熟时体长 25～28 mm，黄绿色至鲜绿色。幼龄体前端背面 3 对和后端 2 对的刺较长；成长后，仅胸背第 3 对稍长，并有红色刺毛约 20 根。体末端有 4 个黑色圆形大瘤	成熟时体长 21～26 mm，体背隆起，两端稍大。体淡黄绿色，体背有一大的哑铃状红褐色斑块。中胸突起上有 4～5 个刺毛，基部黑色，末端棕黑色	成熟时体长 22～28 mm，体背隆起，体躯和刺突色泽变化大，一般为淡黄至橙黄色。背线为红色或天蓝色，侧面有蓝斑和黑点。体背有 7 对长刺，刺毛黑褐色或红棕色
茧蛹	蛹椭圆形，长约 15 mm，淡黄色；腹部气门棕褐色。茧卵圆形，褐色	蛹黄褐，扁椭圆形，长 12～17 mm。茧扁椭圆形，棕褐色，上覆灰色丝状物	蛹椭圆形，长 13～15 mm，淡黄色。茧似麻雀蛋，灰白色，上有纵行黑褐色条纹	蛹卵圆形，长 14～14.5 mm，淡黄色至褐色。茧广椭圆形，灰白或褐色，表面有褐色点纹

表 2-10　4 种刺蛾主要生活习性和发生规律的比较

种　类	主要生活习性	发生规律
茶刺蛾	卵产于茶丛近下部外缘的叶背，每叶 1 粒，少数 2 粒。每雌产卵 6～80 粒不等。幼虫分散发生为害。初龄幼虫栖于叶背，为害状呈半透明枯斑；3 龄后自叶尖咬食平切叶片，常蚕食半叶即转害另一叶。幼虫经 6 龄老熟后，即爬至土表茶蔸分杈处或枯叶下结茧化蛹。在湖南，卵、幼虫和成虫期各为7～10 d、22～26 d 和 4～6 d；在广西则各为 4～6 d、35～45 d、4～10 d。蛹期为 15～17 d	在浙江、江西、湖南、广东均 1 年发生 3 代，广西 4 代。以老熟幼虫在茶丛根际落叶和表土中结茧越冬。在江西，越冬幼虫于翌年 4 月化蛹，5 月羽化。各代幼虫分别在 5 月下旬至 6 月上旬，7 月中下旬和 9 月中下旬盛发。3 代区常以第 2 代发生较多，7～8 月往往为害较重。自然种群受寄生蝇、姬蜂、真菌和核型多角体病毒、蝽类等天敌的调控
丽绿刺蛾	成虫日夜均可羽化，交配完即可产卵。卵产于较嫩叶的叶背，数十粒一块，产卵量 500～900 粒。幼虫 1～4 龄取食叶背的表皮及叶肉，造成淡黄色枯斑，5 龄起食全叶。卵期 4～7 d，幼虫期 30～48 d（越冬幼虫长达 180 d 以上），蛹期 16～30 d（越冬蛹期长达 100 d）。成虫寿命 4～9 d。老熟后在枝杈间、杆上结茧化蛹	在浙江、湖南等地 1 年发生 2 代，广州 2～3 代。以老熟幼虫在茧内越冬。在广州，发生 3 代的，幼虫发生期分别在 4～7 月、6～9 月、8 月至翌年 4～5 月；发生 2 代的，分别在 4～10 月和 7 月至翌年 4～5 月。在浙江，幼虫分别发生于 6～8 月和 8 月至翌年 6 月上旬。天敌主要有颗粒体病毒、螳螂、猎蝽、绒茧蜂等

（续）

种　类	主要生活习性	发生规律
黄刺蛾	卵产于近叶端处背面，散产或数粒集中在一起。每雌产卵49～67粒。卵期5.6 d。幼虫孵化后先食卵壳，后食叶成透明圆斑。4龄食叶呈空洞，5龄吃全叶，仅留叶脉和叶柄。幼虫老熟先吐丝缠绕树枝，后吐丝和分泌黏液营茧化蛹。羽化时顶开茧盖，茧盖口呈圆形	江苏、浙江、安徽一带1年发生2代。以老熟幼虫在树枝上的茧内越冬。越冬幼虫5～6月化蛹，6月上中旬羽化。幼虫为害期分别在6月下旬至7月，8月下旬至9月下旬。9月底陆续结茧越冬。天敌有上海青蜂和朝鲜姬蜂、螳螂和颗粒体病毒等
褐刺蛾	卵多散产于叶背边缘，也有的2～3粒产在一处。每雌产卵百余粒。幼虫孵化后先食卵壳，后食叶。4龄前食叶肉，留透明表皮；之后食成缺刻、孔洞，且多沿叶缘蚕食，仅留叶脉。第1代卵、幼虫、蛹各历时6～10 d、35～39 d和7～10 d；第2代各为5～8 d、36～45 d（为害期，而越冬期达7个月）和20 d左右。幼虫老熟后下树落地，潜入表土或枯枝落叶中结茧化蛹或越冬	在长江下游1年发生2代。以老熟幼虫在茧内越冬。在杭州，越冬幼虫于5月上旬开始化蛹，5月底6月初开始羽化、产卵，6月中旬开始出现第1代幼虫，8月下旬出现第2代幼虫，至10月老熟幼虫结茧越冬。若夏季过于高温干旱，第1代部分老熟幼虫即在茧内越夏、越冬直至翌年6月。已知天敌有刺蛾寄蝇和刺蛾紫姬蜂

（三）茶园刺蛾类的防治方法

1. 清园灭茧　冬季结合茶园培土防冻，在根际33 cm范围和茶蓬内培土7～10 cm，或冬春结合施肥，将落叶及表土翻埋入施肥沟底，而后施肥盖土，以促使霉变或防止成虫羽化出土。或者于冬季或7～8月间摘除枝上的茧蛹，集中深埋。

2. 摘除虫叶、卵叶　生长季节连同叶片摘除群集于叶背的幼虫或卵块。

3. 灯诱杀蛾　据报道，点灯诱蛾的茶园，平均每丛虫口下降80%～90%，虫株率下降50%以上。

4. 生物防治　对扁刺蛾每公顷喷含7.5×10^{12}个多角体的核型多角体病毒悬浮液或每公顷用450～600头病毒死虫研碎兑水喷施；对茶刺蛾、丽绿刺蛾和黄刺蛾也可用各自病毒液进行防治，每公顷用450～750头病毒死虫研碎兑水喷施。另可用每毫升0.5亿个孢子的青虫菌菌液喷施。

5. 药剂防治　防治适期应掌握在2～3龄幼虫期。施药方式采用低容量侧位喷雾，药液应喷在茶树中下部叶背。

四、蓑蛾类

蓑蛾类属鳞翅目蓑蛾科，又名袋蛾、布袋虫、避债蛾等。我国茶树蓑蛾已记载11个属20余种。常见寄主还有柑橘、枇杷、苹果、桃、山茶、油茶、桑、枣和栗等100多种植物。

（一）茶园蓑蛾类的基本特征

1. 特征识别　蓑蛾类体小型至中型。雌雄异态。幼虫和雌成虫终生负囊，囊由幼虫吐丝编织而成，上、下两端有孔口，上孔为幼虫伸出取食、爬行之用，下孔为幼虫孵化、雄成虫羽化后爬出之用。蓑囊的大小、形状因虫种而异。囊外常有许多排列方式各异的枝梗和叶片，可作田间识别的依据。雌成虫不变蛾，蛆状，头小，终生生活在负囊中。雄成虫是蛾子，体色较暗淡，前翅暗灰至褐色，寿命短，田间不易发现。幼虫体肥胖，多皱纹，体色暗淡，胸部3节背板硬、光滑而有色斑，胸足发达，腹足短小。

2. 为害状识别 均以幼虫负囊在叶片背面取食，也为害嫩枝皮层和幼果皮。幼龄时咬食叶肉，留下一层上表皮，形成不规则半透明斑。长大即取食叶片呈不规则孔洞，有明显的为害中心。发生较多时，茶丛叶片被咬食成千疮百孔，被害叶易脱落。发生严重时可将局部叶片全部吃光，仅存秃枝，甚至引起茶树死亡。

3. 生物学特性 茶树上的蓑蛾多为1年1代。茶小蓑蛾1年2代，茶蓑蛾1年1～2代，大蓑蛾偶有不完全2代。除黑肩蓑蛾以卵越冬外，其余都以幼虫封囊越冬。蓑囊有利于蓑蛾越冬。经检测，严冬时节大蓑蛾囊内温度比囊外高1.5～2.0℃。早春，当温度升至8.0℃以上，茶蓑蛾等的越冬幼虫开始取食。幼虫老熟后先在囊内倒转虫体，在囊内化蛹。雄蛹羽化前蛹体半露于囊下，羽化后留下蛹壳。雌蛾羽化后，常从蓑囊下孔露出蛋黄色茸毛，并向外分泌性信息素。羽化后翌日就可交尾，多在清晨和黄昏时进行。雄蛾活泼，有趋光性。觅得雌蛾，即伏于雌虫囊外，腹部自蓑囊下孔插入囊内与雌蛾交尾。雌蛾交尾1～2 d后陆续产卵，前2～3 d卵量较多，7～8 d产完。卵聚产在蛹壳内，并以雌虫脱下的茸毛充塞其间。每雌平均产卵数百至数千粒。随卵的大量产出，雌虫逐渐干缩而死亡。

幼虫多于下午孵化。孵化后1～2 d在囊内取食卵壳，而后成批自蓑囊下孔涌出，吐丝下垂，随风飘散至附近的茶树上。活动片刻后即吐丝环绕前胸，咬取枝叶碎屑粘贴丝上，形似“颈圈”，连续吐丝缀连达到腹末，再缩入囊中吐丝密织内壁，数十分钟建成蓑囊。幼龄时护囊随腹部竖起而竖立在叶背，虫体稍大护囊则随腹部而下垂，悬于枝叶下。护囊随着虫体的增长而扩大。蓑蛾负囊行走，扩散速度慢。多在黄昏至清晨和阴天取食，晴天中午很少取食，隐蔽于叶背和茶丛间。取食时只头、胸伸出。化蛹、越冬前以及蜕皮前均吐丝密封护囊上口。

幼龄幼虫的捕食性天敌有异色瓢虫［*Leis axyridis*（Pallas)］、三突花蛛以及几种蚂蚁。越冬幼虫常遭灰喜鹊［*Cyanopica cyana*（Pallas)］等鸟类啄食。寄生性天敌昆虫有大蓑蛾瘤姬蜂（*Sericopimpla albicincta*）、松毛虫黑点瘤姬蜂（*Xanthopimpla pedator* Fabricius）、广大腿小蜂（*Brachymeria lasus* Walker）、费氏大腿蜂（*Brachymeria fiskei* Crawford）等。病原微生物有白僵菌等。

（二）茶园蓑蛾主要种类

全国茶区发生较普遍。为害较严重的主要有茶蓑蛾、大蓑蛾（*Clania variegata* Snellen）、茶小蓑蛾（*Acanthopsyche* sp.）、茶褐蓑蛾（*Mahasena colona* Sonan）、白囊蓑蛾（*Chalioides kondonis* Matsumura）、油桐蓑蛾（*Chalia Larminati* Heylearts）等。

1. 茶蓑蛾 蓑蛾类害虫以茶蓑蛾（*Clania minuscula* Butler）为害最重，分布最广。

（1）形态特征（图 2-8） 雄蛾体长 11～15 mm，翅展 20～30 mm。体、翅深褐色。触角双栉齿状。胸、腹部密被鳞毛，前翅近外缘有 2 个近长方形透明斑。雌虫体长 12～16 mm，蛆状。头小、褐色。胸、腹部黄白色，胸部弯曲，背板褐色，腹部肥大。后胸和腹部第 7 节各簇生一环黄白色茸毛。

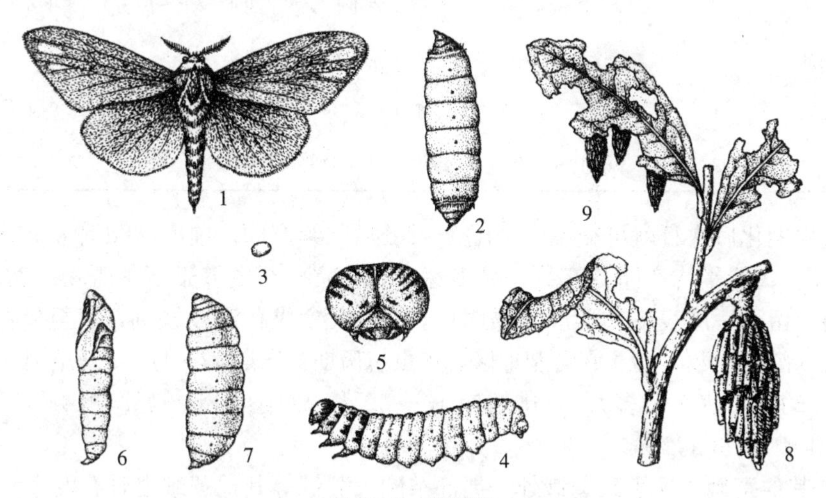

图 2-8 茶蓑蛾
1. 雄成虫 2. 雌成虫 3. 卵 4. 幼虫 5. 幼虫头部
6. 雄蛹 7. 雌蛹 8. 蓑囊 9. 为害状

卵为椭圆形，长约 0.8 mm，宽约 0.6 mm，乳黄白色。

成长幼虫体长 16～26 mm。头黄褐色，胸、腹部肉黄色，背部色泽较深，胸部背面有褐色纵纹 2 条，每节纵纹两侧各有褐色斑 1 个。腹部各节有黑色小突起 4 个，排成“八”字形。

雄蛹长 11～13 mm，咖啡色。翅芽达第 3 腹节后缘。腹部背面第 3～6 节的前、后缘及第 7 节、第 8 节前缘各有细齿 1 列。臀棘末端具 2 短刺。雌蛹长 14～18 mm，咖啡色，蛆状，头小。腹部第 3～8 节前、后缘各有细齿 1 列。腹末具短棘 2 枚。

蓑囊纺锤形，枯褐色。成长幼虫的蓑囊雌性长约 30 mm，雄性 25 mm。囊丝质。幼时囊外缀连叶屑、枯皮碎片，稍大则有许多断截的小枝梗缀于囊外，平行纵向较整齐排列。

（2）发生规律与习性 茶蓑蛾在贵州 1 年 1 代，在安徽、湖南、江苏等地 1 年 1～2 代，江西 2 代，福建、台湾、广东 2～3 代。多以 3～4 龄幼虫（少数老熟幼虫）在悬挂于枝叶上的蓑囊内越冬。翌年气温升至 10 ℃左右开始活动、取食，对春茶有所为害。一般在 7～8 月为害严重。生活史见表 2-11。

表 2-11 茶蓑蛾各代各虫态发生期（月/旬）

地 点	代别	卵	幼 虫	蛹	成 虫
安徽合肥	1	6/上～7/中	6/下～9/上	8/上～9/中	8/中～9/下
	2	8/下～10/上	9/上～翌年 6/下	翌年 5/中～7/中	翌年 6/上～7/中

（续）

地　点	代别	卵	幼　虫	蛹	成　虫
湖南长沙	1	5/中～7/上	6/上～8/下	7/下～9/上	8/中～10/上
	2	8/中～10/上	8/下～翌年6/上	翌年5/上～6/上	翌年5/中～7/上
贵州湄潭	1	6/下～7/中	7/中～翌年6/上	翌年5/下～6/下	翌年6/上～7/上
江苏宜兴	1	5/下～6/下	6/上～8/下	7/下～8/下	8/上～9/上
	2	8/上～9/上	8/中～翌年6/上	翌年5/上～6/中	翌年5/下～6/下

成虫羽化后次日就可交尾，交尾1～2 d后陆续产卵。前2～3 d卵量较多，7～8 d产完。每雌平均产卵676粒，最多达3 000粒。幼虫多于下午孵化。幼龄时咬食叶肉，留下一层表皮，形成半透明斑。3龄后食成孔洞或缺刻，甚至仅留主脉。幼虫共6龄，少数7龄。在合肥地区，各虫态历期：卵期12～17 d，幼虫期50～60 d（越冬代幼虫长达8个多月），雌蛹期10～22 d，雄蛹期8～14 d，雌蛾寿命12～15 d，雄蛾2～3 d。

2. 其他蓑蛾　除了茶蓑蛾外，局部茶园大蓑蛾等其他蓑蛾也时有发生。其他5种蓑蛾的蓑囊区别见图2-9，形态特征区别见表2-12。

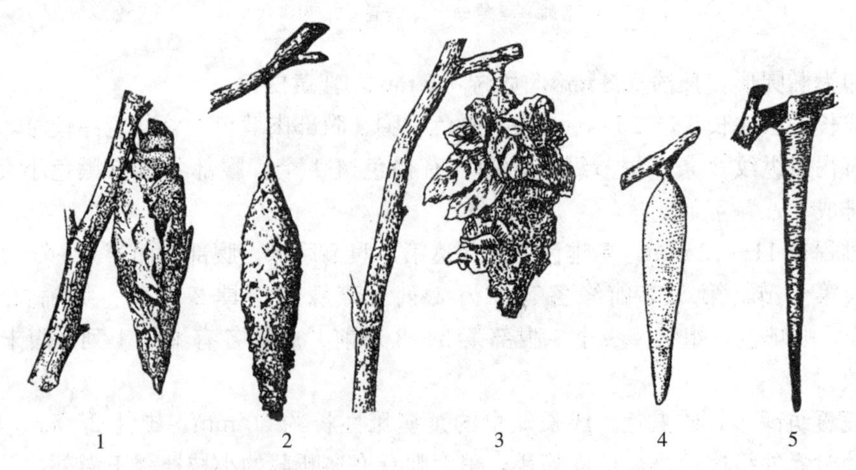

图2-9　茶树上5种蓑蛾的蓑囊

1. 大蓑蛾　2. 茶小蓑蛾　3. 茶褐蓑蛾　4. 白囊蓑蛾　5. 油桐蓑蛾

表2-12　茶树上5种蓑蛾的主要形态特征区别

种　类	成　虫	幼　虫	蓑　囊
大蓑蛾	雄蛾体长15～17 mm，翅展35～44 mm，体、翅黑褐色，前翅近外缘有4～5个半透明斑，后翅褐色无斑纹	雄虫体长17～24 mm，头黄褐色，中央有白色“人”字形纹，胸部灰黄色，背侧有2条褐色纵斑。雌虫体肥，体长25～40 mm，头赤褐色，胸背灰黄褐色，背线黄色，两侧各有1赤褐色纵斑。腹部黑褐色，多横纹	成长幼虫蓑囊雌性长约50 mm，雄性约45 mm。蓑囊纺锤形，坚韧，囊外常黏附有较大的叶片或少量枝梗

（续）

种　类	成　虫	幼　虫	蓑　囊
茶小蓑蛾	雄蛾体长 4.0～4.5 mm，翅展 11.5～13.5 mm，体、翅深茶褐色，腹面毛密而长	成长时体长 5.5～9.0 mm，头部咖啡色，具深褐色花纹，体乳白色。前胸背面咖啡色，中、后胸背面各有咖啡色斑4个。腹部第8节背面有褐色斑点2个，第9节有4个。末端臀棘深褐色	成长幼虫蓑囊 7～12 mm，枯褐色。囊外黏附有细碎叶片。化蛹时常有1长丝悬挂于叶片背面
茶褐蓑蛾	雄蛾体长约 15 mm，翅展约 24 mm，体、翅褐色，腹面有金属光泽，翅面无斑纹	成长时体长 18～25 mm。头褐色，散生黑褐色斑纹。各胸节背板淡黄色，背侧上、下有不规则黑斑2块。腹部黄褐色，末节有1黄色硬皮板	成长幼虫蓑囊长 25～40 mm，粗大，枯褐色，囊外缀有许多碎叶片，略呈鱼鳞状松散排列
白囊蓑蛾	雄蛾体长 8～11 mm，翅展 18～20 mm，体淡褐色，密布白色长毛，体末黑色，4翅透明	成长时体长约 30 mm，头褐色，有黑色点纹。中、后胸背板各分成2块。腹部黄白色，每节上都有深褐色点纹	成长幼虫的蓑囊长约 30 mm，细长，纺锤形，灰白色，丝质，不附枝叶
油桐蓑蛾	雄蛾体长 4.5～7.0 mm，翅展 18～22 mm，头、胸部灰褐色，腹部银灰色，前翅灰黑色，后翅白色	成长时体长约 25 mm。头、胸黑褐色，腹部乳白色	细长圆锥形，末端尖锐，有3～5瓣状纵裂。褐色，丝质坚韧，上口附有各龄幼虫的头壳及木屑等

茶树上其他5种常见蓑蛾的年生活史见表2-13。

表2-13　茶树上5种蓑蛾的年生活史

种类	月份											
	1	2	3	4	5	6	7	8	9	10	11	12
	上中下	上中下	上中下	上中下	上中下	上中下	上中下	上中下	上中下	上中下	上中下	上中下
大蓑蛾（合肥）	———	———	———	———	———	——						
				⊕⊕	⊕⊕⊕	⊕⊕⊕						
					+++	+++	+					
					•	• • •	• •					
						———	———	———	———	———	———	———
茶小蓑蛾（合肥）	———	———	———	———	———							
					⊕⊕	⊕						
					+	++						
						• • •						
						——	———	—				
							⊕	⊕⊕⊕				
								+++				
								• •	•			
								—	———	———	———	———

（续）

种类	月份											
	1	2	3	4	5	6	7	8	9	10	11	12
	上中下	上中下	上中下	上中下	上中下	上中下	上中下	上中下	上中下	上中下	上中下	上中下
茶褐蓑蛾	———	———	———	———	———	———						
（滁州）						⊕⊕⊕	⊕⊕⊕	⊕				
						++	+++	+				
						··	····	·				
						—	———	———	———	———	———	———
白囊蓑蛾	———	———	———	———	———	———	—					
（合肥）						⊕	⊕⊕⊕	⊕⊕⊕				
							++	+++	+			
							··	···	·			
								———	———	———	———	—
油桐蓑蛾	———	———	———	—								
			⊕	⊕⊕⊕	⊕							
				++	++							
				··	···							
					——	———	———	———	———	———	———	———

注：一为幼虫；⊕为蛹；＋为成虫；·为卵。

（三）茶园蓑蛾类的防治方法

1. 人工摘除蓑囊 蓑蛾类虫口比较集中，为害状明显，便于发现和摘除。平时宜结合茶园管理和采茶摘除蓑囊，冬季宜普遍注意检查摘除。虫口较多，为害严重的茶丛可轻修剪或重修剪，剪下的枝、叶带出园外集中处理。

2. 生物防治 注意保护和利用天敌资源。幼龄幼虫发生时，可喷施每毫升含1亿个孢子的苏云金杆菌菌液。茶园及附近植树或设置鸟巢，招引鸟类进园捕食。

3. 药剂防治 应尽量减少药剂使用。必须用药时，在幼龄幼虫盛期及时喷药，在非普遍发生的茶园中挑治“发生中心”，喷湿虫囊。

五、卷叶蛾类

卷叶为害茶树的害虫通常称为卷叶虫，是我国茶区的一类主要害虫，种类较多，分属鳞翅目的不同科。幼虫吐丝卷结嫩叶呈苞状，匿居苞中咬食叶肉，阻碍茶树生长，降低茶叶产量与品质。

（一）茶园卷叶蛾种类

国内茶园常见的卷叶蛾有茶小卷叶蛾、茶卷叶蛾、茶细蛾、茶谷蛾等。

1. 茶小卷叶蛾 茶小卷叶蛾（*Adoxophyes orana* Fischer von Röslerstamm）

又名小黄卷叶蛾、棉褐带卷叶蛾、网纹卷叶蛾、茶角纹小卷叶蛾，属卷蛾科。全国各产茶区均有分布。日本、印度、斯里兰卡及东南亚也有发生。除为害茶树外，还为害油茶、柑橘、梨、苹果、棉花等。

（1）形态特征（图 2-10）　成虫体长约 7 mm，翅展 15～22 mm，淡黄褐色。前翅近长方形，散生褐色细纹；翅基、翅中部及翅尖有 3 条浓褐色斜行带纹；中部 1 条长而明显且向后分叉呈 h 形，斜向臀角附近；翅尖 1 条前方分叉呈 V 形。雄蛾较雌蛾略小，翅基褐带宽而明显。后翅灰黄色，外缘稍褐。

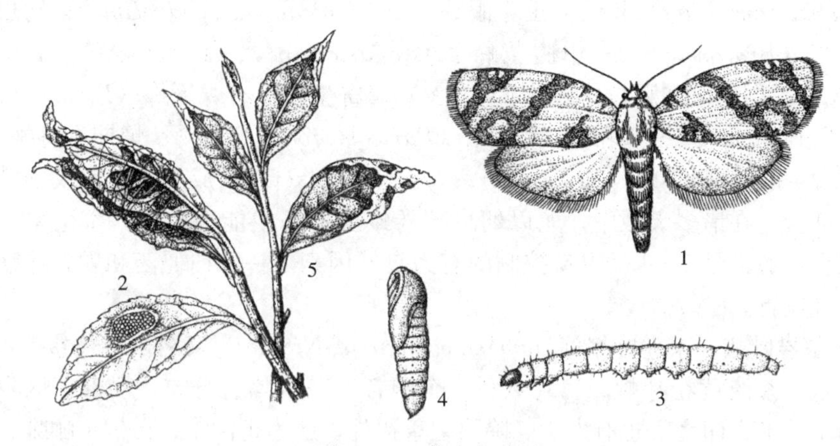

图 2-10　茶小卷叶蛾

1. 成虫　2. 卵　3. 幼虫　4. 蛹　5. 为害状

卵为扁平椭圆形，淡黄色。数十粒或成百粒卵堆聚成鱼鳞状椭圆形卵块，并覆透明胶质。卵块长 5～8 mm。

成长幼虫体长 10～20 mm，头黄褐色，体绿色，前胸背板淡黄褐色。

雌蛹体长 9～10 mm，雄蛹略小，绿转褐色。腹部第 2～7 节背面各有 2 列钩刺突，且以前缘 1 列较明显。

（2）发生规律与习性　茶小卷叶蛾一般在华东地区 1 年发生 4～5 代，湖南、江西 1 年发生 5～6 代，华南茶区 6～7 代，台湾 8～9 代。多以 3 龄以上老熟幼虫（个别地区以蛹）在卷叶虫苞或残花内越冬。次年气温升至 7～10 ℃时开始活动为害。5 代区各代幼虫分别于 4 月下旬至 5 月下旬、6 月中下旬、7 月中旬至 8 月上旬、8 月中旬至 9 月上旬、10 月上旬至翌年 4 月间发生。各虫态历期，在 25 ℃条件下，卵期6～8 d，幼虫期 17～22 d，蛹期 7～8 d，成虫期 6～10 d，完成 1 代需 36～48 d。卵、幼虫、蛹的发育起点温度各为 9.75 ℃±0.64 ℃、4.94 ℃±2.48 ℃、8.00 ℃±1.15 ℃，有效积温各为 110.08 ℃±4.29 ℃、450.75 ℃±54.70 ℃、130.83 ℃±8.58 ℃。

成虫夜间活动交尾产卵，有趋光性，并喜糖醋气味。卵块产于成叶或老叶背面。幼虫孵化后爬上芽梢，或吐丝随风飘至附近枝梢上，潜入芽尖缝隙内或在初展嫩叶端部或边缘吐丝卷结匿居，咬食叶肉，且常以芽下第 1 叶上虫口为多。3 龄后将邻近 2 叶甚至数叶结成虫苞，在苞内咬食成明显透明枯斑，且时有转移结苞的习性，自蓬面渐向下转害成叶和老叶。3 龄后受惊常弹跳坠地逃脱。老熟后即在苞内化蛹。

（3）发生与环境条件的关系　茶小卷叶蛾最适宜的环境为旬平均温度 18～26 ℃，

相对湿度80%以上。在适温范围内，湿温系数≥3，孵化率高达90%以上；湿温系数<2，则极少甚至不孵化。我国长江流域等南方地区，由于梅雨季节温暖湿润，春、初夏茶芽梢发育旺盛，虫口较多，为害较重。夏暑高温干旱，虫口下降，秋季若多雨水，虫口又会有所回升。

茶丛密植郁闭、芽叶繁茂特别是留养的茶园，一般虫口较多。茶树品种间也有一定差异。云南大叶种和水仙种受害较重，且虫害发生较早。

天敌多达20余种，有一定的自然控制能力。其中卵期有拟澳洲赤眼蜂（*Trichogramma confusum*）和松毛虫赤眼蜂（*Trichogramma dendrolimi*）；幼虫期有卷蛾茧蜂（*Bracon* spp.）、甲腹茧蜂（*Ascogaster* sp.）、螟蛉疣姬蜂（*Itoplectis naranyae*）、白僵菌和颗粒体病毒（AoGV）等寄生，且有蜾蠃蜂（*Eumenes* sp.）、步甲（Carabidae）、三突花蛛和大山雀（*Parus major*）等捕食；蛹期有寄蝇（Tachinidae）和广大腿小蜂［*Brochymeria lasus*（Walker）］；成虫期有斜纹猫蛛等多种蜘蛛捕食。在诸多天敌中，尤以幼虫期卷蛾茧蜂寄生能力较强，寄生率有时达50%以上，通常是3～4代虫口控制的有力自然因素之一。白僵菌和颗粒体病毒也时有局部流行。

2. 茶卷叶蛾 茶卷叶蛾（*Homona coffearia* Nietner）又名褐带长卷叶蛾、后黄卷叶蛾、茶淡黄卷叶蛾，属卷蛾科。全国各产茶区均有分布，局部茶区发生严重。斯里兰卡、印度等也有发生。除为害茶树外，还为害油茶、柑橘、咖啡等。

(1) 形态特征（图2-11） 成虫体长8～11 mm，翅展23～30 mm。体、翅多淡黄褐色，色斑多变。前翅略呈长方形，桨状，淡棕色，翅尖深褐色，翅面多深色细横纹。雄蛾前翅色斑较深，前缘中部还有1个半椭圆形黑斑，肩角前缘有1明显向上翻折的半椭圆深褐色加厚部分。

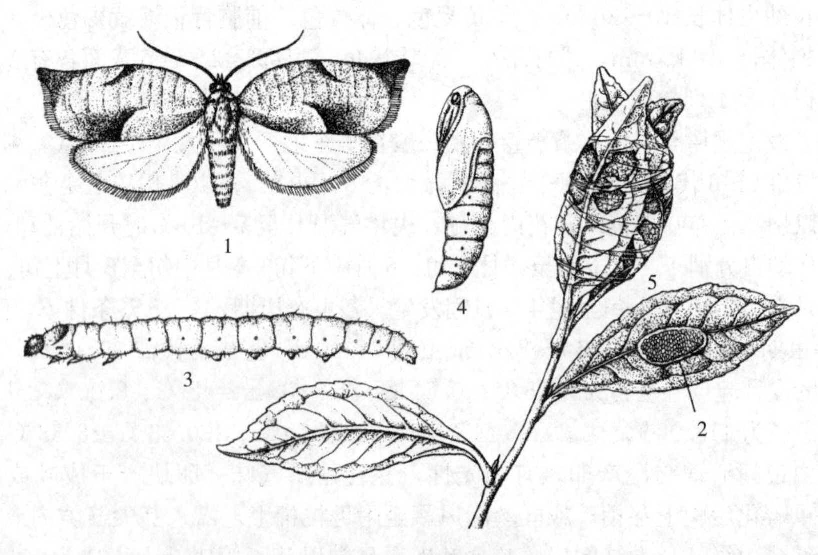

图2-11 茶卷叶蛾

1. 雌成虫 2. 卵 3. 幼虫 4. 蛹 5. 为害状

卵扁平，椭圆形，淡黄色，成百粒在叶面排成鱼鳞状，覆透明胶质，卵块长椭圆形，长约10 mm。

成长幼虫体长 18～26 mm，头褐色，体黄绿色至淡灰绿色。前胸硬质板近半月形，褐色，后缘深，两侧下方各有 2 个褐色小点，体表有白色短毛。

蛹长 11～13 mm，黄褐至暗褐色。腹部第 2～8 节背面前、后缘均有 1 列短刺。臀棘长，黑色，末端有 8 枚小钩刺。

（2）发生规律与习性　茶卷叶蛾在安徽、浙江 1 年发生 4 代，湖南 4～5 代，福建、台湾 6 代，均以老熟幼虫在卷叶苞内越冬。翌年 4 月上旬开始化蛹羽化。4 代区各代幼虫分别于 5 月中下旬、6 月下旬至 7 月初、7 月下旬至 8 月中旬、9 月中旬至翌年 4 月上旬发生。6 代区各代幼虫盛发期分别于 5 月中下旬、7 月上旬、8 月上旬、8 月中下旬、10 月上旬、11 月上旬发生。

成虫夜晚活动，趋光性较强。卵块产于成叶、老叶片正面。每雌蛾平均产卵 330 粒。幼虫幼时趋嫩，初孵化幼虫活泼，吐丝或爬行分散，在芽梢上卷缀嫩叶藏身，咬食叶肉。以后随虫龄增长，食叶量日益增加，卷叶数多、苞大，甚至可多达 10 叶，成叶、老叶同样蚕食，受惊即弹跳坠地。食完一苞再转结新苞为害。幼虫大多 6 龄，幼虫老熟后即留在苞内化蛹。

（3）发生与环境条件的关系　茶卷叶蛾在长势旺盛、芽叶稠密的茶园发生较多。5～6 月间多雨天气利其发生，秋季常受干旱和天敌制约。常见天敌主要有卵寄生的拟澳洲赤眼蜂，幼虫期寄生的绒茧蜂（*Apanteles* spp.）等。还有步甲和多种蜘蛛等，有一定的自然控制作用。

3. 茶细蛾　茶细蛾［*Caloptilia theivora*（Walsingham）］又名三角苞卷叶蛾、幕孔蛾，属细蛾科。全国大部分产茶区均有分布，局部地区发生较重。幼虫在茶树嫩叶内潜食或卷成三角苞匿居取食。除为害茶树外，还为害山茶等。幼虫排出的粪便堆积在苞内，造成对芽叶的严重污染，影响茶叶产量与品质。

（1）形态特征（图 2－12）　成虫体长 4～6 mm，翅展 10～13 mm。头、胸部暗褐色，复眼黑色，颜面被黄色毛。触角褐色，丝状。前翅褐色，带紫色光泽，近中央有 1 金黄色三角形大纹并达前缘。后翅暗褐色，缘毛长。腹部背面暗褐色，腹面金黄色。雌蛾末节较粗，被暗褐色长毛。

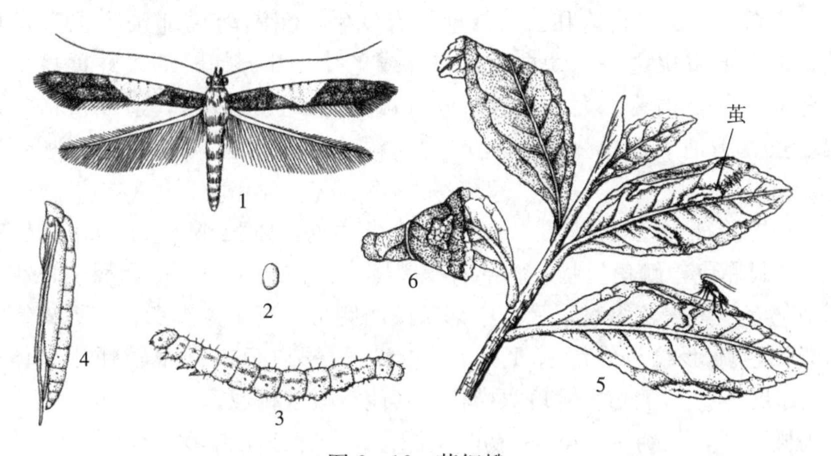

图 2－12　茶细蛾

1. 成虫　2. 卵　3. 幼虫　4. 蛹　5. 前、中期为害状　6. 后期为害状

卵扁平而椭圆，无色，具水滴状光泽，近孵化时较混浊。

成长幼虫 8～10 mm，体乳白色，半透明，口器褐色，单眼黑色，体表有白色短毛，第 6 腹节腹足退化。前期体较扁平，头小，胸部大，腹部向后渐细；后期体圆筒形，能透见深绿或紫黑色消化道。

蛹圆筒形，长 5.0～6.0 mm，淡褐色。头顶有 1 个三角形刺状突起，身体两侧各有 1 列短毛。触角和后足超过腹末节。体末有 8 枚小突起，背面中央 2 枚较大。茧灰白色，长椭圆形，长 7.5～9.0 mm。

（2）发生规律与习性　茶细蛾在浙江 1 年发生 7 代。以茧蛹在中下部成叶或老叶背面凹陷处越冬。翌年 4 月初成虫羽化产卵，各代幼虫盛发期（孵化潜叶期）分别在 4 月中下旬、5 月下旬、6 月下旬至 7 月上旬、7 月下旬、8 月下旬、9 月下旬、10 月上旬至 11 月中旬。一般从第 4 代后发生不整齐，常有世代重叠。

成虫夜晚活动交尾，有趋光性。白天多停息在茶树叶背，前、中足并拢直立，体前段举起，翅倾斜，呈“人”字形。羽化后 2～3 d 开始产卵。卵散产于嫩叶背面，以芽下第 2 叶最多，第 3 叶次之，第 1 叶再次之，鱼叶与芽上很少。幼虫共 5 龄，1 龄、2 龄为潜叶期，叶背呈现弯曲带状潜道。3 龄、4 龄前期为卷边期，吐丝将部分叶缘向背面卷折，匿居咬食叶肉，仅留上表皮。4 龄后期和 5 龄为卷苞期，将叶尖向叶背横卷结成三角虫苞，匿居其中咬食叶肉，仅留一层上表皮，且常转移另行结苞为害。一般一个苞内只有 1 头幼虫，也有 2 头以上的。幼虫老熟后，咬一孔洞从虫苞内爬出，至下方老叶或成叶背面吐丝结薄茧化蛹（少数在叶面结茧）。羽化后蛹壳有一半露出茧外。

（3）发生与环境条件的关系　温度对茶细蛾的发生影响很大。初夏虫口发生较多，全年以夏茶期受害最重。温度过高对其生育不利，气温超过 28 ℃，成虫很快死亡，极少产卵。因此，在 7～8 月高温季节为害较轻。留养茶园与幼龄茶园发生较多。幼虫期有茶细蛾锤腹姬小蜂（*Asympiesiella* sp.）、茶细蛾绒茧蜂（*Apanteles* sp.）等寄生，总寄生率在杭州可达 69%。茶细蛾绒茧蜂在湖南部分茶园寄生率可达 40%以上，可在一定程度上压低虫口数量。

4. 茶谷蛾　茶谷蛾（*Agriophara rhombata* Meyrick）又名茶木蛾，属谷蛾科。在海南、广东、福建、台湾和云南等地均有发生，在湖南局部茶园也有发现，是海南茶区的重要害虫之一。幼虫为害成叶或老叶，部分初孵幼虫蛀食嫩梢，使嫩梢生长停滞，甚至枯萎。大发生时，叶片被吃光，且食枝皮，造成枝枯，茶园一片枯褐，虫粪满地，严重影响茶叶产量和树势。除为害茶树外，还为害野生木荷等。

（1）形态特征（图 2－13）　成虫雌蛾淡黄色，体长 11～13 mm，翅展 27～35 mm。复眼黑色，触角丝状。胸部有 1 黑圆点。前翅黄白，散布黑褐色小点；从翅基到中部有一黑褐色纵纹，且在中部条纹两侧常各有 1 个黑点，靠近外缘有 1 条较宽的淡褐色弧形纹，外缘有 1 列小黑点。后翅白色。雄蛾较瘦小，体长 9～12 mm，翅展 24～27 mm，触角双栉状，其他与雌蛾相似。

卵为椭圆形，长约 1.2 mm。初时黄绿色，孵化前淡褐色。

成长幼虫体长 22～28 mm，体黄色，头及前胸盾板黑色，各体节有 2 块大黑纵斑，前后连成 2 条黑色带纹。各体节两侧均有 2 个黑色毛疣。气门黑色，臀板及胸足亦黑色，腹足和臀足黄色。

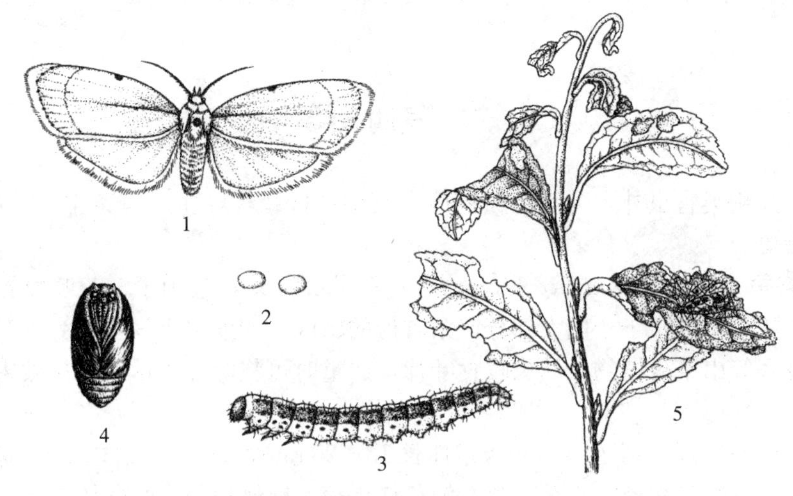

图 2-13　茶谷蛾

1. 成虫　2. 卵　3. 幼虫　4. 蛹　5. 为害状

蛹体长 9～11 mm，初为黄色或淡褐色，后转黑褐色，有光泽。前端钝圆，腹面平展，背面隆起，呈龟壳状。

（2）发生规律与习性　茶谷蛾在海南 1 年发生 4 代。各代幼虫盛孵期分别为 1 月中旬、5 月中旬、7 月上旬、9 月下旬，且无明显的越冬现象。成虫夜间活动，不善飞翔，无趋光性。卵散产于老叶背面或嫩叶和茎上。每雌虫可产卵百余粒。幼虫孵化后，常先在两叶之间吐丝结成纺锤形虫苞，匿居藏身，取食叶肉，并以虫粪围于虫苞四周，且可蛀入嫩茎为害，2～3 龄时再爬出结苞。3 龄后能将数叶粘贴在一起，虫苞增大，幼虫可出苞外就近蚕食其他叶片或咬取碎叶拖回虫苞内取食。幼虫共 6～8 龄，6～7 龄进入暴食期，为害显著加大。老熟后在苞内、叶片上、枝杈甚至地面落叶内化蛹。

（3）发生与环境条件的关系　天气温和湿润，有利于茶谷蛾的发生。低温、高温均对茶谷蛾发生有抑制作用。1～2 月因气温较低，第 1 代幼龄幼虫死亡较多，6～7 月气温过高，虫口密度也处于较低水平。8 月以后，气温下降，第 4 代虫口随之渐增，12 月达到全年虫口高峰，造成严重为害。

修剪可剪去虫害发生部位，降低茶园虫口，减轻受害。剪下的枝叶应及时彻底清出茶园。海南种茶园受害较重，云南种受害较轻。

天敌有幼虫寄生的大腿蜂、茧蜂、寄生蝇和真菌等，蛹寄生的大腿蜂和寄生蝇等。每年 4～5 月自然寄生死亡率常高达 40%～60%，有较好的自然控制作用。

（二）茶园卷叶蛾类的防治方法

1. 清除虫苞　幼龄幼虫期结合采摘灭虫，平时结合修剪，剪除虫苞，是一项很有效的措施。

2. 保护天敌　剪下的有虫苞叶放在寄生蜂保护器内，让天敌飞回茶园再做适当处理。在天敌寄生高峰期，尽量不施农药。

3. 药剂防治　卷叶虫类因有虫苞，药剂不易杀伤，必须及早防治，通常可在幼虫盛孵期或幼龄期喷药。喷药时注意将虫苞喷湿，最好加入少量肥皂水或煤油。

六、其他蛾类

除前述蛾类害虫外，为害茶树的尚有其他一些蛾类，主要有茶蚕、茶叶斑蛾、灰地老虎等。

1. 茶蚕 茶蚕（*Andraca bipunctata* Walker）又名茶狗子、茶叶家蚕。属鳞翅目家蚕蛾科。分布于全国大部分产茶省份的山区。印度也有发生。为害茶树、油茶、厚皮香等山茶科植物。幼虫咬食叶片，严重时可将叶片食尽，茶丛被害造成光杆枝秃。

（1）形态特征（图2-14） 雌蛾体长15～20 mm，翅展40～60 mm，棕黄色至暗棕色，略具绒状光泽。头顶白色，触角栉齿短。前翅顶角外侧弯作钩状，翅中央有1黑点，翅面有暗褐色内横线、中横线和外横线。翅尖和外缘有银色浮斑，后翅有2条横线和1个黑点。雄蛾体长12～15 mm，翅展26～34 mm，体色较深，触角明显呈双栉齿状，前翅顶角钩状部较平直，其他特征与雌蛾相似。

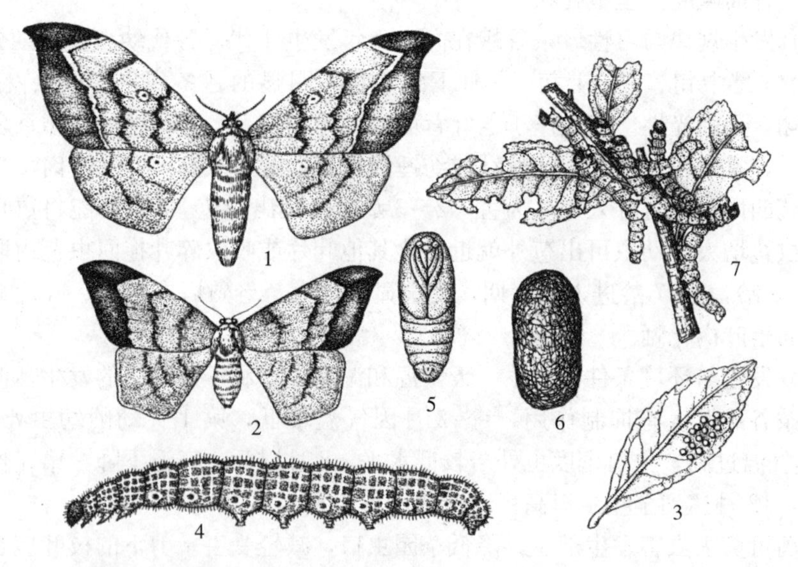

图2-14 茶 蚕

1. 雌成虫 2. 雄成虫 3. 卵 4. 幼虫 5. 蛹 6. 茧 7. 为害状

卵为椭圆形，淡黄色至黄褐色，数十粒裸露在叶背，排成长方形的卵块。

成长幼虫体长约55 mm，肥大柔软，略呈纺锤形。头黑色，体赤褐色，体表密生黄褐色短茸毛，并有11条黄白色纵线，各节有3条黄白色细横线，纵横构成许多小方格。各节气门前有1黑色圆斑，气门后有1橘红色斑。

蛹暗红色，翅芽伸达第4腹节近后缘，腹末圆钝。茧丝质，灰褐色至棕黄色。

（2）发生规律与习性 茶蚕在安徽1年发生2代，浙江、江西、湖南2～3代，福建、台湾3～4代，广东4代。一般以蛹在茶丛根际落叶下或杂草间越冬。华南有其他虫态越冬者，福建有以卵越冬者，且无明显越冬现象。幼虫发生期2代区分别在5～6月、8～10月，3代区福建分别在3月上旬至4月上旬、5月下旬至6月下旬、10月上旬至11月上旬。

成虫日间活动，早晚比较活跃。雄蛾善于飞翔，雌蛾比较笨拙。羽化当日即可交尾产卵。卵产于嫩叶背面，每雌蛾产卵百余粒。幼虫具群集性，1龄、2龄常群集于原产卵叶背面，仅食叶肉。3龄后则群集于枝上，缠绕成团，并大量蚕食叶片，使茶枝甚至整丛茶树片叶无存。幼虫以夜间取食最烈，吃光1枝、1丛，又在夜晚转移为害。天气炎热则群迁至丛下荫蔽处静息。虫群在枝上常头尾高举呈舟状，受惊则口中吐水并纷纷坠地。老熟幼虫爬至茶树根际落叶下或表土中群集结茧化蛹。结茧前需停止进食40 h以上，并释放排泌物。

（3）发生与环境条件的关系　茶蚕在高湿、凉爽、短日照条件下容易发生。据江西修水资料，若6月气温偏低，降雨偏多，日照较少，则越夏蛹期缩短，当年发生3代，虫口增多。否则，只发生2代，虫口较少。一般以山区沟谷、阴坡茶园发生多；内山深坳远比外山茶园受害重。

天敌种类较多，卵期主要有黑卵蜂（*Telenomus* sp.）寄生，幼虫期主要有寄蝇（Tachinidae）和茶蚕颗粒体病毒（AbGV）等，其他尚有姬蜂、真菌、细菌寄生和蜘蛛、鸟类等捕食。多种天敌对茶蚕常有较大的自然控制作用。

（4）防治方法

① 冬季灭蛹：结合深耕、除草及冬季茶园管理，清除茶丛根蔸及土中蛹、茧，连同枯枝落叶，开沟深埋土中或培土压实。

② 人工捕杀：叶背面卵块较易见，幼虫群集，目标明显，且无毒毛，便于直接徒手捕杀。利用幼虫的假死性，亦可进行震落捕杀。

③ 生物防治：幼龄幼虫盛期每公顷用每克含孢子100亿个的苏云金杆菌菌粉7.5 kg，加水1 500 kg喷雾；或菌粉7.5 kg，加水7 500 kg，另加微量农药喷施，菌药混用，有良好效果。

④ 药剂防治：掌握幼虫盛孵至幼龄幼虫盛期喷药。

2. 茶叶斑蛾　茶叶斑蛾（*Eterusia aedea* L.）又名茶斑蛾，属斑蛾科。分布于全国大部分产茶省份，局部地区发生较重，为害茶树、油茶等。幼龄幼虫仅咬食下表皮及叶肉，残留上表皮，形成半透明枯黄薄膜，长大后则蚕食成缺刻或仅留主脉及叶柄。

（1）形态特征（图2-15）　成虫体长17～20 mm，翅展56～66 mm，头至第2腹节青黑色，有光泽。腹部第3节起背面黄色，腹面黑色。翅蓝黑色，前翅有黄白色斑3列，后翅有黄白色斑2列，成黄白色宽带。触角双栉齿形，雄蛾栉齿发达，雌蛾触角末端膨大，端部栉齿明显。

卵为椭圆形，乳黄色，后转灰褐色，数十上百粒堆成卵块，上覆少量白丝。

成长幼虫体长20～30 mm，黄褐色，近长方形而中部较宽。胸、腹足退化，似刺蛾幼虫。各节多疣突，并生有短毛，中、后胸各5对，腹部第1～8节各3对，第9腹节各2对，体背常有不定形褐色斑纹。

蛹长约20 mm，黄褐色。茧长椭圆形，淡赭灰色，丝质，半壁贴于叶片中央，叶缘对折向上稍卷。

（2）发生规律与习性　茶叶斑蛾在各地1年发生2代。以幼虫在茶丛根际落叶

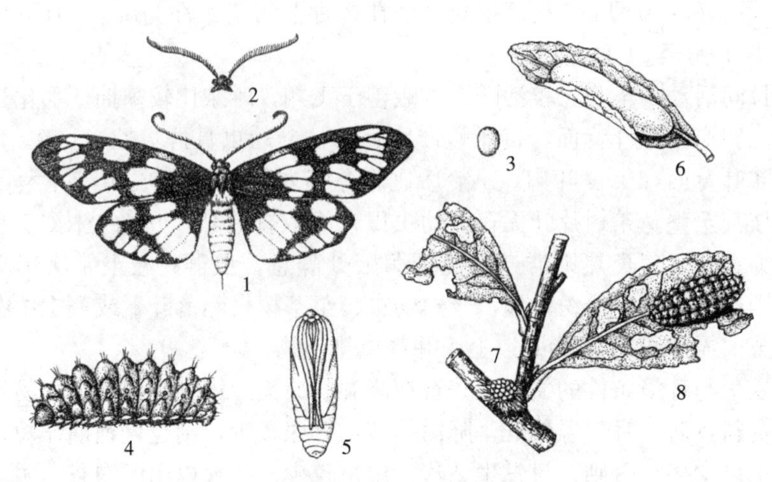

图 2-15 茶叶斑蛾

1. 雌成虫 2. 雄成虫触角 3. 卵 4. 幼虫
5. 蛹 6. 茧 7. 卵块 8. 为害状

下或茶丛下部枝叶上越冬。翌年 3 月中下旬返回树上取食。4 月中下旬结茧化蛹，5 月上中旬羽化。第 1 代、第 2 代幼虫分别于 6 月上中旬和 10 月上旬发生，11 月中下旬再以幼虫越冬。

成虫日夜均可活动，善于飞翔，有趋光性。雌雄交尾后 2 d 即开始产卵。每雌蛾一生可产卵 200～300 粒。成虫寿命一般 7～10 d。初孵幼虫多群集在嫩叶背面，2 龄后逐渐分散。幼虫行动迟缓，稍受惊动体背疣突的毛上即分泌出透明液珠，但无毒。幼虫老熟后即在叶面吐丝结茧化蛹。在江西修水，第 1 代卵、幼虫、蛹历期各为 5～12 d、18～28 d、12～31 d；第 2 代依次为 4～13 d、160～218 d（越冬）、15～23 d。病原微生物主要有茶叶斑蛾颗粒体病毒，常在 5～6 月间流行，抑制作用相当明显。

(3) 防治方法

① 清园除虫：冬季结合茶园管理，清除茶丛根际落叶，深埋入土。也可根际培土，杀灭越冬幼虫。

② 人工捕捉：结合采茶与茶园管理，随时捕杀幼虫，摘除蛹茧。

③ 生物防治：收集病死虫，提取颗粒体病毒，每公顷用死虫尸 150～225 头滤液喷施，防效明显。

④ 药剂防治：在发生较严重的茶园，于幼虫 3 龄前喷药。

3. 灰地老虎 灰地老虎［*Agrotis caneacens*（Butler）］又名茶叶夜蛾，属夜蛾科。分布于安徽、浙江、上海、江苏等地。幼虫嚼食茶树叶片，特别是切食春茶芽梢，咬断嫩茎，严重时造成遍地断折芽梢，大龄幼虫常将鱼叶以上全部吃光，甚至切断芽梢坠落地面，老叶被害则形成平直缺刻。

(1) 形态特征（图 2-16） 成虫体长 20～22 mm，翅展 45～47 mm，体灰褐色。前翅褐色至灰黄色，亚缘线、中横线、内横线隐约可见。外缘线波状，列有 7 个近三角形小黑点。中横线与内横线之间有 1 明显近梯形的黑斑，中横线内侧近前缘处有“一”字形白纹。前缘隐约可见 4～5 个不规则小黑点。后翅灰褐色。前后

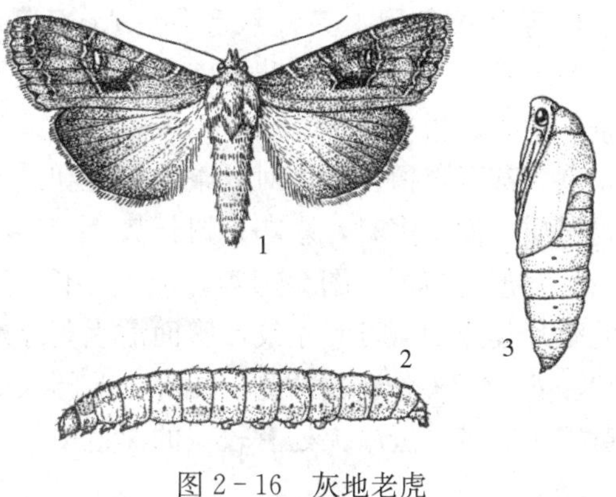

图 2-16　灰地老虎
1. 成虫　2. 幼虫　3. 蛹

翅反面均有1个灰黑色圆斑。

卵扁球形，约有24条纵脊，乳白色，渐转深褐。

幼虫共6～7龄。1～3龄为绿色，4龄后体渐粗壮，并由灰绿色渐变紫黑色。老熟幼虫体长25～31 mm。前胸背板暗绿色，有2横列黑点，前列6个，后列4个，中间2个较大。背线红褐色，每节亚背线上有褐色斜斑，体毛细短。

蛹红褐色，腹部第4～7节各节前缘有凹刻点，气门黑褐色。尾端具刺1对。

（2）发生规律与习性　灰地老虎在江苏、浙江1年发生1代。以卵或初孵幼虫在茶丛根际枯枝落叶中越冬。越冬卵于翌年2月上旬盛孵。1～3龄幼虫在茶丛中、下部叶片背面咬食叶肉，4龄后白天栖息在茶树根际枯枝落叶下或表土层缝隙中，夜晚爬上蓬面咬食嫩芽叶，翌日黎明又迅速下迁潜伏。4月下旬至5月中旬，幼虫老熟后潜入表土层2 cm深处化蛹。10月下旬至11月中旬羽化变蛾。羽化后第3天即开始产卵。全年主要为害期在3月下旬至4月下旬。

成虫夜晚活动，具趋光性，飞翔力强。卵散产于枯枝落叶上，1叶上1～2粒。每雌蛾平均产卵18～20粒。幼虫具耐寒性，越冬存活率较高。

（3）防治方法

① 农业防治：冬季结合茶园清园，清除枯枝落叶深埋，减少越冬虫口基数。

② 人工捕杀：利用3龄前幼虫均在叶背取食的特点，可人工摘除被害有虫叶片。

③ 灯光诱杀：10月下旬至11月下旬，成虫盛发期间利用杀虫灯诱杀。

④ 药剂防治：虫口在1头/丛以上为防治指标，宜于3月下旬至4月初，幼虫3龄前日夜在茶丛上取食时喷药防治，这是防治的关键时期。4龄后夜晚上树取食，只能夜间喷药。且该虫对农药有忌避拒食作用，防治时注意喷透，提高喷药质量。

七、食叶性甲虫

（一）茶园食叶性甲虫主要种类

咬食茶树叶片的鞘翅类甲虫种类较多，主要为象甲科、叶甲科和金龟甲科的成虫。金龟甲科因主要是幼虫（蛴螬）为害茶苗和根系，在地下害虫一节叙述。各地常见的食叶性种类主要有象甲科的茶丽纹象甲、橘灰象甲（*Sympiezomias citri* Chao）、绿鳞象甲（*Hypomeces squamosus* Herbst）、茶芽粗腿象甲，叶甲科的茶角胸叶甲和茶叶甲（*Colaspoides femoralis* Lefevee）。

象甲科成虫取食茶树叶片，除茶芽粗腿象甲是在叶片上咬食成近圆形半透明斑外，其他成虫均在叶片边缘咬食成不规则缺刻。叶甲科成虫均在叶背咬食成不规则孔洞。发生较严重的主要是茶丽纹象甲、茶芽粗腿象甲、茶角胸叶甲等。

1. 茶丽纹象甲 茶丽纹象甲（*Myllocerinus aurolineatus* Voss）又名茶叶象甲、黑绿象虫、花鸡娘。我国南方主要产茶地区均有分布。除为害茶树外，还为害油茶、山茶、柑橘、梨、桃等。成虫咬食茶树新梢嫩叶，自叶缘咬食，呈许多不规则缺刻，甚至仅留主脉，对夏茶的产量和品质影响较大。幼虫在土下取食茶树须根及腐殖质，发生多时，影响茶树长势。

(1) 形态特征（图 2-17） 成虫体长 6～7 mm，灰黑色。体背有由黄绿色闪金光的鳞片集成的斑点和条纹，腹面散生黄绿或绿色鳞毛。头管延伸成短喙型。触角膝状，着生于头管前端两侧，端部 3 节膨大。复眼近于头的背面，略突出。鞘翅上具黄绿色纵带，近中央处有较宽的黑色横纹。

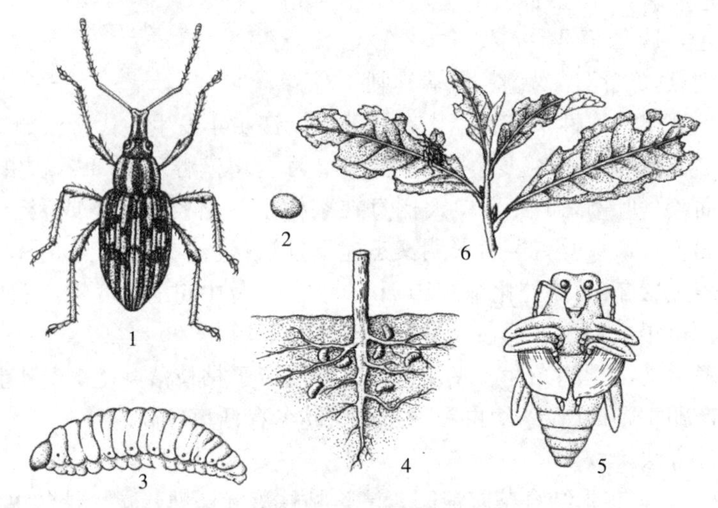

图 2-17 茶丽纹象甲

1. 成虫 2. 卵 3. 幼虫 4. 土中幼虫 5. 蛹 6. 为害状

卵为椭圆形，黄白到暗灰色。

成长幼虫长 5.0～6.2 mm，乳白至黄白色，体多横皱，无足。

蛹长椭圆形，长 5～6 mm，黄白色，羽化前灰褐色。头顶及各体节背面有刺突 6～8 枚，胸部的较显著。

(2) 发生规律与习性 茶丽纹象甲在各地均 1 年发生 1 代。多以老熟幼虫在茶丛树冠下土中过冬。福建于翌年 3～4 月越冬幼虫陆续化蛹，4 月中下旬成虫开始出土，5 月是为害盛期。在安徽南部 4 月下旬开始化蛹，5 月中旬成虫开始出土，6 月盛发。各虫态历期分别为卵期 7～15 d，幼虫期 270～300 d，蛹期 9～14 d，成虫期 50 d 以上。

初羽化成虫乳白色，在土中潜伏 2～3 d 转黄绿色后方出土，爬到茶丛树冠上活动取食。通常早上露水干后才活动，中午前后多潜伏荫蔽处，14:00 后渐趋活跃，直至日落昏暗后活动又慢慢减弱，取食以 16:00～20:00 最烈。全年以夏茶受害最重。稍受惊动即坠地假死，片刻后再爬上茶树。善爬行，不善飞翔。交尾多在黄昏至晚间进行。雌虫于交尾翌日陆续入土产卵。卵分批散产于表土或落叶下，多数分布在根际周围，也有数粒聚集在一起的，以表土中为多。在杭州，产卵期可持续 1 个月，以 6 月下旬至 7 月上旬为盛期，平均每雌产卵 200 多粒。幼虫孵化后即潜入土中，入土深度随虫龄增大而加深，化蛹前再逐渐上移。据朱俊庆等调查，幼虫90%～95%分布于茶树根际周围33 cm范围；蛹主要分布于浅土层内。

(3) 发生与环境条件的关系　树冠高大，生长良好的茶园，虫口往往较多。幼龄茶园或留养茶园枝叶幼嫩，受害较为严重。茶园疏松、干燥的土壤容易发生。采摘、田间管理等工作可帮助其传播。7～8月，茶园耕锄、浅翻及秋末施基肥深翻对初孵幼虫入土及入土后的幼虫存活率影响明显。冬季低温影响成虫出土迟早，夏季高温抑制成虫寿命及产卵。

2. 茶芽粗腿象甲　茶芽粗腿象甲（*Ochromera quadrimaoulata* Voss）是自20世纪80年代以来，在我国部分茶区发生较重的一种茶树害虫，目前已知分布于浙江、安徽、江西、福建、贵州等省。以成虫取食嫩叶下表皮及叶肉，残留上表皮，一般自叶尖或叶缘开始取食，被害叶开始时呈现一个个圆形的半透明斑，随取食孔增加，相互连接，形成不规则形的黄褐色枯斑，叶片反卷。

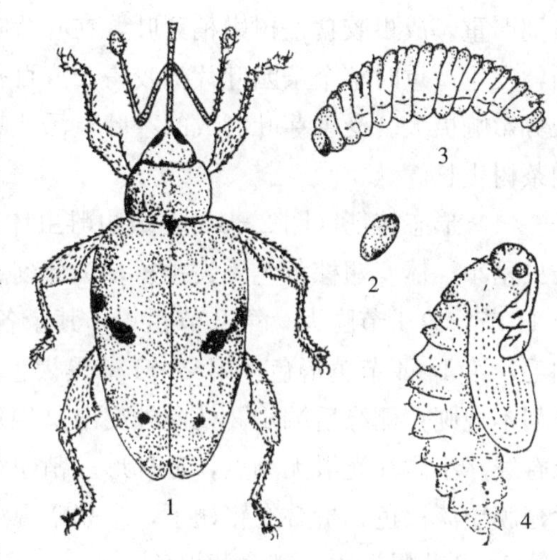

图2-18　茶芽粗腿象甲
1. 成虫　2. 卵　3. 幼虫　4. 蛹
（仿朱俊庆）

(1) 形态特征（图2-18）　成虫体长约3.45 mm。长喙型，喙长0.97 mm。头、喙、前胸背部棕黄色至棕红色，其余部分淡黄色，胸部和喙腹面黑色，腹部腹面黄褐色。复眼黑色。触角着生于喙前端1/3处，11节，端部3节膨大成椭圆形，每节有感觉毛。前胸背板宽大于长。鞘翅棕黄色至棕红色，有8条纵沟，纵沟上有排列整齐的刻点，表面有细密白色短鳞毛，鞘翅中央处及前缘近基部1/3处各有1个黑色斑纹，并相互连接，翅端中央处也有1个黑斑纹。足棕黄色，着细密白色毛，腿节膨大，内侧有1个较大齿状突起。

卵为椭圆形，乳白色。

成长幼虫平均体长4.12 mm，乳白色至淡黄色，头棕黄色。体肥胖，多褶皱，无足，每体节上有细毛，尾部背线两侧各有1个角状突起。

蛹体白色至黄白色，椭圆形，腹面平，背隆起，长约3.9 mm。复眼棕黄色。翅白色，有9条纵脊。蛹体背面有毛突，其上有1根褐色毛。腹末有短刺2枚。

(2) 发生规律与习性　茶芽粗腿象甲在浙江1年1代。以幼虫在茶树根际附近土壤中越冬。越冬幼虫在3月下旬至4月上旬化蛹。蛹大多在4月中旬开始羽化。成虫出土高峰期在4月底至5月上旬，终见期在6月上旬。

成虫趋嫩性强，均在春梢嫩叶背面活动、取食，假死性强，受惊后即坠落地面。卵大多产于茶树根颈部附近的落叶层内及表土中。卵孵化后，幼虫入土取食并越冬。幼虫在茶园中的分布以距茶树15 cm范围内最多，占总幼虫数的62%。入土深度以表土层5 cm范围内居多，占总幼虫数的93.2%。

(3) 发生与环境条件的关系　茶芽粗腿象甲一般在靠近荒山、林地的茶园发生较多，阴坡茶园中的虫量多于阳坡，留养不采茶的茶园较投产茶园受害重。茶园耕作，尤其是秋末清园，可使大量幼虫死亡。由于幼虫入土深度浅，冬季特殊低温、表土层结冰，均对越冬幼虫不利。3月气温高低及降水量多少，影响当年成虫的出土迟早，一般其出土期随3月气温的升高而提前，并随3月降水量的增多而推迟。

茶芽粗腿象甲的天敌主要是捕食性天敌，尤其是卵常被蜘蛛等捕食性天敌所捕食，对其种群数量有一定的抑制作用。

3. 茶角胸叶甲　茶角胸叶甲（*Basilepta melanopus* Lefevre）分布于福建、江西、湖北、湖南、广东、广西等省份，尤以闽北、赣南、赣北、湘南、粤北等茶区特别严重。成虫咬食茶树嫩梢芽叶，在叶背咬成小圆孔，多个圆孔可连成不规则大洞，发生严重时整个茶园叶片被咬得千疮百孔，破烂不堪。对夏、秋茶产量及茶树长势影响极大。受害芽叶制成的茶叶，汤浊味苦。幼虫取食茶树根系，发生多时影响茶树生长。

(1) 形态特征（图2-19）　成虫雌虫体长3.5～3.8 mm，体宽1.8～2.0 mm，雄虫稍小。体、翅棕黄色。头颈短，头部刻点小而稀疏。复眼椭圆形，黑褐色。触角11节，第1节膨大，第2节粗短，其余各节基部稍细，端部较粗，各节均密生细毛，第1～4节黄褐色，第5～11节黑褐色。前胸背板宽大于长，刻点较大而密，排列不规则，侧缘后端1/3处向外突出呈尖角状，前端1/3处呈钝角状，后缘有1隆脊线。小盾片光滑无刻点，近梯形。鞘翅背面可见10～11行小刻点，排列整齐。后翅膜质淡褐色，折叠在鞘翅下，末端略现浅褐色痕迹。各足腿节和胫节端部、跗节第1～2节黑褐色，其余黄褐色。

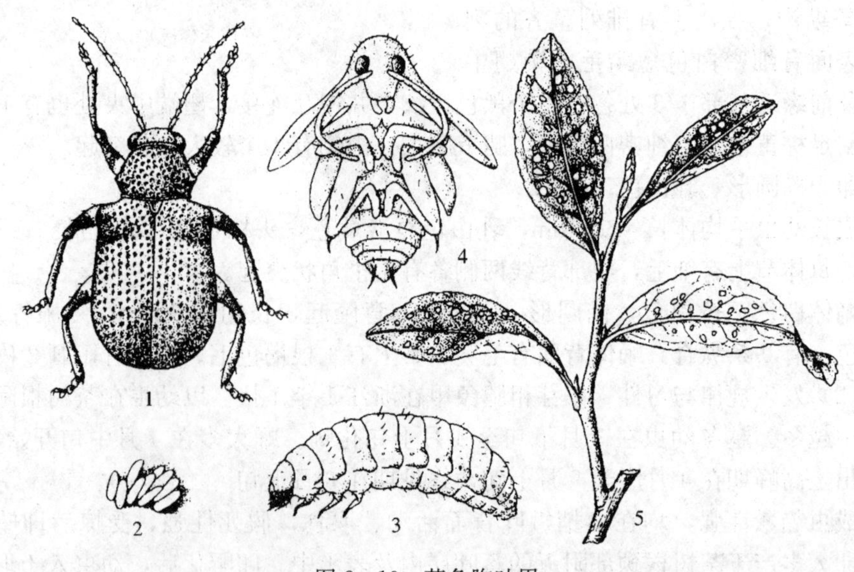

图2-19　茶角胸叶甲

1. 成虫　2. 卵　3. 幼虫　4. 蛹　5. 为害状

卵为长椭圆形，两端钝圆，长约 0.7 mm。初产时乳白色，临孵化前转为暗黄色。

老熟幼虫体长 4.5～5.2 mm，略弯曲呈 C 形。头部棕黄色，体乳白略带淡黄色。胸足 3 对。体背各节均有较深的皱折，体侧气门下方有瘤突。各节背折处有 1 列刚毛。气门圆形，淡红色，以中胸 1 对较大。

蛹体长约 4 mm，乳白色。头部淡黄色，复眼棕红色。后足腿节末端有 1 明显的棕黄色长齿和 2～3 根棕色长刚毛。腹部末端有 1 对长而稍弯曲的巨刺。全体生稀疏的淡黄色细刚毛。

(2) 发生规律与习性　茶角胸叶甲在广东和湖南 1 年发生 1 代。以幼虫在根际土中越冬。4 月上旬越冬幼虫开始化蛹，5 月上旬成虫开始羽化出土，5 月中旬至 6 月中旬为成虫为害盛期，6 月下旬起成虫在茶园逐渐少见，5 月下旬开始产卵，7 月上旬始孵，再以幼虫越冬。卵期 14 d 左右，幼虫期 280～300 d，蛹期 15 d 左右，成虫期 40～60 d。

成虫羽化后 2～4 d 出土，并沿茶树枝干上爬至茶丛中下部嫩叶背面取食，以后逐渐为害中上部嫩梢芽叶。以傍晚取食最烈，阴雨天则昼夜取食。成虫有假死性，稍受惊扰即掉落地面，稍后又开始活动。有一定的飞翔力。成虫羽化后经 10 d 左右开始交尾，交尾后 2～3 d，雌虫开始产卵。每雌虫一生可产卵 2～5 块，共 50～80 粒。卵主要产在茶园表土层和枯枝落叶下。

幼虫孵化后即钻入表土层取食腐殖质和茶树根系，分布在茶根周围浅土层。幼虫蛰伏在圆形土室内越冬，越冬期从 11 月直至翌年 4 月。越冬幼虫化蛹前，用腹部将土室压紧成蛹室。化蛹时，虫体向前缩，腹部末端体壁变硬为白色纸膜状，膜内尾部出现空端，3～5 d 后即蜕皮成蛹。

(3) 发生与环境条件的关系　日均温持续在 18 ℃以上 4～6 d，幼虫开始化蛹。当日均温持续在 20 ℃以上 6 d 左右，成虫开始羽化。早春回暖早则成虫羽化时间也提早。平地、丘陵茶园、东南向茶园以及土壤肥力好、土层疏松的茶园发生量大。新梢芽叶多，芽叶持嫩性强，叶质柔软的品种，成虫发生量大；芽叶茸毛厚、发芽期早的品种发生轻。

幼虫和蛹期的主要天敌有肥螋（*Anisolabis* sp.）和蚂蚁。成虫期主要天敌有黑步甲（*Synuchus atricolor* Bates）、螳螂、鸟类、球孢白僵菌、金龟子绿僵菌等。

（二）茶园食叶性甲虫的防治方法

1. 农业防治　选育发芽早、叶质厚、节间长、茸毛多的茶树良种，可适当减轻成虫为害。在冬季和早春进行土壤翻耕，破坏其越冬和化蛹场所。在 7～8 月或秋末结合施基肥进行清园及行间翻耕，可杀灭大量幼虫。在成虫盛发期，清除茶园落叶杂草集中烧毁。

2. 人工捕捉　利用成虫的假死性，在成虫盛发期，用涂有黏着剂的薄膜轻轻摊放在茶丛下，或用小竹竿轻敲树冠，震落成虫，集中消灭。在早晚进行效果更好。茶角胸叶甲发生严重的茶园，也可以在 9:00 前、17:00 后，用脸盆承接在茶丛下，轻敲茶枝，让其掉落盆中，集中消灭。连续进行多天，控制效果很好。

3. 生物防治　茶园鸟类、蚂蚁、步甲、肥螋等能有效控制其发生量，要加强这些天敌的保护和利用。靠近居民点的茶园还可放鸡、鸭进园啄食成虫。

4. 加强检疫，严防扩散 茶角胸叶甲和茶芽粗腿象甲目前主要在局部茶园严重，但扩散很快，茶园如发现零星为害，要集中力量控制。禁止在严重发生区带土调运茶苗。

5. 药剂防治 严重发生茶区在幼虫和蛹期均可进行土壤施药，土壤施药要先翻松土层，离茶丛 20 cm 左右开浅沟，喷药后再混匀覆盖。成虫开始羽化后 10～15 d 为成虫防治适期。第 1 次防治后如虫口数量还多，隔 10 d 左右再喷药 1 次。

第二节 吸汁性害虫

吸汁性害虫是指口器为刺吸式或锉吸式口器的一些害虫，以若虫和成虫刺吸为害茶树的芽梢、叶片、枝干、果实或根。这类害虫隶属半翅目、缨翅目和双翅目等，主要包括叶蝉类、蜡蝉类、蚧类、粉虱类、蚜虫类、蝽类、蓟马类和瘿蚊等。

一、叶蝉类

叶蝉是为害茶树的一类重要刺吸式口器害虫，俗称叶跳虫、浮尘子、响虫等，属半翅目叶蝉科。

（一）茶园叶蝉类的基本特性

1. 形态识别 成虫体狭小，2～8 mm，体多绿色或黄色，停栖时两翅呈屋脊状。头顶弧圆或呈钝角状突起，两复眼距离远，触角刚毛状。后足胫节下方有 2 列刺。卵多呈香蕉形。若虫浅黄色或黄绿色。

2. 为害状识别 成、若虫均刺吸茶树嫩梢或芽叶汁液，雌成虫且在嫩梢内产卵，导致输导组织受损，养分丧失，水分供应不足。芽叶受害后表现凋萎，叶缘泛黄，叶脉变红，进而叶缘叶尖萎缩枯焦，生长停止，芽叶脱落。

（二）茶园叶蝉主要种类

为害茶树的叶蝉种类较多，且常混合发生。自 2013 年起，中国农业科学院茶叶研究所、西北农林科技大学等单位采集了全国 14 个省份 109 个地区的茶树小绿叶蝉成虫标本。根据外部形态并结合雄性外生殖器进行种类鉴定，共鉴定出叶蝉种类 4 属 8 种，分别是小贯小绿叶蝉［*Empoasca onukii*（Matsuda）］、锐偏茎叶蝉［*Asymmetrasca rybiogon*（Dworakowska）］、拟小茎小绿叶蝉［*Empoasca paraparvipenis* Zhang & Liu］、波宁雅氏叶蝉［*Jacobiasca boninensis*（Matsumura）］、匀突长柄叶蝉［*Alebroides shirakiellus*（Matsumura）］、杨凌长柄叶蝉［*Alebroides yanglinginus* Chou & Zhang］、柳长柄叶蝉［*Alebroides salicis*（Vilbaste）］、镰长柄叶蝉［*Alebroides falcatus* Sohi & Dworakowska］。20 世纪 80 年代普遍认为假眼小绿叶蝉［*Empoasca vitis*（Göthe，1 875）］是我国茶区的主要叶蝉种类，近年来应用分子生物学和形态学鉴定方法，明确了全国绝大部分茶区的优势种为小贯小绿叶蝉，而非假眼小绿叶蝉。

小贯小绿叶蝉　小贯小绿叶蝉是我国各茶区普遍发生的优势种。除吸食茶树嫩梢芽叶汁液外，也为害多种豆类、蔬菜等作物，在我国各大茶区均有发生。

（1）形态特征（图 2-20）　成虫头至翅端长 3.1～3.8 mm，淡绿色至淡黄绿色。头冠中域大多有 2 个绿色斑点，头前缘有 1 对绿色晕圈（假单眼），复眼灰褐色。中胸小盾板有白色条带，横刻平直。前翅淡黄绿色，前缘基部绿色，翅端透明或微烟褐；第 3 端室的前、后两端脉基部大多起自一点（个别有 1 极短共柄），致第 3 端室呈长三角形。足与体同色，但各足胫节端部及跗节绿色。

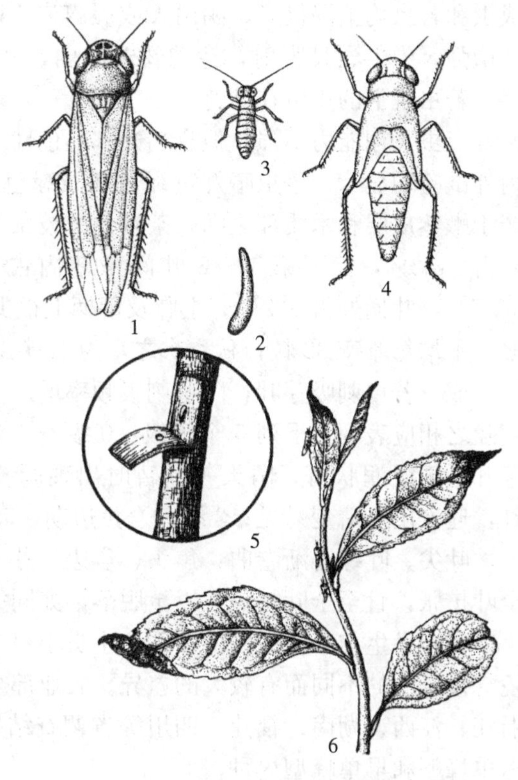

图 2-20　小贯小绿叶蝉
1. 成虫　2. 卵　3. 初孵若虫　4. 5 龄若虫　5. 产卵状　6. 为害状

卵为新月形，长约 0.8 mm，宽约 0.15 mm。初为乳白色，渐转淡绿色，孵化前前端透见 1 对红色眼点。

若虫共 5 龄。1 龄体长 0.8～0.9 mm，体乳白，头大体纤细，体疏覆细毛，复眼突出，红色；2 龄体长 0.9～1.1 mm，体淡黄色，体节分明，复眼灰白色；3 龄体长 1.5～1.8 mm，体淡绿色，腹部明显增大，翅芽开始显露，复眼灰白色；4 龄体长 1.9～2.0 mm，体淡绿色，翅芽明显，复眼灰白色；5 龄体长 2.0～2.2 mm，体草绿色，翅芽伸达第 5 腹节，第 4 腹节膨大，复眼灰白色。

（2）发生规律与习性　小贯小绿叶蝉在长江流域 1 年发生 9～11 代，福建 11～12 代，广东 12～13 代，广西 13 代，海南多达 15 代左右。以成虫在茶丛内叶背、冬作豆类、绿肥、杂草或其他植物上越冬。在华南一带越冬现象不明显，甚至冬季也有卵及若虫存在。在长江流域，越冬成虫一般于 3 月气温升至 10 ℃以上即活动取食，并逐渐孕卵繁殖，4 月上中旬第 1 代若虫盛发。此后 15～30 d 发生 1 代，直至 11 月停止繁殖。由于代数多，且成虫产卵期长（越冬成虫产卵期长达 1 个月），致使世代重叠严重。

各虫态历期分别为：卵期在生长季节一般为 7～8 d，早春则超过 20 d；若虫期一般 10 d 左右，春秋低温季节长达 25 d 甚至更长；成虫期一般 25～30 d，越冬代长达 150 d 左右。

成虫和若虫均趋嫩为害。多栖于芽梢叶背，且以芽下 2～3 叶背面虫口为多。据赵冬香（2001）研究，成虫对茶梢挥发物中的芳樟醇、青叶醇和反-2-己烯醛趋性最强，香叶醇、罗勒烯和顺-3-己烯-1-醇次之。成虫和若虫均喜横行，除幼龄若虫较迟钝外，3 龄后活泼，善爬善跳，稍受惊动即跳走或沿茶枝迅速向下潜逃。

成虫和若虫均怕湿畏光，阴雨天或晨露未干时静伏不动。1 d 内于晨露干后活动逐渐增强，中午烈日直射，活动暂时减弱，并向茶丛内转移，徒长枝芽叶上虫口较多。若虫脱下的皮留在叶背。

成虫飞翔能力不强，但有趋光和趋色性，其中尤喜趋黄色。赵冬香（2001）室内外试验均显示，该虫嗜好黄绿色和浅绿色。羽化后 1～2 d 即可交尾产卵。卵散产于嫩茎皮层和木质部之间，茶褐色的枝条上不产卵。卵在顶芽至芽下第 1 叶间茎内占 14.2%，芽下第 1～2 叶间嫩茎内占 24.9%，芽下第 2～3 叶间嫩茎内占 55.7%，叶柄处占 5.2%。主脉及蕾柄上很少。雌成虫产卵量因季节而异。春季最多，平均每雌产 32 粒；秋季次之，为 12 粒；夏季最少，为 9 粒。

成、若虫刺吸芽叶，随着刺吸频率增加，芽梢输导组织受损愈趋严重，为害程度随之相应表现为下列 5 个等级：0 级——芽叶生长正常，未受害；1 级——受害芽叶呈现湿润状斑，晴天午间暂时出现凋萎；2 级——红脉期，叶脉、叶缘变暗红，迎着阳光清楚易见；3 级——焦边期，叶脉、叶缘红色转深，并向叶片中部扩展，叶尖、叶缘逐渐卷曲，焦头、焦边，芽叶生长停滞；4 级——枯焦期，焦状向全叶扩张，直至全叶枯焦，以至脱落，如同火烧。

（3）发生与环境条件的关系　小贯小绿叶蝉在 1 年中的消长，因地理条件及环境气候条件的不同而有较大的差异。农业部全国植保总站 1984—1988 年组织江苏、浙江、江西、湖南、福建、四川等省调查结果显示，年消长规律基本上有双峰型、迟单峰型和早单峰型 3 种。

双峰型主要发生在四季分明的平地低丘茶区，冬季有明显的低温期，夏季（7～8 月）有明显的高温干旱期，7 月平均气温 28～29 ℃，年降水量在 1 000 mm 以上，虫口主要集中在春、秋两季。1 年中呈现明显两个高峰，其中第 1 峰自 5 月下旬起至 7 月中下旬，以 6 月虫量最为集中，主要为害第 2 轮茶（夏茶）；第 2 峰出现在 8 月中下旬至 11 月上旬，以 9～10 月虫量较多，主要为害第 4 轮茶（秋茶）。第 1 峰虫量一般高于第 2 峰，为全年的主害峰，但高峰持续期则以第 2 峰较长。双峰型发生于浙江、江苏、安徽、福建、江西、湖南、广东等省的黄土丘陵及平地茶区。

迟单峰型主要发生于浙江、江西、安徽、福建、湖南等省海拔 500 m 以上的茶区，这些茶区虽然四季分明，但冬季气温较低，无霜期较双峰型地区为短，一般春茶到 5 月上旬才开采，秋茶 9 月底即可结束。在这些茶区全年通常只有 1 个虫口高峰，但峰期持续较长。一般在 5 月之前为田间虫量聚积期，6 月中下旬开始进入高峰期，9 月底或 10 月初可结束高峰。峰期虫量以 7～8 月最大，主要为害整个秋茶。

早单峰型主要发生于冬季温暖、夏季无酷热的茶区。四川等省的山区茶园是早单峰型的代表。这些地区全年气温 1 月最低，月平均气温在 8 ℃以上，7 月气温最高，月平均气温 25 ℃左右，雨量充沛，7～8 月的雨日数在 30～40 d，年降水量在 1 500 mm 以上，这样的环境条件极有利于其繁殖。在这些地区通常只有一个虫口高峰，且峰期特别长。一般 5 月开始虫口逐渐上升，6～10 月虫量多，尤以 7 月虫量最高，为害整个夏、秋茶，茶树严重受害。

气温、降水量和雨日数是影响虫口消长的主要气候因子。冬季气温的高低影响越冬成虫的存活和繁殖。在浙江杭州，越冬成虫的存活率与冬季日平均气温在 0 ℃及 0 ℃以下的天数成极显著负相关，与气温最低月平均气温成正相关。越冬成虫存活率随冬季气温的升高而上升，繁殖力则随冬季气温的降低而减弱。夏季气温主要影响峰型。夏季有明显的高温干旱期是造成双峰型的主要原因。其生长发育与繁殖的适温区为 17～29 ℃，最适温区为 20～26 ℃。当出现连续平均气温 29 ℃以上时，则虫量急剧下降。雨日数主要影响其繁殖。一般认为，雨日多，时晴时雨，有利于繁殖。双峰型地区 3～4 月雨日多则不利于第 1 峰的聚积，第 2 峰的虫量随 7～9 月雨日增多而增加。暴雨会导致虫口明显下降，如在我国东南沿海地区，热带风暴或台风活动频繁的年份，第 2 峰的为害则相对较轻。

茶园栽培环境与管理也影响种群的消长。背风向阳的茶园，越冬虫口存活较多，春季发生较早。芽叶稠密，长势郁闭，留叶较多，杂草丛生，间作豆类，均有利于发生。据调查，杂草多比无杂草的茶园虫口高 6 倍，留叶采比不留叶采的茶园虫口高 50%以上。茶叶采摘也能明显影响种群的消长，因为采摘可摘除大量的叶蝉卵和部分低龄若虫。据调查，分批及时采摘的茶园与不采摘的茶园相比，叶蝉峰期虫量前者比后者减少 79.6%～83.7%。在云南，一些邻近阔叶林的茶园受害较重。不同茶树品种，一般以萌发较早、芽叶较密、持嫩性较强的品种受害较重。据报道，海南种由于芽密，比云南大叶种虫口多 4.55 倍。安徽调查，不同品种虫口密度从大到小的顺序为福鼎大白茶＞黄叶早＞皖农 92 号＞上梅洲＞紫阳槠叶种。经分析，虫口多少与茶叶中多酚类含量及酚氨比值之间成负相关。

天敌对小贯小绿叶蝉有一定的自然控制作用。天敌主要以捕食性的蜘蛛为主，其次有瓢虫、螳螂等。据赵冬香（2001）调查，白斑猎蛛［*Evarcha albaria* (L. Koch)］每头雌、雄蛛对成虫的捕食上限分别为 21.4 头和 12.2 头，对 4～5 龄若虫分别为 24.6 头和 26.9 头；迷宫漏斗蛛（*Agelena labyrinthica* Clerck）每头雌、雄蛛对成虫的捕食上限分别为 142.9 头和 77.5 头。云南发现有圆子虫霉（*Entomophthora sphoerosperma* Fresenius）等真菌寄生，雨季常有流行。

（三）茶园叶蝉类的防治方法

1. 加强茶园管理，及时清除杂草　清除茶园及附近的杂草，减少越冬和当年的虫口。

2. 采摘灭虫　及时分批采茶，随芽梢带走大量虫卵，并恶化其营养条件和产卵场所。不留叶和少留叶采摘的灭虫效果更好，即芽梢嫩茎应连叶采下。一些山区老式茶园，春、夏茶集中采，秋茶集中养，由于采摘彻底，对虫口控制也有良好效果。

3. 光色诱杀　茶园安装诱虫灯或放置色板，可诱杀部分成虫。

4. 药剂防治　根据虫情监测，掌握防治指标，及时施药，把虫口控制在高峰到来之前。小贯小绿叶蝉的防治指标因各地生产情况而有不同。如安徽祁门茶叶研究所定为百叶虫量 10～15 头，并出现初期被害状（2 级）的芽叶达 5%～8%；杭州茶叶研究所定为第 1 峰百叶虫量超过 6 头或虫量超过 15 万头/hm^2，第 2 峰百叶虫量超过 12 头或虫量超过 27 万头/hm^2；广东茶叶研究所定为有虫芽梢率 20%～25%；广西有茶场定为春茶百芽虫口 50 头以上，夏茶百芽虫口 70 头以上。防治适期应掌握在入峰后（高峰前期），且田间若虫占总量的80%以上。施药方式以低容量蓬面扫喷为宜。

二、蚧　类

蚧类又称介壳虫，属半翅目蚧总科，是茶园中一大类重要害虫，主要隶属于蜡蚧科、盾蚧科、硕蚧科、绵蚧科等。20世纪70年代以来，蚧类的为害明显加重。

（一）茶园蚧类的基本特性

1. 特征识别　蚧类多为小型害虫，若虫和雌成虫都有蜡质物覆盖虫体，形成介壳。介壳的大小、形状、色泽、蜡质的类型是田间识别的重要特征。

2. 为害状识别　若虫和雌成虫定居于枝、叶或根部，刺吸汁液。发生初期，因数量少、为害隐蔽，被害状不明显。在适宜的环境条件下，种群数量增长积累，引起树势衰退、枝梢枯死，甚至整丛整片茶树死亡。许多种类能排泄大量蜜露，引起烟煤病的发生，容易发现和识别。

3. 生物学特性　蚧类属过渐变态，雌、雄虫态变化不同，性二型现象明显。初孵若虫有足、触角、眼、口针，可以爬动。找到合适的位置即固定不动。多数种类足、触角随即退化，口器形成细长的口针插入植物组织内吸取汁液，体背不断分泌蜡质覆盖虫体；少数种类雌成虫还保留有足，但爬动的距离也很短。雄虫由卵孵化为第1龄若虫后，第2龄、第3龄即变为前蛹和蛹，不再取食。雄成虫有1对翅，3对足，可飞翔，寻找雌成虫交配后即死亡，寿命短，田间不易发现。雌性若虫有3龄，无蛹期。雌成虫羽化后仍留在介壳下，无翅，似老龄若虫。交配后仍继续取食，以后陆续产卵。多数种类产卵在介壳下，少数产在分泌的绵状卵囊中。每雌产卵少的几十粒，多的上千粒，如角蜡蚧每雌最多可产卵3 700多粒，一般孵化较整齐。

蚧类分布很广，很多茶园都有发生，有的茶场多达10多种。多数种类寄主很广，如红蜡蚧的寄主已知有48科64种植物。易随风、雨扩散，随茶苗、茶种远距离调运传播。

蚧类喜阴湿、郁闭的生境，多发生于茶丛中、下层枝叶上，体表随虫龄增长，蜡质加厚，药液不易透过体壁，若不及时防治，施药会降低药杀效果。

茶园蚧类的捕食性天敌有各种瓢虫、步行甲、蛛甲、猎蝽等。如红点唇瓢虫（*Chilocorus kuwanae* Silvestri）平均每丛茶树有4头时可有效控制长白蚧。寄生性天敌有多种寄生蜂，如长白蚧长棒蚜小蜂（*Marlattiella prima* Howard）、红蜡蚧扁角跳小蜂（*Anicetus beneficus* Lshii et Yasumatsu）等。还有韦伯虫座孢菌（*Aegerita webberi* Faweett）和座壳孢（*Aschersonia* spp.）等病原微生物，常于梅雨或秋雨时节在介壳虫种群中侵染和形成流行病。

（二）茶园介壳虫主要种类

茶树上的介壳虫已记载多达60多种。重要种类有蜡蚧科的红蜡蚧、日本龟蜡蚧（*Ceroplastes japonicus* Green）、角蜡蚧［*Ceroplastes ceriferus*（Anderson）］；

盾蚧科的长白蚧、椰圆蚧［*Aspidiotus destructor*（Signoret）］、蛇眼蚧［*Pseudaonidia duplex*（Cockerell）］、茶梨蚧［*Pinnaspis theae*（Maskell）］、茶牡蛎蚧［*Paralepidosaphes tubulorum*（Ferris）］等。

1. 长白蚧　长白蚧［*Lopholeucaspis japonica*（Cockerell）］又名梨长白介壳虫、日本长白蚧、茶虱子等，属盾蚧科。全国各地茶区大都有发生，常易造成茶树枯枝、死树。寄主植物有茶、苹果、梨、柑橘、李、山楂等10多种。

（1）形态特征（图2-21）　雌成虫介壳暗棕色，纺锤形，其上常覆盖一层不透明的白色蜡质。壳点1个，突出于头端。介壳直或略弯，长1.68～1.80 mm，宽0.51～0.63 mm。主要寄生在茶树枝干上。雄虫介壳很小，长形，白色，常寄生叶缘锯齿上。

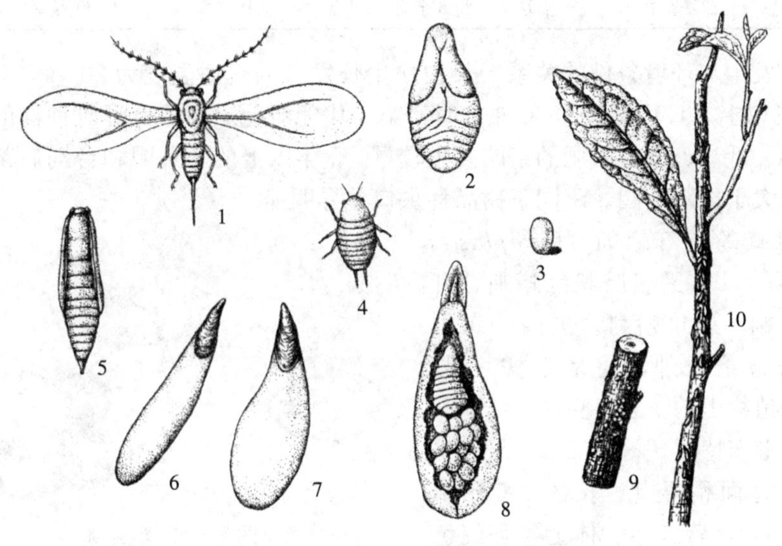

图2-21　长白蚧

1. 雄成虫　2. 雌成虫　3. 卵　4. 初孵若虫
5. 雄蛹　6. 雄介壳　7. 雌介壳　8. 雌成虫介壳反面（示产卵）
9. 初孵若虫泌蜡　10. 为害状

雌成虫体长0.6～1.4 mm，纺锤形，淡黄色。腹部分节明显，臀叶2对，大且尖。雄成虫细长，体长0.48～0.66 mm，淡紫色。翅展1.28～1.60 mm，翅白色，半透明。腹末有1长刺状交配器。

卵为椭圆形，淡紫色。

初孵若虫椭圆形，淡紫色。触角、口针和足均发达，触角5节，腹末有2根尾毛。2龄时触角和足均消失，体被灰白色介壳。

雄蛹细长，淡紫色。触角、翅芽和足明显，腹末有1针状交配器。

（2）发生规律与习性　长白蚧在浙江和湖南1年3代。多以老熟若虫和前蛹在茶树枝干上越冬。在浙江4月上中旬雄成虫大量羽化，4月中下旬雌成虫大量出现并产卵。第1～3代若虫依次于5月下旬、7月下旬至8月上旬、9月中旬至10月上旬盛孵。各代各虫态历期见表2-14。

雄成虫飞翔力弱，多在下午羽化后在枝干上爬行，交尾后死亡。雌成虫寿命长。平均每雌产卵：第1代为20粒，第2代16粒，第3代（越冬代）32粒，产卵后，雌虫逐渐干缩死亡。茶园中，第1代、第2代孵化期20 d以上，第3代则近2个月。平均孵化率第1代92.6%，第2代80.2%，第3代88.8%。卵的孵化从12:00～17:00均有，以12:00～14:00最盛。初孵若虫活泼，孵化后数小时即在枝叶上选适宜位置固定不动。

表2-14　长白蚧各代各虫态历期

代别	卵	若虫		前蛹（雄）	前蛹（雌）	成虫	
		雌	雄			雌	雄
1	20 d左右	29 d左右	23 d左右	8 d	6 d	23 d左右	不足1 d
2	11 d左右	24 d左右	24 d左右	9 d	6 d	27 d	不足1 d
3（越冬代）	13 d左右	约6个月	约6个月	共1个月左右		1个月左右	近1 d

（3）发生与环境条件的关系　长白蚧生长发育的最适温度为20～25 ℃，相对湿度80%以上。日均温达15 ℃左右时，第1代卵孵化。高温低湿对种群的增长不利。郁闭、低洼、偏施氮肥的茶园发生较重。5年以上的新茶园和台刈后茶园的虫口密度常大于成龄茶园。不同茶树品种虫口差异明显。

2. 红蜡蚧　红蜡蚧（*Ceroplastes rubens* Maskell）又名脐状红蜡蚧、红蜡虫、红虱，属蜡蚧科。国内分布很广，除为害茶树外，还是柑橘、梨、柿、松等植物上的主要害虫。

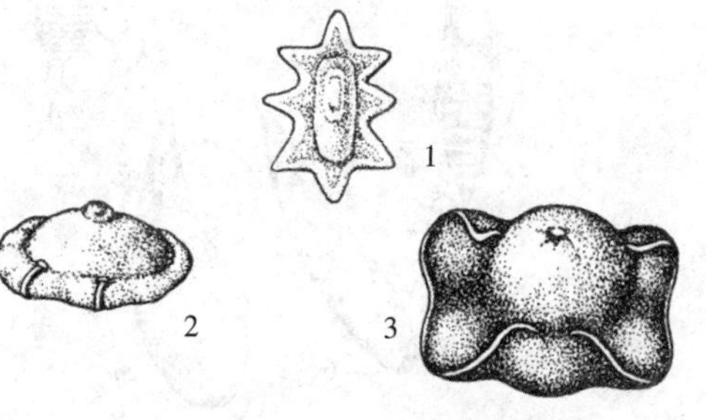

图2-22　红蜡蚧

1. 初龄若虫介壳　2. 雌成虫前期介壳　3. 雌成虫成熟介壳

（1）形态特征（图2-22）　雌成虫椭圆形，背面稍隆起，长约2.5 mm，宽约1.7 mm，紫红色。体上覆盖红色厚蜡壳，长3～4 mm，高约2.5 mm。老熟时深红色，背面中央部分隆起呈半球形，顶部凹陷呈脐状，两侧共有4条弯曲的白色蜡带。雄成虫长约1 mm，翅展2.4 mm，体暗红色。口器及单眼黑色，触角蛋黄色，10节。翅白色，半透明。

卵为椭圆形，长0.3 mm，宽0.15 mm，淡紫红色。

初孵若虫扁平椭圆形，长约0.4 mm，红褐色，触角6节，腹末有2长毛。2龄体稍隆起，紫红色，略被白色蜡质。3龄雌若虫体长椭圆形，蜡质加厚。

前蛹头、胸、腹明显区分。蜡壳紫红色，背面隆起。

蛹长约1.2 mm，触角、足、翅均紧贴于体上，尾针较长。蜡壳比前蛹暗，形状相同。

（2）发生规律与习性　红蜡蚧在多数茶区1年发生1代。以受精雌成虫在枝干上越冬。在浙江省黄岩，5月下旬始卵，6月上旬始孵，8月下旬雄虫化蛹，9月上中旬羽化，9月雌成虫出现。雌成虫产卵于体下，每雌产卵200粒以上，最多超过500粒，产卵期1个月左右。初孵若虫善于爬行。定居2～3 d后开始分泌蜡质。

3. 其他蚧类　其他常见6种介壳虫的形态特征和发生规律见表2-15和图2-23。

表 2-15 茶树上常见的几种蚧类的形态和习性

虫态	介 壳	成 虫	初孵若虫	发生规律
日本龟蜡蚧	雌成虫蜡壳半球形，长2.75～3.75 mm，白色，表面呈龟甲状，周缘有8个蜡突。雄虫蜡壳长椭圆形，有13个蜡突	雌成虫椭圆形，长2.5～3.3 mm，紫红褐色	扁平，椭圆形，长0.3 mm，淡红褐色	1年发生1代。以受精雌成虫越冬，6月中旬至7月中旬盛孵
角蜡蚧	成熟雌成虫蜡壳半球形，直径5～9 mm，灰白色，背中有1钩角状突起。周围有8个蜡突	雌成虫半球状，长4.67 mm，宽3.50 mm，高1.73 mm。红褐色。腹背中央圆锥状突起	长椭圆形，长0.34 mm，宽0.18 mm，红褐色	1年发生1代。以受精雌成虫在被害枝干上越冬，翌年6月中下旬盛孵
椰圆蚧	雌虫介壳圆形，略扁平，直径1.7～1.8 mm，薄而透明，淡黄褐色。蜕皮壳淡褐色，位于介壳中央。雄虫介壳长椭圆形	雌成虫倒梨形，长约1.1 mm，宽0.8 mm，鲜黄色	初孵时淡黄绿色，渐变黄色	贵州等省1年发生2代，浙江、湖南等省1年3代。以雌成虫在叶背越冬。3代若虫盛孵期分别在4月下旬至5月上旬，7月上中旬，9月中下旬
蛇眼蚧	雌介壳蚌壳形，背面隆起，直径2～3 mm。2个黄褐色若虫蜕皮壳偏在一边。雄介壳长椭圆形，1个蜕皮壳偏在一边	雌虫卵形，长1.1～1.2 mm，宽约0.76 mm，紫色。前、中胸之间有深沟	椭圆形，淡紫色，腹末有2根尾毛	长江流域各地1年发生2代。以受精雌成虫在枝干上越冬。若虫盛孵期分别为5月中旬和8月中旬
茶梨蚧	雌成虫介壳长椭圆形，黄褐色，长1.5～2.0 mm，蜕皮壳2个，突出于介壳前端。雄虫介壳长形，白色，有3条纵脊	雌成虫长梨形，长0.6～0.8 mm，宽0.4～0.5 mm，淡黄色	初孵时长0.20～0.32 mm，宽0.13～0.19 mm，黄色	长江流域各地1年发生3代。以受精雌成虫在枝干或叶片上越冬。若虫盛孵期分别为5月上中旬，6月下旬，9月上旬
茶牡蛎蚧	雌介壳长形，稍弯曲，背面隆起，后端扩大，状似牡蛎，长3～4 mm，暗褐色。壳点灰褐色，突出于头端。雄介壳稍狭窄，长1.6 mm，深褐色	雌成虫橙色，长纺锤形	扁平椭圆，淡黄色，眼紫红色，触角、足、尾毛明显	西南、中南茶区1年发生2代。以受精雌成虫在枝干上越冬。盛孵期分别为5月中旬和8月中旬。但孵化不整齐，可持续1个月左右

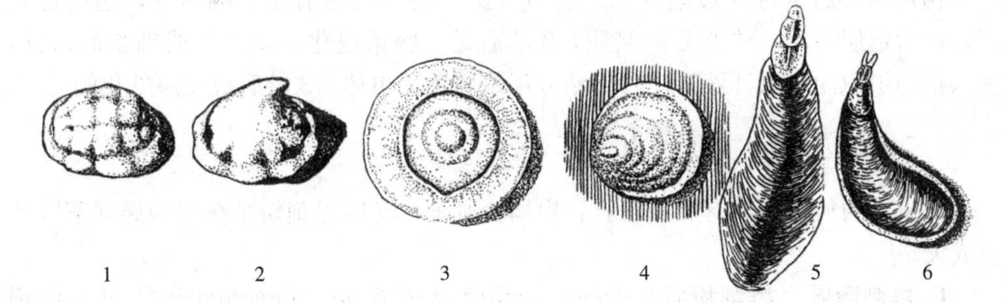

图 2-23 茶树上几种常见蚧类雌蚧介壳形态特征

1. 日本龟蜡蚧 2. 角蜡蚧 3. 椰圆蚧 4. 蛇眼蚧 5. 茶梨蚧 6. 茶牡蛎蚧

（三）茶园蚧类的防治方法

1. 发生期预测 在双目解剖镜下每 2～3 d 检测一批卵囊，计算孵化率。当孵化率达 80%时，即可判定为若虫盛孵的施药适期。

2. 苗木检疫 蚧类易于随茶苗的调运而传播，要做好检疫工作。

3. 加强栽培管理 合理施肥，采养结合，以增强茶树长势和抗性。及时除草，清蔸亮脚，以促进茶园通风透光。

4. 人工防治 角蜡蚧、红蜡蚧、龟蜡蚧等虫体较大，可用竹刀在枝干上人工刮除。刮下的虫体集中堆放，让寄生蜂羽化后再处理。

5. 生物防治 尽量减少化学农药的使用，保护茶园多种天敌，放养各种瓢虫于高密度种群中。梅雨或秋雨期间，引种定殖韦伯虫座孢或座壳孢于蚧类种群中造成流行，可有效控制介壳虫。

6. 化学防治 在孵化盛期至盛末期，尤其是春茶结束的停采阶段，适于药剂防治。

三、粉 虱 类

粉虱类属半翅目同翅亚目粉虱科。

（一）茶园粉虱类的基本特性

1. 特征识别 粉虱体小而纤弱，雌、雄成虫均有 2 对翅，体翅常覆蜡粉。触角线状，7 节。翅软而宽阔。前翅仅 2 条纵脉，前 1 条弯曲，后 1 条较直；后翅只 1 条翅脉。成虫与若虫腹背均有管状孔。卵小，稍弯曲，有柄，成簇产于叶背。若虫椭圆形，体背有刺或光滑，常分泌蜡质覆盖。蛹壳扁平卵圆，有横缝，中央为背盘区，其外为亚缘区，背盘后端有管状孔，孔内有盖瓣和舌片。蛹的特征常作为分类依据。

2. 为害状识别 以若虫定居于茶叶背面刺吸汁液，并大量排泄蜜露于下层叶面上，导致烟煤菌的寄生，严重时造成烟煤病流行，茶园一片乌黑，阻碍光合作用；造成树势衰弱，无茶可采，甚至枯枝死树。

3. 主要生物学特性 粉虱类为不完全变态的特殊类型，雌、雄虫态变化都有一个伪蛹期，通常称为过渐变态。若虫 3 龄。初孵若虫有足、触角等，能就近爬行，以后定居不动，体背分泌蜡质，2 龄后足、触角退化，口器形成细长的口针，插入植物组织内吸取汁液，体背不断分泌蜡质覆盖虫体。3 龄后蜕皮原处化蛹。

（二）茶园粉虱主要种类

茶树上的粉虱主要有黑刺粉虱、柑橘粉虱等，尤以黑刺粉虱在我国局部茶区严重成灾。

1. 黑刺粉虱 黑刺粉虱［*Aleurocanthus spiniferus*（Quaintance）］又名橘刺粉虱。广泛分布于华东、华中、西南、华南各茶区，20 世纪 80 年代以来，在湖南、江西、广东、安徽等省发生日趋严重。国外在印度、斯里兰卡和肯尼亚也有发生。除茶树外，还严重为害柑橘、棕榈、芭蕉和桂花等。

(1) 形态特征（图 2-24）　成虫体长 0.88～1.40 mm，翅展 2.02～3.43 mm。头、背褐色，复眼红色。触角 7 节。腹部橙黄色。前翅紫褐色，周缘有 7 个白斑，后翅褐色，无斑纹。

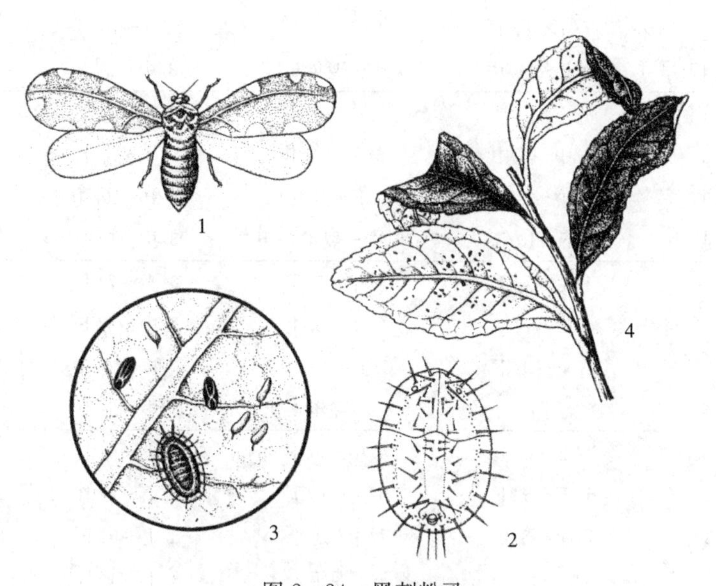

图 2-24　黑刺粉虱

1. 成虫　2. 蛹　3. 叶背放大（示卵）　4. 为害状

卵长 0.21～0.26 mm，宽 0.10～0.13 mm。长椭圆形，形似香蕉，基端有 1 短柄附于叶背。初产时乳白色，渐转淡黄、黄色，孵化前数日转为紫黑色。

若虫扁平，椭圆形。初孵时体长约 0.25 mm，淡黄色，半透明。具触角和足，爬出卵壳在附近寻找适宜的场所固定。2 龄幼虫体长约 0.50 mm，椭圆形，漆黑色，周缘白色蜡圈明显。3 龄若虫体长约 0.7 mm，漆黑色，白色蜡圈显著加宽，背中隆起，背盘区和亚缘区多刺。刺的对数随虫期增加而逐渐增多。

蛹为椭圆形，背面隆起，长 0.85～1.22 mm，漆黑色，白色蜡圈明显。体背有黑刺 29～30 对，其中亚缘区雌 11 对、雄 10 对，背盘区 19 对（头、胸部 9 对，腹部 10 对）。

(2) 发生规律与习性　黑刺粉虱在长江中下游地区 1 年 4 代，广东部分地区 1 年 5 代。多以 3 龄若虫定居于寄主植物的叶背越冬。据韩宝瑜研究，春季越冬代蛹的发育进程中，按蛹体形态、体色变化，可分为 4 级：1 级蛹体乳白色，体液大部分清澈，略乳浊，历期 12～14 d；2 级蛹体淡黄色，体液混浊，历期 6～8 d；3 级蛹体橙色，头、胸、腹已分化，无翅芽，后期足已明显，历期 11～12 d；4 级蛹翅芽、复眼和触角形成，历期 3～4 d。第 1 代卵期 22～28 d，按卵颜色变化亦可分为 4 级：1 级乳白色（2～4 d）、2 级淡黄色（2～3 d）、3 级橙红色（15～17 d）、4 级紫黑色（3～4 d）。第 1 代若虫期 25～28 d，其中 1 龄 9～12 d、2 龄 9 d、3 龄 7 d、蛹期 7～8 d。黑刺粉虱在各地的发生规律见表 2-16。

表 2-16 黑刺粉虱各虫态历期（月/旬）

地点	代别	卵	幼虫	伪蛹	成虫
安徽宣州	1	4/中～5/下	5/上～6/中	5/下～7/上	6/上～7/上
	2	6/中～7/下	6/下～8/上	7/上～8下	7/中～8/下
	3	7/下～8/下	8/下～9上	8/下～10/上	9/上～10/上
	4	9/上～11/中	9/中～翌年5/上	3/中～5/上	4/中～5/中
浙江余杭	1	4/下～5/下	4/中～6/下	6/上～7/上	6/中～7/中
	2	6/中～7/中	6/下～8/上	7/下～8/上	8/中～9/下
	3	8/中～9/下	8/下～10/中	9/中～10/中	9/下～10/下
	4	9/下～10/下	10/中～翌年3/下	3/中～5/中	4/上～5/下
湖南长沙	1	4/上～5/下	4/中～5/下	6/上～7/上	6/中～7/中
	2	6/中～7/中	6/下～8/上	7/中～8/下	7/下～9/下
	3	7/下～9/下	8/上～10/中	8/下～10/中	9/上～10/下
	4	9/上～10/下	9/中～翌年4/上	3/中～5/中	4/上～5/下
广东英德	1	3/下～5/上	4/中～5/中	5/上～6/上	5/下～6/中
	2	5/下～6/下	6/上～6/下	6/下～7/中	7/上～7/中
	3	7/上～8上	7/中～8/上	8/上～9/下	8/中～10/下
	4	8/中～11/下	8/下～翌年3/上	3/上～4/上	3/下～4/下

初羽化的成虫喜在黄昏聚集在茶树新梢上活动、飞翔。第1代卵多产在中上层成叶背面，少数产在当年的新叶上。以后各代的卵多产在中下层成叶背面。卵常多粒，甚至10多粒聚产在一处，有时排列成1圈。

（3）发生与环境条件的关系 黑刺粉虱的发生与气候、天敌和化学农药防治有很大关系。20世纪60年代以来，随着茶叶生产的发展，大片新式茶园的成龄，不少茶区屡有发生成灾，究其原因，茶园通常采用的丛蓬喷药，对丛下黑刺粉虱杀伤力甚微，同时还会造成天敌的伤亡。当其虫口密度逐代累积至一定阈值时，在适宜的天气条件下，则再增猖獗。1998年皖南茶区越冬代蛹的基数大，1989年春季的温、湿度高于常年，导致黑刺粉虱种群的繁衍大发生。随着虫口增加，寄生蜂等天敌大量繁衍，加之后期雨量较大，7～9月雨量超出常年同期85%，促使了几种虫生真菌病的流行，致使夏、秋季虫口迅速下降。低洼、阴湿郁闭的阴坡和壮龄茶园虫口密度显著较大。在茶丛上以下部虫口为多。安徽调查表明，茶丛上、中、下层虫口百分率分别为10.81%、28.18%和61.01%。茶树品种间虫口密度也有明显差异。毛蟹和上梅洲品种虫口密度较大。

黑刺粉虱的天敌很多，已鉴定的有80余种。重要的寄生蜂有黄盾扑虱蚜小蜂（*Prospaltella smithi* Silvestri）、刺粉虱黑蜂（*Amitus hesperidum* Silvestri）、长角广腹细蜂（*Amitus longicornis* Föster）、蚜小蜂（*Encarsia* sp.）、粉虱蚜小蜂[*Trichaporus formosus*（Gah）]等10余种。重要的虫生真菌有韦伯虫座孢菌（*Aegerita webberi* Fawcett）、蚧侧链孢（*Pleurodesmospora coccorum* Samsom）、轮枝孢霉（*Verticillium* sp.）和顶孢霉（*Acremonium* sp.）等，常在梅雨和秋雨

时期造成流行真菌病。捕食性天敌昆虫已发现刀角瓢虫（*Serangium japonicum* Chapin）和食螨瘿蚊（*Acaroletes* sp.），两者主要捕食若虫和蛹。

（4）防治方法

① 农业防治：分批勤采，尤其是春茶可带走产于新梢上的卵。修剪、中耕和茶丛修边时剪除虫枝。改善茶园通风透光条件。合理施肥，增施有机肥，增强树势。

② 生物防治：寄生率高的茶园，寄生蜂羽化前连同虫叶移至高密度粉虱种群中。引种定殖虫生真菌至黑刺粉虱种群中。当环境条件适宜，尤其是湿度较高、寄主密度较大时，则成为流行病，可迅速控制粉虱种群。也可将韦伯虫座孢、蚧侧链孢等致病力较强的菌株制成真菌杀虫剂施用。

③ 化学防治：首先是防治越冬代成虫或第 1 代 1 龄幼虫。调查掌握各级蛹、卵和各龄若虫百分率，以 16%、50%和 84%为始盛期、盛期和盛末期标准，预测越冬代成虫羽化盛期和第 1 代 1 龄若虫盛期，适时防治（表 2－17）。2000 年 4 月 5 日查得各级蛹的百分率，从蛹壳累加至第 2 级得百分率 16.1%，4 月 13 日从蛹壳累加至第 2 级得百分率 59.2%，即蛹进入了盛期，则羽化盛期为 4 月 13 日＋3～4 d（2 级蛹期一半）＋11～12 d（3 级蛹期）＋3～4 d（4 级蛹期），即 4 月 30 日至 5 月 3 日，实际羽化盛期为 5 月 3 日。同法，4 月 13 日茶园中已有一些卵，第 3 级、第 2 级卵累计百分率为 9.7%＋41.8%＝51.5%，为卵的盛期，则推算出 1 龄幼虫盛期是 5 月 11～18 日。1 龄幼虫盛期实为 5 月 18 日。喷药部位，防治成虫重点在中上部芽叶，防治若虫重点在中下部茶叶或老叶背面。

表 2－17　黑刺粉虱发育进度分龄分级调查表

（引自韩宝瑜，2001）

调查日期（月/日）	总活虫数（头）	各级卵百分率（%）				各龄幼虫百分率（%）			各级蛹百分率（%）				羽化率（蛹壳）
		1	2	3	4	1	2	3	1	2	3	4	
4/5	200								83.9	8.6	5.5	2.0	0
4/13	200								40.8	19.7	21.1	18.4	0
4/13	466	48.5	41.8	9.7									
5/15	3 158			48.8	5.7	45.5							

2. 柑橘粉虱　柑橘粉虱（*Dialeurodes citri* Ashmead）又名通草粉虱、白粉虱，我国各省茶区均有分布。主要发生于茶丛中下部枝背面，严重时也可发生于整个茶丛，引起烟煤病。寄主还有油菜、柑橘、核桃、板栗等。

（1）形态特征（图 2－25）　成虫体长 1.0～1.2 mm，淡黄色。体表覆白色蜡粉，复眼红色。前、后翅和足白色。

卵为长椭圆形，长约 0.22 mm，宽约 0.09 mm，淡黄色。基部由短柄连于叶背。

若虫扁平，椭圆形，淡黄色。背稍突，周缘多放射状白色蜡丝。

蛹扁平，椭圆形，淡黄绿色。蛹壳薄、软、透明，背面有 3 对小瘤，前、后端各有 1 对微小刺毛。

（2）发生规律与习性　柑橘粉虱在江苏、浙江、安徽 1 年 3 代，江西、湖南 1

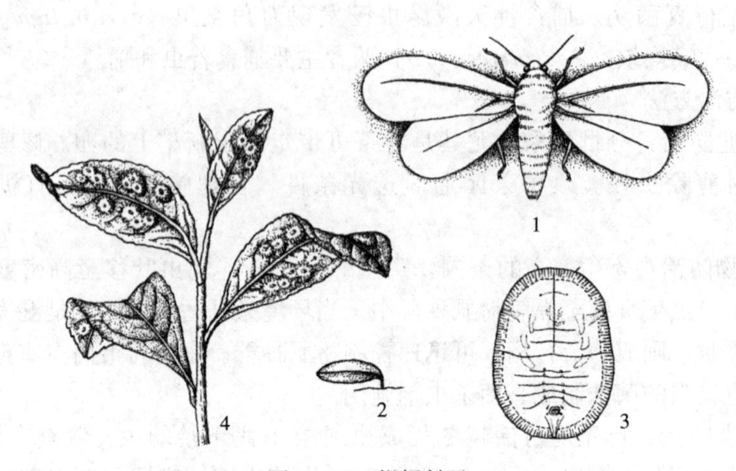

图 2-25 柑橘粉虱

1. 成虫 2. 卵 3. 蛹 4. 若虫为害状

年 4 代，华南 1 年 5 代。在安徽南部，4～5 月、7～8 月发生较重。一般以 3 龄若虫和蛹越冬。成虫喜阴湿，趋嫩。卵散产于嫩叶背面。若虫孵化后即在原卵壳附近定居。若虫经 3 龄化蛹。

梅雨期间易受蚧侧链孢和顶孢霉等真菌的侵染。

(3) 防治方法 参见黑刺粉虱。还应及时疏除茶丛内徒长枝，以减少虫口，抑制其大发生。

四、蜡 蝉 类

蜡蝉是为害植物的一大类害虫，全国各茶区均有分布，局部茶区为害较重。多属于半翅目蛾蜡蝉科和广翅蜡蝉科的种类。

(一) 茶园蜡蝉类的基本特性

1. 特征识别 蛾蜡蝉和广翅蜡蝉均为中型蛾种类。中胸背板较大，前翅宽广，翅脉细，放射状，前缘区有很多横脉，多不分叉，静止时 4 翅呈屋脊状折叠。若虫头向前突出，腹部肥大，体背上常分泌有白色蜡状物，尤其是腹末常有较多较长、分束或不分束的白色蜡丝。

2. 为害状识别 蜡蝉类均以若虫和成虫刺吸茶树嫩梢汁液，被害茶树生长不良，发芽稀少，叶片细薄，甚至新梢枯死。若虫期在被害处有白色蜡质絮状物，污染嫩梢，引起烟煤病。成虫产卵在嫩梢组织内。有的散产，有的排列成行，有的密集呈环状。产卵处外表粗糙，可造成新梢枯死。

3. 生物学特性 茶园蜡蝉发生代数较少。在华南一般 1 年 2 代，其他地区 1 年 1 代，均以卵在茶树或其他植物嫩梢组织中越冬。初孵若虫较活泼，孵化后即向茶树中下部阴暗处爬行。1～2 龄幼虫喜群集在中下部徒长枝为害，3 龄后则为害茶丛中上部嫩梢。各龄若虫均相对固定取食，体背分泌白色蜡絮状物覆盖，受惊后即弹跳逃逸，留下絮状物。成虫飞翔力弱，趋光性不强，受惊扰一般不做长距离飞翔，但善跳跃。蜡蝉的发生与茶园环境有较大的关系。一般周围植被丰富、茶树生长繁盛、树冠高大的茶园发生较多；平地茶园、采摘频繁的茶园发生较少。蜡蝉的天敌很多，主要有鸟类、蜘蛛、螳螂、草蛉、蜻蜓、猎蝽、瓢虫等。在山区以鸟类对蜡蝉的成虫控制作用大，其次为草蛉、猎蝽、瓢虫，捕食其若虫。

（二）茶园蜡蝉主要种类

全国茶区主要有碧蛾蜡蝉、青蛾蜡蝉、白蛾蜡蝉、可可广翅蜡蝉、八点广翅蜡蝉［*Ricania speculum*（Walker）］、缘纹广翅蜡蝉［*Ricania marginalis*（Walker）］、柿广翅蜡蝉（*Ricania sublimbata* Jacobi）、圆纹宽广蜡蝉、眼纹疏广蜡蝉［*Euricania ocellus*（Walker）］等。

1. 碧蛾蜡蝉和青蛾蜡蝉　碧蛾蜡蝉［*Geisha distinctissima*（Walker）］又名茶蛾蜡蝉、绿蜡蝉、青翅羽衣。青蛾蜡蝉（*Salurnis marginellus* Guer）又名褐缘蛾蜡蝉。两者均属于蛾蜡蝉科。碧蛾蜡蝉分布普遍，从东北到海南，从云南至沿海和台湾，都有发生。国外分布于日本。青蛾蜡蝉分布于长江流域以南。除为害茶树外，还为害油茶、柑橘、桃、苹果、梨、柿、杨梅、龙眼及无花果等。

（1）形态特征　见表2-18、图2-26。

表2-18　两种蛾蜡蝉形态特征比较

虫态	项目	碧蛾蜡蝉	青蛾蜡蝉
成虫	大小	体长6～8 mm，至翅尖约13 mm，翅展18～21 mm	体长5～6 mm，至翅尖9～10 mm，翅展18～21 mm
	颜色	粉绿色至玉绿色	绿色至黄绿色
	特征	前翅近长方形，臀角成直角，翅脉及翅缘（后缘，外缘，甚至前缘一部分）红褐色。后翅乳白色，半透明，静止时均在体背叠成屋脊状，胸背有4条红褐色纵纹，中间2条略长且明显	前翅桨状，臀角成锐角尖翘，翅缘尤其外缘及后缘赭褐色，宽而明显，后缘近端部有1赭褐色斑。后翅玉白色，微绿，半透明。胸背有4条金黄色纵纹
若虫		体淡绿，胸、腹部满被白色蜡质絮状物，腹末有1长绢状白蜡丝束	体绿色，较狭长，胸背外露，有4条红褐色纵纹，腹部被有白蜡，腹末有2束绢状白蜡丝
卵		长1～1.3 mm，近圆锥形，乳白色。产于嫩茎皮层内	同碧蛾蜡蝉

（2）发生规律与习性　碧蛾蜡蝉一般1年发生1代，广东、广西1年2代。以卵在茶树等枝梢内越冬。在湖南长沙，若虫于翌年5月上旬开始孵化，5月中旬为孵化盛期，6月中旬成虫始发，下旬盛发；7月中旬始卵，8月上中旬盛卵。成虫盛发于6月下旬至8月上旬，8月中旬后成虫数量渐少。青蛾蜡蝉发生情况相似，但各虫态均相应较碧蛾蜡蝉出现为迟。

两种蛾蜡蝉习性相近，有些茶区且常共同发生。若虫共4龄。初孵若虫较活泼，孵化后，即向茶丛下部阴暗处爬行。1龄、2龄若虫喜群集在徒长枝或下部嫩枝上取食。各龄均各固定一处取食，最多的一叶上有若虫10多头。3龄、4龄若虫则向茶树中上部迁移，常 2 头或数头在嫩梢枝条上取食，芽叶上很少发现。若虫喜阴湿，怕阳光，受惊后弹跳逃逸，且常留下尾部白色毛束。成虫羽化后在枝条上取食，少数在叶背取食，耐饥力差，飞翔力弱，无趋光性。羽化后 1 个月左右开始产卵。每雌产卵 20 粒左右。卵多产于中下部的新梢皮层内，也有的产于叶柄内或从叶背产入叶片组织内。一般为散产，也有 3～5 粒纵向排列成行的。产卵痕黑褐色，较明显。

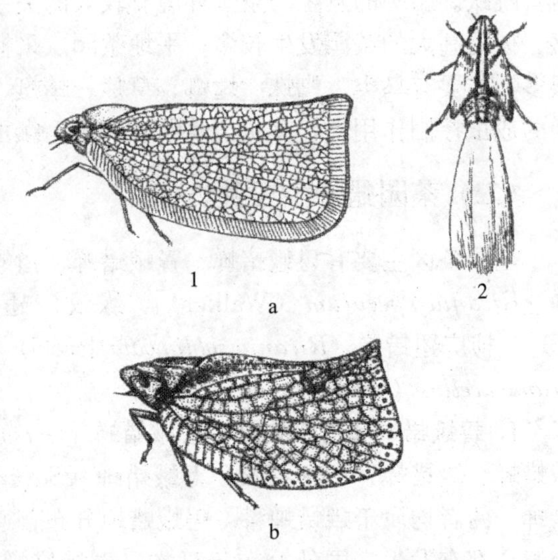

图 2-26 碧蛾蜡蝉和青蛾蜡蝉

a. 碧蛾蜡蝉：1. 成虫 2. 若虫 b. 青蛾蜡蝉

2. 其他蜡蝉 茶园蜡蝉除碧蛾蜡蝉和青蛾蜡蝉发生较普遍，局部茶园为害较重外，其他蜡蝉发生为害相对较轻。常见的还有圆纹宽广蜡蝉（*Pochazia guttifera* Walker），主要分布于长江中下游茶区；白蛾蜡蝉（*Lawana imitata* Melichar）和可可广翅蜡蝉（*Ricania cacaonis* Chou et Lu），主要分布于华南茶区。3 种蜡蝉形态特征区别见表 2-19。

表 2-19 3 种其他蜡蝉形态特征区别

虫态	项目	圆纹宽广蜡蝉	白蛾蜡蝉	可可广翅蜡蝉
成虫	大小	体长 8～9 mm，翅展 28～31 mm	雄虫体长约 19 mm，雌虫体长约 20 mm	体长 6 mm，翅展 16 mm
	颜色	体翅均栗褐色，中胸背板沥青色	黄白色或碧绿色，体上有白色蜡粉	背面黄褐色至褐色，额角黄色
	特征	头与前胸背板等宽，前胸背板有 1 中脊，两边的刻点明显。中胸背板有脊 3 条，中脊长而直，侧脊由中部分叉。前翅宽大，近三角形，前脊长而直，侧脊由中部分叉，缘端部 1/3 处有三角形略透明的浅色斑；外缘有 2 个较大的半透明斑；翅中部有 1 近圆形半透明斑，围有黑褐色宽边；翅面散布白色蜡粉。后翅翅脉黑色，半透明，无斑纹	头圆锥形，复眼灰褐色。前胸背板较小，前缘向前突出，后缘向前凹陷；中胸背板发达，上有 3 条隆脊。前翅粉绿或黄白色，外缘平直，顶角尖锐突出，近臀脉中段翅室有 1 白斑，翅前端有几个小白点。后翅碧玉色或黄白色，半透明	头和胸部有 3 条纵脊，中胸盾片除 3 条长的纵脊在前端相互会合外，外侧各有 1 条独立的短脊。前翅褐色，翅的边缘及前缘斑黄色，前缘斑前有横脉约 7 条，明显向内弯曲，其前端黑褐色，横脉间各有向外倾斜的黑色带纹 1 条，顶角有 1 近黑色光亮突起的圆点，翅的前缘区与外缘区凹凸不平，使前缘与外缘也呈现波状弯曲，顶角明显突出
若虫		体淡绿色，被白色蜡粉。腹末有 3 束放射状蜡丝，有时向上翘	全体白色，被白色蜡粉。腹末有成束白色粗长蜡丝	体淡绿色、被白色蜡粉。腹末有成束放射状蜡丝
卵		密集呈环状排列，产卵痕粗糙明显	淡黄白色，呈长方形条状排列	长椭圆形，淡黄白色，呈长条状排列

（三）茶园蜡蝉类的防治方法

1. 人工捕杀成虫　在成虫发生盛期，可用捕虫网捕杀。

2. 剪除产卵虫梢　蜡蝉均产卵在枝梢中，产卵痕明显，可在秋末和早春，结合茶园修剪，剪除产卵虫梢，带出园外销毁，以减少虫口基数。

3. 保护天敌　茶园严禁捕鸟，人工迁放捕食性昆虫，在蜘蛛和天敌昆虫多时，尽量减少药剂的使用，以充分发挥天敌的自然控制作用。

4. 药剂防治　若虫盛发期可喷施高效、低毒、低残留药剂。

五、蝽　类

为害茶树的蝽类害虫属半翅目不同的科。成虫、若虫均可为害，刺吸式口器，刺吸茶树嫩梢、芽叶，甚至茶果的汁液，造成树势衰弱、芽叶破损、变色，对茶叶产量、品质均有影响。在我国茶园发生的主要有茶网蝽、绿盲蝽、茶角盲蝽、油茶宽盾蝽。

1. 茶网蝽　茶网蝽（*Stephanitis chinensis* Drake）又名茶脊冠网蝽、茶军配虫，属半翅目网蝽科。主要分布于四川、贵州、云南、广东等省，是西南茶区的重要害虫之一。为害茶和油茶。成虫、若虫均在叶背刺吸汁液，叶面呈现许多白色细小斑点，远看叶片灰白，叶背有黑色胶质排泄物。茶树受害后，芽叶萌发率大为降低，且芽叶细小，萌发缓慢，树势衰退，甚至大量落叶。

（1）形态特征（图 2－27）　成虫体长 3～4mm；体暗黑色。头小，淡褐色。前胸宽阔盖住头部，膜质透明有网纹。前翅较虫体约长 1 倍，亦有褐色网纹，中间有 2 条暗色斜斑纹。

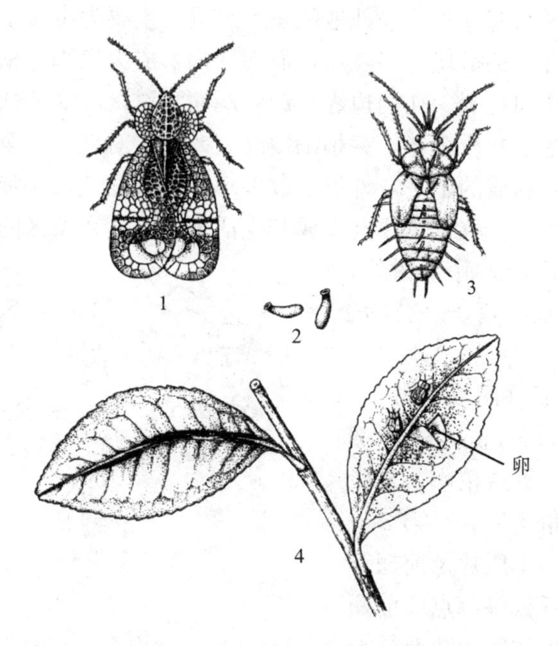

图 2－27　茶网蝽

1. 成虫　2. 卵　3. 若虫　4. 为害状

卵为长椭圆形，一端稍弯，白色，有光泽。

初孵若虫白色，半透明，而后渐变暗绿色。老熟若虫黑褐色，体长约 2 mm，腹部两侧及背中有刺突。

(2) 发生规律与习性　茶网蝽在贵州、四川 1 年发生 2 代。以卵在茶丛下部成叶背面内越冬，偶有以成虫越冬者。第 1 代若虫于翌年 4 月上中旬至 5 月上旬始孵，5 月上中旬盛孵。成虫于 5 月中旬至 7 月中旬发生。第 2 代于 7 月下旬始孵，8 月上中旬盛孵，成虫于 8 月中旬至 12 月初发生，9 月中旬盛发并开始产卵越冬。以第 1 代发生较为整齐，虫口数量较多，为害较重。

成虫畏光，不善飞翔，多栖于茶丛上部成叶背面为害。成虫多次交尾，分批产卵。卵散产于中下部成叶背面叶脉附近组织内。每雌平均产卵 16 粒。若虫 4 龄，聚集叶背为害，初期多在中下部叶背，常形成发生中心，后期转移到中上部为害，由点到面发展。若虫经 20 d 羽化为成虫，分散为害。

(3) 发生与环境条件的关系　茶网蝽最适于 20 ℃左右，相对湿度 75%以上的条件下发生。旬均温超过 28 ℃，则不利其发育。茶丛枝叶茂密，利于成虫栖息产卵，虫口一般发生较多。稀疏或经过疏枝的茶园，则普遍发生较少。叶片较薄嫩的品种如云南大叶种等，受害一般较重。

天敌主要有军配盲蝽（*Stethoconus japonicus* Schumacher），有一定的自然控制能力。

(4) 防治方法

① 疏枝灭虫：茶园疏枝，可以恶化茶网蝽的发生条件，减少产卵和虫口发生。

② 生物防治：合理施药，保护军配盲蝽等天敌。

③ 药剂防治：发生盛期喷施农药防治。施药时必须将叶背均匀喷湿。

2. 绿盲蝽　绿盲蝽（*Lygus lucorum* Meyer-Dür）又名小臭虫，属半翅目盲蝽科。全国各产茶区均有分布，局部地区发生严重。主要为害头茶。成虫和若虫均刺吸幼芽汁液。被害幼芽呈现许多红点，而后变褐，成为黑褐色枯死斑点。芽叶伸展后，叶面呈现不规则孔洞。孔洞边缘组织较厚而光滑，叶缘残缺破烂。受害芽叶生长缓慢，持嫩性差，叶质粗老，芽梢细瘦缩短，叶片对夹，以至枯竭不发。春茶产量锐减。受害芽叶制成的干茶，外形松散多碎，内质香气低，味淡且涩，汤色亦欠明亮清澈。绿盲蝽需转移寄主才能完成其生活史，但其在茶区的转移规律尚不完全清楚。寄主植物广泛，除茶树外，尚为害棉花、蚕豆、苕子、苜蓿、蒿类等植物。

(1) 形态特征（图 2-28）　成虫体长 5.0～5.5 mm，近卵圆形，扁平，绿色，雄虫稍小。复眼黑或紫黑色。触角淡褐，以第 2 节最长。前胸背板、小盾片及前翅革质部绿色。前胸背板多刻点。前翅膜质部暗灰色，半透明。腿节端部具 2 小刺，胫节多黑刺，跗节 3

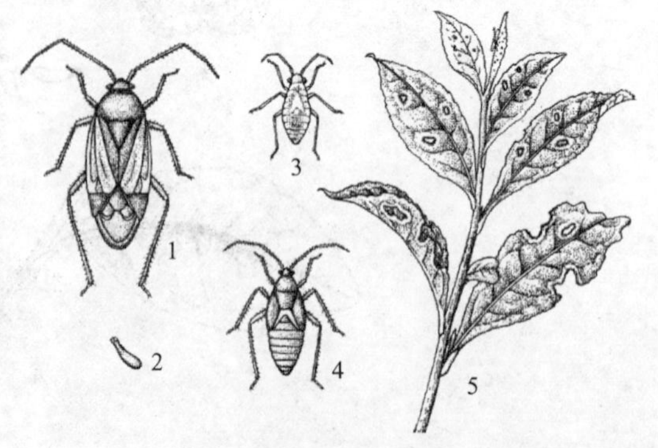

图 2-28　绿盲蝽

1. 成虫　2. 卵　3. 初龄若虫　4. 老龄若虫　5. 为害状

节，第3跗节及爪黑色。

卵长约1 mm，长而略弯，香蕉形，微黄绿，具白色卵盖。

若虫与成虫相似。初孵时淡黄绿色，后转绿色，复眼红色，体表密生黑色细毛；2龄复眼紫灰色；3龄翅芽微现；4龄小盾片明显，翅芽伸达第1腹节后缘；5龄翅芽长达第4腹节后缘，端部黯黑。

（2）发生规律与习性　绿盲蝽在长江流域1年发生5代，在华南7～8代。以卵在茶树枯腐的鸡爪枝内或冬芽鳞片缝隙里或豆类、苕子、苜蓿等茎梢内越冬。在安徽越冬卵于翌年4月上旬开始孵化，4月中旬盛孵，5月初成虫出现，5月中下旬即陆续飞出茶园，秋后又迁回茶园产卵越冬。越冬卵的孵化与某些品种芽的萌发同步。1芽1叶时为初孵期，1芽2～3叶时为高峰期。

卵产于嫩茎皮层组织中。每雌产卵约100粒，产卵期30～40 d。绿盲蝽趋嫩为害，生活隐蔽，成、若虫爬行迅速。成虫善飞翔，晴天日间隐匿于茶丛内，晨昏、夜晚和阴雨昼间爬至芽叶上刺吸芽叶汁液。若虫孵化即可刺害幼芽，1头若虫羽化前刺吸达1 000次之多，且随龄期增长为害加重，因此尽管虫口密度不大，芽叶被害症状却比比皆是。

（3）发生与环境条件的关系　气温15～25 ℃，相对湿度大于70%，最适其发育。早春卵在旬平均温度11 ℃以上并伴以较大湿度下孵化；春季寒潮的侵袭对初孵幼龄若虫生存有不良影响。4～5月雨水偏多，虫口较多，春茶受害趋重。

茶园条件对虫口发生影响较大。双行条植比单行条植受害严重；偏施氮肥受害率较高；茶园间作蚕豆、苕子等冬作物或附近灌木杂草多，茶树也常受害较重。此外，低山、平地茶园常较高山茶园虫口多，阳坡茶园较阴坡茶园受害重，秋季茶花盛开，可招致成虫迁入产卵。

在茶园蜘蛛的作用下虫口下降，特别是一些游猎蛛成为绿盲蝽的重要天敌，如三突花蛛和条背跳蛛等。

（4）防治方法

① 结合茶园管理：春前清除田间杂草，茶丛轻修剪后随即彻底清除剪下枝梢。茶园如间种冬作豆类等作物，需特别注意防护。

② 药剂防治：在越冬卵盛孵期或始见为害状时，即喷药防治。春茶开采时不需再防治。

3. 茶角盲蝽　茶角盲蝽（*Helopeltis* sp.）属半翅目盲蝽科。分布于海南、广东、广西、台湾等省份，属于热带地区害虫。可为害茶、可可、芒果、番石榴等。若虫和成虫均刺吸嫩叶和嫩茎，同时分泌毒素，使被害部周围组织逐渐出现黑褐色的坏死斑纹，叶片畸形。轻度为害可使嫩叶和幼茎斑点累累，严重时可使芽叶坏死干枯，严重影响茶叶的产量和品质。

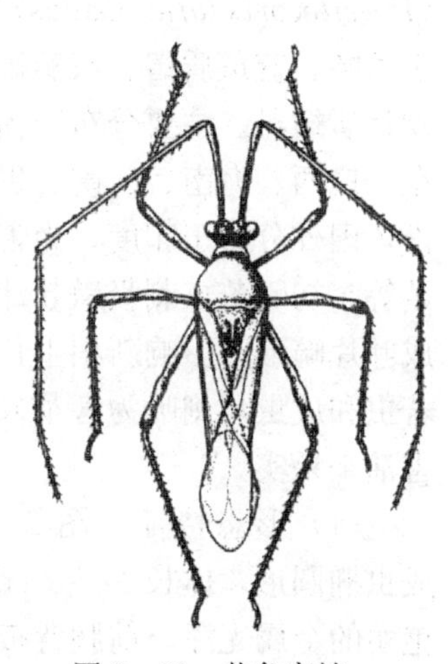

图2-29　茶角盲蝽

（1）形态特征（图2-29）　雄虫体长4.5～5.5 mm，雌虫体长5.0～6.0 mm。体褐色或黄褐色。复眼突出。触角丝状，细长，为体长的2倍。中胸褐色，背、腹板橙黄色。小盾片后缘圆形，其前部变成

1直立的棒槌状的突，长约1.5 mm，黄褐色，稍弯曲。翅色暗，半透明，膜质部分浅灰色，具虹彩。足细长，黄褐色，散生许多黑色小斑点。

卵白色，近圆筒形，顶端卵盖的两侧着生2条平行不等长的白色丝状物。临孵化前呈橘红色。

初孵若虫橘红色，小盾片无突起，随龄期增加，小盾片角状突逐渐突出。4龄前的若虫体橘黄色，5龄若虫黄褐色，复眼赤色，触角、小盾片突起和足黄褐色，并且具黑色斑点。

(2) 发生规律与习性　茶角盲蝽在我国台湾1年发生4～8代，海南约10代。世代重叠，无明显越冬现象。清晨、傍晚或荫蔽茶园，成虫在茶蓬上层刺吸嫩叶、幼茎的汁液，其他时间则在茶蓬内层取食。芽叶被刺吸后不久出现斑点，随后扩展形成黑褐色坏死的斑纹。每天每虫平均为害2～3个芽梢。雌虫寿命平均32.5 d，雄虫平均27 d。受惊动时，可做短距离迁飞或避于叶背，也可随风飘飞到较远处。成虫羽化后取食一段时间才交尾，交尾后翌日即可产卵。每雌产卵25～184粒。卵散产于幼茎组织、嫩叶叶柄或主脉组织内。若虫孵出后经2 h开始取食。若虫受惊动时，能迅速爬行逃逸至叶背。

(3) 发生与环境条件的关系　荫蔽度大的茶园，有利于发生为害。适宜的温度范围为18～26 ℃，低于14 ℃或高于28 ℃，对其发生及为害均不利。温度21 ℃时，孵化率在80%以上，低于17 ℃或高于28 ℃，孵化率迅速下降，34 ℃时不能孵化，若虫全部死亡。台风雨的袭击能使成虫、若虫大批死亡。同时，橡胶枝叶被大量吹折和掉落，使胶茶间作园的荫蔽度明显降低，也能减轻茶角盲蝽的为害。

正常管理、采摘的茶园，发生为害较轻；采茶不及时和荒芜失管的茶园，发生较严重。不同品种受害程度不同，云南大叶种受害重。

(4) 防治方法

① 加强茶园管理：分批、适时采摘，冬春及时修剪，可减少虫口数量。

② 避免过分荫蔽：在建园时应考虑间作的密度，降低荫蔽度。

③ 药剂防治：在若虫盛期喷药。清晨和黄昏施药，防治效果更好。

4. 油茶宽盾蝽　油茶宽盾蝽(*Poecilocoris latus* Dallas)又名茶子盾蝽、蓝斑盾蝽、茶实蝽，属半翅目盾蝽科。主要分布于福建、广东、广西、海南、云南、贵州等省份，国外分布于印度。为害茶、油茶等。初孵若虫刺吸嫩叶汁液，造成叶片畸形，影响新梢生长。后期若虫和成虫均刺吸为害茶果，且为害油茶果实。

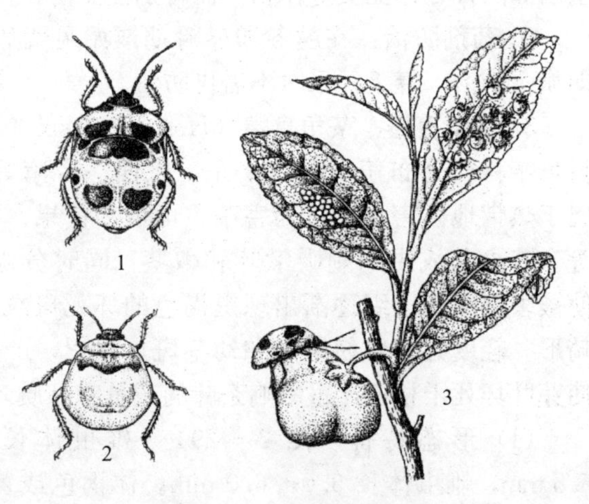

图2-30　油茶宽盾蝽

1. 成虫　2. 若虫　3. 为害状

(1) 形态特征(图2-30)　成虫椭圆形，体长17～20 mm，具艳丽的金属光泽。前胸背板底色橙黄，前缘和后缘两侧各有1个深蓝色斑，中胸小盾片盖没整个腹部，底色淡黄色，前缘有 1 个近倒“山”字形大花斑，中后方另有 4 个深蓝色花斑，横列 1 排，两侧者小，中间者大。

卵淡黄色，桶形，10 多粒聚于叶背，形成卵块。

成长若虫呈黄色，头部和中、后胸背面与腹部背面近中央处有带金属光泽的蓝色花斑。

（2）发生规律与习性　油茶宽盾蝽在华南 1 年发生 1 代。以老龄若虫在落叶或表土内越冬。翌年 4 月上旬继续活动为害，6 月上旬开始羽化交尾。7 月中旬至 9 月下旬产卵。7 月下旬开始陆续出现当年若虫，虫态发育参差不齐，直至 10 月下旬出现末龄若虫越冬。在云南无明显越冬现象，翌年发生较早，4 月底即始见成虫，6 月下旬开始产卵。

成虫日间活动为害。成虫期长达 2 个月以上，交尾多次，卵成块产于叶背，每雌产卵3～9 块，共约 80 粒。卵经 10～13 d 孵化。若虫共 5 龄，初孵若虫群集于叶背为害，刺吸嫩叶汁液，造成叶片畸形。2 龄以后逐渐分散且转移为害幼嫩茶果，刺吸流汁种仁，使茶籽干瘪，刺伤处常留有 1 星状斑纹。秋后可为害花蕾。花蕾受害，则茶果发育不良，甚至大量脱落，即使成熟也不能发芽。同时由于刺吸时带入病菌，常致茶籽霉烂。

（3）防治方法

① 人工捕捉：由于虫体较大，色彩鲜艳，若虫群集，卵又成块产于叶背，茶园管理时捕捉成、若虫或摘除卵块，防效良好。

② 药剂防治：发生量大时，及时施药。

③ 控制花果：通过栽培方法如修剪、合理施肥、激素应用等方法，抑制花芽分化，减少茶树花果，可减少发生。

六、其他吸汁性害虫

为害茶树的吸汁性害虫还有半翅目蚜科的茶蚜，缨翅目蓟马科的茶黄蓟马，双翅目瘿蚊科的茶芽瘿蚊。

1. 茶蚜　茶蚜（*Toxoptera aurantii* Boyer）又名茶二叉蚜、橘二叉蚜，俗称腻虫、腻子、蜜虫。广泛分布于我国各地茶区，春、秋两季为害较重。在肯尼亚、印度以及日本等国家的为害也较重。以若虫和成虫聚集芽梢和嫩叶背面刺吸汁液，引起芽叶萎缩、伸展停滞，同时排泄蜜露诱发茶煤病。受害芽叶制成的干茶色暗汤浊且带腥味，影响茶叶产量和品质。

（1）形态特征（图 2-31）　蚜虫有有翅蚜和无翅蚜之分。成、若蚜腹末端两侧有 1 对腹管，腹末有 1 尾片。腹管和尾片的形状、大小常作为分种的依据。

有翅成蚜体长约 2 mm，黑褐色，有光泽。触角 6 节，第 3 节有 5～6 个次生感觉圈，第 5 节端部和第 6 节基部各有 1 个原生感觉孔，第 6 节中部至端部较细。前翅中脉二叉。腹部背侧有 4 对黑斑。腹管短于触角第 4 节，而长于尾片，基部有网纹。尾片中部较细，端部较圆。有翅若蚜棕褐色，触角感觉圈不明显，翅芽乳白色。

无翅成蚜近卵圆形，稍肥大，棕褐色，体表多淡黄色横列网纹。触角黑色，第 3 节无感觉圈。无翅若蚜浅棕色或淡黄色。

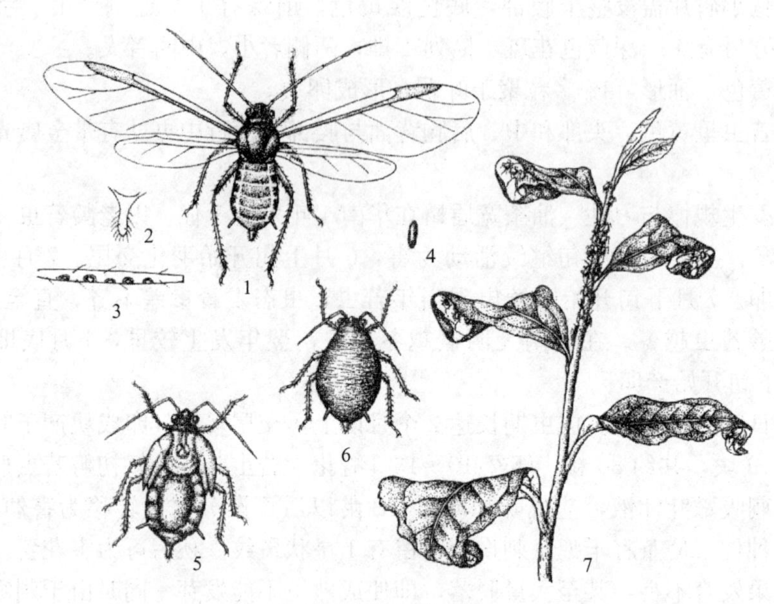

图 2-31 茶 蚜

1. 有翅蚜 2. 尾片 3. 触角第3节（示感觉圈） 4. 卵 5. 有翅若蚜 6. 无翅蚜 7. 为害状

卵为长椭圆形，长径约 0.6 mm，短径约 0.4 mm。漆黑而有光泽。

(2) 发生规律与习性 茶蚜在安徽1年发生25代以上，世代重叠。在长江流域以卵越冬，华南多以无翅蚜越冬，甚至无明显越冬现象。江苏、浙江和安徽南部地区越冬卵于3月上旬孵化。生长季节连续进行孤雌生殖，繁殖力较强。在适宜条件下，5～7 d即可增长1代，至秋季出现两性蚜交配产卵越冬。

在安徽东部观察，2月底至3月初，气温回升至4 ℃以上，越冬卵孵化。若遇倒春寒，初孵若虫的死亡率可高达45%。4月气温平稳上升，气温16～25 ℃，相对湿度70%以上的晴暖天气，茶树芽叶生长加快，茶蚜虫口迅速增长。4～5月出现第1个虫口高峰。6～8月高温对虫口有一定的抑制作用，茶园中只在丛下徒长枝芽梢有少量虫口。9～10月天气较适宜，蓬面茶蚜虫口又有回升，形成秋茶虫口高峰。

茶蚜趋嫩为害，在芽梢、嫩茎和嫩叶上刺吸繁衍，以芽下第1叶虫口最多。当芽梢上虫口增多到一定阈值时或者随着时间的推移芽梢变得粗老，蚜群中就陆续分化出有翅蚜迁飞至新的芽梢上为害。飞迁多在黄昏时进行。据韩宝瑜研究，以刺探电位技术探究茶蚜的取食行为，发现茶蚜偏嗜芽下第1叶，在第1叶上口针刺探和取食的时间显著长于在其他叶片、芽头或者嫩茎上的时间。新梢的黄绿色及其释放的"绿叶气味"如顺-3-己烯-1-醇、反-2-己烯醛和顺-3-己烯乙酸酯等具有显著的引诱作用。徒长枝、长势旺盛芽头多又嫩的茶园或者幼龄茶园易于招引迁飞蚜，短期内茶蚜虫口骤增。茶蚜分泌的利他素如蜜露、蚜害茶梢释放的互利素强烈地引诱七星瓢虫、异色瓢虫、大草蛉、中华草蛉和蚜茧蜂，调节多种天敌的搜索行为，蜜露还延长天敌在蜜露上及其周围区域的搜索时间。各种天敌昆虫借助这些利他素和互利素对其寄主茶蚜进行定向和定位搜索。

（3）发生与环境条件的关系　据调查，1芽3叶上虫口百分率高达90%，分批及时勤采可带走茶蚜，并恶化茶蚜的营养条件，而有一定的抑制效应。

茶蚜天敌很多，已鉴定的天敌多达50余种。重要的为七星瓢虫（*Coccinella septempunctata* L.）、异色瓢虫［*Leis axyridis*（Pallas）］、龟纹瓢虫［*Propylaea japonica*（Thunberg）］、中华草蛉（*Chrysopa sinica* Tjedea）、大草蛉（*Chrysopa pallens* Rambur）、门氏食蚜蝇（*Sphaerophoria menthastri* L.）、黑带食蚜蝇（*Episyrphus balteatus* De Geer）、大灰优食蚜蝇（*Eupeodes corollae* F.）、四条小食蚜蝇（*Paragus guadifasciatus* Meigen）和蚜茧蜂（*Aphidius* sp.）等。5月上旬至6月各类天敌大量出现，成为茶蚜种群的重要限制因子之一。

（4）防治方法

① 及时分批采摘：适时分批勤采是抑制茶蚜发生的重要措施。

② 生物防治：韩国研究报道，蚜虫性信息素对草蛉有明显的引诱效应，研制的行为调节剂能显著地吸引草蛉。中国科学院动物研究所研制的含有蚜虫报警信息素的灭蚜农药可显著地加大蚜虫的中靶率、减少农药的施用量。也可采用传统的生物防治方法，将瓢虫、草蛉和蚜茧蜂等天敌助迁至茶蚜虫情严重的茶园。

③ 化学防治：采摘茶园采茶季节最好不要使用农药。非采摘园和秋季可用肥皂水或洗衣粉稀释液喷施，使其堵塞气门，窒息致死。

2. 茶黄蓟马　茶黄蓟马（*Scirtothrips dorsalis* Hood）主要分布于华南和西南茶区。以成、若虫刺吸芽叶汁液，受害叶片叶脉两侧出现数条平行的红褐色条痕，叶色暗淡，变褐，以至枯焦。还为害山茶、柑橘、葡萄、相思和月季等。

（1）形态特征（图2-32）　成虫橙黄色，体长0.8～0.9 mm。头宽约为长的1倍。触角8节，第3节、第4节上着生U形感觉器。复眼红褐色，单眼3个，三角形排列。前胸背板两边后角有粗鬃毛1根。前后翅窄长，淡黄褐色，边缘有长缨毛。腹部第2～7节背面各有1囊状暗棕色斑纹。

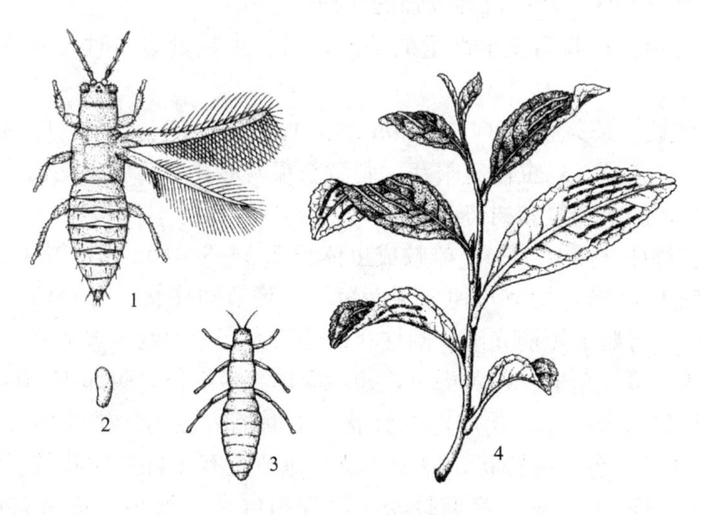

图2-32　茶黄蓟马

1. 成虫　2. 卵　3. 若虫　4. 为害状

卵为肾形，长约 0.2 mm，初为乳白色，半透明，后变淡黄色。

初孵若虫白色透明，体长 0.25 mm，复眼红色，触角粗短，第 3 节最大，头胸占体长的 1/2。2 龄若虫体长 0.5～0.8 mm，复眼红色，体淡黄色至深黄色，触角第 1 节淡黄，其余各节暗灰色。中、后胸与腹等宽。

前蛹（第 3 龄若虫）体黄色，复眼灰黑色。触角第 1 节、第 2 节大，第 3 节小，第 4～8 节渐尖。翅芽白色，透明。各腹节两侧的齿状缘有 1 根白鬃。

蛹（第 4 龄若虫）体黄色。复眼前半部红色，后半部黑褐色。翅芽前期长达腹部第 4 节，后期伸达第 8 节。

（2）发生规律与习性　茶黄蓟马在广州 1 年发生 11 代，世代重叠，无明显越冬现象，但冬季生长发育缓慢。一般年份，1～4 月为低峰期，5 月虫口上升，7～8 月因受高温及台风的影响，波动较大。9 月虫口迅速上升，9 月下旬至 10 月达到高峰。12 月下旬虫口下降。

以两性生殖为主，也有孤雌生殖。自然状态下，雌雄比为 1∶0.24～0.48。每雌产卵35～62 粒。成虫活跃，受惊后飞起，无趋光性，对颜色有强烈的趋向性，尤其是黄色和绿色。过渐变态。若虫 4 龄，3 龄时停止取食，称为预蛹。4 龄若虫不食不动，移之为蛹。

（3）发生与环境条件的关系　华南农业大学对 35 个茶树品种上虫口的调查表明，政和大白茶、英红 7 号、云大、凤凰水仙和越南大叶种受害较重。格鲁吉亚、高桥早、湘波绿、江华苦茶、鸠坑种和毛蟹受害较轻。

茶黄蓟马趋嫩，多集中在 1 芽 3 叶的嫩梢上。采摘可在很大程度上限制该害虫。华南农业大学的研究表明，第 2～4 轮茶每次采摘后，虫口可下降 80%以上。

主要天敌有捕食螨、大赤螨（*Anystis* sp.）以及几种瓢虫。

（4）防治方法

① 及时采摘：适时分批勤采，压低虫口。

② 发生严重茶区，选择抗性较强的品种。

③ 化学防治：在蓟马发生严重的茶园，当若虫数量增多时，可喷施低毒、低残留农药。

3. 茶芽瘿蚊　茶芽瘿蚊（*Contarinia* sp.）主要分布于广东、广西、海南和贵州、湖南的山区茶园。幼虫侵害茶芽，刺激茶芽畸形发育，形成花苞状虫瘿，茶芽不能正常生长，影响产量和树势。

（1）形态特征（图 2－33）　雌蚊成虫体长 2.5～3.0 mm，翅展 4.0～4.8 mm，体黄褐色。触角 14 节，柄节与梗节圆而短小，鞭节圆柱状，有短柄，第 1 鞭节远比其他各节长。各鞭节短柄光滑，圆柱状部分膨大，轮生两排放射状长刚毛。中胸大，背板发达，呈三角形。翅黄褐色，翅脉简单。足细长，腹部 10 节，第 10 节延伸成 1 根细长的伪产卵管。伪产卵管针状，平时缩入腹内。雄蚊体长约 2.2 mm，黑色。触角 14 节，各节哑铃状，似为 2 节。每节上有 1 排放射状的长刚毛和 1 排尖刀状环丝。翅面无斑纹，茸毛较密。腹部肉红色，细小，腹末有爪状抱握器 1 对。

卵长约 0.12 mm，长椭圆形。末端有 1 带状附属丝，其长与卵长近等。

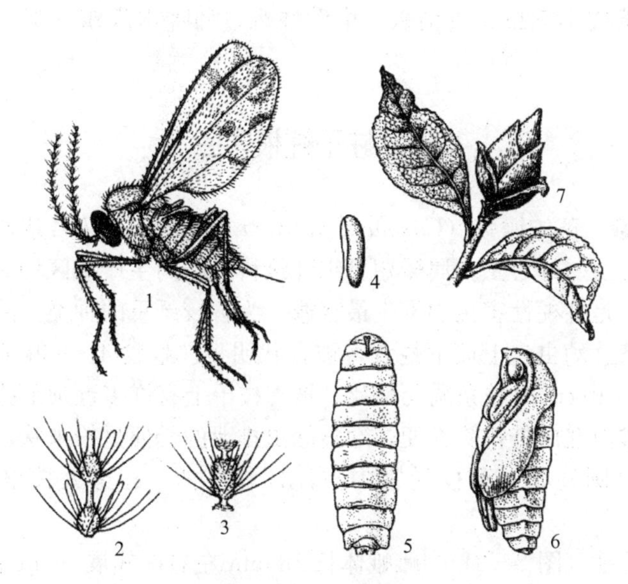

图 2-33　茶芽瘿蚊

1. 成虫　2. 雄成虫触角第 4 节、第 5 节　3. 雌成虫触角第 4 节
4. 卵　5. 幼虫　6. 蛹　7. 茶芽受害状

幼虫共 3 龄。3 龄体长 2.0～3.2 mm，长椭圆形，黄白色。胸叉骨呈 Y 形，红色，长 0.9 mm，冠部宽 0.12 mm。体末端 2 节有 2 个圆形凸起。

蛹长 2.0～2.5 mm，长圆形，初为乳白色，后为黄褐色。近羽化时复眼、翅芽和触角等变为黑褐色。成虫头顶有 1 对短细的头前毛，第 1 胸节背面有 1 对呼吸管。

（2）发生规律与习性　茶芽瘿蚊在广东 1 年发生 3 代。各代羽化期分别为 4 月下旬至 5 月上旬、7 月中旬、9 月中旬。3 代瘿苞出现盛期分别为 5 月下旬至 6 月上旬、7 月下旬至 8 月中旬、10 月上旬至 10 月中旬。

幼虫在瘿苞内或入土越冬。11 月至翌年 2 月从苞的基部逐层向外钻出，弹跳入土。入土幼虫在土表 1～2 cm 深处筑土室化蛹或进入休眠状态。土壤条件适宜时，3 月开始化蛹。羽化时蛹壳前端断裂，成虫出壳后慢慢爬上土表。飞翔力不强，有趋光性，寿命 1～6 d。卵产在刚萌动的幼芽上，每雌产卵 60～80 粒。

茶芽瘿蚊多发生于阴凉、高湿、短日照的山地茶园和高海拔茶园。大叶种受害较重。

天敌有广腹细蜂（*Platygaster vernalis*）、黑蚂蚁及捕食螨。

（3）防治方法

① 摘除：结合采茶等农事活动，摘除虫苞。

② 化学防治：在幼虫出苞入土阶段，成虫出土盛期，向茶丛下层、土表喷施触杀或挥发性药剂。

第三节　钻蛀性害虫

茶树钻蛀性害虫主要包括钻蛀茶树枝梢、枝干、根部和茶果的害虫。一般均为鳞翅目和鞘翅目的幼虫。全国常见或局部发生较重的主要有茶枝镰蛾、茶红颈天牛、茶天牛、茶枝小蠹虫、茶梢蛾、堆砂蛀蛾、咖啡木蠹蛾、茶吉丁虫、茶籽象甲等。

一、蛀干蛀根害虫

1. 茶枝镰蛾 茶枝镰蛾（*Casmara patrona* Meyrick）又名茶蛀梗虫、油茶蛀茎虫，俗称钻心虫、蛀心虫，属鳞翅目织叶蛾科。国内主产茶区均有分布，以老茶园中发生普遍，是蛀梗性害虫中发生最普遍、为害较严重的种类。除为害茶外，还为害油茶、山茶。幼虫自上而下蛀食，被害状明显。蛀食4～6叶节时，芽叶开始凋萎，蛀食20～40 cm时枝条凋萎枯死。被害枝干上有许多近圆形排泄孔，朝向一侧，幼虫通过排泄孔向外排除粪便。幼龄幼虫排泄的粪便呈粉末状，老熟幼虫排泄的棕黄色粪便呈圆柱状。茶枝受害中空，日久干枯，甚至大枝整枝枯死，触之易折。

（1）形态特征（图2-34） 雌蛾体长18 mm左右，翅展35 mm左右。体、翅均浅茶褐色。触角丝状，黄白色，下唇须长，向上弯曲。前翅近长方形，沿前缘基部2/5至近顶角有1条土红色带，外缘灰黑，内方有大块土黄色斑，此斑纹内有近三角形黑褐斑，斑上有3条灰白色纹，近翅基部有红色斑块。后翅较宽，灰褐色。腹部各节有白色横带1条。雄蛾体小，触角各节着生许多细毛。

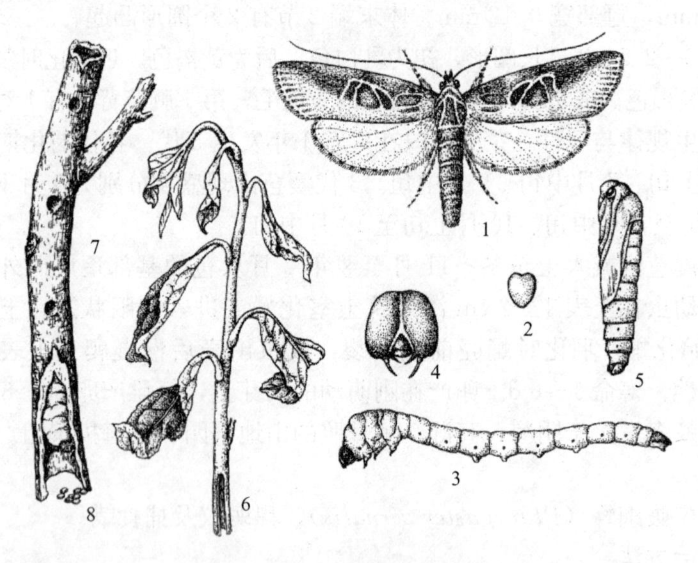

图2-34 茶枝镰蛾

1. 成虫 2. 卵 3. 幼虫 4. 幼虫头部 5. 蛹 6. 幼虫前期为害状 7. 幼虫后期为害状 8. 粪便

卵为马齿形，长约1 mm，浅米黄色。

成长幼虫体长30～40 mm，体瘦长。头部咖啡色，前胸、中胸背板黄褐色。前、中胸间背面有明显的乳白色肉瘤突出。后胸及腹部黄白色，略透淡红色。腹部末端背面臀板黑褐色。

蛹体长18～20 mm，长圆筒形，黄褐色。翅芽达第4腹节后缘，腹末有1对突起，其端部为黑褐色。

（2）发生规律与习性　茶枝镰蛾在各地均1年发生1代。以老熟幼虫在枝干内越冬。冬季气温5℃以上仍可蛀食枝干。翌年4月下旬开始化蛹，5月上中旬为化蛹盛期，蛹期约1个月。成虫5月中旬开始出现，5月下旬至6月中旬为羽化盛期。成虫寿命4～10 d。7月上中旬为幼虫盛孵期，8月上中旬田间大量出现枯梢。幼虫期长达9个月以上。

成虫夜间活动，有趋光性。卵散产在嫩梢节间基部，且以第2～3叶的节间最多，每处1粒。幼虫孵化后，从枝梢端部蛀入，向下蛀食，3龄后逐渐蛀食较大的侧枝、主干、根颈部。幼虫啃食木质部和髓部。小枝蛀道内壁光滑，仅留皮层，在大枝上的蛀道内壁有许多近圆形的凹陷，幼虫在蛀道内一般均头部朝下，只在化蛹前才转头向上。初龄幼虫耐旱力弱，一旦摘下被害枝梢，就不能生存。越冬期幼虫耐旱力强，虫枝折断或剪下，幼虫仍可生存较久。老熟幼虫化蛹前，多退回到中下部主干上咬一近圆形羽化孔，在蛀道内吐缀丝絮后化蛹。

（3）发生与环境条件的关系　树龄较老或管理粗放、树势衰弱的茶丛受害较重。与茶树品种也有关系，一般以较直立、主干直径在1～2 cm的品种易受害。

天敌有茧蜂和姬蜂等，寄生幼虫。在湖南长沙调查，螟虫长体茧蜂［*Macrocentrus linearis*（Nees）］的寄生率达35.7%，有较大的自然控制作用。

（4）防治方法

① 剪除虫枝：8～9月发现细枝枯萎及虫粪时，立即摘除。幼虫在茶丛上部蛀食，被害枝梢目标明显，及早剪除损失较少。以后发现茶枝枯萎，及时在最后1个排泄孔的下方2～3 cm处剪断。剪下的枝条带出茶园处理。

② 灯光诱蛾：在虫口密度较大的茶园，于发蛾盛期点灯诱杀。

2. 茶红颈天牛　茶红颈天牛（*Chreonoma atritarsis* Pic）又名黑跗眼天牛、茶结节虫、油茶蓝翅天牛，属鞘翅目天牛科。南方茶区多有分布，为害茶和油茶。幼虫蛀食枝干，被害处受刺激形成疣状结节。一枝上可有数个至十多个结节，水分、营养输送受阻，长势衰退，芽叶瘦小，叶色黄化，甚至枯死。成虫咬食叶片背面主脉呈黄褐色纵条状痕迹，引起叶片枯黄脱落。

（1）形态特征（图2-35）　成虫体长9～11 mm。头、前胸背板及小盾片酱红色，前胸背板中部有1疣突。触角柄节酱红色，第3节、第4节基部橙黄色，其余皆为黑色。复眼黑色。鞘翅蓝色带紫色光泽，散生粗刻点。腹面橙黄色。各足跗节及胫节端部1/3～2/3黑色，其余橙黄色。全体多毛。

卵为圆柱形，两端稍尖，乳黄色，长约2 cm。

成长幼虫体长约20 mm，黄色。上颚黑褐色。前胸膨大，背面骨化区近前缘有1条中央截断的褐色骨化斑纹，中部靠后还有1较大的黄褐色斑纹；后胸至腹部第7节背、腹面均有长方形隆起，中央下陷成两峰的肉质移动器。表皮薄而略透明。

蛹长约10 mm。初化蛹时乳黄色，后变橙黄色。羽化前复眼黑色，翅芽灰黑色。

（2）发生规律与习性　茶红颈天牛1～2年发生1代。以幼虫在枝干内越冬。越冬幼虫于4月上旬至5月中旬化蛹，5月上旬至6月中旬出现成虫。成虫期超过20 d。6月中旬至7月中旬幼虫孵化。幼虫期约22个月，生活到第3年5月才化蛹。蛹期18～27 d。

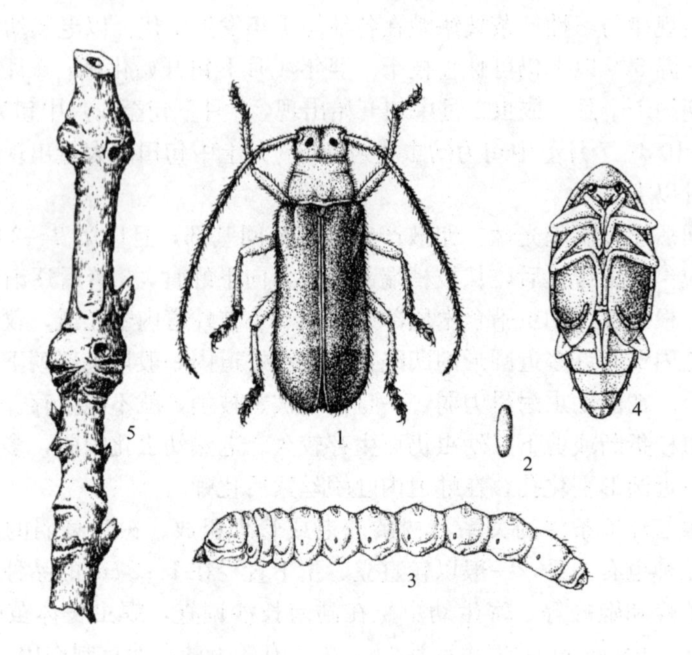

图 2-35 茶红颈天牛

1. 成虫 2. 卵 3. 幼虫 4. 蛹 5. 为害状

成虫羽化后 3 d 始出虫道。白天活动，中午及午后活动最盛。成虫咬食叶片背面主脉，但食量不大。卵多产于茶树主干上。成虫产卵时先将树皮咬成中断的 U 形裂痕，然后产卵于裂缝中间上方皮层下，每处 1 粒。每雌产卵 12～20 粒。一般径粗 1.0～1.5 cm 的枝干上产卵最多。幼虫孵化后蛀入皮层，自下而上旋绕蛀食 1 圈，再蛀入木质部和髓部，并向上蛀食成虫道。蛀道内壁不光滑，留有木屑。被害处受到刺激形成疣状结节。若幼虫旋绕蛀食的蛀道首尾相接，或结节数个相连，被害枝就会枯死。幼虫老熟后在结节上方虫道内化蛹。成虫羽化后再咬 1 直径约5 mm 的圆孔飞出。

(3) 发生与环境条件的关系　一般树龄较大、树势衰老的茶树发生重。管理粗放，多年不修剪的茶园发生较严重。不同品种也有差异。主干直径 1～2 cm 的品种较多发生。

(4) 防治方法

① 剪除虫枝：剪除树势衰弱的被害虫枝，从结节处下方剪下集中烧毁。

② 捕捉成虫：成虫羽化盛期，在每天 10:00 前和 16:00 后，巡视茶树上部叶背，捕捉成虫。

③ 割除虫卵和初孵幼虫：成虫产卵期和幼虫孵化蛀食皮层期，用小刀刮去产卵痕处的皮层。

④ 药剂防治：幼虫孵化后，在皮层下旋绕蛀食时，用药液喷湿枝干，对皮层内的幼虫有一定的杀伤作用。

3. 茶天牛　茶天牛（*Aeolesthes induta* Newman）又名楝树天牛、楝闪光天牛、贼老虫等，属鞘翅目天牛科。在江苏、安徽、浙江、江西、福建、湖南、广东、广西、台湾、贵州、云南等省份均有分布，为老茶园常见的蛀干害虫，尤以华南的古茶树上发生严重，还为害其他林木，如油茶、橡树、松等。幼虫蛀食枝干和根部，在根茎部堆积有大量粉末状木屑排泄物，致树势衰弱，上部叶片枯黄，芽细瘦稀少，枝干易折断，严重时整株枯死。

（1）形态特征（图2-36）　成虫体长30～38 mm，全体暗褐色，密披金黄褐色短细绒毛，有光泽。复眼弯蕉形，黑色。触角中上部各节端部向外突出并有一小刺，雌虫触角与体长近似，雄虫触角为体长的近2倍。前胸宽略大于长，背面有纵行不规则折皱，凹凸不平。鞘翅基部较宽，鞘翅上覆有黄褐色绢状绒毛。

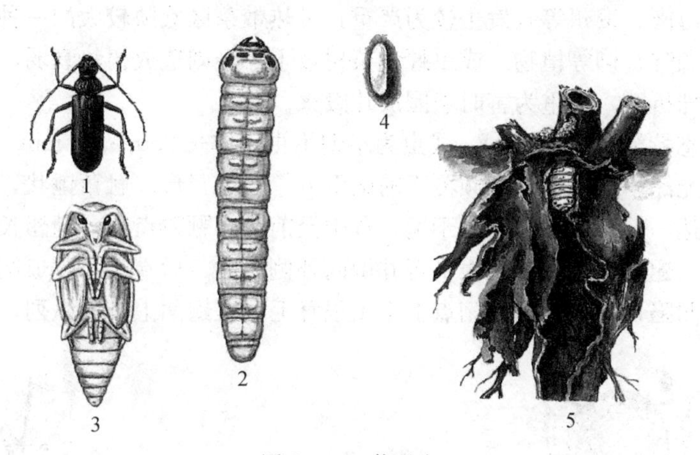

图2-36　茶天牛

1. 成虫　2. 幼虫　3. 蛹　4. 卵　5. 为害状

卵长椭圆形，乳白色。

幼虫成熟时体长35～50 mm，乳黄白色，体粗壮。前胸背板前缘有2个黄褐色长形斑块，并列横置，两侧缘另有2个斑块纵置。

蛹长约28 mm，乳白至淡赭色。

（2）发生规律与习性　茶天牛一般2年发生1代。以成虫或幼虫在根内越冬，翌年4月下旬至7月上旬出现成虫。6月上旬出现幼虫，第2年8月下旬至9月下旬化蛹，9月中旬至10月中旬成虫羽化后，仍留在蛀道内越冬，直至第3年4月才开始爬出虫道。成虫多选择在外露根部或主干上咬破皮层产卵，产完即离开。每只雌虫一生可产卵14～31粒。

幼虫孵化后，蛀入木质部取食。初时向上取食，蛀4～8 cm后，转头向下蛀入根部。在地际3～5 cm处留有细小排泄孔，孔外地面堆有虫粪木屑。幼虫老熟后，往往向上爬至近土表的根内或根颈处的蛀道内化蛹。

成虫多在夜间和清晨出土活动。出土后，沿枝干上爬至茶丛顶端，稍待片刻，便开始飞翔活动，但飞翔力不强。具有趋光性。

（3）发生与环境条件的关系　一般山地茶园及老龄、树势弱的茶园为害重，特别是管理粗放、根颈外露的老茶树受害重。

（4）防治方法

① 加强茶园管理：做好深耕施肥等农艺措施，促进根系的生长，培养健壮树势，减少虫源，预防茶树病虫害的发生。在产卵期茶树根际处及时培土，严防根颈部外露，减少成虫产卵。

② 捕杀成虫：于成虫发生高峰期（4～5月）安装杀虫灯诱杀成虫，或于清晨

人工捕捉成虫。

③ 挖除：幼虫为害初期，用小刀挖除幼虫或虫卵。

④ 药剂毒杀：把百部根切成 4～6 cm 长或将半夏茎叶切碎后塞进虫孔，或用脱脂棉蘸敌百虫等高效低毒农药塞进虫孔，然后用泥巴封口，可毒杀幼虫。

4. 茶枝小蠹虫 茶枝小蠹虫（*Xyleborus fornicatus* Eichh）又称茶枝小蠹，属鞘翅目小蠹甲科。在海南、广东、福建、台湾、云南、四川、贵州、云南等省均有分布。以海南、贵州等省发生较为严重，是热带茶区威胁较大的一种害虫，为害茶、橡胶、咖啡、柳等植物。成虫蛀食茶树枝干，轻则造成树势衰弱，重则造成枯枝，甚至整株折断，严重为害时茶园成片毁灭。

（1）形态特征（图 2－37） 成虫为小型甲虫，体长 2.0～2.4 mm，圆筒形，黑褐色，有强光泽。头半球形，倾覆于前胸下方。复眼肾形。触角锤状，短而弯作膝形。前胸发达，前胸背板长略小于宽，背中至前缘多颗粒点突。鞘翅长为前胸背板长的 1.6 倍，翅侧缘前 3/4 两边平行并微向外侧弓曲，后端 1/4 收成圆弧形。鞘翅刻点沟稍微凹陷，各沟间部的刻点上生 1 根茸毛，在翅面上排成纵列。

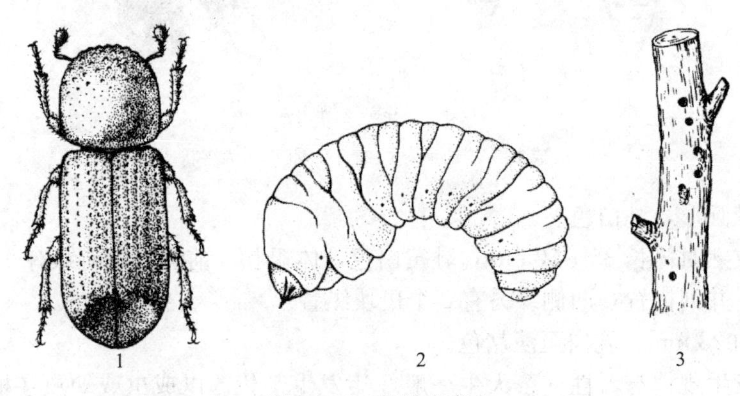

图 2－37 茶枝小蠹虫
1. 成虫 2. 幼虫 3. 为害状

卵为球形，乳白色。

成长幼虫体长 3～4 mm，体白色，头黄，肥而多皱。

蛹长约 2 mm，椭圆形，白色。

（2）发生规律与习性 茶枝小蠹虫在海南 1 年发生 3～4 代。以幼虫在虫道内越冬。世代重叠，发生不整齐，一般完成 1 代需 50 d 左右。1～2 月和 4～6 月成虫为害最盛。

雌成虫羽化后在原蛀孔口附近，待雄虫飞来进入蛀孔交尾后，即移至离地面 50 cm 以下的主干或1～2 级分枝上咬破皮层，蛀成新孔并蛀入木质部内取食，虫道弯曲或呈环状，被害枝干仍然继续生长。雌虫进入新孔同时带进 1 种真菌 *Monacrosp ambrosium* 在虫道壁上生长。卵即产于新虫道底部，幼虫孵化后取食真菌菌丝。幼虫老熟后在虫道内化蛹。一般 1 孔 1 雌，偶有 1 孔 2～5 雌。孔口常有米黄色粪屑堆作圆柱状突出孔外。

（3）发生与环境条件的关系 茶枝小蠹虫喜干燥而畏潮湿。旱季受害重，雨湿为害轻。闷热时成虫常伏于孔口透气，孔口如遇水湿，则立即将湿木屑顶出孔外，因而喷药时，成虫易触药杀伤。

树龄、品种及肥培管理与虫口发生有关。一般以10年生以上、长势较差、抗逆性较弱的茶树受害较重。管理粗放，水土流失，干旱以及偏施氮肥的茶园也易受害。

(4) 防治方法

① 加强茶园管理：茶园铺草抗旱，增施有机肥，适当增施磷、钾肥，以增强茶树长势，提高抗性。茶园用肥中加入少量醋酸钾（用量为每丛0.3 g）有利于茶树皂苷生物合成，从而干扰幼虫化蛹而达到防治目的。

② 选育抗性品种：在已发生小蠹虫的茶区中，选育抗性品种加速繁育。

③ 药剂毒杀：用注射器把药液逐个枝条逐个虫孔注射，基本上可控制虫灾。

5. 其他蛀干蛀根害虫　茶梢蛾（*Parametriotes theae* Kus）又名茶蛾、茶梢蛀蛾、茶梢尖蛾，属鳞翅目尖翅蛾科，主要发生在江南茶区和西南茶区，为害茶、油茶及山茶。咖啡木蠹蛾（*Zeuzera coffeae* Niethner）又名茶枝木蠹蛾、咖啡豹蠹蛾、茶红虫、钻心虫，属鳞翅目木蠹蛾科，全国主产茶地区均有分布，为害茶、咖啡、荔枝、桃树、枫杨、刺槐等24个科超过30个种的农林植物。堆砂蛀蛾（*Linoclostis gonatias* Meyrick）又名茶枝木掘蛾、茶食皮虫，属鳞翅目木掘蛾科，全国大部分产茶地区均有分布，为害茶、油茶、相思树等。茶吉丁虫（*Agrilus* sp.）属鞘翅目吉丁虫科，分布在福建、江西、安徽、湖南、广东、台湾等地，为害茶、油茶及山茶。

(1) 其他蛀干、蛀根害虫形态特征与发生规律　见表2-20。

表2-20　其他蛀干蛀根害虫区别

虫名	为害症状	识别特征	发生规律
茶梢蛾	幼虫从叶背潜食叶肉，留下表皮，形成黄褐色圆斑。随后蛀食枝梢。被害芽梢上有孔洞，下方叶片常有黄色粉状物，芽梢枯萎，新梢萌发迟缓	成虫体长约6 mm，深灰色，具金色光泽。前翅细长，后缘中央有2个圆形黑斑。幼虫体长6～10 mm，头深褐色，胸腹部黄白色，腹足不发达	一般1年发生1代，福建2代。以幼虫在芽梢或叶内越冬。1代区越冬幼虫翌年7～9月幼虫孵化后先入侵叶片为害，10月中旬至翌年4月转移茶梢为害。2代区，第1代、第2代幼虫分别在6月和10月出现。幼虫只蛀害茶梢。卵产于茶丛中下部枝梢叶柄附近或腋芽间
咖啡木蠹蛾	幼虫自上向下蛀食。蛀食枝干有数个圆形排泄孔，从中排出绿豆大小屑状粪粒，堆积根际表面；枝干中空易折、枯死。前期被害状与茶蛀梗虫被害状相似。后期蛀道空心大，较光滑，并有回转向上转蛀别的枝条的习性	成虫长约20 mm，灰白色。触角丝状，黑色，上有白色短茸毛。前翅散生青蓝色斑点（雄蛾散生黑斑点），后翅有1列青蓝色条纹。幼虫长30～35 mm，头黑色，体暗红色。体表多颗粒状突起，并有很多白色长毛，臀板黑色	1年发生1～2代。以幼虫在被害枝内越冬。以幼龄幼虫越冬者，翌年发生1代，以老熟幼虫越冬者，翌年发生2代。产卵于幼嫩枝梢上。孵化后幼虫蛀入梢内，向下蛀成虫道，直达主干基部，有回转向上转蛀别的枝条的习性。被害茶枝从蛀入孔流出黏稠汁液。1头幼虫可蛀害3～5个大茶枝。幼虫老熟后，先在蛀道壁上咬1羽化孔，并吐丝封孔，在蛀道内做茧化蛹，再变蛾飞出交尾产卵。一般在新茶区发生较多，对幼龄茶树为害较大

（续）

虫名	为害症状	识别特征	发生规律
堆砂蛀蛾	幼龄幼虫吐丝粘贴叶片，潜居叶中咬食表皮、叶肉，留下一层半透膜，后期幼虫在枝干分杈处先剥食枝皮，后蛀1圆孔，直向下蛀入木质部。蛀道短而直，蛀孔周围用丝粘连堆积大量木屑粪便	成虫体长8～10 mm，体被白色鳞毛。前翅白色，具缎质光泽，后翅近三角形，银白色，翅缘毛银白色。幼虫体长15 mm，头红褐色，前胸黑褐色，中胸红褐色，后胸稍带白色，腹部各节均有红褐色和黄褐色斑纹，臀板暗黄色	1年发生1代（我国台湾2代）。以老熟幼虫在被害枝内越冬。翌年5月开始化蛹，6～7月为羽化盛期。各虫态发生不整齐。卵产于叶背。幼虫孵化后可吐丝粘贴2～3张叶片，潜居其中咬食表皮和叶肉；3龄后开始蛀害枝条；取食时爬出蛀道，在虫巢掩护下剥食树皮。当一处树皮吃光后，拖带虫巢到另一处剥食皮层。耐旱性强。一般树龄较大或树势衰弱的茶树发生较重
茶吉丁虫	成虫咬食叶片，被害叶呈褐色小斑，叶缘呈齿状缺刻。幼虫盘旋蛀食枝干皮层，被害处受刺激畸形生长，使枝干表皮隆起，如藤蔓缠绕。受害严重时冬季叶片呈现一片紫铜色，易脱落，枝干灰白枯死	成虫体长8～11 mm，头小，赤色，头顶有1明显凹陷，前胸背板青色至青灰色。鞘翅具光泽，有许多小突起，前缘近基部有1金色斑。幼虫体长约20 mm，瘦长扁平，乳白色。头小，褐色，前胸膨大，中央有“八”字形棕色线纹，腹部节间明显细缢，端末有1对黑褐色突起	1年发生1代。以幼虫在枝干内越冬。在福建无明显越冬现象，翌年4月中旬化蛹，5月中下旬成虫羽化盛期，5月下旬为产卵盛期，6月中旬幼虫开始孵化。成虫羽化咬食嫩叶表皮。晴天中午前后活动最盛。卵多产于枝干裂缝处或枝干粗糙处。幼虫孵化后蛀入皮层，一般向上旋绕蛀食，也有个别向下蛀食。翌年1月蛀入木质部。4龄以上茶树易受害

（2）其他蛀梗类害虫的防治方法

① 茶梢蛾可于9～10月摘除虫斑叶，春茶后剪除被害虫梢。

② 咖啡木蠹蛾防治可参考茶枝镰蛾。

③ 茶吉丁虫可人工捕杀成虫；秋冬季剪除被害虫枝。

二、蛀果害虫

茶籽象甲 茶籽象甲（*Curculio chinensis* Chevrolat）又名茶籽象虫、油茶象甲、螺纹象、山茶象，属鞘翅目象甲科。全国主产茶区均有分布。为害茶、山茶、油茶等。成虫以管状喙插入嫩梢，将表皮咬成孔洞，取食孔内木质部和髓部，被害梢凋萎。亦能为害未成熟茶果，蛀食果仁，被害茶果表面留有小黑点，受害重者引起落果。主要以幼虫在茶果内蛀食果仁，是茶籽的主要害虫，可使茶籽严重减产。

（1）形态特征（图2-38） 成虫体长7～11 mm（不包括管状喙），雄虫较小。全体黑色，有时略带酱红色，背面被白色和黑褐色鳞片，构成有规则的斑纹。管状喙光滑，细长，向下弯曲。雌虫管状喙较鞘翅长。触角膝形，端部3节膨大，着生在近管状喙基部的1/2（雄）或1/3（雌）处。前胸背板近半球形，有浅茶褐色鳞毛和刻点。中胸小盾片白色鳞毛密集成斑。鞘翅三角形，有茶褐色、黑色和白色鳞毛组成的横带；每个鞘翅上有10条纵沟，沟内有粗大刻点。各足腿节末端膨大，下方有1齿状突起。

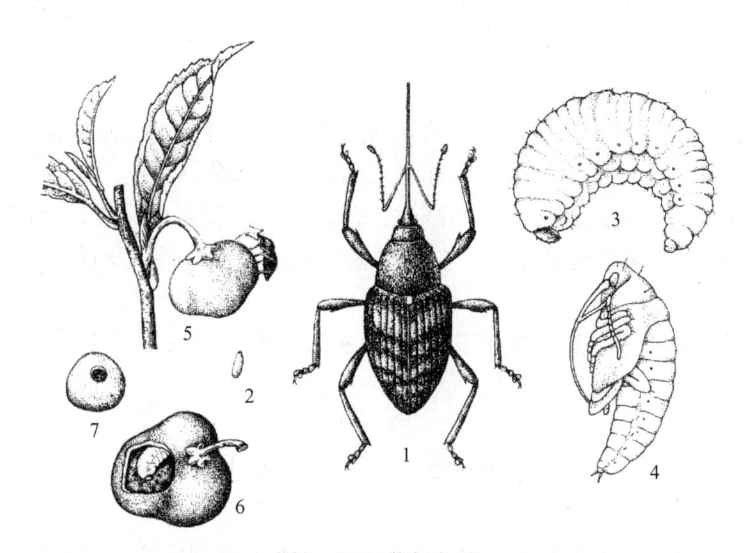

图 2-38　茶籽象甲

1. 成虫　2. 卵　3. 幼虫　4. 蛹　5. 成虫为害状　6. 幼虫为害状　7. 幼虫为害茶籽

卵长椭圆形，长约 0.3 mm，一端较钝，一端稍尖，黄白色。

成长幼虫长 10～12 mm，体肥，多皱，背拱腹凹，略呈C形弯曲。足退化。头部咖啡色，口器深褐色。幼龄时体乳白色，后转黄白色，老熟出果时近黄色。

蛹长椭圆形，黄白色，体长 7～11 mm。头、胸、足及腹部背面均具毛突，腹末有短刺 1 对。

(2) 发生规律与习性　茶籽象甲一般 2 年发生 1 代，历经 3 个年度。以幼虫和新羽化成虫在土中越冬。幼虫在土中生活 1 年以上，第 2 年 8～11 月化蛹，以后陆续羽化为成虫，并在土中越冬，直到第 3 年的 4 月下旬成虫开始出土，5 月中旬至 6 月中旬盛见。在云南 1 年 1 代，少数 2 年 1 代。以老熟幼虫在土中越冬。翌年4～5 月化蛹，成虫于 5 月开始陆续出土，9 月上旬当年幼虫出果入土越冬。

成虫在傍晚出土后，先在茶丛周围爬行，再爬到茶丛上部。具假死性。在夜间或不良气候条件下常躲在叶背和果底。取食时管状喙插入茶果，摄取种仁汁液。成虫出土后约 7 d 才交尾产卵。产卵前先以管状喙口器咬穿果皮，并插入钻成小孔后，再将产卵管插入茶果种仁内产卵，每孔 1 粒。每雌产卵 51～179 粒。产卵期 44～54 d。一般 6 月中下旬是产卵盛期。卵期 7～15 d。

幼虫孵化后在胚乳内生长，取食种仁，直至蛀空种子。幼虫在果内生活 50～80 d。老熟后于 9～11 月陆续出果入土。出果前在种壳和果皮上咬 1 近圆形出果孔。出果幼虫落到地面即钻入土中，在深 12～18 cm 处造 1 长圆形土室，屈曲其中越冬。

(3) 发生与环境条件的关系　成虫出现与气温、土温关系密切。气温 17～19 ℃时，成虫开始出现，在 23～24 ℃时为盛期，在 25～28 ℃时为末期。

成虫出现与茶果发育情况亦有一定关系。果壳软，种仁储存物多为流质时，成虫大量出现；果壳硬，种仁储存物质已成固态时，成虫逐渐敛迹。

茶园郁闭，虫口较多，受害较重。茶园中间多于边缘。暗色红壤中虫口密度大，入土深；易板结的黄壤中虫口密度小，入土较浅。成虫常集中在四周有树木遮阳或阴坡地的茂密茶丛的茶果上。

（4）防治方法

① 翻耕杀虫：结合茶园深耕，杀死幼虫和蛹，并可驱鸡入园啄食。

② 人工捕杀：成虫盛发时利用其假死性，震落捕杀。

③ 控制花果：通过栽培管理如修剪、合理施肥、激素应用等，抑制花芽分化，减少茶树花果，可减少此虫发生。在茶花盛开或幼果形成期，及时把花果摘除，减少此虫的食源。

④ 适时采收茶果：适当提前 1 周左右采收茶果，放在空坪中暴晒，让幼虫爬出及时杀灭。

第四节　地下害虫

地下害虫是指生活在土壤内为害茶树地下部分或近地面嫩芽的害虫，又称土壤害虫。种类很多，全国各地都有发生。茶园里常见的地下害虫主要有蛴螬（金龟甲幼虫）、大蟋蟀、黑翅土白蚁等。

一、金龟甲类

1. 茶园金龟甲发生情况与主要特征　金龟甲是鞘翅目金龟总科昆虫的总称，又名金龟子，其幼虫称蛴螬，是主要的地下害虫之一。幼虫咬断根系，一二年生茶苗受害，造成立枯死苗；咬断嫩茎，造成缺蔸断行。成虫取食作物叶片成缺刻孔洞，严重时全叶食光。

茶园常见金龟甲主要有：铜绿异丽金龟（*Anomala corpulenta* Motschulsky），又名铜绿丽金龟、铜绿金龟，属鞘翅目丽金龟科；东北大黑鳃金龟（*Holotrichia diomphalia* Bates），又名大黑金龟、大黑鳃金龟，属鞘翅目鳃金龟科；黑绒金龟（*Serica orientalis* Motschulsky），又名天鹅绒金龟、东方绢金龟，属鞘翅目鳃金龟科。

金龟甲多中大型，体椭圆形。触角鳃叶状，末端 3～5 节膨大呈片状，能自由张合。鞘翅不全盖没腹部，多有金属光泽。前足胫节扁而宽有齿，适于掘土。幼虫蛴螬型，体白色至黄白色，腹部末端腹板宽大，肛门横列，其前肛毛数量和排列是幼虫分种的重要依据。

为害茶树的金龟甲多晚间活动，有很强的趋光性。

2. 3 种茶园常见金龟甲的形态特征　见表 2－21、图 2－39。

表 2－21　3 种金龟甲形态特征区别

虫态	项目	铜绿异丽金龟	东北大黑鳃金龟	黑绒金龟
成虫	大小	体长 17～21 mm，宽 8～10 mm	体长 16～21 mm，宽 8～11 mm	体长 8～10 mm，宽 5～8 mm
	颜色	铜绿、古铜色等，有金属光泽	黑色至黑褐色，有光泽	黑褐色，有光泽

（续）

虫态	项目	铜绿异丽金龟	东北大黑鳃金龟	黑绒金龟
成虫	特征	前胸背板侧缘黄色，略呈弧形。鞘翅会合线和鞘翅上的3条纵隆线均不甚高。前足胫节外缘2齿，内缘距发达。前、中足2爪大小不等，其中大爪端部分叉，后足大爪不分叉	前胸背板宽约为长的2倍。鞘翅长约为前胸宽的2倍，其上散布刻点。各鞘翅上有3条纵隆线，第3条最弱。前足胫节内缘距约与中齿对生。后足第1跗节短于第2节	前胸背板宽为长的2倍，前缘稍窄，鞘翅短，各具10行刻点。前足胫节外缘2齿。后足胫节狭厚，端部两侧各有1端距
卵		白色，椭圆形，长1.7～1.9 mm	乳白色，椭圆形，略具光泽，长2.5 mm	乳白色，椭圆形，有光泽，长1.1 mm
幼虫		体长29～33 mm，体乳黄白色。肛门作"一"字形横裂，其前方散生许多刚毛，中央有2列刚毛，14～15对，排列整齐	体长约35 mm，肛门3裂，开口于末节腹面，其前方刚毛散生，约占末节腹面2/3	长16～20 mm，肛门纵列，前方有1弧形的横列刚毛，扁而粗短，约20根
蛹		长18～21 mm，腹末端圆，有细毛	长20 mm，腹末有1对突起	长8 mm，腹末略呈方形，向后渐扁，两后角有1对肉质小突起，伸向背面

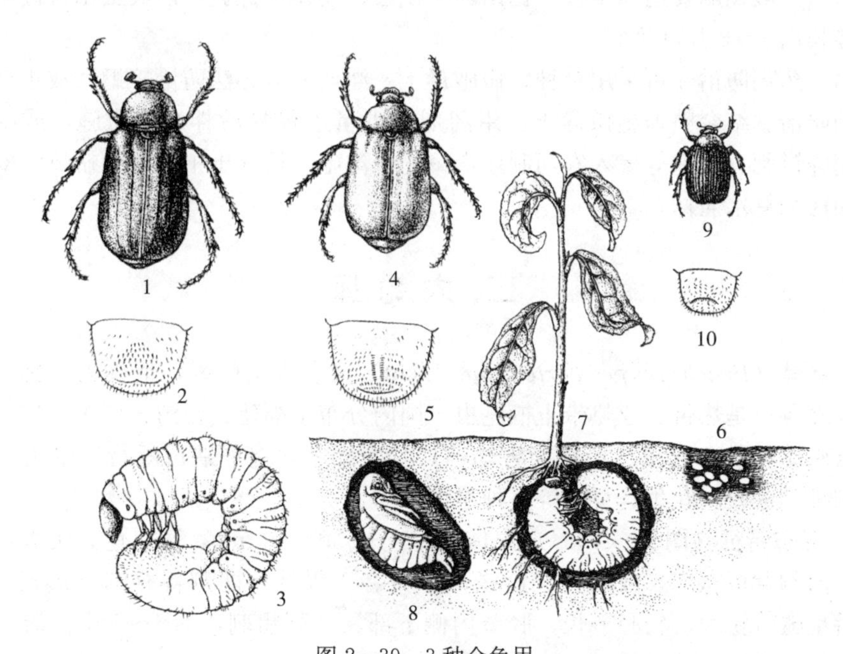

图2-39　3种金龟甲

东北大黑鳃金龟：1. 成虫　2. 幼虫腹末肛毛列　3. 幼虫

铜绿异丽金龟：4. 成虫　5. 幼虫腹末肛毛列　6. 卵　7. 幼虫为害状　8. 蛹

黑绒金龟：9. 成虫　10. 幼虫腹末肛毛列

3. 发生规律与习性　3种金龟子在各地均1年发生1代。以幼虫或成虫在土中越冬（其中铜绿异丽金龟以幼虫在土中越冬），化蛹、羽化的时间各地不一。一般

5～7 月为成虫盛发期。

成虫白天潜伏于表土内，黄昏后出土活动，夜间交尾、取食，直至翌日黎明时飞回土中潜伏。具趋光性和假死性。卵产于土中。幼虫 3 龄，终身土栖，咬食作物根系。各虫态历期：卵期 7～11 d、幼虫期超过 300 d、蛹期 5～20 d、成虫期 30 d 以上。

4. 发生与环境条件的关系　最宜在比较湿润、疏松、有机质较丰富的土壤内发生。蛴螬对湿度变化较敏感，当表土层含水量大于 20%或小于 10%时，会引起蛴螬回避性移动，幼虫的孵化率、成活率显著降低。就土质而言，以黏壤土发生较多，沙土其次，黏土则少。

土壤温度的季节性变化，明显影响蛴螬在土中的升降和取食活动。冬季表土温低，蛴螬潜移至土下 20 cm 深处越冬。春季当 10 cm 土层温度大于 15 ℃时，则上升至表土层活动，一年中春、秋两季潜土较浅，咬食茶苗根部。

茶园附近有成虫喜食的寄主植物，利于成虫就近潜土产卵。荒草地是多种金龟甲的发生基地，垦荒种茶，则加害茶苗。

5. 防治方法

(1) 农业防治　垦荒种茶前，结合土地翻耕，捡拾清除蛴螬。

(2) 人工捕杀　成虫盛发期，利用假死性，震落捕杀。蛴螬发生多的苗圃和幼龄茶园，结合耕作捡除蛴螬，或放养鸡鸭啄食。

(3) 诱杀成虫　在成虫盛发期进行灯光或火堆诱杀。在茶园周围种植蓖麻，诱杀成虫。一般蓖麻要适当早种。据山西省代县、朔州市试验，以成虫出现高峰期蓖麻苗能长出 2～3 片叶为宜。

(4) 药剂防治　可采用拌种、撒施毒土、灌药液等办法防治蛴螬。成虫期可采用喷药防治。结合整地施撒毒土，用药剂加少量水稀释后拌细土撒施，或结合施肥，用碎饼肥、糠麸等掺入农药制成毒饵，开沟施入根际土中，毒杀蛴螬。幼苗受害时用药剂兑水灌株。

二、大蟋蟀

大蟋蟀（*Brachytrupes portentosus* Licht）又名大头蟋蟀，俗称大头狗，属直翅目蟋蟀科，是热带、亚热带土栖昆虫。国内分布于福建、台湾、广东、广西、海南、云南等省份。成虫、若虫为害幼苗，咬断嫩茎，造成缺苗断行。寄主植物有茶、咖啡、橡胶、花生、豆类等多种旱地作物。

1. 形态特征（图 2-40）　成虫体大型，长 30～40 mm，黄褐色。头大，复眼黑色。前胸背板宽广，前缘宽于后缘，中央有 1 纵线，两侧各有圆锥形黄色斑 1 个。后足腿节膨大，较胫节长，胫节内侧下部具 2 列粗刺，各 4～5 个。雌虫产卵器较其他蟋蟀短，约 5 mm。

卵长 4～5 mm，微弯曲，淡黄色。

若虫体黄色或褐色，除体型大小、翅和产卵器未成长完全外，其余形态均似成虫。

2. 发生规律与习性　大蟋蟀 1 年发生 1 代。以若虫在土穴中越冬。据福建资料，越冬若虫于 3 月开始活动，6 月中旬开始出现成虫，7 月下旬开始产卵，9～10 月出现新若虫，11 月下旬进入越冬状态。

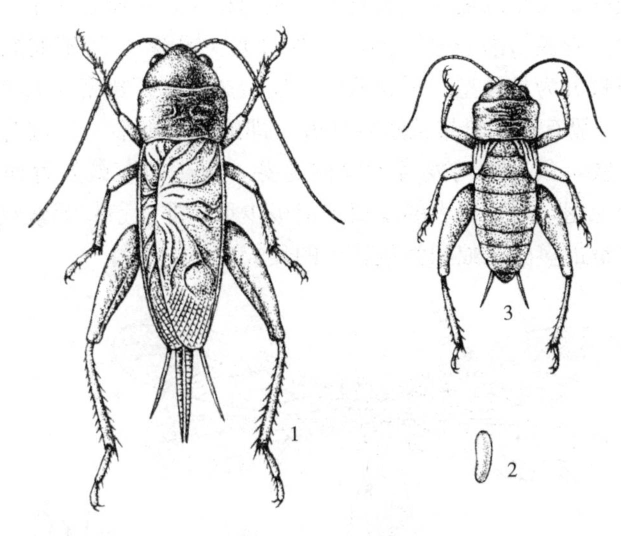

图 2-40　大蟋蟀
1. 成虫　2. 卵　3. 若虫

大蟋蟀穴居土中，穴为斜行坑道，底部栖息室略大。深浅因虫龄、土温和土质而异。一般深 50～60 cm，以沙质土壤中最深，而且发生最多。在交尾产卵期，坑道内常筑分道，卵数十粒成堆产于支道卵室中。卵期 10～15 d。成虫还将幼嫩枝叶、种子碎片等充塞其中，供初孵若虫取食。初孵若虫在卵室群居生活数日后逐渐分散，建新土穴独居。

成虫、若虫白天潜伏穴内，洞口用松土掩盖，夜晚将洞口松土扒开外出觅食。咬断幼苗，还将断苗拖回洞穴，常在洞口露出一段。归穴后，洞口又用散土封闭，留下标志。

3. 防治方法

（1）毒饵诱杀　可用谷皮、米糠、油渣、麦麸等炒香，再将药剂溶于水中，拌匀制成毒饵，傍晚前撒在其活动区诱杀。

（2）人工捕杀　根据洞口有松土的标志，挖掘洞穴捕杀成虫、若虫。挖掘时注意防止其由支道逃跑。黄昏前在洞口插进一小段松枝，让蟋蟀顺松针爬出，但回巢时松针刺向虫体，使其不敢回穴，清早捕捉。

（3）施药刹虫　直接在洞口施药，并压紧洞口土壤，在洞内毒死。

三、黑翅土白蚁

黑翅土白蚁（*Odontotermes formosanus* Shiraki）又称黑翅大白蚁、台湾黑翅大白蚁，属等翅目白蚁科，全国各产茶区均有分布。山区或丘陵区老茶园发生较重。寄主为茶、油茶、松、杉等多种林木。蚁群在地下蛀食茶树根部，并由泥道通至地上部蛀害枝干。地下根茎食成细锥状，有时被蛀食为蜂窝状，致使树势衰弱，甚至枯死，容易折断。

1. 形态特征（图 2-41）　白蚁为多型性社会性昆虫，营巢群栖，有生殖蚁、非生殖蚁和有翅蚁、无翅蚁之分。具翅者2对翅狭长，膜质，大小、形状及翅脉相同。翅基有肩缝，翅极易沿肩缝脱落，残留翅桩（翅鳞）。生殖蚁能正常交尾产卵繁殖后代。生殖蚁分为长翅型、短翅型、无翅型3类。长翅型为原始繁殖蚁，有长翅，1个蚁巢内一般有1对雌雄长翅生殖蚁，即蚁王和蚁后，少数为多王多后。短翅型为补充繁殖蚁，只有2对发育不全的翅芽，由少数若蚁发育而成，生殖力较小。无翅型完全无翅，形似肥大的工蚁，但极少见。非生殖蚁无繁殖能力，完全无翅，为蚁巢中数量最多的工蚁和为数较少的兵蚁。

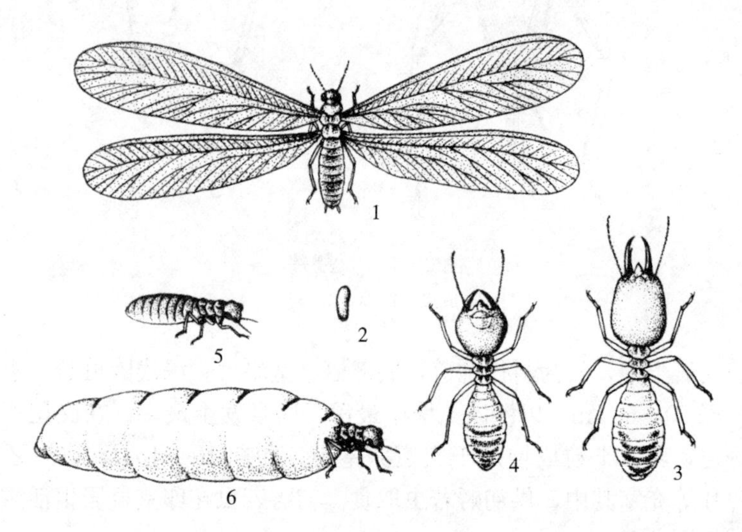

图2-41 黑翅土白蚁

1. 有翅生殖蚁 2. 卵 3. 兵蚁 4. 工蚁 5. 蚁王 6. 蚁后

黑翅土白蚁的有翅生殖蚁体长12～15 mm，全体棕褐色，翅长20～25 mm。触角19节。前胸背板前缘中央向前凹入，中央有淡色“十”字形黄色斑，其两侧各有1圆形或椭圆形淡色点，其后有1小而带分支的淡色点。中、后胸背板长宽近等，后缘略凹陷。足淡黄色。翅中脉端部有5～6分支，肘脉8～12分支。

蚁王为雄性生殖蚁，体较大，翅已脱落。

蚁后为雌性生殖蚁，翅已脱落，腹部随年龄增长异常膨大，白色，有褐色斑块。

兵蚁无翅，体长5～6 mm，头部深黄色，胸、腹部淡黄色。头卵圆形，长大于宽，前端略狭。触角15～17节，上颚黑褐色，镰刀形，左上颚内侧中部有1明显的齿，右上颚齿退化只留痕迹。足淡黄色。

工蚁无翅，体长4.6～6 mm。头部黄色，近圆形，触角17节。胸、腹部灰白色，足乳白色。

卵为长椭圆形，长约0.8 mm，白色。

2. 发生规律与习性 白蚁群体中社会性分工明显。蚁王、蚁后专事交尾产卵繁殖后代，统率全群。工蚁专事修建蚁巢、蚁路（泥被）、采食、搬运、喂食蚁王、蚁后和幼蚁等。兵蚁专事保卫蚁巢和蚁群。

黑翅土白蚁为土栖性种，巢在地下1 m左右。王室是1个扁腔，其上下周围密布菌圃腔。菌圃是由植物碎片拌和工蚁唾液黏结而成。蚁后产的卵，由工蚁搬运至菌圃腔内，菌圃培养出许多菌丝体，供幼蚁取食。幼蚁分化为生殖蚁、工蚁、兵蚁。工蚁数量最多，外出觅食时首先衔泥筑泥被或泥线通往被害植株，并将植物茎干泥封，在内啃食皮层或木质部。

生殖蚁每年3～5月大量出现，4～6月雨水透地后，闷热或阵雨开始前的傍晚出土。先由工蚁开隧道突出地表，羽化孔孔口由兵蚁守卫，生殖蚁鱼贯而出。飞行时间不长即落地脱翅。雌雄配对爬至适当地点潜入土中营建新居，成为新的蚁王和蚁后，繁殖新蚁群。

3. 防治方法

（1）清洁茶园　清除茶园枯枝、落叶、残桩，刷除泥被并在被害植株的根颈部位施药。新辟茶园一定要把残蔸木桩清除干净，如原有蚁窝要挖除清理。

（2）诱杀　在严重地段挖诱杀坑，掩埋松枝、枯枝、芦苇等诱集物，保持湿润，并施入适当灭蚁农药，任工蚁带回巢内毒杀蚁后及蚁群。每年4～6月是有翅生殖蚁的分群期，利用其趋光性，用黑光灯或其他灯光诱杀。

（3）挖掘巢穴　掌握白蚁在不同地形、地势筑巢的习性，或在白蚁为害区域寻找蚁路、分群孔，挖掘蚁主巢，捕捉蚁王和蚁后。

（4）药剂喷杀　找到白蚁活动场所，如群飞孔、蚁路、泥线和为害重要的地方，可直接喷洒药剂。

第五节　螨　　类

螨类属节肢动物门蛛形纲（Arachnida）蜱螨亚纲（Acari）。其中与农业有关的植食性螨类主要为害植物的叶、嫩茎、叶鞘、花蕾、花萼、果实、块根、块茎以及农产品的加工品等，是农业上的重要害虫，也有不少种类还传播植物病害；捕食性的螨类则能捕食害螨和小型昆虫，对害螨和害虫种群起自然调控作用。

一、螨类的基本特征与重要种类

（一）螨类的基本特征

螨类通常为椭圆形或卵圆形的小型或微型动物，与昆虫的主要区别是：体分节不明显，无头、胸、腹3段之分；无翅，无触角，无复眼；成虫足4对，少数2对；变态经卵、幼螨、若螨及成螨4个阶段。

1. 形态特征（图2-42）　螨的身体分为颚体和躯体两部分，其间以围头沟为界。躯体由分颈缝分为足体和末体。足体分为前足体和后足体，前足体是着生第1、第2对足的部分，后足体是着生第3和第4对足的部分。后足体的后部为末体，由后足缝与后足体分隔。有的学者将体躯分前半体和后半体，前半体包括颚体和前足体，后半体包括后足体和末体。

颚体位于最前端，相当于昆虫头部，只附有口器。其基部有螯肢和须肢各1对，口下板和头盖各1块。这些结构、形状因种类而异，是分类的依据。螯肢由3节基节和端节构成。大多种类的端节成为螯钳，分背侧的定趾（即跗节）和腹侧的动趾（即胫节）。螯钳为螯肢的原始形状，在咀嚼式口器的种类中定趾和动趾上均

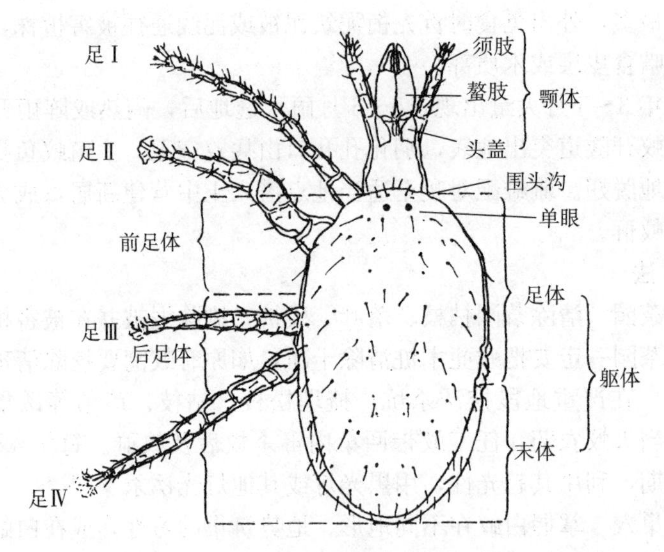

图 2-42 螨类的身体构造

（仿李隆术，1988）

有齿，具把持和粉碎食物的作用。有些种类雄螨的动趾变为生殖器，即导精趾。在具刺吸式口器的叶螨中，螯肢基部愈合，形成单一的口针鞘，口针鞘附有鞭状的针，即动趾，用以刺破植物，吸食汁液。须肢分颚基和1～5节活动节，着生感觉器官。其功能为寻找、捕食和把持食物，取食后清洁螯肢，或交配时用以握住雌螨。

足体相当昆虫的胸部。前足体背面常有1～2对单眼和气门器。若螨和成螨有足4对，幼螨3对。足分成6节，即基节、转节、腿节、膝节、胫节、跗节、趾节。跗节末端有1爪或2爪，或无爪。

末体相当昆虫的腹部，与后足体紧密相连，很少有明显分界，肛门和生殖孔一般开口于末体的腹面。雄螨外生殖器主要是阳茎。雌螨外生殖器主要有交配囊、生殖孔或生殖瓣。

2. 生物学特性 螨类多为两性生殖，也有单性生殖。单性生殖包括产雄单性生殖、产雌单性生殖和产两性单性生殖。少数种类有卵胎生现象。1年最少2～3代，多的20～30代。螨类一般以雌成螨越冬，也有雄成螨、若螨或卵越冬者。有些螨有滞育现象，以卵或雌成螨滞育。

成螨有性二型现象，粉螨比较明显，叶螨、跗线螨亦有。叶螨雄螨身体末端较尖，须肢的腿节有许多小刺，雌螨则缺乏；雄螨背面刚毛较多，腹面较少，雌螨则相反。跗线螨雌、雄螨在体形、第4对足等方面差异显著。

习性不一，陆栖或水栖，自由生活或营寄生生活。自由生活的可分捕食性、植食性、菌食性、腐食性、粪食性等。寄生的有外寄生和内寄生之分。有的为害农作物，引起叶片变色，甚至脱落，为害柔嫩组织，引起瘤状突起；有的为害仓库粮食，导致色味变劣；有的寄生或捕食其他动物；有的寄生于牲畜或人体皮肤下面吸血。

（二）螨类主要科概述

螨类中与茶树有关的科主要有叶螨科（Tetranychidae）、细须螨科（Tenuipalpidae）、跗线螨科（Tarsonemidae）、瘿螨科（Eriophyidae）、粉螨科（Acaridae）、植绥螨科（Phytoseiidae）和肉食螨科（Cheyletidae）等。其中前5科是为害茶树的害螨，后2科则是捕食害螨的益螨。

1. 叶螨科　体圆形或椭圆形。体色多变，有褐、橙、绿、黄、红或鲜红色等。雌成螨体长0.3～0.5 mm。在前足体背面两侧有眼1～2对。背刚毛和肛后毛共14对或15对。螯肢1对，针状，藏于口针鞘内。须肢较发达，胫节爪发达；跗节上有多种形状的刚毛，雌螨7根，雄螨6根。生殖孔横裂。咖啡小爪螨［*Oligonychus coffeae*（Nietner）］和神泽氏叶螨（*Tetranychus kanzawai* Kishiba）均属本科。

2. 细须螨科　体较小而略扁。成螨体长0.2～0.4 mm，多鲜红色，也有的淡黄色或乳白色。眼2对。背刚毛10～18对。螯肢针状，须肢较小，无胫节爪和拇爪复合体，须肢跗节上的刚毛不超过3根，其中1根为棒状刚毛。第1～2对足的跗节上无双刚毛，跗爪有时不对称，上面两列黏毛的长度和数量往往不同。爪间突直，生有两排黏毛。加州短须螨［*Brevipalpus californicus*（Banks）］、卵形短须螨（*Brevipalpus obovatus* Donnadieu）和紫红短须螨［*Brevipalpus phoenicis*（Geijskes）］均属本科。

3. 跗线螨科　体长0.2～0.3 mm，椭圆形，体壁较为几丁质化，且有发亮的光泽。颚体小，螯肢为针状，须肢简单，紧贴颚体。足4对，雌螨第4对足较细弱，跗节末端无爪，但有跗端线状刚毛和跗亚端线状刚毛。雄螨第4对足较粗壮，胫节内侧膨大突出。侧多食跗线螨［*Polyphagotarsonemus latus*（Banks）］属于本科。

4. 瘿螨科　体微小，蠕虫形，长0.15～0.22 mm。只前足体具足2对，前足体背面盖有1块盾板称背盾板，背盾板后缘两侧具刚毛1对。后半体延长，由环状结构组成，两侧有侧刚毛1对，第1、第2、第3腹刚毛各1对，尾刚毛若干对。无气管系统。螯肢短，针刺状。须肢短而简单。植食性的部分种类营自由生活，另一部分种类形成虫瘿。茶橙瘿螨［*Acaphylla theae*（Watt）］和茶叶瘿螨［*Calacarus carinatus*（Green）］均属本科。

5. 粉螨科　体柔软，往往有前背盾片和分颈沟。体毛和足毛的着生较简单，气管系统缺如。颚体、须肢简单，较小。螯肢发达，并有螯锯齿，组成发达的取食器。足4对，有趾节，爪间突爪状。雌生殖孔纵裂，倒Y形，生殖盘2对；雄螨有肛吸盘和跗节吸盘。第2与第3对足明显分离，第4对足基节有1骨板，上有若干吸盘。为害贮藏食品、成茶等。伯氏嗜木螨［*Caloglyphus berlesei*（Michael）］和奥氏嗜木螨［*Caloglyphus oudemansi*（Zachvatkin）］均属于本科。

6. 植绥螨科　长0.3～0.6 mm，椭圆形，白色或淡黄色。须肢跗节上有二叉的爪刚毛。背板完整，刚毛不超过20对。雌、雄成螨腹面有大型腹肛板1块。雌成螨有1块后端呈截头形的生殖板，螯肢简单，呈剪刀状；雄螨螯肢的活动趾（跗节）生有1个鹿角状的导精趾。捕食性，是农业害螨的天敌。与其他肉食性螨相比，其自残性不显著，且能以花粉和糖水进行人工繁殖，利用潜力大。智利小植绥螨（*Phytoseiulus persimilis* Athias-Henriot）和拟长毛钝绥螨（*Amblyseius pesu-*

dolongispinosus Xin et al.）均属于本科。

7. 肉食螨科 体广椭圆形或长管形，体长0.2～0.8 mm，黄色或红色。颚体和躯体分界明显。眼晶状或无。背刚毛呈刚毛状、锤状、棒状、扇状和栉状。气门片发达。螯肢短，针状。须肢发达，钳状；跗节短，上生栉状和镰状刚毛；胫节爪大，齿状。足跗节一般有2个爪和爪间突。无性吸盘。雄螨生殖孔有时位于背面，一般在腹面。捕食其他螨类和昆虫。普通肉食螨（*Cheyletus eruditus*）属本科。

二、常见的茶树害螨

茶树螨类的为害是全世界茶叶生产的障碍，常年减产5%左右，严重的可达25%～30%。我国茶树害螨成为问题始于20世纪60年代后期，并日益加重。在我国为害茶树的螨类主要是茶橙瘿螨、茶叶瘿螨、卵形短须螨、咖啡小爪螨和侧多食跗线螨。害螨种类和为害程度因茶区而异。其中茶橙瘿螨和茶叶瘿螨发生较普遍，侧多食跗线螨在四川茶区较严重。

1. 茶橙瘿螨和茶叶瘿螨 茶橙瘿螨又名茶刺叶瘿螨；茶叶瘿螨又名龙首丽瘿螨、茶紫瘿螨、茶紫锈螨、茶紫蜘蛛。两者均属真螨目瘿螨科。全国各产茶区均有分布，两者常混合发生。成螨和若螨刺吸茶树叶片液汁，是当前我国茶树最严重的害螨之一。茶橙瘿螨主要为害成叶和幼嫩芽叶，也为害老叶；茶叶瘿螨主要为害老叶和成叶。螨少时症状不明显，螨较多则被害叶片呈黄绿色，主脉红褐色，失去光泽，芽叶萎缩，呈现不同色泽的锈斑，严重时甚至枝叶干枯，一片铜红色，状似火烧，后期大量落叶。茶叶瘿螨为害初期被害状不明显，仅略似有灰白色尘末状物散生其上。除茶外，茶橙瘿螨也为害油茶、漆树及春蓼、一年蓬、苦菜、星宿菜、亚竹草等多种杂草；茶叶瘿螨也可为害山茶、尾叶山茶、落瓣油茶、辣椒及欧洲荚蒾。

(1) 形态特征 见表2-22、图2-43。

表2-22 5种茶树害螨形态特征的比较

虫态	茶橙瘿螨	茶叶瘿螨	卵形短须螨	咖啡小爪螨	侧多食跗线螨
成螨	长圆锥形，长约0.19 mm，宽约0.06 mm，黄色至橙红色。前体段足2对，末端有羽状爪。后体段有很多环纹。腹末1对刚毛	椭圆形，长约0.2 mm，宽约0.07 mm，紫黑色，背面有5条纵列的白色絮状蜡质分泌物。前体段足2对。后体段背、腹面均有多数环纹	雌体长0.27～0.31 mm，宽0.13～0.16 mm，倒卵形。红、暗红、橙等色，体背具不规则黑斑。足4对。雄螨末端尖，呈楔形，略小	雌螨椭圆形，体长0.4～0.5 mm，宽0.15～0.23 mm，暗红色，体背隆起，有4列纵行刚毛，每列6～7根。足4对。雄螨略小，体末端稍尖	雌螨椭圆形，长0.20～0.25 mm，宽0.10～0.15 mm。初为乳白色，渐转淡黄、黄绿等色，半透明，体背有纵向乳白色条斑。足4对，第4对足上有1根鞭状细长毛。雄螨近菱形，乳白色至淡黄色，第4对足粗大
卵	球形，无色透明，呈水球状，近孵化时混浊	圆形，黄白色，半透明	卵形，鲜红色，渐变橘红色，孵化前卵表面蜡白色	近圆形，红色，有1根白色细长毛	椭圆形，无色透明，近孵化时淡绿色。卵表有纵向排列整齐的若干灰白色小疣突

（续）

虫态	茶橙瘿螨	茶叶瘿螨	卵形短须螨	咖啡小爪螨	侧多食跗线螨
幼螨或若螨	幼螨无色至淡黄色，若螨淡橘黄色。后体段环纹不明显	初孵幼螨体裸露，有光泽。若螨黄褐色至淡紫色，体被白色蜡质絮状物；后体段环纹不明显	幼螨近圆形，橘红色，体末有毛3对，2对匙形，中间1对刚毛状。若螨形似成螨，橙红色，体背不规则黑斑渐明显。腹末3对毛均匙形	幼螨近圆形，鲜红色，足3对。若螨卵形，暗红色，足4对	幼螨近椭圆形，乳白色，取食后为淡绿色，其后呈菱形，足3对。若螨长椭圆形，背面具带状白斑，足4对

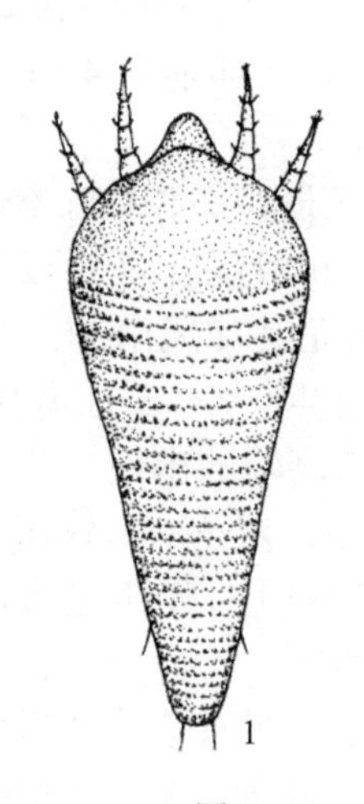

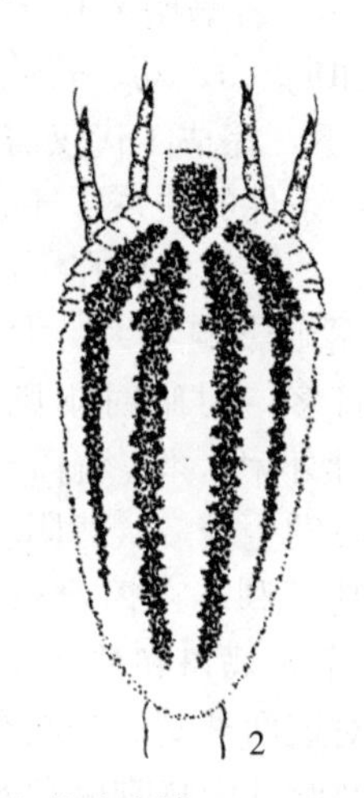

图2-43　茶橙瘿螨和茶叶瘿螨

1. 茶橙瘿螨成螨　2. 茶叶瘿螨成螨

（2）发生规律与习性　茶橙瘿螨1年发生代数因茶区而异。长江流域1年可发生20余代，台湾30代。据中国农业科学院茶叶研究所观察，从4～10月每月每旬饲养1代，平均卵期2.0～7.3 d，幼、若螨期平均2.0～6.4 d，产卵前期1～2 d。据推算，在浙江杭州3月、4月、5月、6～8月、9月、10月、11月和12月约各发生1代、2代、3代、4代、3代、2代、1代和1代。世代重叠现象颇为严重。各虫态均可越冬，其中一般以成螨为主。越冬场所多在成叶、老叶背面。翌年3月中下旬气温回升后，越冬虫态开始活动。全年有1～2次明显的发生高峰。发生2个峰时，第1峰在5月中旬至6月下旬，第2峰在8～10月高温干旱季节，以第1峰为主；发生1个峰时，高峰在8～10月，以9～10月虫量最多。

茶叶瘿螨在长江中下游1年发生10余代，主要以成螨在叶背越冬，世代重叠现象也十分严重，全年以7～10月为发生盛期。

茶橙瘿螨成螨大量行孤雌生殖。卵散产，产于叶背，多在侧脉凹陷处。每雌产卵最多可达50粒，平均20粒左右。成螨寿命因温度而异。在6～8月室温23 ℃以上时平均4～6 d，9月室温20 ℃左右时平均约为7 d，10月室温在20 ℃以下时，个别可长达1个多月。浙江农业大学多年调查结果显示，幼螨、若螨绝大多数（99%

以上）在叶背，成螨亦以叶背为多（占 64.0%～99.9%）。1 叶上最多曾见成螨、若螨、幼螨 2 300 头。茶树上部叶片上螨口密度最高，中部次之，下部最低，平均为 30.58：3.35：1。芽、嫩叶、成叶、老叶上均有分布。春茶之前，多集中在上部老叶上；春茶期，以嫩叶和上部老叶上密度最高；夏茶期，以嫩叶与春留成叶上密度最高；秋茶期，通常以春留成叶与夏留成叶上密度最高。嫩叶上也不少。在芽梢上，若以叶片为单位，一般鱼叶上第 1 片真叶螨口最多，往上渐次减少，芽上最少，鱼叶上往往相当多，有的甚至超过鱼叶上第 1 片真叶。田间呈聚集型分布。在冬季和早春田间螨量较小，聚集程度较高，聚集度指数为 2.145 3～4.768 7，6 月田间螨量大，聚集程度相对较低。

茶叶瘿螨成螨主要栖息于叶面，以叶脉两侧和低洼处为多。卵散产于叶面。每雌产卵16～28 粒。当平均气温 23 ℃时，完成 1 代需 10～12 d，其中卵期 6.5～6.8 d，幼螨期 1～3 d，若螨期 2 d，产卵前期 1～2 d；平均气温 25 ℃时，完成 1 代需 13～14 d，其中卵期 5 d，幼、若螨期4～5 d，产卵前期 4 d；成螨寿命 6～7 d。平均气温 32 ℃条件下，完成 1 代仅需 10 d 左右。

（3）发生与环境条件的关系　气象因子对茶橙瘿螨和茶叶瘿螨发生均有明显影响。对茶橙瘿螨而言，平均温度在 18～26 ℃，相对湿度 80%以上，茶芽全面伸展对其有利。冬季低温则影响不大。大雨、暴雨尤其暴风雨冲击之后，螨口急剧下降。但雨量小，雨日多，时晴时雨则有利其发生。7～8 月炎热，日均温长期在 27 ℃以上，对其发生不利，将影响 7～8 月螨口高峰的出现，甚至影响整个下半年的螨口。往往向阳坡发生较多，背阴坡发生较少。对茶叶瘿螨而言，一般干旱季节为害严重，大雨对其不利。在福建福安，以 7～10 月发生最多，4～6 月（雨季）与 1～2 月（寒冷季节）螨口和被害叶均大量减少。

不同茶树品种对这两种螨的抗性有一定差异。叶片表皮角质化程度高、气孔密度小、茸毛多，以及叶片中咖啡碱和氨基酸高的品种，茶橙瘿螨螨量相对为少。如安徽十字铺农场调查，祁门槠叶种发生较多，而祁门 119、毛蟹、乌牛早等螨口较少。茶叶瘿螨对印度的阿萨姆品种的为害重于中国品种。

天敌主要有瓢虫、粉蛉、草蛉、捕食螨等。据测定，1 头食螨瓢虫成虫每小时能捕食 25 头茶橙瘿螨。

2. 卵形短须螨　卵形短须螨又名茶短须螨，属真螨目细须螨科。分布于国内各产茶区。寄主有 45 科 120 多种。除茶树外，尚有菊科、杜鹃科、唇形科、玄参科、蔷薇科、毛茛科、梧桐科、金丝桃科、报春花科等，以草本、藤本及小灌木上为多。在茶树上主要为害老叶和成叶，也可为害嫩叶。被害叶逐渐失去光泽，主脉变褐色，叶背有较多紫褐色突起斑，后期叶柄霉变引起落叶，严重时可导致茶园成片落叶，甚至形成光杆。

（1）形态特征　见表 2－22、图 2－44。

（2）发生规律与习性　卵形短须螨在浙江、江苏、湖南等省 1 年发生 7 代。主要以成螨群集在根颈部、表土下 0～6 cm 处越冬，个别在落叶和腋芽上。翌年 4 月开始往茶树叶片上迁移为害，6 月虫口增长迅速，7～9 月常出现虫口高峰，10 月后虫口下降，11 月后爬至根部越冬。世代重叠现象严重。在海南无越冬现象。在台湾 1 年发生 11 代。当平均温度在 27.5～31 ℃时，完成 1 代约需 20 d，24～27 ℃时为 30 d 左右，20～23 ℃时为 35 d 左右，17～19 ℃时为 40 d 左右。

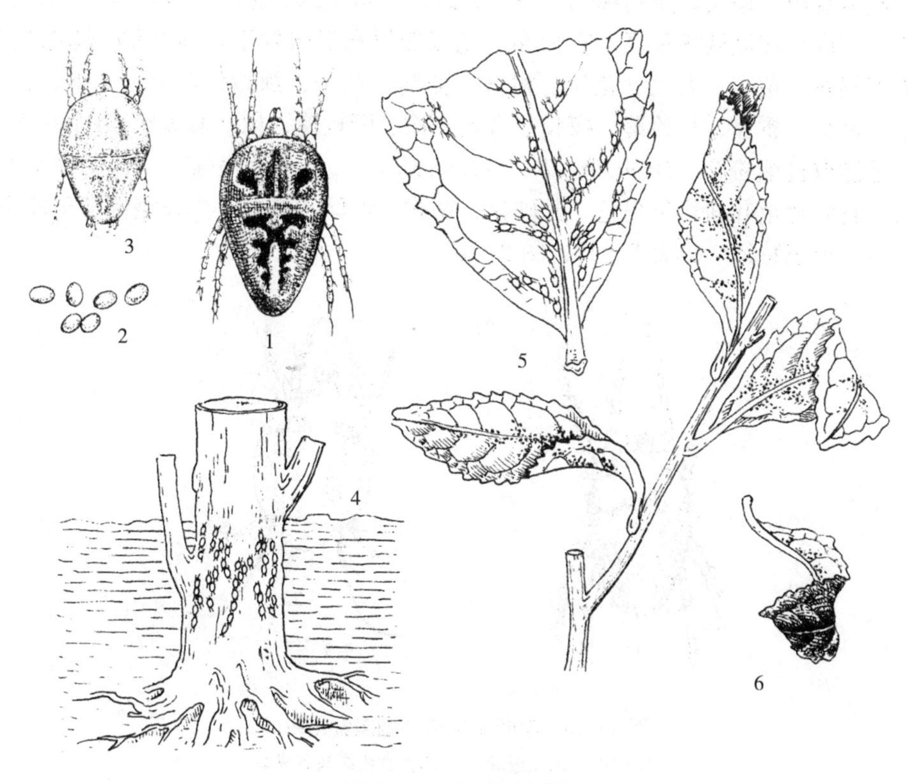

图 2-44　卵形短须螨

1. 成螨　2. 卵　3. 若螨　4. 越冬状　5. 叶背螨群　6. 为害状

成螨寿命很长。非越冬雌成螨平均 34.9～46.8 d，长的达 72 d，越冬成螨可达 6 个月以上；雄成螨一般 20～30 d。在自然界，99%以上为雌螨，主要以孤雌生殖繁殖后代。每雌平均产卵 34.5～40.4 粒。卵散产，叶背最多，占 80.4%，枝条、腋芽、叶柄、叶面分别占 6.7%、6.3%、4.5%和 2.0%。卵期平均 6.1～22.2 d，幼螨期平均 3.3～8.1 d，第 1、第 2 若螨期平均各 3.3～8.2 d 和 4.2～14.4 d，产卵前期平均 1.8～6.2 d。雌性自幼螨至成螨需经 3 次蜕皮。每次蜕皮之前都有一个不食不动的静止期，第 1 次、第 2 次、第 3 次静止期分别为 1～5 d、1～4 d 和 2.5～8 d。成螨、幼螨、若螨主要栖息于叶背，可达 88%，叶面占 7%左右，枝条、腋芽、叶柄上也有少量分布。从整株茶树来说，以中部最多，上部最少，8～10 月则上部数量可超过下部。

(3) 发生与环境条件的关系　苗圃、幼龄茶园、台刈复壮茶园往往发生较多。高温干燥有利于其发生，低温多雨则不利于其发展。干旱季节受害较重，地势高燥、土壤含水量少、茶树强采或管理粗放的茶园，受害后落叶较快。红点唇瓢虫和几种捕食螨对其有一定的抑制作用。

3. 咖啡小爪螨和侧多食跗线螨　咖啡小爪螨又名茶红蜘蛛，属真螨目叶螨科。国内分布于南方主要产茶区。除茶树外，尚为害山茶、咖啡、毛栗、柑橘、棉花、橡胶、合欢等。茶树被害后，叶片局部变红，后呈暗红色，失去光泽，叶面有许多白色卵壳和蜕，最后硬化、干枯、脱落，严重时大量落叶。

侧多食跗线螨又名茶跗线螨、茶半跗线螨、黄茶螨、嫩叶螨等，属真螨目跗线螨科。国内长江流域各茶区均有分布，尤以四川和贵州发生特别严重。除茶树外，尚为害棉花、黄麻、大豆、花生、柑橘、葡萄、茄子、辣椒、白菜、萝卜、黄瓜、菜豆、豇豆、番茄、马铃薯、橡胶、合欢、榆、野玫瑰、桃叶蓼等约 30 个科 70 个种，还能取食烟粉虱（*Bemisia tabaci* Gennadius）。趋嫩性很强。茶树幼嫩芽叶被害后，自叶背至叶面均呈褐色，并硬化、变脆、增厚、萎缩，生长缓慢甚至停止。

（1）形态特征　见表 2－22、图 2－45。

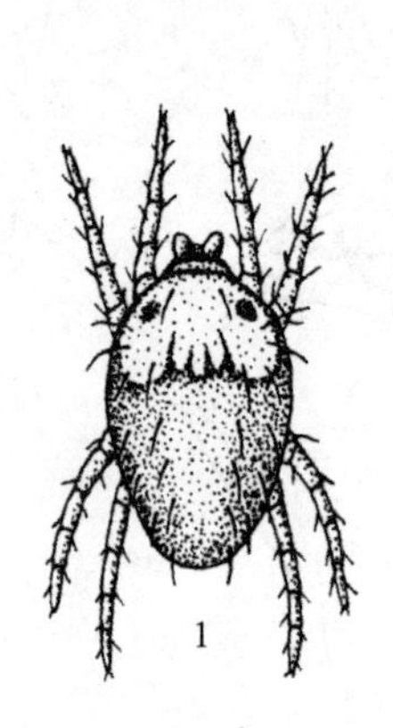

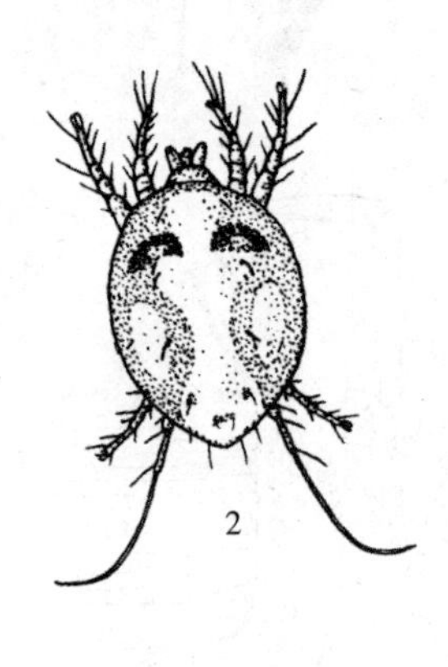

图 2－45　咖啡小爪螨和侧多食跗线螨

1. 咖啡小爪螨成螨　2. 侧多食跗线螨雌成螨

（2）发生规律与习性　见表 2－23。

表 2－23　咖啡小爪螨和侧多食跗线螨的主要生活习性和发生规律比较

种类	主要生活习性	发生规律
咖啡小爪螨	以两性生殖为主，也营产雄孤雌生殖。卵散产于叶面，多在主、侧脉附近及叶片凹陷处。雌螨产卵平均 40 粒左右，多的可达 100 余粒。除爬行或随落叶转移外，能吐丝下垂，随风吹散蔓延。寒冷时常吐丝结网，栖息其下。喜阳光，一般多分布于茶丛上部叶面。形成明显的发生中心进一步蔓延为害	在福建 1 年发生约 15 代，世代重叠，冬季无明显滞育现象。全年以秋后至春前的干旱季节为害最重，少雨年份更为明显。在我国台湾年发生 22 代，最短时，8 d 即可完成 1 代。降水量大或连续降雨，螨口可显著下降。不同品种间发生有差异。铁观音、云南大叶种、福鼎大白毫上发生较少
侧多食跗线螨	一般栖息于嫩叶背面，少数在叶片正面活动。在嫩梢上的芽下第 1 叶、第 2 叶和第 3 叶的分布比例分别为 4.23%、88.9%和 5.5%。初期为害有明显的发生中心。以两性生殖为主，亦营产雄孤雌生殖。卵散产于芽尖和嫩叶背面，每雌产卵 2～106 粒。成螨寿命 4～76 d，越冬雌成螨则长达 6 个月左右。最适的日均温为 22～28 ℃，超过 38 ℃，死亡率增加，在最适温度下，完成 1 代需 3～8 d	1 年发生 25～30 代。以雌成螨在茶芽鳞片、叶柄缝隙、介壳虫的蜡壳等处越冬，也可在茶丛徒长枝的成叶背面或杂草上越冬。冬季温暖的地区，终年能生长繁殖。翌年 3～4 月开始活动，6～7 月数量迅速上升。在高温、干旱的情况下发生最多，严重影响夏、秋季生产。降雨时间长、雨量多均对其不利。留养茶园、幼龄茶园以及上年秋季未采净的茶园一般发生较多

4. 茶树害螨的防治方法

（1）加强植物检疫　严防将有螨苗木带出圃外，尤其是对咖啡小爪螨。

（2）加强茶园管理　施足基肥和追肥，做好抗旱防旱工作，促使茶树生长健壮，以增强树势，提高抗逆能力。注意清除、处理茶园落叶和杂草。

（3）分批采摘　受害茶园适当增加采摘次数，及时采摘，有一定的作用。

（4）生物防治　繁殖捕食螨或食螨瓢虫，在茶园进行释放防治。如在9月到翌年3月可释放德氏钝绥螨防治侧多食跗线螨，用量为22.5万～30.0万头/hm^2。

（5）药剂防治　从4月下旬开始注意检查，要抢在高峰出现之前用药。一般可于春茶结束、夏茶开采前抓紧进行。对茶橙瘿螨，当中小种茶树平均每叶螨口为17～22头，或叶片上螨口密度为3～4头/cm^2，或螨情指数为6～8时，则应进行防治。对卵形短须螨和侧多食跗线螨，其防治指标分别是平均每叶有螨10～15头和10～30头。在茶树生长季节，使用适当的药剂防治在茶季结束的秋末进行，可喷洒药剂。此外，对咖啡小爪螨和侧多食跗线螨要狠抓发虫中心的防治。

复习思考题

1. 各类食叶性鳞翅目害虫在形态特征和为害症状上如何区别？
2. 食叶性鞘翅目害虫有哪些基本特征？
3. 各类吸汁性害虫在为害症状上有哪些相似和差异之处？
4. 简述茶尺蠖、茶毛虫、小贯小绿叶蝉、黑刺粉虱、蚧类的发生规律和发生习性。
5. 如何在田间识别蛀梗性害虫？
6. 螨类与昆虫的主要区别有哪些？螨类的为害症状有何特点？
7. 举例说明如何根据害虫的发生规律和生活习性制订相应的防治措施。

第三章　植物病理学基础知识

［本章提要］本章重点阐述植物病理学基础知识，包括植物病害的概念、植物传染性病害的病原生物（真菌、细菌和病毒等）的形态特征、生物学特性和分类地位等。在此基础上，分析植物病原生物的致病性及致病机理，寄主植物的抗病性及抗病机制，并阐明植物传染性病害的侵染过程、侵染循环等基本概念。系统分析植物病害流行的基本因素、主导因素、流行规律以及科学的预测预报方法等。

植物病害是为害农业生产的自然灾害之一。发生严重时，可造成农作物大幅度减产和使农产品品质变劣，影响国民经济和人民生活。带有危险性病害的农产品不能出口，影响外贸。少数带病的农产品，人、畜食用后会引起中毒。为了减少植物病害造成的损失，人类在长期的生产实践中逐渐认识到植物病害的发生原因、发生发展规律、影响因素以及防治方法等，并发展成为专门的学科即植物病理学。茶树病理学是植物病理学的一个分支。

第一节　植物病害概述

一、植物病害的概念

植物在生长发育过程中，必须有适宜的外界环境条件，才能进行正常的生理活动，如细胞的正常分裂、分化和发育，水分和矿物质的吸收、运输，光合作用的进行，光合产物的输导、贮藏以及有机物的代谢等。只有在最适宜的环境条件下，植物各种遗传特性才能得到最充分的表现，植物的生长发育才处于正常的状态。植物遇到的不适宜的环境干扰超越了其适应的范围，或者遭受其他病原生物的侵袭时，它们正常的生长发育就会受到干扰和破坏，从生理机能到组织结构上就会发生一系列的变化，以致在外部形态上表现各种病态，其结果是植物的产量降低，品质变劣，甚至造成植株死亡，人们遭受一定的经济损失，这种现象称为植物病害(plant disease)。

植物病害是指植物在外形、生理、整体完整性和生长上的不正常变化，这种变化的发生必须具备病理变化的过程，即植物遭受病原生物的侵染或不良环境条件的影响后，首先表现出新陈代谢的改变，即生理机能的改变，然后发展到细胞和组织的变化，即组织形态的改变，最后由于内部生理机能和细胞组织的破坏不断加深，使植株或被害部位如根、茎、叶、花、果表现出不正常的状态，即形态病变。这些病变均有一个逐渐加深、持续发展的过程，称为病理程序。

植物病害发生的性质和一般机械损伤，如昆虫和其他动物的咬伤、刺伤，人为和机械损伤以及风暴、雷击、雪害等，都是不相同的。这些机械损伤是在短时间内受外界因素作用而突然形成的，无病理变化程序，这些都不称作植物病害。不过，各种机械损伤都会削弱植株生长势，而且伤口的存在往往也成为病原物侵入的门户，因而诱发病害的发生。

此外，有些植物受上述因素影响后，虽然也表现出各种病态，但其经济价值不是降低，而是提高了，这种现象也不称为病害。如被黑粉菌寄生的茭白，因受病菌的刺激，幼茎肿大形成肥嫩可食的茭白，增加了其食用价值；花叶状郁金香是感染病毒后形成的一种观赏植物；韭黄和葱白是在弱光下栽培的蔬菜。虽然这些都是发生了病态变化的植物，但病原物的侵入提高了它们的经济利用价值，因而这些变化都不被认为是病害。

二、植物病害发生的原因

（一）植物病害的病原

植物病害发生是多种因素综合影响的结果，其中起主导作用、直接引起病害发生的原因，在病理学上称为病原。病原包括非生物性病原和生物性病原两大类。

1. 非生物性病原　非生物性病原主要指植物周围环境中的因素，包括不适宜的物理、化学因素。如营养物质的缺乏或过多，水分供应失调，温度过高或过低，日照过强或过弱，以及土壤通气不良，空气中有毒气体的存在，农药使用不当而引起的药害等。非生物性病原引起的病害不能互相传染，无侵染过程，当环境条件恢复正常后，病害可停止发展，并且有可能恢复常态，因此，这类病害被称为非传染性病害或生理性病害。

2. 生物性病原　生物性病原是由多种病原生物组成，它们引起的病害能相互传染，有侵染过程，因此被称为传染性病害或侵染性病害。传染性病害的病原生物简称为病原物。它们包括真菌、原核生物（其中主要为细菌和菌原体生物）、病毒、类病毒、寄生性线虫等。在生物病原中，真菌和细菌称为病原菌。被侵染的植物称为寄主。植物病原物的存在和大量繁殖、传播是植物传染性病害发生的重要原因。

（二）植物病害发生的原因

植物病害的发生是寄主与病原在外界环境条件影响下，相互作用、相互斗争的结果。因此，影响植物病害发生的基本因素是寄主、病原和环境条件，即植物病害发生的三要素，也称“植物病害的三角关系”。

在传染性病害的发生中，寄主和病原物是一对主要矛盾。当病原物侵染寄主植物时，植物本身并不是完全处于被动状态，而是对病原物侵染进行积极的抵抗。病害发生与否，常取决于寄主抗病能力的强弱，如植物抗病性强，虽有病原物存在，也可能不发病或发病很轻；植物抗病性弱，就可能发病或发病严重。当然，传染性病害发生除了寄主和病原物外，还包括适宜发病的环境。环境条件一方面可以直接影响病原物，促进或抑制其生长发育，另一方面可以影响寄主的生活状态，左右其抗病和感病的能力。因此，当环境条件有利于寄主而不利于病原物时，病害就不会发生或受到抑制；反之，当环境条件有利于病原物而不利于寄主时，病害就会发生和发展。

在现代农业生产中，人类的生产活动和社会活动，使自然状态下的植病系统发生了很大的变化，严重地破坏了植病系统的自然平衡，从而形成了农业生态系统中的新的植物病害系统的四角关系（简称“新四角”）。这种关系的形成，主要是人为因素的加入，使得病害的发生变化很大。如栽培作物片面追求产量和品质，忽视了品种的抗病性，大面积单一作物、单一品种的种植，致使病害更易造成流行。此外，不适当的耕作制度，过度密植，高氮肥的施用，人为远距离调运带病的种子、苗木，种植不恰当的作物种类或品种，大量施用农药造成环境污染等，都可能造成病害的发生、蔓延，甚至严重流行。人们的生产活动并不限于田间，在农田之外的经济活动和社会活动，对病害发生也同样造成很大的影响。如成批大量的商品包装物中，也可传带各种病原物；世界范围内的旅游活动，旅游者也可携带病菌到处传播；装载各类植物及植物产品的运输工具，废弃、拆装的各类材料等，都可能附带很多病菌；还有大量的森林砍伐，严重破坏了生态系统的平衡等。这些都直接或间接影响病害的消长。

在现代植物病害系统中，人是主宰者，人们对此系统进行了有目的和确定性的控制，但这种控制有时会出现不适当的状况，因而会造成重大损失。因此，人们对植物病害的形成需要有系统全面的了解，正确制订策略，合乎规律地和有效地控制病害。

三、植物病害的症状类型

植物感病后其外部所呈现的各种病态称为症状（symptom）。症状又分为病状和病征两部分。病状是指植物感病后，其本身表现的反常状态，如变色、坏死、腐烂、萎蔫、畸形等。病征是指植物感病后，病原物在病部构成的特征，如霉状物、粉状物、粒状物、丝状物、脓状物和伞状、马蹄状物等。

任何一种植物感病后，一般都有明显的病状，而病征只在由真菌和细菌所引起的病害上表现较明显，并且必须在病害发展到一定阶段时才表现。病毒、类病毒、菌原体在植物细胞内寄生，无外部的病征表现。植物病原线虫多数也在植物体内寄生，一般也无病征。寄生植物在寄主植物上本身就具有特征性的植物结构，也无病征。各种植物病害症状都具有一定的特征性和稳定性，所以症状是诊断植物病害的重要依据之一。

（一）病状类型

常见植物病害的病状类型有很多，归纳起来主要有以下5类。

1. 变色 植物感病后，病部细胞内叶绿体被破坏或其形成受抑制，以及其他色素形成过多而使局部或全株出现不正常的颜色称为变色（discoloration）。变色以叶片最为明显，全叶变成淡绿色或浅黄绿色称为褪绿，叶片褪绿后往往还表现明脉，如缺素症和病毒病。全叶均匀褪绿变黄称黄化，如柑橘黄龙病、茶黄化病。叶片呈不均匀变色，呈现深绿、浅绿、黄绿、黄绿相间的不规则的变色称为花叶，如十字花科病毒病、烟草病毒病。

2. 坏死 坏死（necrosis）是植物感病后，细胞和组织死亡。植物根、茎、叶、花、果上都可发生坏死。坏死在叶上表现为叶斑和叶枯。叶斑的形状很多，有圆斑，如茶圆赤星病、茶白星病；轮纹斑，如茶轮斑病；角斑，如黄瓜霜霉病；条斑，如稻细菌性条斑病。颜色以褐色为多，也常有灰色、黑色、白色等。枝干坏死形成溃疡，如柑橘溃疡病；立枯，如茄苗立枯病；干枯，如板栗干枯病等。果实坏死形成果腐、炭疽、锈斑等。此外，在叶、果、枝干上形成的坏死斑还有疮痂、黑痘、炭疽、溃疡、穿孔、流胶等多种。

3. 腐烂 腐烂（rot）是植物细胞和组织发生较大面积的消解和破坏现象，多发生在植物幼嫩、多肉、含水较多的根、茎、叶、花、果实上。若细胞消解较慢，腐烂组织中的水分能及时蒸发而消失，病部表皮干缩或干瘪，形成干腐；若细胞消解较快，腐烂组织不能及时失水则形成湿腐；若细胞壁中胶层先受到破坏，腐烂组织的细胞离析后再发生细胞的消解，则称为软腐。腐烂和坏死有时较难区别。腐烂是整个被害组织受到破坏而消解；坏死则发生在局部组织，并保持原有组织的轮廓。

4. 萎蔫 植物感病后表现整株和部分枝叶失水凋萎下垂的现象称为萎蔫（wilt）。这种病状表现可由多种原因引起，如天气干旱、土壤缺水而引起的生理性萎蔫；寄主植物的根、茎、薄壁组织坏死腐烂而引起的萎蔫；寄主的根、茎、维管束组织受病原物侵害，大量菌体堵塞导管或产生毒素，阻碍影响水分运输，引起枝叶枯黄凋萎以致全株死亡，这种萎蔫即使供给水分也不能恢复常态。萎蔫有时也表现在个别枝条或半边枝条。萎蔫可分为青枯、枯萎、黄萎、立枯等，如茄科植物青枯病、瓜类枯萎病、茄黄萎病、茄苗立枯病等。

5. 畸形 植物感病后细胞组织生长过度或生长受抑制而成为畸形（malformation）。如促进性病变表现受害部细胞数目增多，体积增大，生长发育过度，形成肿瘤、丛枝。如茶根癌病、根结线虫病、白菜根肿病、茶饼病、茶嫩梢丛枝病、枣疯病等。另外，还可表现抑制性病变，即受害部组织细胞减少，体积变小，使受害植物全株或局部生长不良，表现枝叶皱缩、卷曲、细叶、蕨叶、缩果、小果、矮化、矮缩、花瓣变叶、叶变花等，如桃缩叶病、番茄蕨叶病、水稻矮缩病、茶树皱叶病等。

（二）病征类型

病征是病原物在感病部位构成的特征。主要是病原真菌的营养体和繁殖体，病原细菌的菌体等。常见的病征包括下列类型：

1. 霉状物 霉状物（mould）是真菌病害常见的病征。它是由真菌的菌丝体、孢子梗及孢子组成。霉层的颜色、形状、结构、疏密等变化很大。常见的有霜霉、青霉、灰霉、黑霉等，引起的病害如葡萄霜霉病、柑橘青霉病、百合灰霉病、豇豆煤霉病等。

2. 粉状物 粉状物（oidium）是某些病原真菌孢子密集所表现的特征，在植物上着生的位置、形状、颜色等不同，按颜色可分为白粉、红粉、锈粉、黑粉等。白粉是在植物表面生长的绒状或粉状物，尤以叶片上为多，初为粉白色，后转为淡褐色，并混生黄褐色至黑色的球状小粒点，如小麦白粉病。锈粉的颜色为鲜黄色、橘黄色至棕褐色，初在植物表皮下形成，使表皮隆起呈疱状，破裂后散出锈粉状物，如菜豆锈病。黑粉是黑粉菌冬孢子密集形成的一种显著病征，如小麦散黑粉病。

3. 粒状物 病原真菌在病部产生的大小、形状、色泽等不同的粒状物（moruloid）。有的呈针头大小的黑点，埋生在寄主表皮下，部分外露，不易与寄主组织分离，多为真菌的繁殖体，如分生孢子器、分生孢子盘、子囊果、子座等，如茶轮斑病、茶炭疽病。有些粒状物较大，长在寄主表面，包括闭囊壳和菌核，如凤仙花白粉病、苗木白绢病等。

4. 丝状物 病原真菌在病部表面产生白色或紫红色丝绵状物（mycelium），为真菌的菌丝体，或菌丝体与繁殖体的混合物。常见的有白色丝状物，如茉莉白绢病；有的在根颈部形成紫红色丝状物，如茶紫纹羽病。

5. 脓状物 脓状物是细菌病害特有的病征。主要表现在高湿条件下，病部表面溢出脓状的黏液，称为菌脓（bacterial ooze）。干燥后成为胶质的颗粒或菌膜，白色或黄色。如十字花科蔬菜软腐病、水稻细菌性条斑病等。

6. 伞状物、马蹄状物 伞状物（mushroom parasol）、马蹄状物是病原真菌在病部产生的较大的子实体，似伞状或马蹄状。此类病原为担子菌亚门的真菌，主要为害木本植物，如桃木腐病在枝干上形成的马蹄状物，茶根朽病在根颈部产生的伞状物。

症状是诊断植物病害的重要依据。根据症状观察分析，可以对常见病害作出基本无误的诊断。对于一些很少发生的新病害也必须从症状观察和分析入手。病状是寄主植物和病原（生物的和非生物的）在一定环境条件下，相互作用后形成的外部表现。病征则是病原物的群体或器官着生于寄主表面所构成的，显示了病原物的特点。各种植物病害的病状和病征表现都具有特异性和稳定性，因而掌握症状特征对于确诊病害是非常重要的。

第二节 植物传染性病害的病原物

植物传染性病害的病原物种类较多，目前已经发现的主要有真菌、原核生物（细菌、菌原体）、病毒、类病毒、线虫和寄生性种子植物等。它们均能在植物上引起很多病害，且表现不同类型的症状。所以，掌握各类病原物的形态特征、生物学特性对于研究植物传染性病害是非常重要的。

一、真 菌

真菌（fungus）是一类起源古老的生物，种类繁多，分布很广，与人类的关系十分密切。

目前已记载的真菌估计在 10 万种以上，能够引起植物病害的超过 8 000 种。可以说，由真菌引起的植物病害数量最多，几乎每种作物上都有几种、几十种，甚至上百种，少数病害影响十分严重。全世界茶树病害有 380 余种，由真菌引起的占总数的80%以上。真菌除引起植物病害外，还可引起人类和动物的一些疾病，如人的头癣、脚癣是非常普遍的疾病。人食用了花生上产生的黄曲霉素就有可能致癌，麦角菌产生的毒素可导致人和动物流产等。当然，在真菌这个庞大的家族中也有不少种类是有益的。在食品工业中，面包、酱油、食醋等制作工艺中少不了真菌的作用；在医药工业中，青霉素、灰黄霉素、头孢霉素等名目繁多的抗生素类都是利用真菌生产的药物。有的名贵药材本身就是真菌，如茯苓、虫草、灵芝等。著名的食用菌，如香菇、草菇、蜜环菌、猴头菌、木耳、银耳等也都是真菌。有的真菌还可以寄生于其他病原物或昆虫而引起流行病，这对自然界中的病原物和害虫的消长有一定的控制作用。

真菌属于真核生物，细胞内有固定的细胞核，营养体简单，是管状的菌丝体，一般有明显的细胞壁（少数例外），其主要成分是几丁质或纤维素，但无根、茎、叶的分化，也没有维管束组织；营养方式为异养，体内不含叶绿体或其他可进行光合作用的色素，主要从外界吸收营养物质；典型的繁殖方式包括无性繁殖和有性繁殖，产生各种类型的孢子。因此，真菌菌体一般有营养体和繁殖体之分。

（一）真菌的营养体及其变态

1. 真菌的营养体　真菌在营养生长阶段用来吸收营养物质和不断生长的机构称为营养体。真菌的典型营养体是细小的丝状体，称作菌丝，其粗细常因真菌种类不同而有很大的差异，菌丝的直径一般为5～6 μm。菌丝的集合体称菌丝体（mycelium）。菌丝大多无色透明，有些真菌的菌丝，细胞质内含有不同的色素，菌丝呈现不同的颜色。一般来说，高等真菌的菌丝有隔膜（septum），它们将菌丝分成多个细胞，隔膜上有微孔，原生质可通过微孔在胞间流动；低等真菌的菌丝一般无隔膜，整个菌丝体是一个分支状的多核的大细胞（图3-1）。当低等真菌产生繁殖体或受损伤时，菌丝也可以产生隔膜，但隔膜上无微孔。

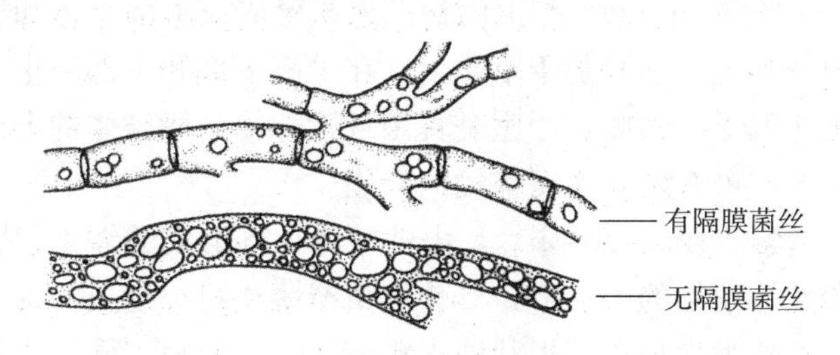

图3-1　真菌的菌丝

真菌菌丝一般是从孢子萌发产生的芽管发育而成的。在适宜的条件下，真菌进行营养生长，不断延伸分支，发育成菌丝体（图3-2）。菌丝生长是无限的。它的每部分都具有潜在的生长能力，在合适的基质上，单根菌丝片段可以生长发育成完整的菌丝体。菌丝体从一点向四周呈辐射状延伸，在培养基上通常形成圆形的菌落（colony）。真菌是通过菌丝体获得水分和养分的，主要通过细胞壁吸收，所以，只能吸收可溶性物质。真菌侵入寄主后，以菌丝体在寄主的细胞间或进入细胞内扩展蔓延，菌丝体与寄主的细胞壁或原生质接触后，营养物质在渗透压的作用下进入菌体内。有的真菌侵入寄主后，在寄主细胞中形成吸收养分的特殊结构，称为吸器

(haustorium)。吸器的形状有瘤状、指状、掌状或分支状等。寄生性真菌产生吸器有助于其增加吸收营养的面积，并提高从寄主细胞内吸取养分的效率。

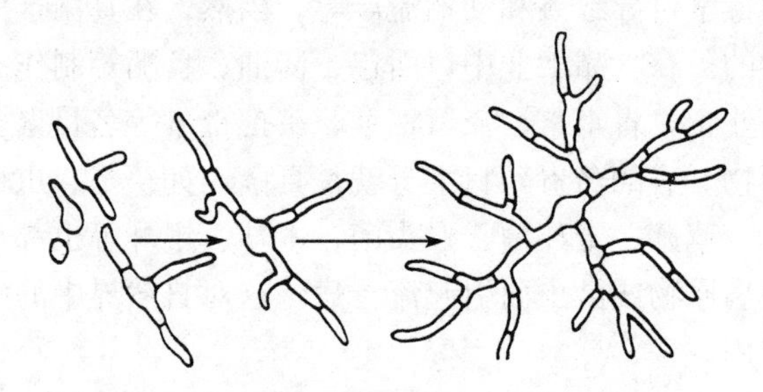

图 3-2 真菌孢子的萌发和菌丝体的形成

2. 营养体变态 真菌的菌丝体一般是分散的，但有些真菌的菌丝在一定条件下可以聚集在一起形成菌组织。菌组织有 2 种：一种是菌丝体排列比较疏松，仍能看到菌丝的长形细胞，这种组织称疏丝组织，可以用机械的方法使它们分开；另一种是菌丝体排列十分紧密，组织内细胞近圆形或多角形，与高等植物的薄壁细胞相似，称拟薄壁组织，通常只有用碱液才能使其分开。这 2 种菌组织可以形成变态的营养体结构，主要有菌核、子座和菌索等。

(1) 菌核 菌核（sclerotium）是由两种菌组织形成的一种较坚硬的休眠体。形状大小不一，小的如菜籽状、鼠粪状；大的如拳头状，特大的茯苓重达 60 kg。菌核一般初为白色或浅色，成熟后呈褐色或黑色。一般有组织分化现象，外面有拟薄壁组织，里面是疏丝组织，表皮细胞颜色较深，细胞壁较厚。菌核中贮藏丰富的养分，对高温、低温和干燥抵抗能力较强。所以，菌核既是真菌的营养贮藏器官，又是度过不良环境的休眠体。在适宜的环境条件下，菌核可以萌发产生菌丝体或形成产孢机构，一般不直接产生孢子。

(2) 子座 子座（stroma）是由两种菌组织形成或由菌丝体和部分寄主组织形成的一种垫状物。子座一般紧附于基质上，在子座上部和中部产生子实体，或在上面产生有性或无性孢子。因此，子座是真菌从营养体到繁殖体的中间过渡形式。子座除产生繁殖体外，也有度过不良环境的作用。

(3) 菌索 菌索（rhizomorph）是由菌丝体平行组成的绳索状物。高度发达的根状菌索外形和高等植物的根相似，分化为由拟薄壁组织组成的深色皮层和疏丝组织组成的心层，顶端为生长点。根状菌索粗细不一，长短不同。在环境条件不适宜时，菌索呈休眠状态；条件适宜时，可以从生长点恢复生长。菌索的功能除抵抗不良环境外，还有蔓延和侵入的作用。

(二) 真菌的繁殖体

真菌在其生长发育过程中，经过一定的营养生长阶段就进入繁殖阶段。真菌的繁殖方式因真菌的种类不同而异。进入生殖生长时，一般是部分营养体分化为繁殖体，其余部分仍为营养体形态。但是，这两个阶段是互相联系的，不能截然分开。真菌的繁殖方式主要有无性繁殖和有性繁殖。

1. 无性繁殖及其孢子的类型 真菌无性繁殖（asexual reproduction）的基本特

征是营养繁殖，繁殖过程中无两性细胞或两性器官的结合，直接从营养体上产生孢子（spore），大致以断裂、裂殖、芽殖和原生质割裂4种方式进行，产生各种类型的无性孢子（图3-3）。

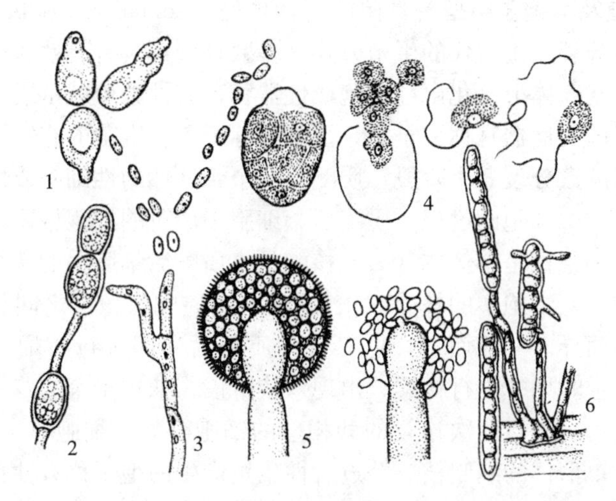

图3-3　真菌的无性孢子类型

1. 芽孢子　2. 厚垣孢子　3. 粉孢子　4. 孢子囊及游动孢子　5. 孢子囊及孢囊孢子　6. 分生孢子

（1）游动孢子　首先由菌丝体顶端分化形成一个囊状的游动孢子囊，游动孢子囊成熟时，以割裂的方式将原生质分割成小块，每小块原生质外有细胞膜包裹，再由这些小块发育成游动孢子。游动孢子是鞭毛菌的无性孢子，无细胞壁，呈球形、梨形或肾形，具鞭毛1根或2根，能在水中游动，故称游动孢子（zoospore）。

（2）孢囊孢子　在菌丝分化的孢囊梗顶端形成孢子囊，其内原生质以割裂的方式分成小块，进而形成孢囊孢子（sporangiospore）。这种内生的无性孢子无鞭毛，有细胞壁，由接合菌产生。大型孢子囊内能产生数量众多的孢囊孢子，小型的只产生一个至几个孢囊孢子。

（3）分生孢子　分生孢子（conidium）是子囊菌、半知菌及担子菌的无性孢子，主要由芽殖和断裂方式产生。分生孢子可以直接产生在菌丝上，但更常见的是产生在由菌丝分化而成的、不分支或有分支的分生孢子梗的顶端或侧面，由于细胞壁的紧缩，分生孢子成熟后即从分生孢子梗上脱落。有些真菌的分生孢子产生在特异的盘状体或球状体中，它们分别被称为分生孢子盘和分生孢子器，有的分生孢子梗成丛地裸露在外，称为分生孢子梗丛。因真菌的种类不同，分生孢子的形状、大小、颜色差异很大。通过对分生孢子个体发育的研究，确认了分生孢子发育有两种类型，即菌丝型和芽殖型。菌丝型是菌丝细胞以断裂的方式形成分生孢子，分生孢子由产孢细胞整个转化而来；芽殖型是产孢细胞以芽殖方式产生分生孢子，分生孢子由产孢细胞的一部分发育形成。每种类型又可根据细胞壁的形成与产孢细胞之间的关系进一步区分为内生型和外生型。这些发育特征已成为半知菌分类的重要依据。

（4）厚垣孢子　有些真菌在适宜的环境条件下，菌丝体中有的细胞膨大，内部原生质浓缩，细胞壁变厚，形成圆形或长椭圆形的厚壁孢子，称厚垣孢子（chlamydospore)。厚垣孢子可形成于菌丝体的顶端或中间的某个细胞，单个或串生。厚垣孢子具有抵抗不良环境的作用。在不适宜的环境条件下，菌丝体死亡或消失时，它仍能存活，当环境条件适宜时，便萌发形成新的菌体。

2. 有性繁殖及其孢子类型 真菌的有性繁殖（sexual reproduction）是通过细胞核结合和减数分裂产生后代的生殖方式。多数真菌都具有有性繁殖阶段。真菌进行有性繁殖时，营养体上分化出性细胞或性器官，有性繁殖就是通过它们之间的结合而完成的。真菌的性器官称配子囊，性细胞称配子。真菌的有性繁殖过程大致经过质配、核配和减数分裂 3 个阶段。质配是两个亲和性的性细胞或性器官的细胞质和细胞核融合为一个细胞的过程。质配后，细胞中成对的细胞核还未结合，处于双核阶段，此时的细胞核是单倍体（n）。核配是指质配后细胞中的两个细胞核相互融合的过程。核配后，细胞中的核是二倍体（$2n$）。质配与核配之间相隔时间的长短随真菌种类不同而异。一般而言，低等真菌质配后立即进行核配；高等真菌质配后，往往经过一定时期才进行核配，出现双核阶段，如担子菌的双核阶段较长。减数分裂是在核配后，进行两次连续的和相应的细胞分裂，细胞核染色体数目减半，形成 4 个或 8 个单倍体的细胞核。经过有性生殖产生的孢子称有性孢子，有性孢子主要有以下几种（图 3-4）。

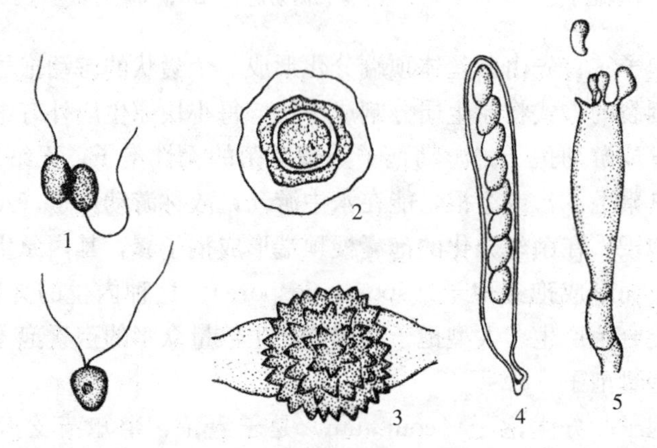

图 3-4 真菌的有性孢子类型

1. 接合孢子 2. 卵孢子 3. 接合孢子 4. 子囊孢子 5. 担孢子

（1）卵孢子 卵孢子（oospore）是鞭毛菌有性繁殖产生的孢子，大多是由两个异型配子囊结合形成的。小的配子囊称雄器，大的配子囊称藏卵器，两者接触后，雄器内的原生质和细胞核经受精管移到藏卵器内，经质配和核配后形成卵孢子。

（2）接合孢子 接合孢子（zygospore）是接合菌有性繁殖产生的孢子，由两个同型配子囊结合而成，两者接触后，接触处的细胞壁溶解，经过质配、核配后发育而成的。

（3）子囊孢子 子囊孢子（ascospore）是子囊菌有性繁殖产生的孢子，由两个异型配子囊即雄器和产囊体结合而成。两者经受精作用后，产囊体上长出许多产囊丝，由产囊丝发育成子囊，在此发育过程中，其内的两性细胞核结合后，经减数分裂和 1 次有丝分裂，在子囊内形成 8 个细胞核为单倍体的子囊孢子。子囊圆筒形、棒形或球形，子囊孢子形状差异很大。

（4）担孢子 担孢子（basidiospore）是担子菌有性繁殖产生的孢子，其过程一般无明显两性器官的分化。直接由性别不同的两条单倍体菌丝结合成双核菌丝，双核菌丝顶端细胞的双核，经过核配和减数分裂形成 4 个单倍体的细胞核，这时顶端细胞膨大成担子，然后从担子上生出 4 个小梗，4 个小核通过 4 小梗在其顶端形成 4 个外生的、细胞核为单倍体的担孢子。担子大多为棍棒形，担孢子圆形、椭圆形。

上述有性孢子可分为两类：一类是两性结合后产生细胞核为二倍体（$2n$）的厚壁休眠孢子，即卵孢子、接合孢子；另一类是细胞核为单倍体（n）的非休眠孢子，如子囊孢子、担孢子。后一类是先行减数分裂，大多经历一段双核时期。真菌产生孢子的机构，无论是无性繁殖还是有性繁殖，结构简单的或是复杂的，都称为子实体（fruitbody）。真菌无性生殖的子实体主要有分生孢子器、分生孢子盘和分生孢子梗等；有性生殖子实体有子囊壳、子囊盘、子囊腔、闭囊壳和担子果等。

大多数真菌的无性繁殖能力很强，完成一个无性世代所需的时间短，产孢数量大。无性孢子的形态、色泽、数目和排列方式等是真菌分类与鉴定的重要依据。植物病原真菌的无性繁殖在作物的一个生长季节中往往可以连续重复多次，产生大量的无性孢子，在病害的发生、蔓延和流行中起重要作用。真菌的有性孢子大多在侵染植物后期或经过休眠后产生，如一些子囊菌在越冬后才形成成熟的有性孢子。有性生殖产生的结构和有性孢子具有度过不良环境的作用，是许多植物病害的主要初侵染源。同时，有性生殖的杂交过程往往能够产生遗传物质的重组，容易形成变异，这有益于增强真菌物种的生活力和适应性。

3. 准性生殖 除了无性繁殖和有性繁殖外，少数真菌还进行另外一种繁殖方式，即准性生殖（parasexuality）。准性生殖是指异核体真菌菌丝细胞中两个遗传物质不同的细胞核可以结合成杂合二倍体的细胞核，这种二倍体细胞核在有丝分裂过程中可以发生染色体交换和单倍体化，最后形成遗传物质重组的单倍体过程。准性生殖和有性生殖的主要区别在于：有性生殖是通过减数分裂进行遗传物质重组和产生单倍体，而准性生殖是通过二倍体细胞核的有丝分裂交换进行遗传物质的重新组合，并通过产生非整倍体后不断丢失染色体来实现单倍体化的。在一些半知菌、子囊菌和少数担子菌等丝状真菌中，已发现有准性生殖。

（三）真菌的生活史

真菌从一种孢子开始，经过生长和发育阶段，最后又产生同一种孢子为止的过程称为真菌的生活史（life cycle）。典型的生活史包括无性阶段和有性阶段。

在适宜的环境条件下，真菌的菌丝体产生无性孢子，无性孢子萌发产生芽管，芽管继续生长形成新的菌丝体，这是无性阶段。在一个生长季节里，可以循环多次，而且完成一次无性循环所需的时间较短，产生的孢子多，对植物病害的传播、蔓延作用很大。在生长后期进入有性阶段，从单倍体的菌丝上形成配子囊或配子，经过质配形成双核阶段，再经过核配形成二倍体的细胞核，最后，经过减数分裂，形成单倍体的细胞核，发育成有性孢子。有性孢子萌发产生单倍体的菌丝体，经一定时期的营养生长，又产生无性孢子，这就是真菌的一个完整的生活史。典型的真菌生活史应包括3个方面：第一，发育过程有营养阶段和生殖阶段；第二，繁殖方式有无性繁殖和有性繁殖；第三，细胞核变化经过单倍体、双核体和二倍体阶段。必须指出，在有些真菌的生活史中，并不都具有无性和有性阶段，如半知菌生活史中只有无性阶段而缺乏有性阶段；一些高等担子菌经一定时期的营养生长后就进行有性生殖，而缺乏无性阶段（图3-5）。

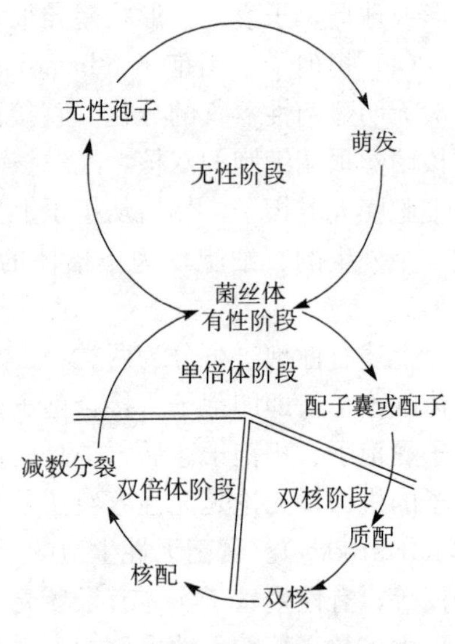

图3-5 真菌生活史图解

真菌的生活史中可以形成无性孢子和有性孢子。有的真菌在整个生活史中可以产生两种以上不同类型的孢子，这种现象称为真菌的多型现象。典型的锈菌在其生活史中可以形成5种不同类型的孢子。植物病原真菌不同类型的孢子可以产生在同一寄主上，在同一寄主上完成其生活史的现象称单主寄生，又称同主寄生；同一真菌不同类型的孢子发生在两种亲缘关系很远的寄主植物上才能完成生活史的现象称为转主寄生。了解真菌的多型现象有助于正确地识别病原物和诊断病害。

（四）真菌的分类和命名

1. 真菌的分类 长期以来，生物仅被分为植物界和动物界两界。植物界被分成藻菌植物、苔藓植物、蕨类植物和种子植物4个门。藻类、真菌、黏菌和细菌作为低等植物归属于藻菌植物门。后来人们逐渐发现这种分类方法很不科学，先后提出了很多修改意见，至今仍在讨论中。本教材倾向于6界分类系统：非细胞生物1个界，包括病毒和类病毒等；细胞生物分5个界，最低等的是原核生物界，包括无固定细胞核的低等生物；其次是原生生物界，主要是有固定细胞核的原始生物如眼虫、孢子虫等；在原生生物界的基础上，生物向3个方向演化，形成营养方式不同的植物界、菌物界和动物界。这样，菌物就从低等植物中分离出而单独设立1个界，菌物界包括真菌门和黏菌门两大类群，本书只涉及真菌门。

关于真菌的分类，历史上也有很多见解。从19世纪末到20世纪50年代，国际上普遍采用3纲1类的分类系统，即将真菌分为藻状菌纲、子囊菌纲、担子菌纲和半知菌类。至20世纪70年代，先后又提出一些分类的方法，被广泛接受的是Ainsworth（1973）分类法，即把真菌分成5个亚门：鞭毛菌亚门（Mastigomycotina）、接合菌亚门（Zygomycotina）、子囊菌亚门（Ascomycotina）、担子菌亚门（Basidiomycotina）、半知菌亚门（Deuteromycotina）。现将各亚门主要特征列于表3-1。

表3-1 真菌各亚门主要特征比较

类　别	菌丝有无隔膜	无性繁殖孢子类型	有性繁殖孢子类型	传统分类归属类别
鞭毛菌亚门	无	游动孢子	卵孢子	藻菌纲
接合菌亚门	无	孢囊孢子	接合孢子	藻菌纲

（续）

类　别	菌丝有无隔膜	无性繁殖孢子类型	有性繁殖孢子类型	传统分类归属类别
子囊菌亚门	有	分生孢子	子囊孢子	子囊菌纲
担子菌亚门	有	罕见	担孢子	担子菌纲
半知菌亚门	有	分生孢子	无或暂未发现	半知菌类

真菌的各级分类阶元与其他生物基本相似。真菌的种以下有时还可分为变种（variety，缩写为 var.）、专化型（forma specials，缩写为 f. sp.）和生理小种（physiological race）。种和变种都是以一定的形态差别来划分的，专化型和生理小种形态上无区别，而是根据其致病性差异来划分的。同一真菌的专化型按其对不同属的寄主植物的寄生专化性划分；同一真菌的生理小种则按其对寄主植物的不同品种的致病能力来划分。

2. 真菌的命名　真菌的命名采用双名法，前 1 个名称是属名，后 1 个是种名，属名的首字母要大写，种名则一律小写。真菌的正式学名，需要在属名和种名后加上命名人的名字。如果命名人是两个人，则两人的姓之间用连接词“et”或“&”符号相连。如需改名，应把最初命名人的姓写在括号之中。如茶云纹叶枯病的病原菌是 *Guignardia camelliae*（Cooke）Butler。有的病原真菌尚未发现有性阶段，就根据无性阶段孢子的形态来命名。上述茶云纹叶枯病病菌的学名是其有性阶段发现后的学名，而在此之前的无性阶段学名是 *Colletotrichum camelliae* Massee。按国际命名法，每种真菌只能有 1 个学名，而且以其有性阶段的学名为正式学名。有的真菌暂未发现有性阶段或无有性阶段，从实际出发，经常采用无性阶段的学名。应该注意，属名和种名在印刷时采用斜体。

二、植物病原原核生物

原核生物（procaryote）是指含有原核结构的单细胞生物。一般是由细胞膜和细胞壁或只有细胞膜包围的单细胞微生物，无固定的细胞核。原核生物界内的成员很多，包括细菌、放线菌以及无细胞壁的菌原体等。通常以细菌作为有细胞壁类群的代表，以菌原体作为无细胞壁而有细胞膜类型的代表。植物病原原核生物引起的植物病害多达数百种，几乎每种植物上都有一至数种。

（一）植物病原原核生物的一般性状

1. 植物病原细菌　细菌（bacterium）的形态有球状、杆状和螺旋状，个体大小差别很大。植物病原细菌大多是杆状菌，大小为 0.5～0.8 μm×1～3 μm，少数为球状。细菌的结构较简单，外层是由肽聚糖、拟脂类和蛋白质组成的细胞壁。壁外常有一层黏液，积累到一定厚度且固定在表层就构成了荚膜。植物病原细菌仅少数明显产生荚膜。细胞核无核膜、不定形，这是与真核生物的最大区别。大多数植物病原细菌能运动，菌体表面有鞭毛。鞭毛细长，易脱落。不同类群的细菌其体表鞭毛数目不等，一般为 3～7 根，多着生于菌体的一端或两端，称为极生鞭毛；少数着生于菌体的四周，称为周生鞭毛（图 3－6）。鞭毛的有无、数目的多少和着生的位置是细菌分类、鉴定的重要依据之一。

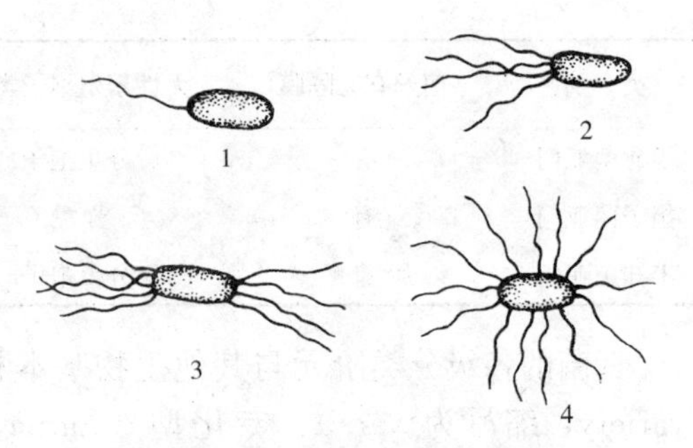

图 3-6　细菌鞭毛着生的方式
1. 单鞭毛　2～3. 极生鞭毛　4. 周生鞭毛

植物病原细菌都是死体寄生物（非专性寄生物），虽寄生性有强弱之分，但都可以在普通培养基上培养，形成不同形状和颜色的菌落。菌落形状多为圆形，边缘整齐或粗糙，颜色多为黄色或黄白色。在液体培养基内可以形成菌膜，或使培养液混浊而发生沉淀。一般来说，寄生性较强的细菌，在培养基上生长较慢；反之，则较快。细菌在培养基上生长的最适温度为 26～30 ℃，能耐低温，在 0 ℃以下可长期保持活力，但对高温很敏感，致死温度一般在 50 ℃左右。植物病原细菌生长的最适 pH 为7.0～7.8，适宜中性或微碱性，而真菌则喜微酸性的生长环境。

细菌均以裂殖的方式进行繁殖，即菌体细胞生长到一定限度时，从中间分裂成 2 个大小相似的子细胞。繁殖速度很快，适宜条件下约 20 min 就可繁殖 1 代。目前已发现细菌存在有性繁殖，电镜下可以看到两个有亲和力的细菌成功地结合，1 个细菌的遗传物质进入另 1 个菌体内。这是细菌发生变异的途径之一。

由于细菌微小，且大多无色透明，所以，必须将细菌染色后，才能较好地观察其形态结构。染色包括革兰氏染色、鞭毛染色、有关的内含物染色等。以革兰氏染色最为重要，是细菌分类、鉴定的重要手段之一。其过程是：用结晶紫对细菌染色、碘液处理，再用酒精冲洗，洗后不退色者为革兰氏阳性反应（G^+），退色者为革兰氏阴性反应（G^-）。大多数植物病原细菌都呈革兰氏阴性反应。

2. 植物病原菌原体　菌原体（mycoplasma）属无壁菌门，细胞无壁，是仅有细胞膜包被的单细胞生物。膜厚 7～8 nm，菌体大小为 200～1 000 nm，在寄主细胞内呈球形或椭圆形，繁殖期为丝状或哑铃状。实验室内，它可以通过细菌过滤器，对青霉素等抗生素不敏感，但对四环素类药物相当敏感。到目前为止，植物病原菌原体尚未在人工培养基上培养成功，许多性状无法测定。螺原体在固体培养基上的菌落很小，呈荷包蛋状，菌体无鞭毛，属兼性厌氧菌。已知与植物病害相关的有植原体属（*phytoplasma*）和螺原体属（*spiroplasma*）。

（1）植原体　植原体（phytoplasma）原称为类菌原体（mycoplasma like organism，MLO）（图 3-7）。1967 年日本学者土居养二等在桑树萎缩病病组织的超薄切片中首次发现一类新植物病原物，大小为 80～1 000 nm，因形态、结构与动物体已发现的菌原体相似，故当时称其为类菌原体，能在很多植物上引起病害，

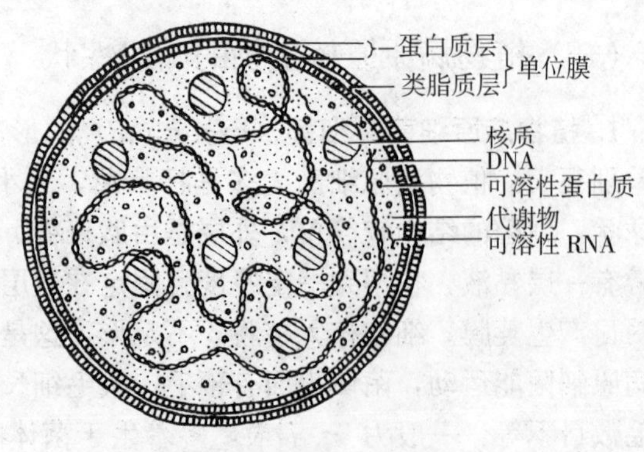

图 3-7　植原体的结构模式图

罹病植物一般表现系统侵染，常见症状有黄化、丛枝、矮化和萎缩等。植原体在田间大多由叶蝉传播，并能在虫体内繁殖。

(2) 螺原体 螺原体的基本形态为螺旋形，繁殖时可产生分支，分支亦呈螺旋形。植物病原螺原体只有3个种，主要寄生于双子叶植物和昆虫，引起的主要植物病害有柑橘僵化病、玉米矮化病等，叶蝉是传播螺原体的媒介昆虫。

另外，近年来发现根癌细菌中的质粒（plasmid）与植物肿瘤形成有关。所谓质粒就是病原细菌细胞中染色体外的遗传物质，是环状的DNA，可以转移。因此，在植物的根癌病中，细菌仅是传播质粒的介体，而质粒才是真正的病原物。根癌菌中的质粒通常称为Ti质粒。

（二）植物病原原核生物的分类

目前，原核生物界内部的分类系统还不完善，伯杰氏细菌鉴定手册（第9版，1994）依据菌体形态特征、能源及营养利用特性、革兰氏染色反应等表型特征把原核生物界分为4个门，即薄壁菌门（细胞壁薄）、厚壁菌门（细胞壁厚）、柔壁菌门（无细胞壁）和疵壁菌门（壁中无胞壁酸和肽聚糖）。长期以来，植物病原原核生物仅有6个属，即土壤杆菌属、欧文氏菌属、假单胞菌属、黄单胞菌属、棒形杆菌属和链丝菌属。近些年来，又陆续建立了一些新的植物病原原核生物属。迄今为止，植物病原原核生物的主要类群已有28个属，主要有土壤杆菌属（*Agrobacterium*）、假单胞菌属（*Pseudomonas*）、黄单胞菌属（*Xanthomonas*）、棒形杆菌属（*Clavibacter*）、欧文氏菌属（*Erwinia*）、链丝菌属（*Streptomyces*）、韧皮部杆菌属（*Liberobacter*）、根杆菌属（*Rhizobacter*）、布克氏菌属（*Burkholderia*）、木质部小菌属（*Xylella*）、节杆菌属（*Arthrobacter*）、芽孢杆菌属（*Bacillus*）、螺原体属（*Spiroplasma*）和植原体属（*Phytoplasma*）等。现将植物病原原核生物6个主要属的性状比较如下（表3-2）。

表3-2 植物病原原核生物6个属的主要性状比较

性 状	假单胞菌属	黄单胞菌属	土壤杆菌属	欧文氏菌属	棒形杆菌属	链丝菌属
菌体形态	杆状	杆状	杆状	杆状	棒状，不规则	丝状
鞭毛	1～4根，极生	1根，极生	1～4根，周生	多于4根，周生	0	0
菌落色泽	灰白	黄色	灰白、黄白	灰白、黄白	灰白	多灰白
革兰氏反应	阴性	阴性	阴性	阴性	阳性	阳性
好厌气性	好气	好气	好气	兼性厌气性	好气	好气
氧化酶反应	一般阳性	阴性	阴性	阴性	阴性	—
过氧化氢酶反应	阳性	阳性	阳性	阳性	阳性	阳性
DNA中(G+C)含量(%)	58～70	63～70	57～63	50～58	67～78	69～73
所致病害的症状	叶斑萎蔫等	叶斑叶枯	畸形	软腐萎蔫等	萎蔫等	疮痂

三、植物病毒

病毒（virus）是包被在蛋白质或脂蛋白衣壳中只能在其寄主的活细胞内完成

自身复制的含一个或多个基因组核酸的核蛋白分子。病毒的主要特征是结构简单，个体极其微小，可以通过细菌过滤器，没有细胞结构，主要由核酸和蛋白质衣壳组成；是活体寄生物（专性寄生物），其核酸复制和蛋白质合成需要寄主细胞提供原材料和场所。植物病毒作为植物的一种病原物，对农业生产威胁很大，它所引起的病害种类和为害程度仅次于病原真菌。人们对于植物病毒的认识已经历了一个从传染性、过滤性到核蛋白特性证明的过程。

（一）植物病毒的形态、结构和组分

1. 形态 植物病毒粒体大多为球状、杆状和线状，少数为弹状和双联体状等。球状病毒又称多面体病毒，直径大多为20～35 nm，表面不光滑，这种形态的病毒较多，约占50%；杆状病毒两端平齐，少数钝圆，多为20～80 nm×100～250 nm；线状病毒两端平齐，多为11～13 nm×750 nm，粒体有不同程度的弯曲。此外，还有双联病毒、弹状病毒等。

2. 结构 完整的病毒粒体是由一个或多个核酸分子（DNA或RNA）包被在蛋白衣壳里构成的，除植物弹状病毒粒体表面有囊膜外，绝大多数植物病毒都由核酸和蛋白质衣壳组成。杆状植物病毒粒体的中间是螺旋核酸链，外面是由许多蛋白质亚基组成的衣壳。蛋白质亚基也排列成螺旋状，核酸就嵌在亚基的凹痕处，因此，粒体的中心是空的。以烟草花叶病毒（*Tobacco mosaic virus*，TMV）为例（图3-8），每个粒体大约有2 100个蛋白质亚基，排成130圈，圈与圈的间隔约2.3 nm，每3圈有49个亚基，其粒体直径为18 nm，核酸链的直径是8 nm。

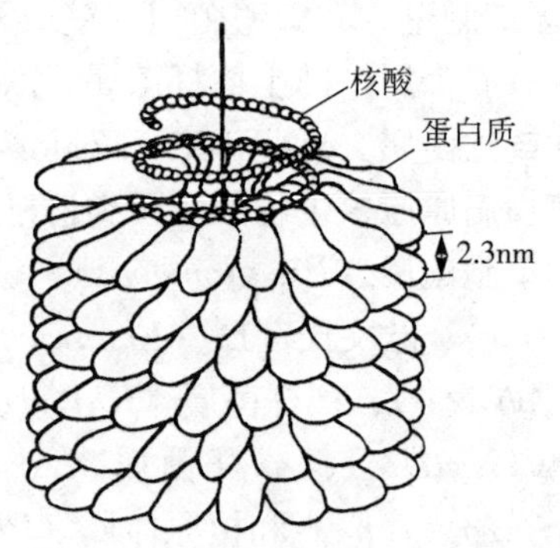

图3-8 病毒粒体的结构

3. 组分 植物病毒的主要成分是核酸和蛋白质。核酸在内部，外面由蛋白质包被，称为衣壳。有的病毒粒体中还含有少量的糖蛋白或脂类。病毒核酸决定了衣壳蛋白的氨基酸组成，蛋白质亚基构成病毒粒体的衣壳，对内部的核酸链起着保护作用。另外，植物病毒作为核蛋白大分子，一般具有良好的抗原性，能刺激动物产生抗体，并与抗体发生反应，是血清学方法鉴定病毒的依据。核酸是病毒的核心，组成了病毒的遗传信息组——基因组，决定了病毒的增殖、遗传、变异和致病性等。植物病毒的核酸只有DNA和RNA两种。按其在复制过程中功能的不同可分为5种类型，3种为RNA，即正单链RNA（+ssRNA）、负单链RNA（-ssRNA）、双链RNA（dsRNA）；2种为DNA，即单链DNA（ssDNA）和双链DNA（dsDNA）。其中+ssRNA可以直接翻译蛋白，起mRNA的作用，具有这种核酸的病毒称为+ssRNA病毒，这是最主要的植物病毒类型，70%以上重要的植物病毒都是这种核酸。另外，除含有蛋白质和核酸外，植物病毒还含有大量的水分，有些病毒含有多胺以及许多金属离子，它们在病毒粒体中均有各自的功能作用。

（二）植物病毒的生物学特性

1. 传染性 植物病毒的传染性早在19世纪末人类就已发现，将烟草花叶病的汁液接种到健康植株上，健康植株会发生同样的病害。后来发现，这种病汁液经过细菌过滤器过滤后，仍然具有传染性，这就证明了这种比细菌还要小得多的病毒是有传染性的。此后，人们又陆续发现病毒不仅能通过汁液传染，还可通过嫁接和昆虫介体传染。

2. 稳定性　不同病毒对外界环境因素影响表现的稳定性不同，此特性可作为鉴定病毒的依据之一。

（1）稀释限点　稀释限点（dilution end point，DEP）是指能保持病毒汁液侵染力的最大稀释度，反映病毒在体外的稳定性和侵染能力。不同的病毒具有不同的稀释限点，如烟草花叶病毒（TMV）为 10^{-4}～10^{-7}，而黄瓜花叶病毒（CMV）为 10^{-3}～10^{-6}。

（2）钝化温度　钝化温度（thermal inactivation point，TIP）是指处理 10 min 使病毒失去活性的最低温度。TMV 为 90 ℃左右，而其他大多数植物病毒在 55～70 ℃。

（3）体外保毒期　体外保毒期（longevity in vitro，LIV）是指在室温（20～22 ℃）下，病毒抽提液保持侵染力的最长时间。大多数植物病毒的体外保毒期在数天至数月，TMV 在 1 年以上，而 CMV 仅 1 周左右。

3. 运转　病毒不像细菌和真菌那样可以从植物的自然孔口或普通伤口侵入，更不能像真菌那样直接穿透角质层。病毒可通过细胞壁上的微伤口侵入，也可通过刺吸式口器昆虫的口针直接把病毒传入植物组织细胞中。植物病毒病害大多是系统侵染的，也有局部侵染的。局部侵染的病毒，只局限在侵染点附近，寄主多表现过敏反应，而形成局部枯斑；全株性侵染的病毒则可转移和扩散到整个植株，表现全株性症状，但也不是所有的组织和器官中都有病毒。一般来说，植物旺盛生长的分生组织很少含有病毒，如根尖、茎尖等，这也是通过组织培养获得无毒植株的依据。病毒在植物组织中是通过胞间连丝在细胞间运转的，速度很慢。移动速度因病毒-寄主组合不同而异，也受环境温度的影响。

4. 增殖　病毒是活体寄生物，离开活体就不能增殖。与真菌和细菌的繁殖方式不同，病毒进入细胞后，首先释放核酸，此核酸可直接作为 mRNA，利用寄主细胞提供的核糖体、tRNA、氨基酸等物质和能量，翻译形成病毒专化的 RNA 依赖性 RNA 聚合酶。在聚合酶的作用下，以正链 RNA 为模板，复制出负链 RNA，再以负链 RNA 为模板，复制出一些亚基因组核酸，同时大量复制出正链 RNA，亚基因组复制出 3 种蛋白（包括衣壳蛋白）。合成的正链 RNA 与衣壳蛋白进行装配就构成了完整的子代病毒粒体。子代病毒粒体又可按上述步骤不断增殖，并通过胞间连丝扩散转移。有研究曾以 TMV 少许汁液接种烟草健康植株，10 d 后全株发病，2 个月后，病株 1 000 mL 汁液中可提纯 2 g 病毒，与初始接种量相比，大约增加了 5×10^{7} 倍。

5. 多分体现象　多分体现象为植物病毒所特有，是指病毒的基因组分布在不同的核酸链上，分别包装在不同的病毒粒体中，必须是一组几个粒体同时侵染才能表达全部遗传特性。这种分段的基因组被称为多组分基因组，含多组分基因组的病毒被称为多分体病毒。双分体病毒如烟草脆裂病毒属（*Tobravirus*），其遗传信息分布在两段核酸链上，是包被在两种粒体中的病毒。此外，还有三分体、四分体甚至更多分体的病毒。

（三）亚病毒

亚病毒包括类病毒（viroid）、拟病毒（virusoid）和卫星病毒（satellite virus）等。类病毒是Diener在马铃薯纺锤块茎病研究中发现的一类新病原，它是一段具有很高碱基配对的能独立侵染植物细胞的低分子量的单链环状RNA，其在增殖和侵染性方面与病毒相似，区别在于RNA比最小病毒的RNA还要小许多，且无衣壳蛋白，因此把它们称作类病毒。类病毒引起的病害症状主要有畸形、坏死、变色等。目前已发现30多种类病毒，其中23种核苷酸序列已被分析出来。有一些必须依赖其他病毒才能存在的小病毒或核酸，称为卫星，它们依赖的病毒称辅助病毒。它们的核酸与辅助病毒很少有同源性，但能影响辅助病毒的增殖。其中能编码自身衣壳蛋白的称卫星病毒（satellite virus），不能编码衣壳蛋白的称卫星核酸。由于植物病毒的核酸大多是RNA，故称卫星RNA（satellite RNA，sRNA）。拟病毒含有线状和环状两种RNA。

（四）植物病毒的分类与命名

1. 植物病毒的分类 植物病毒的分类工作由国际病毒分类委员会（International Committee for Taxonomy of Viruses，ICTV）植物病毒分会负责。植物病毒分类和命名是国际性的，适用于所有病毒。国际病毒分类系统采用目、科、属、种的分类阶元。分类的基本依据是：构成病毒基因组的核酸类型（DNA或RNA）；核酸是单链，还是双链；粒体是否存在脂蛋白膜；病毒形态；核酸分段情况等。ICTV从2017年开始已逐步在网络上发布第10次病毒分类报告。2017版病毒分类系统中寄主是植物的种类包括植物病毒和植物亚病毒，侵染植物的病毒涉及5目28科5亚科121属1 440种。随着病毒宏基因组技术的广泛应用，病毒种类的鉴定速度迅猛，仍然不断有新病毒被发现、分类和命名。

2. 植物病毒的命名 植物病毒的名称目前不采用拉丁双名法，而是以寄主俗名加上症状的英文来命名，如黄瓜花叶病毒为*Cucumber mosaic virus*，缩写为CMV。植物病毒属名为专用国际名称，常由典型成员寄主名称（英文或拉丁文）缩写＋主要特征描述（英文或拉丁文）缩写＋virus拼合而成。如黄瓜花叶病毒属的学名为*Cucu-mo-virus*，即植物病毒属的结尾是-virus。科、属名称印刷应用斜体，且首字母要大写。病毒确定种的名称用斜体。类病毒在命名时基本遵循病毒的规则，因缩写名易与病毒混淆，新命名规则规定类病毒缩写为Vd，如马铃薯纺锤块茎类病毒*Potato spindle tuber viroid*缩写为PSTVd。

四、植物病原线虫

线虫（nematode）又称蠕虫，是一类低等的无脊椎动物，通常生活在土壤、淡水、海水中，其中有很多能寄生在人、动物和植物体内，引起各种病害。为害植物的称为植物病原线虫。由于植物受线虫为害后所表现的症状与其他病原物引起的病害症状相似，加之线虫虫体微小，因此，线虫对植物的为害也称病害，习惯上把寄生线虫作为病原物来研究，属于植物病理学内容的一部分。全世界已报道的植物寄生线虫达 200 多属 5 000 余种，据估计，主要农作物因植物寄生线虫造成的年损失率为 12.3%。

（一）植物病原线虫的形态与结构

1. 形态　线虫大小差异很大。寄生人和动物的线虫一般较大，如人体内的蛔虫等；寄生植物的一般较小，长 0.3～1.0 mm，也有长达 4 mm 左右的，宽为 0.015～0.035 mm。许多植物病原线虫由于虫体很细，多半透明，所以肉眼不易看见。线虫细长，有的呈纺锤形，横断面呈圆形，有些线虫的雌虫成熟后膨大呈柠檬形或梨形。

2. 结构　线虫的虫体结构较简单，可分为头部、体部和尾部，但无明显界限。头部位于虫体的前端，包括唇、口腔、口针和侧器等。体部又称躯干部，沿头部向后至肛门处。尾部是从肛门起至尾尖的部分。植物寄生线虫在尾部两侧有侧尾腺，雄虫尾部有的有抱片与尾乳突等结构（图 3－9）。

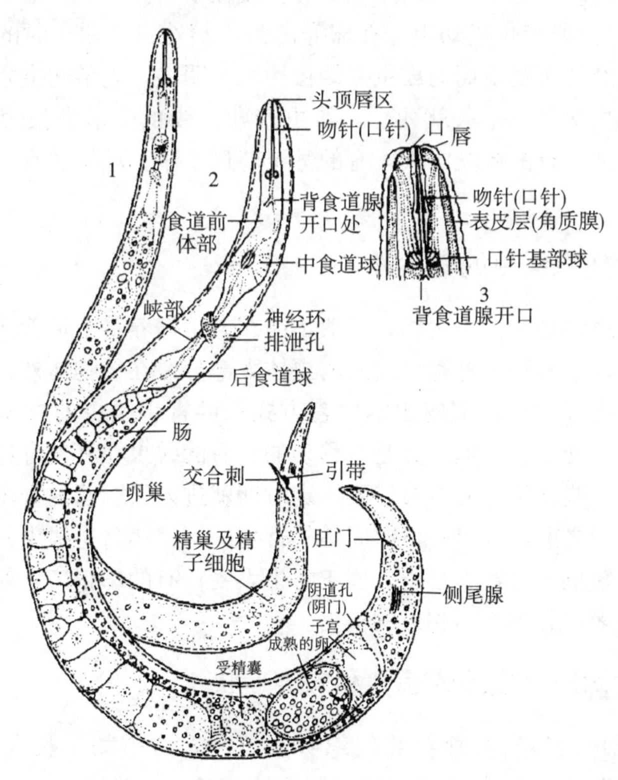

图 3－9　植物寄生线虫的雌、雄虫形态与结构

1. 雄虫　2. 雌虫　3. 头部结构

虫体分体壁和体腔。体壁的最外层是不透水的表皮层，光滑或有线纹，称角质层。角质层下是下皮层，再下面是肌肉层。角质层是由下皮层产生的，线虫每蜕皮一次，老的角质层膜脱落，同时形成新的角质层。线虫无足等附肢，靠肌肉层运

动。由于体壁几乎是无色透明的，镜检时可见体内结构。线虫主要有消化系统、生殖系统、神经系统与排泄系统等，以消化系统、生殖系统最为发达。

消化系统是从口腔到肛门的1条管道，包括口腔、食道、食道球、食道腺、肠和肛门等。口腔内有1口针，具有穿刺组织、从植物体内吸收养分并向组织内分泌酶和毒素的功能。口针是区分寄生线虫和腐生线虫的重要结构。

线虫的神经系统比较发达，中食道球后的神经环能见到。在神经环上，向前有6股神经通到口唇区的突起和侧器等；还有6股神经向后延伸到其他感觉器官如腹部的侧尾腺等。在神经环附近可以看到它的排泄管或排泄孔。

线虫的生殖系统非常发达，雌虫有1个或2个卵巢通过输卵管连到子宫和阴门。阴门和肛门是分开的。雄虫一般只有一个精巢，也有一对的。生殖孔和肛门同一个孔，称泄殖孔。

（二）植物病原线虫的生活史

植物病原线虫的生活史与昆虫的相似，是指植物病原线虫从卵开始，经生长发育进入幼虫、成虫阶段，再产卵的整个过程。除极少数营孤雌生殖外，绝大多数为两性生殖。卵通常产于土中，有的产在卵囊里或在植物体内，少数则留在雌成虫体内（如胞囊线虫）。卵孵化成幼虫，在卵壳内为1龄幼虫，脱壳时的幼虫已是2龄了，继续发育，经几次蜕皮而为成虫。幼虫性别不明显，老龄幼虫才有明显的性别分化。通常雄成虫交尾后不久就死亡，雌虫产卵。线虫生活史长短因种类不同而异。有的只要几天，有的要几十天，有的甚至超过1年。环境适宜时，时间短；反之，则长。

（三）植物病原线虫的寄生性

植物病原线虫都是活体寄生物，一般不能在人工培养基上培养。线虫的寄生方式有外寄生和内寄生两种。外寄生线虫的虫体大部分留在植物体外，仅以头部口针穿刺到组织细胞内吸食，类似蚜虫的取食方式；内寄生线虫的虫体进入组织内吸食，有的固定在一处寄生，但多数是可移动的。有的线虫在其发育过程中寄生方式是可以改变的，一些外寄生的线虫，到一定时期就进入组织营内寄生。典型的内寄生线虫在进入组织之前，也有一段时间是外寄生的。植物寄生线虫的寄主范围，有的窄，如小麦粒线虫主要寄生小麦，偶尔寄生黑麦；有的却很广，如根结线虫的一个种可以寄生很多在分类上不相近的植物。

（四）植物病原线虫的致病性和病害症状

植物病原线虫的口针穿刺植物组织吸收营养，对植物生长发育有一定的影响，但对植物破坏作用最大的是食道腺分泌的各类化学物质。这些分泌物除有助于口针穿刺细胞壁和分解细胞内含物，便于吸收外，还有以下几个方面的影响：刺激寄主细胞增大，形成巨型细胞；刺激寄主细胞过度分裂形成肿瘤或其他畸形；抑制分生组织细胞分裂；溶解中胶层，使细胞组织离析；溶解细胞壁，破坏细胞等。由于上述影响，植物受害后会表现各种病害症状，如肿瘤、畸形、叶斑、叶枯、腐烂等。

除自身为害植物外，线虫还能传播其他病原物，常成为枯萎病镰刀菌、细菌性青枯病菌和一些土传病毒的媒介；口针穿刺造成的伤口为其他病原物侵入打开了通道，导致一些寄生性较弱的病原物侵入。同时，线虫可与其他病原物引起复合侵染，加重作物受害程度。

五、寄生性种子植物

种子植物大多具有叶绿素，营自养生活。但其中有少数由于根系或叶片退化或缺乏足够的叶绿素而营寄生生活，这类植物称寄生性种子植物，它们大多是双子叶植物。寄生性种子植物估计有 2 500 种以上，归属于被子植物门中的 12 个科，最重要的有菟丝子科（Cuscutaceae）、桑寄生科（Loranthaceae）、列当科（Orobanchaceae）和玄参科（Scrophulariaceae）等。其中又以桑寄生科最多，约占半数。寄生性种子植物主要分布在热带、亚热带地区，而列当主要发生在高纬度地区。目前，在茶树上发现的寄生性种子植物有桑寄生科和菟丝子科的植物。

（一）寄生性种子植物的寄生性

按寄生部位不同，寄生性种子植物可分为茎寄生和根寄生。茎寄生植物寄生于植物的地上部分，如桑寄生和菟丝子；根寄生植物寄生于寄主的根部，如列当。按寄生依赖程度或获取养分方式不同可分为全寄生和半寄生。半寄生是指寄生性植物含有叶绿体，能进行光合作用，但必须从寄主体内获取无机盐和水分。其解剖特征是寄生植物的导管与寄主植物的导管相连，这种寄生关系又称水寄生，桑寄生就属此类。全寄生是指寄生性植物无根无叶或叶退化成鳞片状，无足够的叶绿体，不能进行正常的光合作用，既依靠寄主供给水分、无机盐，又依靠寄主供给必要的糖类等营养物质。其解剖特征是寄生植物与寄主植物间导管和筛管都相连，菟丝子和列当就是以此方式寄生的。

寄生性植物都有一定的致病性，致病力强弱因种类而异。半寄生类的桑寄生对寄主的致病力较全寄生类的列当和菟丝子要弱。半寄生类的寄主大多为木本植物，寄主受害后在相当长的时间内似乎无明显的影响，但当寄生植物的群体数量较大时，最后也会导致寄主死亡。茶树桑寄生的致病方式就属此类。全寄生类多寄生于一年生草本植物上，但也能寄生于木本植物上。当寄主植物上寄生物数量较大时，很快就衰退、黄化，最后枯死。

（二）重要的寄生性种子植物及其特点

1. 桑寄生 桑寄生科包括桑寄生和槲寄生 2 亚科 65 属约 1 300 种植物。桑寄生全世界有 500 多种，主要分布在温带和亚热带，中国有 30 余种。桑寄生为常绿寄生性小灌木，寄生枝条无明显的节与节间，穗状花序，两性花，浆果。我国主要有 2 种：桑寄生（*Loranthus parasitica*）和毛叶桑寄生（*Loranthus levinei*）。桑寄生叶片光滑，花淡红色，浆果红色，主要寄生蔷薇科、山茶科、木兰科等；毛叶桑寄生花淡红色，浆果成熟后黄色，主要寄生樟科、山茶科、山毛榉科等。桑寄生于秋冬季形成鲜艳的浆果，招引各种鸟类食用，种子随粪便排出，黏附在寄主的枝条上，在适宜的温湿条件下 3 d 左右就可萌发，长出胚根，钻入寄主，一般完成这一过程大约需半个月。

2. 菟丝子 菟丝子科全世界发现约 170 种，我国记载 10 余种，都是全寄生的一年生草本植物，无根和叶，或叶片退化成鳞片状，不含叶绿体。茎丝状、黄色或紫色。花小，白色、黄色或粉红色，两性花，花序球状或穗状。果实为球状蒴果，内有种子2～4 粒。在我国对生产影响较大的主要是中国菟丝子（*Cuscuta chinensis*）和日本菟丝子（*Cuscuta japonica*）。中国菟丝子茎黄色，直径在 1 mm 以下，无叶，花小，蒴果内有种子 2～4 粒。主要为害草本植物，以豆科植物为主，大豆受害最重，其他如蔷薇科、菊科中的一些植物也能寄生。日本菟丝子茎较粗，直径达 2 mm，黄白色，并有突起的紫色斑。茎尖端及其以下 3 个节上有退化成鳞片状的叶。蒴果内有种子 1～2 粒。主要为害木本植物。日本菟丝子的寄主范围很广，在我国已发现 80 种以上的植物受害，茶树就是其中的一种。

第三节 病原物与寄主植物的关系

在自然界中，生物与生物之间存在极其复杂的相互关系。植物与微生物之间的关系主要有 3 种：第一是共生关系，植物和微生物共同生活，形成了双方都能得到好处的互利关系，如豆科植物与根瘤菌间就是这种关系。第二是共栖关系，两者虽然同处于同一环境中，但并无明显的利害关系，有时一方可从另一方得到利益，但对另一方并无不利影响，如土壤中的根际微生物可以利用植物根系分泌的大量的有机物质，但并不影响植物的生长发育。当然，其中有些对植物根部病原物有颉颃作用，间接地促进了植物的生长发育，这部分根际微生物与植物的关系应属共生关系。第三是寄生关系，一种生物依赖另一种生物提供营养物质的生活方式。提供营养物质的一方称为寄主（host），得到营养物质的一方称为寄生物（pathogen）。

一、植物病原物的寄生性

病原生物的寄生性（parasitism）是指病原生物从寄主细胞和组织中获取营养的能力，即病原生物依附于寄主生存的能力。自然界的生物按营养方式可分为自养生物和异养生物。只有少数的细菌和全部的绿色植物是自养生物，其余生物包括病毒、菌原体、多数细菌、真菌、少数高等植物和整个动物界都是异养生物。异养生物不能独立制造有机养分，必须从其他生物有机体上获得现成的有机物质，作为自己所需要的营养物质。

植物病原微生物都是异养生物。它们都能从寄主体内得到养分，但获取方式不同，主要有 2 种：一种是寄生物先杀死寄主细胞和组织，然后从中吸取养分，这种营养方式称为死体营养，营这种生活方式的生物称死体营养寄生物（necrotroph）。另一种只能从活的寄主中获取养分，并不立即杀死寄主植物的细胞和组织，称为活体营养和活体营养寄生物（biotroph）。*

活体寄生物是较高级的寄生物。它们可以从寄主的自然孔口或直接穿透寄主的表皮侵入，然后在植物细胞间蔓延。它们的寄生能力很强，必须在生物体的活细胞和组织内生活，离开活的生物体就不能生存，也不能在人工培养基上培养。典型的活体寄生物有病毒、菌原体、真菌中的锈菌、白粉菌、霜霉菌以及寄生线虫、寄生性种子植物等。当寄主的组织和细胞死亡以后，或者离开了有生命的寄主，它们也就停止生长和发育，直至死亡。

绝大多数植物病原菌都是死体寄生物。死体寄生物从寄主植物的伤口或自然孔口侵入后，通过它们所产生的酶和毒素等物质的作用，迅速杀死寄主的细胞和组织，然后以死亡的植物组织作为基质，进一步为害周围的细胞和组织。死体营养物的腐生能力一般都较强，它们能在死亡的残体上生存，营腐生生活，有的甚至可以利用土壤和其他场所的有机物质和无机物质而长期存活。死体寄生物对寄主细胞和组织的直接破坏能力较强，且速度快，在适宜的条件下，几天甚至几小时就能杀伤植物的细胞组织。

寄生性病原物的寄主范围大小不一。寄主范围广的可以为害不同科的植物，比较窄的则可以为害属内不同种的植物，有的甚至只能为害某一种或某一品种。一般来说，死体寄生物的寄主范围比较广，活体寄生物的寄主范围比较窄。有些寄生物对寄主植物的组织和器官、生长发育阶段都有选择性，有的只能为害寄主植物的特定部位（如嫩叶、嫩茎），有的则能为害全株。寄主范围是寄生物重要的生物学特性之一，关系到寄生物的越冬场所和初侵染来源。目前在抗病育种工作中，大多是针对寄生性较强的病原物引起的病害，对于许多弱寄生性寄生物引起的病害，一般难以得到较为理想的抗病品种。

二、植物病原物的致病性与致病机制

（一）致病性

病原物的致病性（pathogenicity）是指病原物对寄主植物组织的破坏和毒害能力。一般认为，植物病原物都是寄生物，但不是所有的植物寄生物都是病原物。如豆科植物的根瘤细菌和许多植物的菌根真菌都是寄生物，但不是病原物。因此，寄生物和病原物不同，寄生性和致病性的含义也不一样。寄生性强弱与致病力大小也无必然的相关性。寄生性强的寄生物常比弱寄生菌致病力小，有些寄生性很弱的病原物对寄主常表现有很强的致病力。有研究者对“植物病原物都是寄生物”这一观点提出挑战，他们认为，不是所有的病原物都是寄生物。在土壤中，植物根的周围有一些微生物，它们并未进入植物体内，也未从植物体中吸收养分和水分，而是在植物体外生长和分泌一些对植物生长有害的物质，可使根系扭曲或生长矮化，这些微生物只是在体外致病，并未寄生在植物体内，它们是植物病原物，但不是寄生物。

---

* 过去的文献中将只能活体寄生的寄生物称为专性寄生物；而将死体寄生物中的兼具寄生或腐生能力的分别称为兼性寄生物或兼性腐生物，前者以腐生为主，后者以寄生为主。

（二）致病机制

病原物对寄主植物之所以会发生致病作用，是由于病原物在寄主体内生长发育消耗寄主体内的养分和水分；病原物分泌各种酶；以及病原物与寄主植物相互作用产生的各种毒素和生长调节剂。这些物质可直接或间接地破坏寄主植物的组织和细胞，刺激或抑制寄主植物的生长和发育，使寄主植物表现各种症状，以致死亡。

1. 吸取寄主体内的养分和水分 病原物侵入寄主后，一旦建立寄生关系，就可以从寄主体内获取营养物质。病原物侵入的数量越大，寄主消耗的养分就越多。这就造成了寄主植物营养不良，从而出现各种不同的症状。

2. 细胞壁降解酶 植物体表最外层是角质层，这是病原物侵入植物体要突破的第一道防线。有的病原真菌可以分泌角质酶，能分解角质层。现已确定至少有22种病原真菌能产生角质酶，利用胶孢炭疽菌（*Colletotrichum gloeosporioides*）等进行了系统研究，进一步确定了角质酶在病原菌侵入植物体过程中的作用。

细胞壁是病原物侵入的主要障碍，其主要成分是果胶质、纤维素、半纤维素、木质素以及含羟脯氨酸的糖蛋白。针对植物细胞壁中的每种多糖成分，植物病原真菌和细菌都有相应的降解酶，它们是果胶酶、纤维素酶、半纤维素酶、木质降解酶和蛋白酶等。其中果胶酶是使组织浸解和细胞死亡的主要因素，原因可能是果胶酶降解中胶层和多糖组分后，初生细胞壁松弛，壁压下降，原生质质膜胀裂，导致细胞死亡。

纤维素在病原物产生的几种纤维素酶的共同作用下，最终裂解为葡萄糖分子。因此，病原物分泌的纤维素酶在植物细胞壁的软化和分解过程中起着重要作用，并且降解的产物还可成为病原物自身利用的养分。植物病原真菌可以分泌木聚糖酶、阿拉伯糖酶、甘露糖酶等多种半纤维素酶，在它们的共同作用下，酶解半纤维素，破坏和分解植物细胞壁。

不同种类的病原物在致病过程中起主要作用的酶类可能有所不同。在大多数软腐病菌致病过程中起主要作用的是果胶酶；引起草本植物茎秆湿腐倒伏的病原物如立枯丝核菌等，起主要作用的除果胶酶外，还有纤维素酶；引起木材腐朽的真菌大多具有较强的分泌木质素酶的能力。由于植物细胞壁成分的复杂性以及病原物酶的多样性，在降解植物细胞壁的过程中，多种细胞降解酶之间还存在着密切的协同作用。

此外，植物病原物还能产生降解细胞内物质的酶，如蛋白酶、淀粉酶、脂酶等，它们可分别降解蛋白质、淀粉和脂类等重要物质。

3. 毒素 毒素（toxin）是植物病原真菌和细菌产生的对植物有毒性的活性化合物，用少量毒素就可以影响植物正常的生理功能，导致对植物的伤害。也可以说，毒素是一类对植物有毒害作用的非酶类化合物。一些毒素能产生所有或多数典型的病害症状，有些毒素仅对产生该毒素的病原物的寄主表现高度的毒性。病原物不仅能在植物体内产生毒素，就是在人工培养条件下也能产生。用这些毒素处理健康植物能够使其产生各种不同的症状，且与病原物引起的症状相同或相似。毒素是一类非常高效的化学物质，能在极低的浓度下诱发植物产生病状。应该注意，有些化学物质在较高浓度下也能对植物产生不利的影响或毒害作用，但这些物质不能称为毒素。毒素可分为寄主专化性毒素和非寄主专化性毒素两类。寄主专化性毒素与产生该毒素的病原物有相似的寄主选择性，能够诱导感病寄主产生典型症状，在病原物的侵染过程中起着重要作用。一般说来，感病品种对毒素也很敏感，中抗品种对毒素中度敏感，抗病品种对毒素敏感性最低。这类毒素的经典代表有维多利亚毒素、T毒素等。T毒素对T型雄性不育系玉米毒性很强，在叶部产生大型病斑，使之枯死。它专化性地作用于T型雄性不育系玉米细胞的线粒体，使之膨胀破裂，并导致一系列的病理变化，最后，细胞和组织死亡。非寄主专化性毒素对寄主无严格的选择性。镰刀菌酸是多种镰孢菌真菌产生的一种致萎毒素，其主要作用机制是改变细胞膜的透性，引起电解质渗漏，降低多酚氧化酶的活性等。此外，这类毒素还有腾毒素、丁香假单胞毒素、梨火疫毒素等，它们均以不同的方式作用于细胞和组织，导致植物伤害和死亡。

4. 生长调节剂　一定含量和恰当比例的植物生长调节剂（regulator）是植物正常生长发育所必需的，此时，植物体内的生长调节剂处于平衡状态，一旦平衡受到破坏，植物就会表现病态。许多植物病原物侵入植物体后能够合成生长调节剂，这些外来的调节剂会严重干扰植物正常的生理功能，使植物产生畸形、黄化和落叶等症状。此外，病原物还可通过影响植物体内生长调节系统，改变正常生长调节剂的含量和组成比例，从而引起植物病变。植物病原物产生的生长调节剂主要有生长素、赤霉素、细胞分裂素、脱落酸和乙烯。多种病原真菌和细菌能够合成吲哚乙酸，引起植物体内吲哚乙酸含量大幅度提高，茶苗根部被土壤杆菌（*Agrobacterium tumefaciens*）侵染后，根部吲哚乙酸含量增加，细胞分裂加快，在主根和侧根上形成许多大小不等的瘤状物。总之，这些由病原菌侵入植物体后产生的生长调节剂对植物的正常生理功能会造成一系列的负面影响，以致生长发育受到刺激或阻碍，最后表现各种病状。

三、植物的抗病性

植物的抗病性（resistance）是指植物避免、中止或阻滞病原物侵入与扩展，减轻发病和降低损失程度的一类特性。植物与病原物在长期的协同进化中互相适应、互相选择，病原物形成了不同类型的寄生性和致病性，而寄主植物也就形成了不同程度的抗病性。

（一）植物抗病性的类型

植物抗病性按遗传基础可划分为主效基因抗病性和微效基因抗病性两类。主效基因抗病性的特点是抗病性由单基因或寡基因控制，对特定病原物表现高度的抗性，但这种抗性不稳定，容易丧失；微效基因抗病性的特点是抗病性由多种微效基因共同控制，针对较多的病原物，表现中等程度的抗性，这种抗性比较稳定持久。

（二）植物抗病的物质基础

植物抗病因素主要有两方面：一是植物体固有的结构和化学物质，二是病原物侵入后诱发形成的结构和化学物质。

1. 植物体固有的结构和化学物质 植物形态结构在抵御病原物侵入时有其特定的作用，如角质层、气孔和根毛等。植物组织和细胞内一些固有的物质在阻止病原物与寄主建立寄生关系过程中有着重要的影响。

（1）结构抗性 植物表皮以及覆盖其上的蜡质层、角质层等构成了植物体抵抗病原物侵入的最外层防线，蜡质层不易黏附雨滴，不利于病原菌孢子的萌发和侵入。角质层越厚，植物的抗侵入能力就越强。气孔的结构、数量和开闭习性也是抗侵入的因素。对于从气孔侵入的病菌来说，气孔的数量、密度、大小等均与抗侵入有关。有的植物品种气孔的开闭常具有功能性的抗性，早晨开得较晚，晚上闭得较早，这就使得病菌错过了在露滴中萌发侵入的良机，同时，也缩短了病菌的侵入时间。叶片上的茸毛也影响植物的抗性。茶炭疽病菌是从茶树嫩叶背面茸毛基部侵入的，因此，品种的抗性与嫩叶茸毛的密度、细胞壁的厚度有关。一般抗病品种的茸毛侧壁变厚的速度较感病品种要快。此外，细胞壁对一些穿透力弱的病原菌也是限制其侵入和定殖的物理屏障。还有一些结构如自然孔口、导管结构等也都能构成对病原菌的抗性。

（2）化学物质 在病原物侵入前，植物体内就普遍存在各种抗菌化学物质，主要有酚类物质、皂角苷、不饱和内酯和其他有机化合物。茶树对真菌、细菌和病毒等病原物表现出高度的抗病性，这在很大程度上取决于茶树细胞内存在的抑制性化合物，特别是茶芽及嫩叶中含有多种酚类物质，它们能够抑制病原物分泌的多种水解酶，从而阻止病原物的侵染。茶树上病毒病害、细菌病害种类很少，发生也轻，这可能与茶树体内酚类物质含量较高有关。除多酚类物质外，茶树体内还含有一些酶如葡聚糖酶、几丁质酶等，它们能够分解病原物的细胞壁成分，从而表现对病原物侵染的抗性。植物体内某些固有的酸类、单宁和蛋白质等是病原菌分泌水解酶的抑制剂，这些都可以形成植物抗病性。另外，据报道，茶树体内金属含量与病害发生有一定关系。

2. 病原物侵入诱发的抗病因素 植物的许多机械的和化学的防御系统是在对病原物侵入的反应中形成的，首先是针对病原物的侵入在形态结构上发生某些变化，接着调整代谢途径，产生一系列的抗病物质。

（1）机械防御结构 病原物的侵入会导致植物细胞壁木质化、木栓化，发生酚类物质和钙离子沉积等多种保卫反应。真菌的分生孢子侵染茶树后，常在侵染点周围引起几层木栓细胞的形成，这是真菌分泌物刺激寄主细胞的结果。木栓层形成后阻止了真菌菌丝和毒素的进一步扩展，同时，也切断了健康组织内的水分和营养物质向病区扩散，使病菌得不到必要的养分而失去侵染力。木质化产生的木质素沉积能够增强植物细胞壁强度，以抵抗病原菌侵入的机械压力。一些病原真菌侵染茶树叶片时，侵染点及其周围的细胞会立即产生加厚反应，且大多发生在表皮细胞壁，能够限制菌丝侵入细胞，此时加厚的壁可以阻止菌丝在细胞间进一步扩展。

（2）化学抑制物质 植物受病原物侵染刺激后形成的化学抵抗反应主要是植物保卫素的形成、过敏性反应以及对毒素的降解等。

植物保卫素（phytoalexin）是植物受病原物侵染或受其他因素刺激后所产生的一类低分子量的具有抗菌性能的次生代谢物质。植物病原真菌、细菌、病毒、线虫以及其他一些化学物质都能刺激植物产生植物保卫素，首先在侵染点附近细胞和组织内形成，继而向毗邻细胞和组织中扩散。一般抗病植株中积累的量多、速度快。一些茶树品种受到病原真菌侵染后，酚类化合物合成积累速度加快，如绿原酸、咖啡酸等构成了茶树体内的植物保卫素，当它达到一定浓度时，抗性就表现出来。

过敏性反应是植物对病原物侵染发生的最普遍的保卫反应。在茶树抗病品种中，被真菌侵染的细胞及其周围的细胞内均发生一系列的生理变化，如细胞膜透性的丧失，酚类化合物的积累和氧化等。这些变化可导致细胞、组织的死亡和崩解，病原物被隔离并随之死亡。抗病品种在被病原物侵染的初期，往往多酚化合物含量较高。过敏性反应除产生酚类物质外，还有可溶性寄主蛋白、酶类等。近年研究表明：植物在受伤或受病原物侵染时，会迅速作出反应，合成很多的蛋白质，其中有些与植物抗病性密切相关，这类蛋白质可通过病原物侵染诱导表达，且与产生系统获得抗性相关性，被称为病程相关蛋白（pathogenesis related protein，PRP）。它们在植物抗病中的作用越来越得到显现，如几种具有1，3-葡聚糖酶或几丁质酶活性的PRP能通过降解真菌的细胞壁组分葡萄糖和几丁质来抑制真菌，而且它们的活性具有协同性，也就是说两者的共同作用要远高于单一酶的作用。茶树叶片受真菌分生孢子侵染后，病组织中产生苯丙氨酸解氨酶（PAL）。PAL可催化L-苯丙氨酸还原脱氨，其产物可为一系列抗菌物质的形成提供碳链骨架（包括植保素和木质素的生物合成），有利于茶树抗病性的表达。还有一些酶在植物病程中起着调控作用，包括过氧化物酶（POD）、超氧化物歧化酶（SOD）、多酚氧化酶（PPO）、β-1,3-葡聚糖酶（β-1，3-glucanase）和几丁质酶（chitinase），这些酶可由多种因子（病原物的侵染、不良的环境条件等）诱导产生，又受多种因子的调控，具有多方面的功能。在植物-病原物的互作中，通过参与植物抗病次生物质（酚类化合物、植物保卫素等）的代谢，抑制病原物的生长、发育和繁殖，甚至可以直接杀死病原物，从而使植物对病原物产生抗性。据初步研究显示，茶树防御酶与不同茶树品种的抗性有着密切的关系，这些均有待进一步探索。此外，植物组织能够代谢病原菌产生的植物毒素，降低病原菌的毒性，抑制病原菌在植物细胞和组织中定殖和症状的表达。因而，这也被认为是重要的抗病机制之一。

（三）植物的避病和耐病

植物的避病和耐病构成了植物保卫系统的最初和最终两道防线，即抗接触和抗损害。如果避病和耐病也被视为抗病性，那么，这种抗病性与上述的具有物质基础的抗性相比，显然具有不同的遗传和生理基础。

1. 避病　植物因不接触病原物或减少了接触机会而不发病或发病减轻的现象称为避病。避病可分为时间避病和空间避病两种。时间避病是植物易感染的生育期与病原菌有效接种体大量散布时期错开或部分错开，起到避病的效果。小麦赤霉病穗腐的易感阶段为抽穗期和扬花期，有些品种开花较早而集中，花期较短，发病较轻。空间避病是植物的形态特点能够成为空间避病因素，茶树叶片在枝条上的着生角度对病害的发生有很大的影响。

2. 耐病　耐病品种具有抗损害的特性，有一些植物虽然受到病原物侵染，有时发病甚至较重，但其产量和品质损失较轻，这种现象称为耐病。耐病的主要原因可能是这类植物具有较强的生理调节能力和生理补偿能力。茶树的某些品种也具有耐病特点。

第四节　传染性病害的侵染过程与侵染循环

一、传染性病害的侵染过程

病原物从存在的场所，通过一定的传播途径达到寄主的感病点上并与之接触，然后侵入寄主体内获得营养物质，建立寄生关系，再进一步扩展，使组织破坏或死亡，最后在外表出现各种症状，这个全过程简称为病程，即传染性病害的侵染过程(infection process)。病程一般分 4 个阶段，即侵入前期、侵入期、潜育期和发病期。

（一）侵入前期

从病原物与寄主接触或能够受到寄主外渗物质影响开始，到病原物向侵入部位活动或生长并形成侵入前的某种侵入结构为止，称为侵入前期。

侵入前期病原物处于寄主体外的复杂环境中，必须克服各种不利因子才能进行侵染。首先病原物的繁殖体和休眠体必须通过各种途径传播到达寄主的感病点，然后进行侵入前的一些生长活动，如真菌休眠体或孢子的萌发，芽管或菌丝体的生长，细菌的分裂繁殖，线虫的孵化，幼虫的生长蜕皮以及菟丝子种子的萌发等。

在侵入前期，病原物除了直接受寄主的影响外，还要受到生物的、非生物的环境因子的影响。如寄主体表的淋溶物和根系的分泌物都可以促使病原体休眠或萌发，或诱使病原物的聚集等。另外，存在于植物体表和土壤中的颉颃微生物可明显抑制病原物的活动。非生物环境因子温度、湿度对病原物的影响最大。总之，在侵入前期，病原物容易受到各种因子的影响，是侵染过程中的薄弱环节。所以，此时期是防止病原物侵染的有利时机。

（二）侵入期

从病原物开始侵入寄主起，到与寄主建立寄生关系为止的时期称为侵入期(penetration period)。在此时期内，许多病原物必须从寄主体外进入到寄主体内，即使是体外寄生的白粉菌也需在表皮细胞内形成吸器，外寄生的线虫和寄生性种子植物也有穿刺植物吸取汁液和进入组织产生吸盘和吸根的侵入阶段。

1. 侵入途径

（1）直接侵入　病原物在寄主体外可以直接穿透寄主表皮的角质层侵入。

（2）自然孔口侵入　病原物通过植物的自然孔口如气孔、水孔、皮孔、蜜腺、柱头等进入植物体内。

（3）伤口侵入　植物体表的各种伤口如虫伤、斑伤、冻伤、日灼伤、各种机械伤、自然裂伤以及植物落叶的叶痕等形成的伤口，这些都是病原物侵入的门户。

2. 侵入过程

（1）真菌　真菌侵入寄主的途径有直接侵入、自然孔口侵入和伤口侵入。大多数真菌是直接侵入。典型的过程是孢子萌发长出芽管，芽管伸长与寄主接触时，顶端膨大形成附着器，附着器分泌黏液，将芽管固着在寄主表面，然后附着器上产生极细的侵染丝。侵染丝以极大的机械压力穿过寄主角质层，然后在酶的作用下分解细胞壁而进入细胞内，最后孢子和芽管内的原生质沿侵染丝向内输送，并发育形成菌丝体，吸取寄主体内的养分，建立寄生关系。以侵染丝直接穿透角质层的侵入，角质层越薄，侵入越容易，对于已经角质化了的寄主表皮，侵入就相当困难。

从自然孔口和伤口侵入的真菌，孢子萌发的芽管都可以形成附着器，但也有的不形成附着器和侵入丝，而以芽管直接从自然孔口和伤口侵入，然后发育成菌丝而建立寄生关系。这种由芽管侵入发育为菌丝的方式，在伤口侵入的真菌中较为普遍。

（2）细菌　植物病原细菌缺乏直接穿透寄主表皮角质层的能力，其侵入途径只包括自然孔口和伤口侵入两种方式。从伤口侵入的细菌，不一定都能从自然孔口侵入，但从自然孔口侵入的细菌都能从伤口侵入。从自然孔口侵入的细菌都有较强的寄生性，如黄单胞菌属和假单胞菌属的细菌都能引起寄主的活组织致病，形成各类斑点类型。从伤口侵入的细菌一般寄生性较弱，如欧文氏菌属细菌从伤口侵入后引起组织腐烂。

（3）病毒、类病毒、菌原体生物　这类病原物都缺乏直接从表皮角质层和自然孔口侵入的能力，而只能从伤口侵入，这种伤口又必须是不使寄主细胞丧失其活力的微伤口。因此，这类病原物多在昆虫或机械损伤的微伤口侵入。侵入后的病原体，必须很快合成新的病原体才能引起对植物的感染。

（4）其他　植物外寄生线虫都是以口针穿刺吸取植物汁液，为直接侵入的方式。内寄生线虫则多从植物的伤口或裂口侵入，少数还可以从自然孔口侵入，也有从表皮直接侵入的。寄生性种子植物如菟丝子、桑寄生、列当都是以吸盘上吸根直接穿刺寄主从表皮侵入的。

病原物侵入寄主后，还必须与寄主建立寄生关系，否则仍不能引起发病。如真菌侵入后则很快形成菌丝体进行营养生长，细菌的个体在侵入后也大量增多，病毒粒体也必须快速地进行复制，线虫和寄生性种子植物侵入后即大量吸取汁液。只有这种营养关系建立了，寄生关系才能建立起来。

3. 影响病原物侵入的环境条件

（1）湿度　湿度对侵入期的影响很大，这是因为大多数真菌孢子的萌发、细菌的繁殖以及游动孢子和细菌菌体的游动都必须在有水的情况下才能进行。一般来说，湿度高对病原物有利，而寄主抗入侵的能力会降低。在高湿条件下，寄主气孔开张度大，水孔泌水多而持久，保护组织柔软，伤口愈合能力减慢，从而抗侵入能力降低。因此在潮湿多雨的气候条件下发病重。

（2）温度　温度主要影响病菌孢子萌发和侵入的速度。在最适温度下，病菌孢子萌发率高，萌发所需的时间短，侵入率也随之提高。离最适温度愈远，孢子萌发所需时间愈长，甚至不能萌发。在植物病害发生的季节里，温度一般可满足侵入的要求，而湿度变化较大，常成为病原物侵入时的限制性因子。

侵入期是传染性病害侵染过程中的重要环节之一，在病害防治上占有重要地位。此期病原物由寄主体外向寄主体内活动，最易受外界物理、化学和生物等因子的影响，是病原物生活史中最薄弱的环节，也是病害防治最有利的时机。此外，在制订病害防治措施时，要注意病原物侵入期对环境条件的要求，加强田间管理，增强寄主抗病性，改变田间环境条件，避免寄主造成机械损伤等，这些在防治上都具有重要意义。

（三）潜育期

从病原物侵入寄主建立寄生关系开始，到寄主表现明显症状为止的时期，称为潜育期（incubation period）。潜育期是病原物在寄主体内吸收营养和不断扩展蔓延的时期，同时也是寄主对病原物扩展蔓延进行抵抗的时期。此时期以感病植物的症状出现而结束。

1. 病原物营养的获取及在寄主体内的扩展 潜育期无论是专性寄生或非专性寄生的病原物在寄主体内进行扩展时，都需要消耗寄主的养分和水分，有的则分泌酶、毒素和生长调节素，扰乱寄主正常的生理活动，使其组织遭到破坏，生长受到抑制或促使其细胞过度分裂形成肿大，最后导致症状的出现。

病原物在潜育期以获取营养为最重要，不同病原物获取营养方式不一样。有从活的寄主体内才能获得营养的活体营养生物，它们在寄生过程中不立即杀死寄主细胞，而是逐渐削弱细胞的生活力，一旦细胞死亡，病原物即进入繁殖阶段或转入其他活的寄主细胞组织中。此类寄生物包括所有的病毒、类病毒、植原体属、真菌中的霜霉菌、白粉菌、锈菌等。另一类为死体营养生物，它们虽可在活的寄主体内寄生，但要从死的细胞中才能获得营养。因此，这类病原物在寄主体内先分泌各种酶和毒素，把寄主细胞杀死，然后才能获得营养并向体内其他部位扩展。如腐霉菌、镰孢菌和多数植物病原细菌。还有一些病原物介于两者之间，如引起多种叶斑病的病原真菌。

病原物在寄主体内扩展，有的局限在侵入点附近，扩展范围较小，称为局部性侵染。有的则从侵入点向各个部分发展甚至扩展到全株，称为系统性（或散发性）侵染。局部侵染的如许多引起叶斑的真菌和细菌，其引起的病害潜育期较短；而系统侵染的如大多数的病毒以及侵入寄主生长点而扩展的真菌，在侵入植物后随着寄主维管束的输导作用而在寄主体内作全身扩展，这类病原物引起的病害，潜育期较长。

2. 影响潜育期的环境因素 病原物在寄主体内潜育期的长短主要决定于病原物与寄主的生物学特性。如禾谷类作物黑穗病，潜育期长达几个月至1年，果树病毒类病害的潜育期也可长达一至数年，而多数局部侵染的病害，潜育期只有几天到十几天。但是，同一种病害由于受环境条件的影响，潜育期的长短会有一定的变化，其主要影响因素有：

（1）温度 温度对潜育期的影响最大。主要原因是病原物生长和发育对温度的要求一般均有其最适范围。在最适温度范围内，病原物生长发育速度最快，潜育期也最短。若温度过高或过低都会限制其发育，则潜育期将延长或终止。

（2）湿度 在潜育期，病原物已进入寄主体内，对水分的要求已基本得到满足。因此，外界湿度的变化对其影响较小。有些病原物在外界湿度大、寄主组织充水的情况下，病原物的发育和扩展更为有利，潜育期则相应缩短。

（3）寄主抗性　在潜育期，寄主的不同发育阶段其抗性不同，潜育期长短也有差异。如黄瓜枯萎病菌在黄瓜幼苗上潜育期为 5～7 d，而成株上潜育期 10～15 d，甚至可达 1 个月。寄主抗性还可表现在病原物侵入后，寄主体内产生各种生化反应以抵抗病原物的扩展。此外，寄主体内营养物的成分和比例的差异也影响病原物的发育状况。一般寄主体内可溶性氮化物含量高时，有利于病原物的扩展。

有的病原物侵入寄主植物后，经一定程度的发展，由于寄主抗病性强或环境条件不适于病原物扩展，病原物只能在寄主体内潜伏而不表现症状，一旦环境因素转变或寄主的抗性减弱时，病原物即可继续扩展并出现症状，这种现象称为潜伏侵染。如一些果树和林木的枝干腐烂病，病原物通过伤口侵入生活力强的寄主体内，不表现症状。当树体或局部组织衰弱时，或寄主遭受冻害、生理年龄衰老、生活力降低时，潜伏于树体内的病原物便迅速扩展而引起树皮腐烂，如柑橘树脂病菌、柑橘炭疽病菌都具有此特点。

（四）发病期

从寄主出现明显症状开始，到病害进一步发展加重的时期称为发病期。此期间病原物在寄主的感病部位不断产生繁殖体，构成各种特征性的病征。如真菌引起的病害在病部产生大量的无性繁殖体，形成各种霉、粉、粒、丝状物。大量的分生孢子提供了再侵染的来源，在寄主组织衰老或死亡之后一般产生有性繁殖体。细菌病害在病部产生脓状物，其中含有大量的细菌个体，是进行再侵染的病原来源。病毒病害则在发病期表现系统性和局部性的症状，而无病征。

发病期环境条件的影响包括湿度、温度、光照、寄主状况等。许多真菌、细菌病害在多雨潮湿的条件下产生大量的繁殖体，并使寄主表现急性型和发展型的症状。若气候干燥常使病斑停止扩展并形成慢性型病斑，病原物产生繁殖体的数量也极少。温度在此期间主要影响病原物繁殖体产生的速度。

在发病期，病原物形成新的繁殖体的速度和数量与病害的再侵染有密切的关系。控制其发生发展对延缓田间病害流行的速度和缩小其受害的范围有着积极的作用。因而在初发病时采取喷药、拔除中心病株或控制田间小气候条件使之不利于病原物等措施，都可取得一定的防治效果。

二、传染性病害的侵染循环

侵染循环（infection cycle）是指寄主从一个生长季节开始发病，到下一个生长季节再度发病的周年循环。它是病害防治研究的中心问题。传染性病害的侵染循环主要包括病原物的越冬和越夏、病害的初侵染和再侵染以及病原物的传播。

（一）病原物的越冬和越夏

当寄主成熟收获或进入休眠期后，病原物需要度过一段时期，并引起下一个生长季节的病害发生，这就是病原物的越冬和越夏。大部分植物都是在冬季休眠，加之冬季气温低，不利于病原物生长发育，因此病原物的越冬就显得更为重要。

病原物的越冬、越夏场所，一般就是下一生长季节病害发生的初次侵染源。了解病原物的越冬、越夏形态和越冬、越夏场所，并及时消灭这些病原物，对减轻下一生长季节病害的发生为害具有重大的意义。

病原物的越冬、越夏形态依各类病原物而异。如真菌以休眠菌丝体或产生休眠孢子或其他休眠结构体留存在各种场所越冬。细菌则以其菌体越冬。线虫可以老熟的幼虫、成虫或卵、卵囊越冬。病毒以其自身的粒体在活的寄主体内或介体内越冬。寄生性植物则以产生的种子或以自身的植物体越冬。

病原物越冬、越夏场所主要有以下几种：

1. 田间病株或其他野生寄主 茶树是多年生植物，因此大多数病原物都能在感病植物的枝干、树皮、根部、芽及叶片等组织内潜伏越冬，成为下一生长季节的初侵染源，如茶云纹叶枯病菌、茶枝梢黑点病菌、茶根结线虫等都是以田间病株作为主要越冬场所。另外，许多病毒和某些细菌、真菌，它们的寄主范围广，除栽培作物外，还有许多野生寄主，因此，这些野生寄主也都是其越冬、越夏的场所。如黄瓜花叶病毒可通过虫媒传染到田间多种杂草植物上，并在其地下部越冬，第2年又从越冬杂草上通过蚜虫传到黄瓜上进行为害。对于转主寄生的病菌，还应注意进行转主寄主病原物的铲除。

2. 种子、苗木及其他繁殖材料 不少病原物可以潜伏在苗木、接穗和其他繁殖材料内或附着在其表面越冬。当使用这些繁殖材料时，不但植株本身发病，而且成为田间病害的发生中心。这类病害还可随苗木、无性繁殖材料的调运，而将病害传到新区，如柑橘黄龙病及各类苗木上的线虫病害等。种子带菌在多种蔬菜作物和草本花卉上较多，有混杂于种子中的菌核、菟丝子种子，有附着在种子表面带菌的，也有寄生在种子内的。了解病原物在种子上的带菌情况，对于播种前进行种子处理具有实践意义。

3. 土壤 土壤是多种病原物越冬、越夏的主要场所。病株或病株残体上的病原物都容易掉落在土壤中成为下一生长季节的侵染源。

有些病原物以休眠或休眠结构在土壤中越冬、越夏，如鞭毛菌产生的卵孢子，子囊菌产生的菌核，黑粉菌的冬孢子，半知菌产生的各种无性繁殖体及菌核、菌索、厚垣孢子以及线虫形成的胞囊等，这些病原体一般在土温低而且较干燥时保持其休眠状态，存活的时间也较长。若土壤温度高、湿度大，存活的时间就缩短，如白菜菌核病菌的菌核，在土壤干燥的环境下可存活1年以上，若土壤湿度大几个月即腐烂死亡。

除真菌的休眠器官外，许多真菌和细菌还可以腐生方式在土壤中营腐生生活。一些在病残体上营腐生生活的病菌，病残体分解腐烂，病原物也逐渐死亡，此类称土壤寄居菌。它们对土壤中颉颃微生物比较敏感，因此在土壤中寄居的期限决定于病残体的分解腐烂速度，大部分的病原真菌和细菌属于此类。另一些为土壤栖居菌，此类病菌能单独在土壤中生活，适应性强，并且能够进行繁殖，是多种土传病害的病原菌，如腐霉菌、疫霉菌、镰刀菌以及假单胞菌属的青枯病菌都能在土壤中存活多年。

对于这些在土壤中越冬、越夏的病原物，根据各自的情况，采用轮作、土壤消毒、杜绝病菌的传入及有效利用土壤中颉颃微生物改变土壤环境条件等方法进行病害的控制。

4. 病株残体　绝大多数非专性寄生的真菌、细菌都能在感病寄主的枯枝、落叶、落果、残根等组织中存活，其中也包括部分病毒。如烟草花叶病毒可在干燥的烟叶内存活30年仍具有侵染能力。因此在作物收获或进入休眠期后，要保持田园清洁，把留在地面上或寄主上的病残体集中烧毁或堆制肥料深埋。园地还可进行深翻，将部分混入土面的病残体埋于土中加速分解，这些措施都有利于侵染来源的减少和消灭。

5. 肥料　不少病原物可随病残体或休眠组织混入到各类肥料中，若在肥料未充分腐熟时施肥，病原物又可随粪肥带到田间成为初侵染源。所以在施用各类农家肥时，必须充分腐熟后再施用，以防止携带病原物在田间造成为害。

除上述几种越冬、越夏场所外，还有许多靠介体昆虫传播的持久性病毒，传毒介体往往成为这些病毒的越冬、越夏场所。

（二）病害的初侵染和再侵染

越冬越夏后的病原物，在寄主生长期进行的第一次侵染称为初侵染。在初侵染感病后的寄主病部产生的病原物再通过各种传播方式引起的侵染称为再侵染。在一个生长季节中，再侵染可能发生许多次。因此，传染性病害可根据再侵染的有无分为以下两种类型：

1. 多病程病害　在作物生长季节发生初侵染后，还有多次再侵染过程发生的病害。这类病害只要环境适宜，再侵染次数多，病程较短，田间病情发展快，因而易导致病害的流行。农作物上大多数病害都属于此类，如十字花科霜霉病、茶炭疽病、茶饼病以及各类作物的白粉病等。

2. 单病程病害　在一个生长季节中，只有初侵染而无再侵染或再侵染不很重要的病害。单病程病害在田间发生的程度决定于初侵染量的多少。初侵染量大，病害发生重；初侵染量小，病害发生轻。单病程病害在田间病情是稳定的，如茶树上的茶枝梢黑点病、茶粗皮病等。

以上两类病害的发生特点与病害防治方法密切相关。对于单病程病害只要集中消灭初侵染源或防止初侵染的发生，就基本能控制。多病程病害除了消灭初侵染源外，在寄主生长期还要根据田间病害发生情况和环境条件，采取各种有效措施进行防治，再侵染次数多的，防治次数也相应增多，否则达不到防治效果。

（三）病原物的传播

病原物在经过越冬、越夏或在寄主感病部位上产生各类繁殖体后，都必须通过主动或被动的力量使其达到新的感病点，这一过程称为传播。传播是联系病害侵染循环中各个环节的纽带。病原物的传播方式可分为主动传播和被动传播。

主动传播是病原物通过自身的活动进行的。如有些真菌具有强烈放射孢子的能力，另一些真菌菌丝和菌索在土壤中或在寄主体表生长蔓延，具有鞭毛的细菌和真菌游动孢子可在有水的情况下游动，线虫也可在土壤中或寄主体表进行蠕动，菟丝子可通过茎蔓的生长而蔓延，这些都是病原物所具有的生物学特性，但这种自身传播的范围有限。绝大多数病原物的传播靠自然因素和人为因素进行，这种传播称为被动传播。被动传播的作用远远大于病原物的主动传播。其传播方式有：

1. 风力传播（气流传播） 风力传播是一种很重要的传播方式。许多真菌病害都通过此方式进行传播。因为真菌产生的孢子个体小，数量大，成熟后又很容易脱落，一遇空气流动就被传到远处，如霜霉菌的孢子囊、锈菌的夏孢子以及多种子囊菌和半知菌的分生孢子。风力传播的距离较远，范围也较大，在田间往往从一个或几个发病中心开始，随着一定的风力和风向向周围扩散蔓延。风力传播的有效距离是由孢子的耐受力、风速、风向、温湿度以及光照等多种因素决定的。在作物病害中，风力传播是一种最普遍的方式。

2. 雨水传播 雨水传播的距离不及风力传播，但也十分普遍。植物病原细菌和部分真菌的孢子都可由雨水或随雨滴的飞溅而传播。同时雨水能使黏附成菌脓的细菌菌体溶解分散，也可使部分黏附真菌孢子的胶质物溶解，以利于它们的传播。雨水还可使鞭毛菌的游动孢子保持其活动性，也可使寄主上部的病原物冲刷到下部或土壤中，或借雨水反溅作用将土壤中的病菌传播到靠近地面的寄主组织上。土壤中的病原物还可随流水或灌溉水传播。

3. 昆虫和其他生物传播 许多昆虫在植物上取食和活动而成为传播病原物的介体，大多数病毒、菌原体以及少数细菌与真菌都可由昆虫传播。

昆虫传播与病害的关系最密切。其中主要是刺吸式口器的蚜虫、叶蝉，其次有木虱、粉蚧、蝽类、蓟马，还有叶甲、蝗虫和少数螨类等。此外，昆虫对真菌、细菌病害也有一定的传播作用。昆虫在取食、产卵时造成的各种伤口为病原物的侵入创造了条件，提高了传病的效果。线虫也能传播部分病毒、细菌和真菌，造成病害的发生。鸟类能传播桑寄生的种子，菟丝子也能传播病毒。

4. 人为传播 人们在进行各种农业活动的过程中，往往无意识地帮助了病原物的传播，如使用带有病原物的种子、苗木、接穗及其他各种繁殖材料，将带有病原物的肥料施入田中，以及在各种农事操作过程中，如移栽、整枝、绑架、修剪、疏花、疏果、中耕、灌溉、嫁接、采收、刮树皮等，这些都可能传播各类病原物并使病害在田间扩展蔓延。不过，这些都是人为的近距离传播。人为传播的另一个特点是在种子、苗木、接穗调运以及农产品贸易中将病原物从一个地区传播到另一个地区。这种传播帮助病原物克服了自然条件和地区条件的限制，造成病区扩大或形成新的病区。这种人为因素造成的远距离传播危险性很大。因此，加强植物检疫，选用健康无病的种子、苗木，施用腐熟的肥料以及改善各种耕作措施，对控制此类病害的发生具有重要意义。

各种病原物的传播方式不是单一的，常常是一种病害具有多种传播方式。因此弄清不同病原物的传播方式，分清主次，采取相应措施，才能有效控制病害的发生和蔓延。

第五节　传染性病害的流行

植物病害在一定的时间和空间内普遍而严重发生，对生产造成重大的损失，这种现象称为病害的流行。病害流行是研究植物群体病害发生发展规律的科学，它与病害的个体发生规律即侵染过程和侵染循环有所不同。病害流行必须在研究植物个体发病规律的基础上进行。植物病理学中关于病害流行规律的研究称为病害流行学。病害流行规律的研究要针对具体的病害以及结合具体条件进行。研究病害流行规律是进行病害预测、开展大面积防治的理论基础。

一、传染性病害流行的类型

植物病害的流行大致可分为两种类型。

1. 积年流行病害 积年流行病害的流行决定于初侵染来源的多少和初侵染的效率。往往在田间出现病害后，病情不再上升或上升不明显，这是因为病害无或基本无再侵染。因而造成病害流行往往需要经几年或数年病原的积累后才能达到流行的程度。如土壤中枯萎病菌能较长时间地存活，在作物的生长季节病菌有较高的侵染率，但基本无再侵染，故发病率决定于病原物在土壤中的数量。此类病害包括一些单病程病害和再侵染极次要的病害，如桃缩叶病、各类枯萎病及种苗和土壤传播的病害、作物根腐病类等。此类病害虽在短期内无再侵染，在田间传播蔓延的速度又较慢，但病害的发展常表现累积向上的特点，造成的损失常由单株死亡逐渐累积后则造成成片植株的毁灭，因此绝不可掉以轻心。

2. 单年流行病害 单年流行病害在一个生长季节中不仅有初侵染，而且有多次再侵染。病害在田间发生往往要经过由点到片、由轻到重的过程。这类病害的潜育期短，寄主感病期长，其流行的程度与病害侵染速度关系很大，而侵染速度又往往决定于气候条件。气候条件有利时，病害当年即可达流行程度。这类病害对生产造成的损失极大，是植病流行学研究的主要对象。此类病害包括多病程病害、一些受气候条件影响较大或随气流传播的单病程病害，如各类作物的霜霉病、炭疽病及作物上的大多数病害。

二、传染性病害流行的基本因素与主导因素

传染性病害的发生是由寄主植物、病原物、环境条件 3 个因素综合作用引起的。病害流行与发生的条件基本一致，必须具备以下 3 个基本因素。

1. 大量的感病寄主 病原物在无感病植物时，病害就不能发生，因此感病植物的数量和分布是病害能否流行以及流行程度轻重的基本因素。大面积种植感病植物，尤其是单一化的感病品种，容易造成病害流行。即使植物在种植时是抗病品种，长期大面积单一栽培后也会因病原物致病力发生变化而造成病害流行。因此，在制订种植计划时，要考虑合理的布局，品种的搭配，品种的更换以减轻病害流行和降低其为害。开辟新茶园时，品种搭配尤为重要，因为数年内不能轻易更换品种。

2. 致病力强的病原物 病原物致病力强弱不同。当存在致病力较强的菌系时，可以造成病害的流行和更大的为害。菌系的致病力较弱时，病害往往发生较轻。除此之外，病原物生理小种的变化，往往也使作物原有的抗性丧失。新的生理小种的产生往往是造成病害流行的重要因素。在引起病害流行时，病原物的数量即生物量的多少也是一个重要因素。生物量的多少则因病害种类而异。如单病程病害流行的程度主要决定于越冬或越夏后初侵染的菌量。对于再侵染多的多病程病害来说，流

行的程度则决定于再侵染的菌量（即田间病原物生物量的累积）。病原体生活力强，传播介体多，传播的动力又有利时，可以提高传染效率而加速病害的流行。

3. 适宜于发病的环境条件 在寄主植物和病原物都具备的条件下，适宜的环境条件常成为病害流行的主导因素。环境条件包括气象、栽培措施和土壤条件。气象条件主要是温度、湿度（雨、露、雾）、光照等。这些因素与病原物的繁殖、侵入、扩展直接有关，同时寄主的感病和抗病也与气象因素有关。在影响病害流行的气象因子中，温度在年份间的变化较小，因而湿度就显得更为重要。栽培措施包括轮作和连作、种植密度、肥水管理、品种搭配等，这些都直接影响病原物在田间的数量、寄主的抗性和田间小气候条件等。土壤条件主要是指土壤温湿度与土壤的理化性质，它们对寄主根系和土壤中病原物生长发育都有不同程度的影响。

综上所述，任何一种传染性病害在某一地区流行时期的早晚，发展的快慢以及对生产的为害程度等都是这3个基本因素相互影响的结果。但在一定地区一定时间内，分析某一病害的流行条件时，不能把3个因素同等对待，可能其中某一因素基本具备，变动较小，而另一因素容易变动，并使流行的要求不能满足，限制了病害的流行。因此，把那种容易变动的限制性因素称为主导因素，如在茶饼病的流行中，主导因素的确认应根据不同地区、不同环境条件来确定。目前，我国各茶区种植的大多数茶树品种对该病的抗性差异不明显，因而寄主就不会成为病害流行的主导因素。在高山茶区，只要有茶饼病病原物存在，在适宜的环境条件下，这些茶区茶树都可感病，因而，严格控制和防止病菌的传入是控制这些地区茶饼病的流行的关键。我国广大丘陵和平地茶区由于气候条件不适宜，即使有病菌存在，茶饼病也不会形成流行趋势，因而环境条件就成为该病流行的主导因素。

三、传染性病害流行的季节变化与年间变化

（一）季节变化

在一年或一个生长季节中，病害发生的病情（发病率或病情指数）随着时间而表现增长或衰退的现象，这就是病害流行在时间上的动态，这种动态变化以病害发生特点不同而异。单病程病害在一年中发病时间较为集中，病情比较稳定，无明显的动态变化。多病程病害在一年或一个生长季节中，病情发展会出现明显的动态变化。这种变化以病害发生数量的系统数据为纵坐标，时间为横坐标，绘成病情随时间而发展的曲线称为季节流行曲线。曲线的开始阶段为病害的始发期，曲线的顶端为盛发期，曲线趋于平缓或下降阶段为衰退期。各种多病程病害都会表现季节流行变化，但变化的形式不完全一致，最常见的为S形。S形曲线代表了病害增长的基本特性。在病害流行过程中出现两个或两个以上的高峰即为多峰型曲线。多峰型曲线是由寄主生育过程中抗病性的变化以及环境条件对病原物的影响而形成的。

（二）年间变化

病害年间流行变化的规律是病害流行中的重要问题，也就是在同一地区同一

种病害在不同年份发生流行的情况。病害流行的年间变化原因是多方面的，作物品种的更换，病原物致病力的变异，耕作制度和栽培制度的变革，田间传病媒介发生变化等都可造成年间病害流行的变化。在其他因素都无多大变化的情况下，病害流行程度逐年变化往往决定于气象条件。在气象因子中，湿度的作用常大于温度，但在某些情况下，温度也可能成为流行的主导因子。气象因子的变化与某些病害的流行程度密切相关，因此，在病害预测中常以气象因子变化作为重要的依据。

四、传染性病害流行的预测

植物病害的预测是根据病害发生发展规律，通过必要的病情调查，掌握有关环境因子资料，经过综合分析研究，对病害的发生时期、发展趋势、流行程度等做出预测，并及时发出预报，为制订防治计划、掌握防治有利时期等提供依据。

病害预测的类型，可按测报的有效期限分为长期预测和短期预测。长期预测主要用于由种子、苗木、土壤或病残体等传播的病害，以及历年发生发展有明显季节性和年间变化规律的某些气流传播的病害。如在栽种前检验种子、苗木的带菌或带毒率，预测将来病害流行的情况。长期预测主要为制订防治计划以及准备必要的物质和技术条件而服务。短期预测是指病害临近发生前的预测，如始发期、盛发期，以及某些病害从一个高峰到下一个高峰的出现期，某种病害达到防治标准的时期等。短期预测主要用于气流传播、有再侵染、受环境条件影响较大的病害。短期预测对于及时开展防治，采取各种紧急措施，特别是化学防治具有很大作用，其目的主要是提高防治效果。

长期预测和短期预测的区分是相对的，有的则介于两者之间，如病情趋势的预测，称为中期预测。

各种病害有不同的预测方法，但其预测的依据是相同的，主要包括：寄主植物和病原物的状况；病害侵染过程和侵染循环特点；病害发生与环境条件的关系，特别是主导因素与病害流行的关系；病害流行的历史资料，包括当地逐年积累的病情消长资料，气象条件以及当年的气象预报资料等。

为了进一步提高预报水平，首先要有大量可靠的观测数据；其次需要采用恰当的数学方法进行统计分析，同时还需要高效能的计算手段。信息技术的应用大大促进了植物病害流行学和预测预报的研究，根据气象预报数值以及作物、病原物当前的实测数据，就能迅速算出病害流行的预测值，并能立即发出预报。这种预测预报系统在当今的现代化农业中已得到迅速的发展。

复习思考题

1. 什么是植物病害？植物病害与机械损伤有何区别？
2. 传染性病害和非传染性病害在发生特点上有何区别？
3. 简述植物病原真菌的生物学特点。
4. 植物病原真菌如何分类？其分类依据是什么？如何命名？

5. 植物病原原核生物主要包括哪些？简述其主要生物学特点和分类进展。
6. 简述植物病毒的主要化学组分和其生物学特点。
7. 阐述寄生性、致病性和抗病性的概念，并举例说明之。
8. 浅谈植物病原菌的致病机制。
9. 浅谈植物的抗病机制。
10. 植物侵染性病害的侵染过程和侵染循环有何区别？试举例说明。
11. 试分析影响植物病害流行的基本因素。何谓主导因素？

第四章　茶树病害

［本章提要］本章对发生在茶树叶部、枝干部和根部的主要病害分别进行了介绍，并就每种病害的危害症状、病原、侵染循环、发病条件、流行预测及防治方法进行了阐述。我国茶区范围广、生态条件差异较大，各地发生的重要种类不尽相同，学习时应着重了解和掌握当地发生最普遍、危害最严重的一些种类。

据报道，到目前为止，我国已发现茶树病害100多种，其中常见病害30余种。由于我国种茶历史悠久，茶区面积大，生态条件差异明显，各地茶树病害种类不尽相同。有些病害是普遍发生的，如茶云纹叶枯病、茶轮斑病等；有些病害的发生表现一定的区域特点，流行模式亦不一致，如华南茶区根腐病发生相对较重；安徽南部、湖南、江苏南部、浙江、云南和贵州等地的山区茶园，茶白星病的发生频率较高。茶树病害中，有些是叶部病害，有些是枝干部病害，还有一些是根部病害，其中以叶部病害对生产具有最直接的影响。

第一节　叶部病害

茶树是常绿植物，叶部病害种类多，它们对茶叶产量和品质的影响最大。从发病部位来看，可分为嫩芽、嫩叶病害，如茶饼病、茶白星病和茶芽枯病等；成叶、老叶病害，如茶云纹叶枯病、茶轮斑病和茶赤叶斑病等。因病原物生物学特性的差异，这些病害发生在茶树生长季节的不同时期。嫩芽、嫩叶病害一般属低温高湿型，早春季节或高海拔地区发生较重；成叶、老叶病害大多属高温高湿型，一般流行在夏、秋季。高湿度往往是叶部病害流行的重要条件。叶部病害的控制应采用以农业防治为主，辅之以药剂防治的治理策略。

一、茶 饼 病

茶饼病是为害茶树嫩梢芽叶的重要病害。已知分布于国内大多数产茶省份；国外主要分布在印度、斯里兰卡、印度尼西亚、日本等国家。

茶饼病主要为害茶树嫩叶和新梢，一般茶园发病率20%～30%，重病茶园达60%～80%，整个茶园幼嫩组织上都布满白色疱状病斑，严重影响茶叶产量。若用病叶制出成茶，则茶味苦涩，汤色浑暗，叶底花杂，碎片多，内质水浸出物中茶多酚、氨基酸总量等指标均下降。

1. 症状　茶饼病主要为害茶树幼嫩组织，从幼芽、嫩叶、嫩梢、叶柄、花蕾到幼果都可为害，以嫩叶嫩梢受害最重。被害嫩叶最初在叶面产生淡黄色、淡绿色或淡红色半透明小点，病斑逐渐扩大，形成表面光滑、有光泽、向下凹陷的圆形病斑，叶背同时隆起呈饼状，病斑直径 2.0～12.5 mm。以后叶背病斑表面产生灰白色粉状物，随着病斑成熟，粉末增厚为纯白色疱状病斑，茶饼病由此得名。茶饼病叶部症状大多表现为正面平滑光亮，下陷，而背面隆起，但有时病斑也可向叶正面突起并产生粉状物。叶上病斑多时可相互愈合为不规则的大斑。叶缘、叶脉感病后使叶片歪曲，对折。感病嫩叶均呈畸形。后期病斑上白粉消失或不明显，病斑逐渐干缩，呈褐色枯斑，但病斑边缘仍为灰白色环状，病叶逐渐凋萎以至脱落。

嫩芽、叶柄、花蕾、嫩茎、幼果被害，一般病部均表现轻微肿胀，重的则呈肿瘤，其上生白粉状物，后期病部都渐变为暗褐色溃疡斑。嫩茎上常呈鹅颈状弯曲肿大，受害部易折断或造成上部芽梢枯死。

2. 病原 茶饼病菌（*Exobasidium vexans* Massee）为担子菌亚门外担菌属真菌。病部白色粉状物即病菌的子实层。病菌菌丝体在病斑叶肉细胞间生长，无色。有性繁殖产生无数担子，丛集而形成子实层。担子圆筒形或棍棒形，顶端稍圆，向基部渐细，无色，单细胞，大小为 30～50 μm×3.0～5.0 μm，顶生 2～4 个小梗，担孢子着生小梗上。担孢子肾形或长椭圆形，间有纺锤形，无色透明，大小为11～14 μm×3～5 μm，担孢子易脱落，萌发时可形成 1 个隔膜，双细胞担孢子易飞散，萌发侵入。该病菌未发现无性繁殖阶段（图 4－1）。

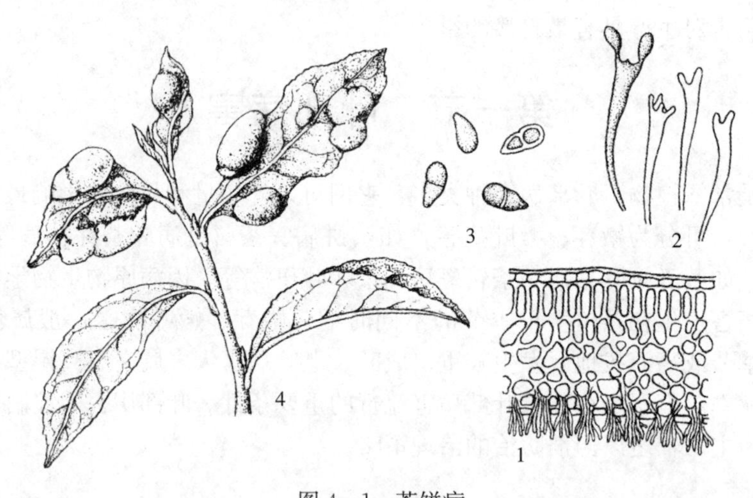

图 4－1 茶饼病

1. 病原子实层 2. 担子及担孢子 3. 担孢子 4. 症状

茶饼病菌为一种活体营养寄生菌，病菌对寄主和外界环境都有着特殊的要求。首先病菌菌丝体在寄主细胞间生长发育，以产生吸器的方式伸入寄主细胞内才能吸取营养。吸器的形成尤以在海绵组织的薄壁细胞中为典型，因此病菌离开活的寄主细胞无法生存。其次病菌对外界环境中的温度、湿度、光照也有较高的要求。适合担孢子萌发的温度为 20～25 ℃，高于 25 ℃萌发率急剧下降，超过 30 ℃即可抑制萌发。在 35 ℃时 1 h 或大于 35 ℃情况下，担孢子死亡。芽管生长也以 20～25 ℃时生长最快，超过 25 ℃迅速减慢或停止生长。相对湿度的影响以大于 80%有利于担孢子的形成，而担孢子的萌发则需相对湿度大于 90%时方能进行。在饱和湿度或薄层水滴中萌发率最高，相对湿度小于50%时担孢子即死亡。担孢子萌发后侵入寄主叶片需保湿11 h为侵染的临界条件，若叶片保湿13 h发病率最高。病菌担孢子在黑暗中不能萌发，最理想的光照是柔和的散射光，大于或等于520 nm波长的光照可促进担孢子的萌发，小于520 nm则抑制萌发。此外，红外光和可见光对担孢子无杀伤力，但紫外光照射45 min则可产生明显的致死效应。Venkata Ram C. S.（1980）报道，经1～1.5 h直射阳光，可使大部分担孢子和已萌发的芽管致死。担孢子细胞壁很薄，不耐干燥，易脱水死亡。

正因为病菌对光照的敏感性和对温湿度要求的严格性，加之病菌担孢子寿命短的特点，病菌不得不以惊人的繁殖能力产生大量担孢子来维持物种平衡。据Loos计算，在1 mm^2的病斑上可形成1万个担孢子，1个成熟的疱斑在24 h内可形成100万个担孢子。该病菌是一种典型的多产孢子类型。

3. 侵染循环 茶饼病菌主要以菌丝体潜伏于活的病叶组织中越冬、越夏，腐烂死亡的病叶不带菌。越夏病菌必须选择荫蔽度大、太阳不能直接照射的茶丛下部叶片上存活。越冬、越夏的病菌在平均气温15～20 ℃、相对湿度85%以上时即可产生担孢子。担孢子借风雨传播到茶树幼嫩组织上，遇适宜的湿度和温度，即萌发长出芽管形成侵入丝，侵入寄主组织，发育形成菌丝，在叶片栅栏组织中分支，进入海绵组织中的菌丝则形成吸器从寄主薄壁细胞中吸取营养，不断扩展。同时，病菌分泌细胞分裂素刺激细胞膨大，形成饼状突起的病斑，最后，在叶片背面产生子实层。成熟的担孢子释放出来继续经风雨传播，在生产季节中可进行多次再侵染，因此病害不断扩展直至造成流行。

茶饼病的病害循环，因各地气候条件不一，病程长短不一。据贵州观察，春茶期病程为15 d左右，夏茶期为12 d，秋茶期13～14 d，全年侵染次数可达15次。在四川完成一个病程需12～19 d，全年再侵染次数为7～8次。我国茶区分布广，气候条件差异较大，茶饼病发生季节也不尽相同。如西南茶区，一般在每年2～4月即开始发病，7～11月为发病盛期，11月以后逐渐停止。华东、中南茶区，多在5～7月和9～10月大量发病。海南茶区受亚热带气候影响，11月至次年2月为发病高峰，5～6月停止发展。

4. 发病条件 茶饼病是一种低温高湿型病害。病菌喜低温、高湿、多雾、少光的环境，尤以高湿少光为最重要，对高温、干燥、强烈的光照极为敏感。因此，该病多分布于各茶区的高山茶园中。因高山区气温低，湿度大，雾日数多，日照少，正是茶饼病发生的有利条件。如湖南石门东山峰农场1983年总降水量为1 898.3 mm，日照时数为1 509.9 h，日照百分率为34%，平均每月雾日数达22.7 d，该年茶饼病暴发流行，发病率高达60%～80%。茶园嫩叶、新梢全被白色疱状病斑布满，对茶叶生产造成严重影响。

此外，在长期保持高湿度的山峦、凹地及阴坡茶园即使海拔高度较低，但终年气温较低、湿度较大的茶园，也很适合茶饼病的发生。如海南通什茶场，浙江雁荡山、天台山、华顶山等茶园，也常是茶饼病的发病区。西藏由于海拔高、夏季湿度大，有利于茶饼病发生流行，是西藏茶区的主要病害之一。

茶园管理直接影响茶园的小气候，与茶饼病的发生有密切的关系。一般茶园管理粗放，杂草丛生，施肥不当，采摘修剪及遮阳措施不合理，发病较重。此外，密植茶园比条植茶园发病重。

茶树品种间的抗病性有一定的差异。一般小叶种比大叶种较抗病，大叶种中又以叶厚、柔嫩多汁、叶脉间凹陷度大的易感病。据吴国华在海南观察，云南群体种、祁门1号、广西凌乐白毫等品种表现抗病，而海南地方群体品种表现感病。日本福田德治（1982）等报道，Z-1、八重穗、C_5、丰绿等品种表现感病，薮北种等感病，朝露和金谷绿品种表现抗病。

5. 流行预测 茶饼病发现至今已有100多年，在亚洲茶区的印度、斯里兰卡、印度尼西亚及中国部分茶区都造成过重大的为害。几十年来人们对该病的防治和预测也进行了大量的研究。从20世纪50年代初开始，荷兰和印度尼西亚学者就提出了一些预测方案。20世纪60年代印度尼西亚、斯里兰卡、印度、中国学者都开展了大量深入研究，并进行了病害预测，不仅大大减少了茶园喷药次数，而且成为整个植物病理学上流行预测的一个成功病例。

茶饼病预测的基础是：病菌担孢子的形成、萌发和飞散与空气湿度成高度正相关，担孢子的存活力与日照时间成明显的负相关，因此，相对湿度和日照时数可作为该病预测的理论指标。据 Huysmans C. P.（1952）提出，连续10～14 d，当5 d平均相对湿度大于83%时，茶饼病将会出现中度流行；若低于80%，则不利于发病。我国吴国华（1968）在海南观察表明，一般旬平均相对湿度在85%以上，有重露存在，病害严重发生。Homburg K.（1955）提出，连续5 d日照时数小于3.75 h，就需喷药防治，连续5 d日照时数3.75 h为发病的临界条件，低于此临界值病害有可能发生严重。我国吴国华也证实了这种预测的准确性。

6. 防治方法 茶饼病防治应掌握预防为主、综合防治的原则。采用以改进栽培技术为主，结合化学防治的综合措施来进行。

（1）改进栽培技术措施，加强茶园各项管理　在病区应勤除茶园杂草，以利通风透光，降低荫蔽程度；合理施肥，注意施足底肥，增强树势，提高抗病力；及时分批多次采摘芽叶，尽量少留叶，以减少病菌侵染。在采摘期和冬春休眠期，彻底清除感病芽叶，减少初侵染来源。此外，选择适当时期进行修剪和台刈，以避免新梢萌发时遇发病期，感染病害。根据各地具体情况，选育引进抗病优良品种。在非病区一定要注意引进苗木时严格检查，防止病害人为传播。

（2）药剂防治　对历年发病重的茶园或非采摘园，冬春季可喷施0.6%～0.7%石灰半量式波尔多液或0.2%～0.5%硫酸铜液，有较好预防效果。此外，25%粉锈宁可湿性粉剂3 000～3 500倍液，在生产季节使用药效长、效果好。近年来农作物杀菌剂的推广中出现了一些新型制剂，可在茶园试验中使用，如77%可杀得可湿性粉剂400～600倍液。

[附] 茶网饼病又名网烧病、白霉病、白网病。在我国各产茶区均有分布，为害不及茶饼病严重，但感病叶易脱落，影响树势和产量。

茶网饼病主要发生在成叶上。病斑常以叶缘、叶尖为多。初期为淡绿色、淡黄色以至黄红色小斑，逐渐扩展后，颜色变为暗褐色，病健部分界不明显，有时扩大至半叶或全叶，病斑背面出现乳白色网状纹，其上生白色粉状物。白粉散失后呈茶褐色网纹，最后病叶干枯，常反卷脱落。

病原为茶网饼病菌（*Exobasidium reticulatum* Ito et Sawada）。与茶饼病菌同为外担菌属。两者病菌形态、生理、生态、病害发生流行规律及发病条件基本相似。防治参照茶饼病。

二、茶芽枯病

茶芽枯病于1976年在我国浙江省首次发现，国外未见报道。我国主要分布在安徽、浙江、湖南、江苏、江西、广东、广西等各大茶区。罹病芽叶生长受阻，直接影响茶叶的产量和质量，大流行年份可减产20%～30%，严重制约茶叶生产的发展。

1. 症状　茶芽枯病主要为害幼嫩芽叶。受害部位初期出现褐色或黄褐色的斑点，芽叶边缘逐渐枯焦，颜色变深，病斑沿叶缘扩大，病健分界不明显；后期受害芽叶扭曲、卷缩、质脆，叶缘破碎，严重时整个嫩梢枯死。病斑上散生许多黑色小粒点，是病菌的分生孢子器。

2. 病原　茶芽枯病菌（*Phyllosticta gemmiphliae* Chen et Hu）为半知菌亚门叶点属。病菌的分生孢子器散生于芽叶表皮下，成熟时突破表皮外露，球形或扁球形，直径90～245 μm。器壁薄，暗褐色或褐色，有孔口，内有无数分生孢子。分生孢子椭圆形、圆形或卵圆形，无色，单胞。一般孢子内有1～2个油球，大小为2～6 μm×2～4 μm（图4-2）。

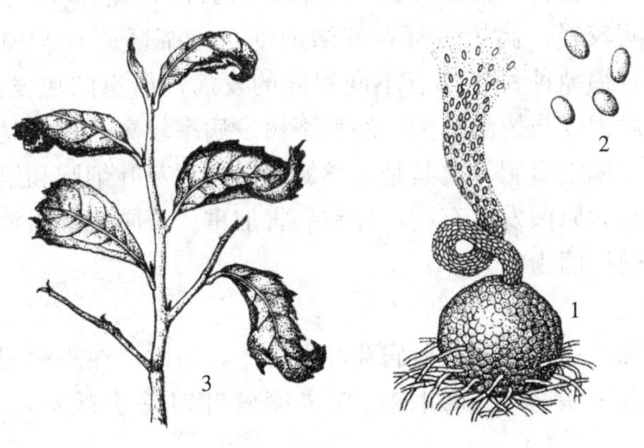

图4-2　茶芽枯病
1. 分生孢子器　2. 分生孢子　3. 症状

病菌在马铃薯葡萄糖琼脂培养基（PDA）上生长良好，在20～25 ℃下，2 d后长出菌丝，4 d后形成分生孢子器。菌落白色，茸毛状，后渐变为褐色至黑褐色。菌丝体生长的最适温度为22～24 ℃，分生孢子萌发的最适温度23～25 ℃，低于10 ℃或高于29 ℃菌丝生长、分生孢子萌发均受抑制；分生孢子萌发的最适pH为5.4～6.8，低于4.5或高于7.5时，萌发率明显下降。

3. 侵染循环　茶芽枯病以菌丝体或分生孢子器在老病芽叶或越冬芽叶中越冬。翌年3～4月，当平均气温上升到10 ℃以上，相对湿度在80%左右时，开始产生分生孢子，随气流和雨水溅落传播，侵染正在萌动的茶树芽叶。在适宜的环境条件下，一般2～3 d就可完成孢子的萌发侵入，5～7 d出现明显的症状。如果病芽叶留养在茶树上，菌丝体经生长发育，很快又产生分生孢子器并释放分生孢子，再次侵染健康芽叶。因此，该病在茶树的生长季节里，可进行多次再侵染，直至流行。

4. 发病条件 茶芽枯病属低温型病害。流行与否与温度关系密切。据报道，当平均气温上升至10 ℃以上，日最高气温超过15 ℃时，病害开始发生，但发展较慢；当平均气温达15～20 ℃，日最高气温达20～25 ℃时，病害迅速蔓延。连续数日日最高气温达25 ℃，病害发展缓慢，并逐渐停止发展。该病在安徽、江苏、浙江一带茶区3月底或4月初开始发病，4月中旬至5月上中旬常为发病盛期，5月下旬至6月上旬病情发展转慢，6月中旬以后停止发展。另外，春寒往往导致茶芽枯病的大发生，是寒流降低了茶树的抗性，并作为一种诱因引起病害的流行。

湿度和降雨对病情的发生与发展有一定的影响。据高旭晖等报道，安徽南部丘陵茶区4～5月的旬平均相对湿度与该病的发生和发展关系密切。4～5月，病芽率和病情指数均随着旬平均相对湿度的上升而上升，随之下降而下降。6月旬平均相对湿度虽然也很高，但病情逐渐减轻，主要是较高的温度对病原菌的生长发育有明显的抑制作用。降雨频次和强度对病害影响也较大。如小雨绵绵，持续时间长，则有利于病害的发生发展。

5. 品种及茶园管理的影响 同一环境条件和管理水平下品种之间存在抗性差异。一般而言，发芽早的品种发病相对较重。据陈雪芬等对30个品种的研究，大叶长、大叶云峰、碧云种、福鼎种发病率较高，其次是龙井43号，福建水仙、政和白茶等品种发病较轻。高旭晖等在安徽南部丘陵茶区调查发现，群体种发病很轻，甚至不发病；福鼎种每年都有不同程度的发病，严重园块发病率可达20%左右。同一品种发病程度与树龄有关。幼龄茶树发病率较高，特别是3龄或3龄以前的茶园发病较重。偏施氮肥，尤其是化学氮肥会引起芽叶细胞和组织内游离氨基酸含量相对增加，对病原菌发生有利，导致病害加重。茶园管理粗放、杂草丛生、茶树长势衰弱，易受病菌为害。

6. 防治方法

(1) 减少菌源 芽枯病菌在罹病芽叶上越冬，因此，在重病园块，秋末或早春组织人力摘除病芽；春茶采摘期内，在采摘鲜叶时除去病芽，单采单放，带出茶园。

(2) 加强茶园管理，搞好茶园卫生 参见茶饼病防治。

(3) 化学防治 重病园块可在秋末和春茶萌发期各喷药1次，进一步减少初侵染源。

三、茶白星病

茶白星病是茶树嫩芽叶部重要病害之一。已知国内分布于安徽、浙江、福建、江西、湖南、湖北、四川、贵州等省，国外日本、印度尼西亚、印度、斯里兰卡、俄罗斯、巴西、乌干达、坦桑尼亚等国均有分布发生。该病在我国多分布在高山茶园，平地丘陵茶园发生较轻。茶树受害后，新梢芽叶形成无数小型病斑，芽叶生长受阻，产量下降。病叶制茶，味苦异常，汤色浑暗，破碎率高，对成茶品质影响极大。

1. 症状　茶白星病主要在嫩叶、嫩芽、幼茎上发生。尤以芽叶及嫩叶为多。发病初期，叶面呈现红褐色针头状小点，边缘为淡黄色半透明晕圈，逐渐扩大后形成直径达0.8～2.0 mm的圆形病斑，中间红褐色，边缘有暗褐色稍突起的线纹，病健分界明显。成熟病斑中央呈灰白色，其上散生黑色小粒点。病叶上病斑数不定，少则十几个，多则数百个。病斑多时可愈合形成不规则形大斑。随着病情发展，叶片生长不良，叶质变脆，病叶随采摘震动而脱落。新梢上受害，病斑呈暗褐色，后渐变为圆形灰白色病斑。病梢停止生长，节间显著缩短，芽重减轻，对夹叶增多。发病重时，病部以上组织全部枯死。

2. 病原　茶白星病菌（*Phyllosticta theaefolia* Hara）为半知菌亚门叶点属真菌。病斑上小黑粒点是病菌的分生孢子器。分生孢子器球形或半球形，直径60～80 μm，顶端有乳头状孔口。分生孢子椭圆形或卵圆形，无色，单胞，大小为3～5 μm×2～3 μm。

病菌菌丝体在2～25 ℃均可生长发育。但以18～25 ℃最适宜，28 ℃以上停止生长。分生孢子在2～30 ℃均可萌发，但以16～22 ℃为最适温度。据室内试验证明，温度对分生孢子的萌发速度和萌发率的影响从大到小依次为22 ℃>25～28 ℃>10～19 ℃。分生孢子在相对湿度90%以上即能萌发（图4-3）。

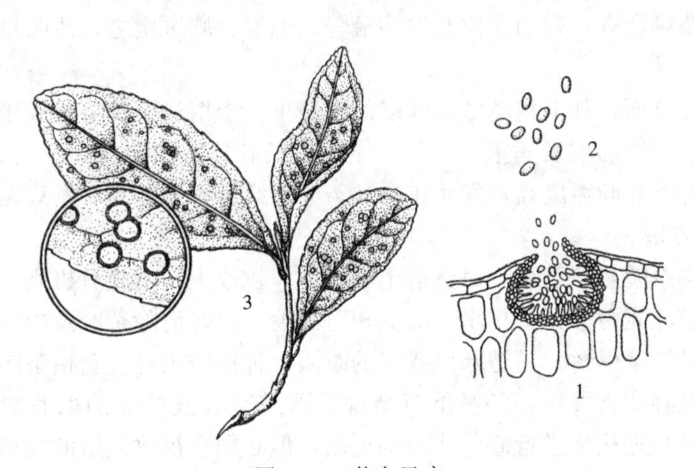

图4-3　茶白星病

1. 分生孢子器　2. 分生孢子　3. 症状

3. 侵染循环　病菌以菌丝体或分生孢子器在活体病叶组织中越冬，枯死病叶上的病菌虽可越冬，但活力低。翌年春季当气温在10 ℃以上，病菌即生长发育，产生分生孢子，经风雨传播，在湿润条件下萌发进行侵染。主要从茶树幼嫩组织的气孔或叶背茸毛基部细胞侵入，2～5 d即出现新病斑。以后环境适宜，又可不断地产生分生孢子进行多次再侵染，从而导致病害扩展蔓延，以致流行。

此病在我国大多数茶区4月初嫩叶初展时即出现初期病斑，遇适温高湿病斑大量形成，5～6月春茶采摘期发病最盛，7～8月病情减轻，入秋后病情依气候条件再次回升，但不及春茶期为害严重，以后进入越冬。

病害流行季节依各地气候条件差异而有所不同。在浙江庆元等高山茶区，海拔

400 m以下茶园3月中旬开始发病，4～5月发病较重，7～8月很轻，秋后稍有回升。海拔800 m以上茶园4月上旬开始发病，4～6月为发病盛期，7～8月略有下降，入秋后又急剧上升。湖南石门县东山峰农场海拔800 m以上茶园，4月上旬始病，4月下旬病情迅速发展，5月中下旬达全年病害最高峰，6月以后病情下降，不再形成为害高峰。

4. 发病条件 茶白星病属低温高湿型病害，其发生与温度、湿度、降水量、海拔高度、茶树品种、茶园生态环境有一定的关系。

茶园气温在10～30 ℃都可发生，但以20 ℃时最适宜。旬平均温度25 ℃，相对湿度70%以下时则不利发生；春季降雨多，初夏云雾大，日照短的茶园发病尤为严重。4～6月平均降雨200～250 mm，或旬降雨70～80 mm，病害严重流行。此期间山区茶园若遇3～5 d连续阴雨，或日降水量在40～50 mm，病害可能暴发流行。

在不同地区不同海拔高度茶园，发病程度有差异。如安徽南部山区该病多在海拔400～1 000 m茶园内发病较重，贵州海拔800～1 400 m发生重。据谭济才、邓欣（1993）等在湖南东山峰农场多年调查观察，茶白星病发病率与海拔高度成J形曲线相关。曲线拐点在800 m左右，800 m以下茶园发生不严重，900 m以上急剧加重，1 400 m茶园发病最重。一般情况下茶树品种抗病性存在差异。如贵州茶叶科学研究所选育的419品种和福鼎大白茶抗病力较强，紫芽茶抗病性则差。浙江庆元县山头坪茶场调查，福鼎大白茶发病最轻，毛蟹、鸠坑次之，清明早和藤茶发病最重。

茶园生态方面，凡上年越冬病叶多的发病重，土壤过分贫瘠或施肥不足，管理水平低，采摘过度的均发病重。此外，茶树生长旺盛，树势强，芽头壮，发病轻，反之则重。春茶芽叶嫩度高，发病重；秋茶叶片纤维素含量高，发病轻。

5. 防治方法

（1）加强茶园栽培管理 对贫瘠土壤进行深耕改土，增施有机肥，提高茶树抗病力。茶园应注意雨季开沟排水，降低相对湿度。及时清除茶园及周围杂草，夏季园地铺草以助抗旱保树。易遭寒风袭击的茶园，种植防风林。新植茶园应选用抗病优质品种，减轻病害发生。冬春季节结合修剪进行病残枝叶的彻底清除；对老龄树、病重园可根据病情进行修剪或台刈更新，但必须重视改造后的新梢枝叶的药剂保护。

（2）药剂防治 化学药剂防治要重视早治。在重病区惊蛰后春茶萌动期喷第1次药，必要时7～10 d后再喷第2次。以后根据病情再决定喷药次数。药剂种类选用原则为先用铜制剂，后用有机杀菌剂。

四、茶圆赤星病

茶圆赤星病是为害茶树嫩芽叶部病害之一。我国主要分布在浙江、安徽、福建、湖南、湖北、广东、广西、海南、贵州、云南等地。该病在湖南丘陵茶区分布很广。感病茶树表现生长不良，芽叶细小，病叶制茶味苦，影响品质。

1. 症状 茶圆赤星病主要为害嫩叶、嫩梢、成叶，老叶上也偶有发生。发病初期，叶面出现红褐色小点，后逐渐扩大成圆形小斑，中央稍凹陷，边缘有暗褐色隆起线，病健部交界明显。病斑直径 0.8～3.5 mm。后期病部中央散生黑色小粒点，在高湿条件下其上长出灰色霉点。叶上病斑少则几个，多则几十个至几百个，相互愈合可形成不规则形大斑。嫩叶感病后叶片生长受阻，常呈歪斜不正；成叶感病后，叶形不变。有时嫩梢、叶柄亦感病，形成红褐色至黑褐色斑点，严重时造成枯梢和落叶。该病与茶白星病症状极为相似，但茶白星病病斑后期呈灰白色，湿度大时病部不形成灰色霉点，而是形成稀疏的小黑粒点。此外，茶白星病大多在高山茶区发生，而茶圆赤星病在低海拔丘陵茶园发生。

2. 病原 茶圆赤星病菌（*Cercospora theae* Breda de Haan）为半知菌亚门尾孢属真菌。病斑上的霉状小点即为病菌的分生孢子梗丛和分生孢子。分生孢子梗着生在球状子座上，子座深褐色。分生孢子梗丛生，细而短，无分隔，大小为 12～30 μm×3～4 μm。分生孢子鞭状，着生于梗的顶端，无色或灰色，由基部向顶端渐细，略弯，有 3～7 个分隔，大小为56～116 μm×2.6～3.5 μm（图 4－4）。

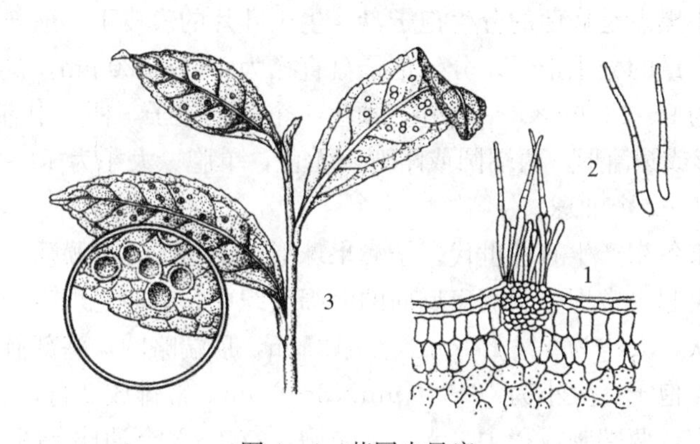

图 4－4　茶圆赤星病

1. 分生孢子梗丛　2. 分生孢子　3. 症状

3. 侵染循环和发病条件 病菌以菌丝体形成的子座在病叶组织中越冬。翌春产生分生孢子，在适宜气候条件下借风雨传播，侵染新叶引起病害。以后不断地进行多次再侵染造成病害流行。

茶圆赤星病属低温高湿型病害，在春、秋雨季均可发生，以 4 月上中旬发生多。春季新梢上以鱼叶和第 1 片真叶发生多。整株茶树下部叶较上部叶病害发生多，幼龄树较成龄、老龄树发生多。日照短、湿雾大的茶园以及土层浅、生长衰弱的茶树或过于柔嫩的叶片发病重。不同茶树品种间抗病性有差异。祁门栽培的日本薮北种 1983 年 5 月发病率为 55%～100%，而安徽 1 号发病率仅为 20%～30%。

此外，管理粗放，肥料供应不足，采摘过度，长势弱的茶园病害容易发生。

4. 防治方法 参照茶白星病防治。

五、茶云纹叶枯病

茶云纹叶枯病是最常见的茶树叶部病害之一。分布很广，一些主要产茶国如日本、印度、斯里兰卡、越南、坦桑尼亚以及牙买加等均有报道。国内各产茶省份均有发生。树势衰弱和台刈后的茶园发生严重，特别是丘陵地区植被少、土壤贫瘠的茶园发生更重，对茶树生长发育影响较大。

1. 症状 茶云纹叶枯病主要发生在成叶和老叶部位，有时也能侵染嫩叶、枝梢和果实。成、老叶上的病斑先出现在叶尖和叶缘，初为黄褐色、水渍状病斑，渐变为褐色、灰白相间的云纹状，最后形成半圆形、近圆形或不规则形，且具有不明显轮纹的病斑。病斑边缘褐色，病健部分界明显或不明显。通常在病斑的正面散生或轮生许多黑色的小粒点，这是病菌的子实体。成、老叶上的病斑很大，可扩展至叶片总面积的3/4，此时会出现大量的落叶；嫩叶、嫩芽罹病后，产生褐色病斑，并逐渐扩大，直至全叶，后期叶片卷曲，组织死亡；嫩枝发病后，出现灰色斑块，渐枯死，可向下扩展至木质化的茎部；果实上的病斑常为黄褐色，最后变为灰色，其上着生黑色小粒点，有时病斑开裂。

2. 病原 茶云纹叶枯病菌［*Guignardia camelliae*（Cooke）Butler］属子囊菌亚门球座菌属；其无性阶段（*Colletotrichum camelliae* Massee）属半知菌亚门刺盘孢属。病斑上小黑点是病菌的分生孢子盘，生于叶片的表皮下，成熟时，突破表皮外露，并释放大量的分生孢子。分生孢子盘直径为180～320 μm，盘内着生分生孢子梗，其大小为9～18 μm×3～5 μm，顶生1个分生孢子，梗丛中有刚毛间生。分生孢子长椭圆形或圆筒形，两端圆或略弯，无色，单胞，大小为13～23 μm×3.3～6.6 μm，内含1～2个油球。

病菌于秋末冬初产生有性世代。子囊果球形或扁球形，壁膜质，有孔口，有时孔口呈乳头状突起，常埋生于病斑反面的海绵组织中，有时也埋生于病斑正面表皮下。子囊棍棒状，大小为44～62 μm×8～12 μm，顶端略圆，基部有小柄。每个子囊内有8个子囊孢子，大小为10～18 μm×3～6 μm，常排成2行，大多呈纺锤形、椭圆形或卵圆形，两端圆或稍尖，无色，单胞，有1～3个油球（图4-5）。

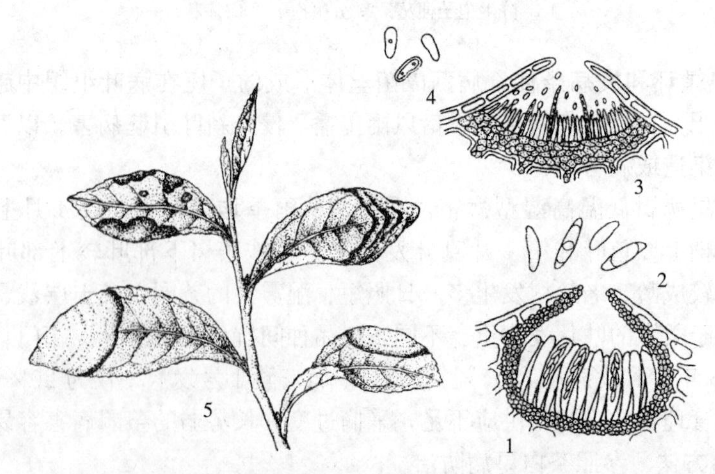

图4-5 茶云纹叶枯病

1. 子囊果 2. 子囊孢子 3. 分生孢子盘 4. 分生孢子 5. 症状

病菌的生长适温为23～29 ℃，最高温度40 ℃。对高温和低温的抵抗力均较强。在−2～−4 ℃低温下可存活30～60 d，致死温度60 ℃。生长最适pH为5.2～5.8。在人工培养基上培养的菌落初为白色，后逐渐变为墨绿色。据报道，在PDA

培养基上病菌先在低温（－2～－4 ℃）下培养 10 d，移至 24 ℃下培养 4 d，再放在室温下培养 3 周，可形成有性世代，而且发现紫外光对子囊果的形成和成熟有促进作用。

3. 侵染循环　茶云纹叶枯病菌以菌丝体、分生孢子盘或子囊果在病叶组织或病残体中越冬。病残体中病菌存活期长短取决于枯枝落叶的腐烂速度。如果落叶早，再遇秋季多雨、温度偏高，残体腐烂快，病菌存活期较短，成为翌春初侵染源的可能性不大。埋于土中的病叶易腐烂，病菌也极易死亡。茶树上残留的病叶是翌春最主要的初侵染源。当温湿度条件适宜时，病叶上的分生孢子盘产生分生孢子，借风雨和露滴在茶树叶片间传播，在叶片表面萌发，长出芽管，从叶表的伤口、自然孔口侵入；亦可穿透角质层直接侵入。病菌侵入后，一般经 5～18 d 的潜育期，出现病斑。继后，病斑上产生分生孢子，进行新一轮的侵染过程。在茶树的一个生长季节里，能进行多次再侵染。我国南方冬季气温较高，病菌无明显的越冬现象，分生孢子可全年产生，周年侵染。北方茶区病叶中发现有子囊果越冬的现象，但在病害的侵染循环中的作用远不及分生孢子盘和菌丝体重要。

4. 发病条件　茶云纹叶枯病属高温高湿型病害。在一定的温度范围内，病菌生长发育随着温度的升高而加速，潜育期缩短，病害流行速度加快。高湿多雨有利于孢子的形成、释放、传播、萌发和侵入，所以，降雨和高湿利于病害的发生和发展。当旬平均气温大于或等于 26 ℃，平均相对湿度大于 80%，如遇大面积感病品种，病害往往容易流行。就安徽南部、江苏南部等地茶园的发生情况来看，春季病菌往往在嫩叶上侵染，明显症状表现在成叶、老叶上，一般高峰期出现在 8 月下旬至 9 月中下旬。湖南分别在 5～6 月、9～10 月出现两个高峰。我国南方茶区常遇台风袭击，茶树叶片上伤口较多，利于病菌的侵入，高温多雨的 7～8 月常成为病害发生的高峰期。

茶树品种间存在明显的抗性差异。一般大叶种较中、小叶种感病。在安徽南部茶区像凤凰水仙一类叶片较大的品种，发病率常年明显高于一些中、小叶种。据洪北边等对 30 份材料进行离体抗性鉴定，发现大叶种抗病性较弱，中叶种抗性较强。病害的潜育期与病情紧密相关，即病菌在某品种上潜育期越短，发病率越高，病情指数越大。

茶园管理水平与病害的发生发展密切相关。一般管理粗放、杂草丛生的茶园，病害发生较重。凡是土层浅、土质黏重，排水不良的茶园，茶树根系不发达，生长势衰弱，降低了树体自身的抗病性，病害容易发生和流行。长江中下游一带的茶区往往遇到伏旱，茶树叶片常出现日灼斑，树体抗性大大削弱，再遇雨水、雾滴，病菌容易侵入，造成病害流行。

5. 防治方法

（1）加强茶园管理，提高茶树的抗病性　中耕除草，改善土壤墒情。按茶树栽培管理要求，在秋茶结束后，要进行一次深中耕，结合中耕将病叶埋入土壤。秋耕对防治茶云纹叶枯病效果较好。如果对发病中心用竹筢子、锄头或直接用手拍打树冠，大部分病叶受震后脱落，埋入土中。实践证明，震动树体秋耕的防效可达到 60%～70%，比一般秋耕的防效提高 10%左右。早春修剪茶园后，要将枯枝落叶清理出茶园，并烧毁，以压低初侵染源。有条件的茶区，结合秋耕，增施有机肥料，尽可能减少化肥的使用量。一方面可以提高茶树抗病性，另一方面也可以改善土壤结构，促进茶树根系的发育。

（2）因地制宜，选用抗病品种　杭州茶区表现抗病的品种有清明早、梅占、龙井群体种和福鼎白毫等。各茶区应结合本地区的特点，选用适合本地区的高产、优质、抗逆性强的品种。特别是在开辟新茶区或新茶园时更应考虑这一点。

（3）药剂防治　病情较重的茶区或茶园于深秋或初春喷一次 0.6%～0.7%石灰半量式波尔多液，以减少越冬菌源。早春开园前半个月还可喷一次药。采摘期内最好不要用药，必要时可采用挑治的方法。喷药时要注意喷匀，要掌握在发病盛期前用药，且要求 24 h 内无雨。

六、茶轮斑病

茶轮斑病是我国茶区常见的成叶、老叶病害之一，各大茶区都有分布。世界各主要产茶国均有发生，其中日本发生较重。

1. 症状　茶轮斑病主要发生于当年生的成叶或老叶。病害常从叶尖或叶缘开始，逐渐向其他部位扩展。发病初期病斑黄褐色，渐变褐色，最后呈褐色、灰白色相间的半圆形、圆形或不规则形病斑。病斑上常出现较明显的同心轮纹，边缘有一褐色的晕圈。病健部分界明显。病斑正面轮生或散生许多黑色小粒点。如果发生在幼嫩芽叶上，自叶尖向叶缘渐变褐色，病斑不规则，严重时，罹病芽叶呈焦枯状，芽叶上散生许多扁平状黑色小粒点。

2. 病原　茶轮斑病菌［*Pestalotiopsis theae*（Sawata）Steyaert］属半知菌亚门拟盘多毛孢属真菌。病斑上的小黑点是病原菌的分生孢子盘，在病斑上常呈轮纹状排列，或散生在病斑上。其直径 120～180 μm，着生在表皮下的栅栏组织间。分生孢子梗在子座上形成，无色，圆柱形或倒卵形，有层出现象。分生孢子纺锤形，4 个分隔，5 个细胞，分隔处有缢缩，中间 3 个细胞褐色，两端细胞无色，大小为 24～33 μm×8～10 μm。分生孢子的顶端有 2～3 根附属丝，其顶端稍膨大，无色透明。茶轮斑病菌的分生孢子比云纹叶枯病菌的分生孢子大，而且有附属丝，显微镜下容易辨认（图 4－6）。茶轮斑病菌在 PDA 上的菌丝体无色，有白色气生菌丝，

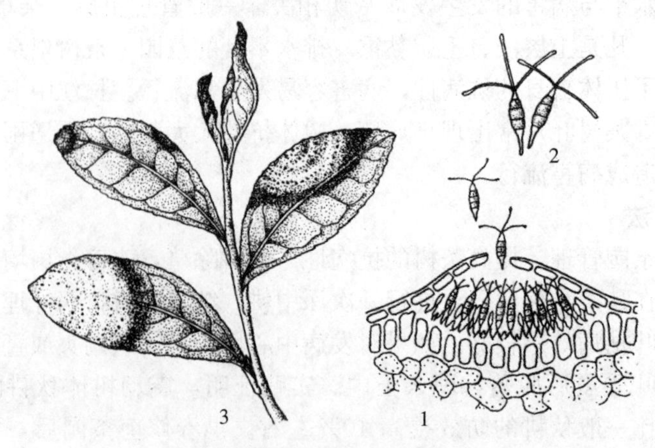

图 4－6　茶轮斑病

1. 分生孢子盘　2. 分生孢子　3. 症状

菌丝层上形成分生孢子盘，并产生墨绿色的孢子堆。菌落上的分生孢子盘往往也呈同心轮纹状排列。光对分生孢子盘及分生孢子的形成是必不可少的条件，只有在直接接受光刺激的部位才能产生。

3. 侵染循环 茶轮斑病菌属死体营养寄主菌，寄生性较弱，常侵害损伤组织和衰弱的茶树。病菌以菌丝体或分生孢子盘在病组织中越冬。翌春环境条件适宜时，产生分生孢子，分生孢子萌发引起初侵染。分生孢子萌发后主要从伤口（包括采摘、修剪以及害虫为害的伤口等）侵入，菌丝体在叶片细胞间隙蔓延，经 1～2 周后产生新的病斑。新病斑上又产生分生孢子盘和分生孢子。孢子成熟后由雨水溅射传播，进行多次再侵染。

4. 发病条件 茶轮斑病是一种高温高湿型病害。病原菌在温度 28 ℃左右生长最为适宜，夏、秋季高温高湿利于该病的发生和发展。所以，安徽南部、江苏南部等茶区茶轮斑病的高峰期常出现在夏、秋季。高湿度条件有利于孢子的形成和传播。9 月小雨不断，温度偏高，病害仍有蔓延的趋势。湖南在春末、夏初有一个发病高峰。

管理粗放、施肥不当或肥料不足、土壤板结、排水不良、树势衰弱的茶园发病往往较重。一些人为管理措施可以加重病害的发生，特别是采摘、修剪造成的大量伤口，为病菌提供了侵入途径。据日本报道，病菌均从嫩梢切口处侵入，由于修剪机、采茶机的普及导致茶园内大量发生茶轮斑病。

茶树不同品种抗性差异显著。云南大叶种、凤凰水仙、湘波绿等大叶种比龙井长叶、毛蟹、藤茶和福鼎白茶等中、小叶种感病。曾莉在云南对 34 份大叶种材料进行了抗轮斑病的鉴定，结果表明，各材料间抗性有明显的差异。虽然未发现免疫或高抗材料，但发现 16 份材料具有中等抗性，占总数的 47.1%。这也说明在大叶种中也可找到抗性材料。

茶轮纹病与茶云纹叶枯病之间存在互作关系。高旭晖等在连续 8 年（1987—1994）的田间调查中发现，茶云纹叶枯病对茶轮斑病具有抑制作用，后者随着前者的上升而下降，随之下降而上升，成明显的负相关，其相关系数 $r=-0.8386$，$y=6.970-0.3872x$。日本研究者通过室内两病原菌同皿对峙培养和田间观察也得出了同样的结论。

5. 防治方法 参照茶云纹叶枯病。

七、茶炭疽病

茶炭疽病是发生在成叶部位的病害之一。除茶树外，还为害山茶、油茶等植物。日本、斯里兰卡有报道。在日本，茶炭疽病与茶网饼病、茶白星病一起并称为茶园三大病害。该病在我国茶区也普遍发生，在浙江、安徽、湖南、云南和四川等省均有报道，条件适宜的年份发生较严重。

1. 症状 茶炭疽病发生于当年生成叶上。一般从叶片的边缘或叶尖开始，初期为浅绿色病斑，水渍状，迎光看病斑呈现半透明状，之后水渍状逐渐扩大，仅边缘半透明，且范围逐渐减少，直至消失。颜色渐转黄褐色，最后变为灰白色，病健部分界明显。成形的病斑常以叶片中脉为界，后期在病斑正面散生许多细小的黑色粒点，这是病菌的分生孢子盘。与云纹叶枯病、轮斑病相比，炭疽病的分生孢子盘最小，排列较密。早春在老叶上可见到黄褐色的病斑，其上有黑色小粒点，这是越冬的后期病斑，还可见到表现水渍状正在扩展中的中期病斑。茶园中残留的两种病叶均为初侵染源。发病严重的茶园可引起大量落叶。

2. 病原 茶炭疽病菌（*Gloeosporium theae - sinensis* Miyaka）属半知菌亚门盘长孢属真菌。病菌的分生孢子盘黑色，圆形，直径 71～143 μm，初埋生于表皮下，后期突破表皮外露。分生孢子盘内有许多分生孢子梗，无色，单胞，顶端着生分生孢子。分生孢子单胞，无色，两端稍尖，纺锤形，大小为 4～5 μm×1～2 μm，内有 1～2 个油球（图 4 - 7）。病原菌在 PDA 上生长良好，菌丝体发育适温为 25 ℃，最高温度 32 ℃。孢子萌发的最适温度为 25 ℃。病菌发育的最适 pH 为 5.3 左右。

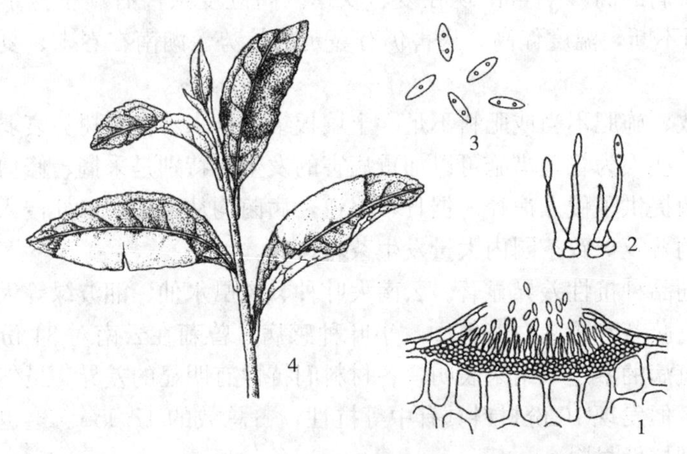

图 4 - 7 茶炭疽病
1. 分生孢子盘 2. 分生孢子梗 3. 分生孢子 4. 症状

3. 侵染循环 茶炭疽病菌以菌丝体或分生孢子盘在茶园病叶上越冬。翌年春季温度上升到 20 ℃左右，相对湿度达 80%～90%时，病菌便产生分生孢子，随雨滴传播到叶片背面茸毛的基部。在适宜的温、湿度条件下，分生孢子萌发侵入，形成菌丝在组织间蔓延，经 15～20 d 产生新的病斑。随后病菌经生长发育，产生分生孢子盘和分生孢子，借风雨传播，进行再侵染。茶炭疽病菌一般只从叶片茸毛基部侵入。当分生孢子传到叶片背面时先黏附在茸毛上，茸毛的分泌物对分生孢子的萌发有促进作用。该病菌只能侵染幼嫩叶片，因为老叶茸毛壁加厚，管腔堵塞，病菌很难侵入。由于炭疽病菌的潜育期较长，往往在幼嫩叶片上侵染，症状却表现在成叶上，致使人们误认为病原菌只侵染成叶、老叶。据安徽茶区调查，一般在 4 月下旬至 5 月上旬，正值茶芽萌发和旺盛生长季节，分生孢子大量萌发侵入，到 5 月底或 6 月上中旬病叶上大量出现中级病斑，此时即为第 1 个发病高峰。随着分生孢子盘的成熟，分生孢子陆续释放到健康叶片上，进行再侵染。如果当年 9 月多雨，还可形成第 2 个发病高峰。

4. 发病条件 茶炭疽病属高湿型病害，对温度要求也偏高。温度 20～30 ℃范围内，以 25 ℃为最适宜，相对湿度在 90%以上时最利于分生孢子的萌发和侵入。

因此，凡是早晨露水不易干的茶园，或阴雨连绵的季节，叶面水膜维持时间久，茶树持嫩性强，最利于病害的发生和发展，因而该病在高山茶区发生重。

茶炭疽病的发生程度与初侵染源关系密切。一般来说，发病重的茶园，翌年春季病害发生相对较重。据调查，一般秋季茶园病叶率在50%～80%时，经冬季落叶，越冬后仍有20%～50%的病叶残留在树上，并形成子实体，成为初侵染源。采摘不规范，茶树上留养的幼嫩芽叶多，容易生病，特别是秋季茶园，如留养的嫩叶多，会导致越冬病叶的增多，为翌年病害流行创造条件。因此，可以根据当年秋季病害的发生程度预测翌年病害的发生程度。

品种间的抗性差异显著。一般角质层薄、叶片软，第1层栅栏组织稀疏、第2层不齐，叶面平展，叶色浅的品种，发病较重；反之，发病则较轻。据蔡煌报道，大白茶、大毫茶和早逢春等品种在福建福鼎对该病的抗性较强，而小白茶、土茶仔和福云6号等对该病的抗性较差。

5. 防治方法

（1）开展农业防治　加强茶园管理，提高茶树抗病力。

（2）台刈更新，更换品种　对连年严重发病的老茶园可在春茶后采取台刈更新的办法来防治。将台刈下来的枝叶和地面落叶清出茶园并烧毁。台刈后的茶园要施足基肥，这样可有效防治病害。病害严重、品种低劣的茶园，要更换品种。

（3）药剂防治　参照茶云纹叶枯病。

八、茶赤叶斑病

茶赤叶斑病是茶树上一种较为普遍的成叶病害。全国各茶区均有发生，国外日本亦有报道。该病发生后可使茶树叶片呈红褐色枯焦状，严重时造成大量叶片干枯脱落，影响树势。

1. 症状　茶赤叶斑病主要为害当年生的成叶。病斑多从叶尖、叶缘开始，初为淡褐色，后颜色加深，呈红褐色至赤褐色，病部逐渐扩大，呈不规则形，边缘有深褐色隆起线，病健部分界明显，病部颜色一致。后期病斑上产生许多黑色小粒点，叶背病斑呈淡黄褐色，较叶面色浅。叶上病斑多时可愈合形成不规则形病斑，但色泽略有不同。

2. 病原　茶赤叶斑病菌（*Phyllosticta theicola* Petch）为半知菌亚门叶点属真菌。病部小黑点为病菌的分生孢子器。分生孢子器埋生于寄主表皮下，分生孢子成熟突破表皮外露。分生孢子器球形或近球形，直径70～95 μm，顶端有孔口。分生孢子椭圆形至宽椭圆形，大小为9～12 μm×4～7 μm（图4-8）。

3. 侵染循环和发病条件　病菌的菌丝体和分生孢子器在病叶组织中越冬。翌年5月在适宜条件下产生分生孢子。分生孢子借风雨传播，侵染当年成熟叶片，引起发病。以后病部产生的分生孢子又可不断进行多次再侵染。每年5～6月开始发生，7～9月发病最盛。凡6～8月持续高温，降水量少，茶树易受日灼伤的最易发病。台刈修剪后的嫩枝梢叶片、幼龄园、扦插母本园以及采摘后留叶多的茶树，发病重。此外，土层浅薄，旱季高温，水分供应不足的茶园该病发生也很普遍。发病后茶树呈红褐色枯焦，常引起大量叶片脱落。

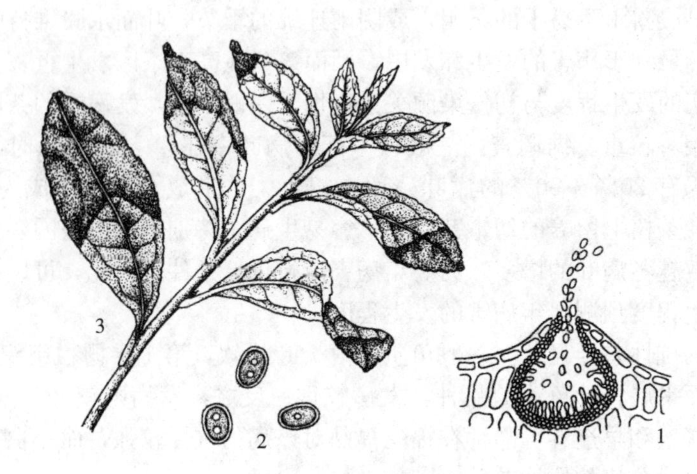

图 4-8 茶赤叶斑病

1. 分生孢子器及分生孢子 2. 分生孢子 3. 症状

4. 防治方法

（1）农业措施 该病为高温型病害，易遭日灼的茶园，可种植遮阳树，减少阳光直射。有条件的可建立喷灌系统，保证茶树在干旱季节对水分的要求。生产茶园可进行茶园铺草，增强土壤保水性。

（2）药剂防治 对历年发病的茶园，结合各项农业技术措施的同时，可喷洒药剂防治。幼龄园或非综合治理采摘园可喷施0.6%～0.7%石灰半量式波尔多液。

九、茶褐色叶斑病

茶褐色叶斑病为茶树成叶和老叶上主要病害之一。国内茶区均有分布。国外日本、印度尼西亚、斯里兰卡、毛里求斯、坦桑尼亚等国均有发生。

1. 症状 茶褐色叶斑病主要发生于叶缘、叶尖。初生褐色小点，后扩大为不规则形或半圆形的暗褐色斑块，病健部分界不明显，湿度大时或早晨露水未干时可见病部散发点状或块状灰色霉层。干燥时病部常呈小黑点状。叶缘病斑多时常相互连接似冻害，但可从病征上进行区别。

2. 病原 茶褐色叶斑病菌（*Cercospora* sp.）为半知菌亚门尾孢属的待定种。* 病斑表面的黑褐色小点为病菌的子座组织，其上产生的灰色霉层为病菌的分生孢子梗和分生孢子。分生孢子梗单条丛生，淡褐色，直或略弯曲，有0～5个分隔，大小为12～75 μm×2～3 μm。分生孢子鞭状，基部粗，顶部渐细，无色或淡灰色，大小为40～92 μm×3～5 μm，有4～10个分隔（图4-9）。

3. 侵染循环与发病条件 病菌的菌丝体或子座在病叶组织或病株残体上越冬。翌年春季在温、湿度适宜的条件下产生分生孢子，并借风雨传播，侵害茶树叶片引起发病。以后以分生孢子不断进行再侵染。

---

* 陈宗懋的《茶树病害的诊断和防治》一书认为，此病病菌与茶圆赤星病菌（*Cercospora theae*）从病菌的分生孢子大小、分隔数等形态特征来看，属于同一个种，只是在不同叶位上产生的症状不同。

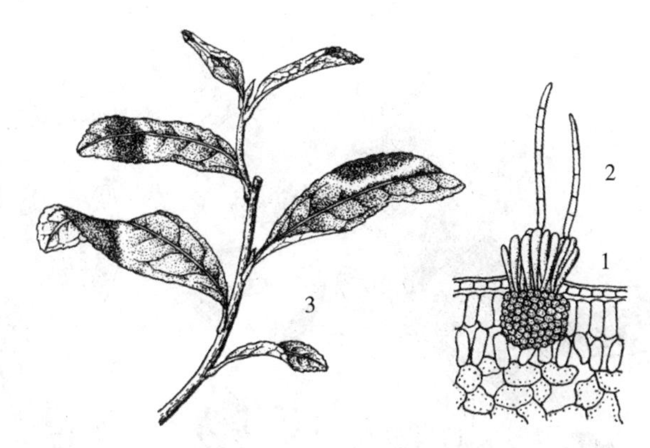

图 4-9　茶褐色叶斑病

1. 分生孢子梗　2. 分生孢子　3. 症状

茶褐色叶斑病为低温高湿型病害。早春、晚秋发生较重。浙江杭州报道，春季病害发生比秋季重。安徽调查，则秋季比春季发生多。夏季高温不利于病害发生。冬季温暖地区也能引起发病。

凡是茶树生长衰弱、肥力不足、树龄过大、采摘过度、地下水位高和管理粗放的茶园，均易发病。扦插苗圃地也常因湿度大，发病率较高。不同品种与不同单株之间存在抗病性差异。

4. 防治方法

(1) 加强茶园培管　春秋雨季注意茶园排水，降低园地湿度，增强树体抗病力。合理施肥，清除园地病残落叶，减少病菌侵染来源。

(2) 药剂防治　发病的茶园可结合其他病害进行药剂防治。

十、茶 煤 病

茶煤病是茶树上常见病害之一。全国各茶区均有报道，世界各主要产茶国也都有发生。茶煤病的发生可严重影响茶树的光合作用，引起树势衰老，芽叶生长受阻。同时，由于受病菌的严重污染，对茶叶品质影响也极大。

1. 症状　茶煤病主要发生在茶树中、下部的成叶、老叶上，嫩芽、嫩梢也可发生。发病初期叶片正面出现黑色圆形或不规则形的小斑，后逐渐扩大，严重时黑色煤粉状物覆盖全叶。有时向上蔓延至幼嫩枝梢芽叶上，后期在煤层上簇生黑色短茸毛状物。大流行的园块，远看一片乌黑，树势极度衰弱。

2. 病原　茶煤病菌（*Capnodium theae* Hara）属子囊菌亚门真菌。菌丝褐色，有分隔。星状分生孢子有 3～4 个分叉，每个分叉有 2～4 个分隔，尖端钝圆。子囊座纵长，单一或有分支，顶端膨大呈球形或头状，黑色，直径 39～72 μm。内生很多子囊，子囊棍棒状或卵形，每个子囊内有 8 个子囊孢子，在子囊内呈立体排列。子囊孢子初期无色，单胞，后期褐色，有 3 个分隔，椭圆形或梭形，大小为 8～10 μm×3～5 μm。分生孢子器常和子囊果混生，具有长柄，大小为 500 μm×14 μm。分生孢子椭圆形或近似球形，无色，单胞，大小为 4～6 μm×1.6～2.4 μm（图 4-10）。

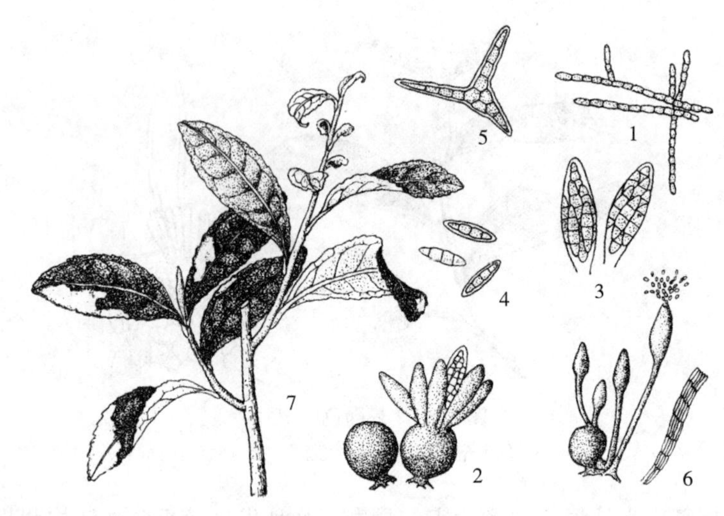

图 4-10 茶煤病

1. 菌丝 2. 子囊果 3. 子囊 4. 子囊孢子 5. 星状分生孢子 6. 分生孢子器 7. 症状

3. 侵染循环 病原菌以菌丝体、分生孢子器或子囊果在病叶中越冬。翌春环境条件适宜时，产生分生孢子或子囊孢子，随风雨传播，落到粉虱、蚜虫和蚧类的分泌物上，吸取养料生长繁殖，再次产生各种孢子，又随风雨或昆虫传播，引起再侵染。

4. 发病条件 粉虱、蚜虫和蚧类的分泌物是茶煤病菌的营养物质，这些害虫的发生是茶煤病发生的先决条件。病害发生的轻重与害虫发生数量的多少紧密相关，且病叶上霉层颜色及其厚薄均随害虫种类不同，分泌物多少而异，一般不深入寄主组织，只营腐生生活。由于黑刺粉虱、红蜡蚧、角蜡蚧等害虫的发生加重，茶煤病在全国局部茶区严重发生。如 1991 年湖北英山部分高山茶园由于红蜡蚧的大发生，导致茶煤病的大流行，严重的茶园几乎无幼嫩芽叶。1994—1996 年，湖南省涟源、双峰等地由于黑刺粉虱严重，引起1 000 hm^2以上的茶园茶煤病大发生。

5. 防治方法

（1）控制黑刺粉虱、蚧类和蚜虫　阻断病菌的营养源，是防治茶煤病的根本措施。

（2）药剂防治　茶煤病发生严重的茶园，可于当年深秋采用石硫合剂封园防治介壳虫和黑刺粉虱等害虫，同时也能有效地阻止或减轻翌年茶煤病的发生。喷药必须均匀，才能提高防效。

（3）茶园管理　加强茶园管理，尤其要注意合理施肥，适当修剪，勤除杂草，增强树势。

十一、茶藻斑病

茶藻斑病是发生于茶树老叶部位的常见病害之一，全国各产茶省份均有分布，国外主要产茶国如日本、印度、斯里兰卡等也都有发生。该病除为害茶树外，还为害山茶、油茶和柑橘等几十种植物。

1. 症状　茶藻斑病在老叶上初期产生黄褐色小点，以此为中心，渐渐向外扩展，形成较隆起的灰绿色毛毡状物。病斑多呈圆形或近圆形，稍隆起，具纤维状纹理，边缘不整齐。病斑于叶片正反面均可发生，以正面为多，直径 1～5 mm 不等，多时可连成不规则形大斑。

2. 病原　茶藻斑病原（*Cephaleuros viorescens* Kunze.）属绿藻门头孢藻属藻类。病斑上的毛毡状物就是藻类的营养体和繁殖体。营养体在叶片表面形成很密的二叉状分支，其上竖直长出孢囊梗，大小 85～340 μm×13～20 μm，有多个分隔，孢囊梗顶端膨大，上有多个小梗，其顶端着生游动孢子囊，囊内长有许多游动孢子。游动孢子椭圆形，具有双鞭毛（图 4-11）。

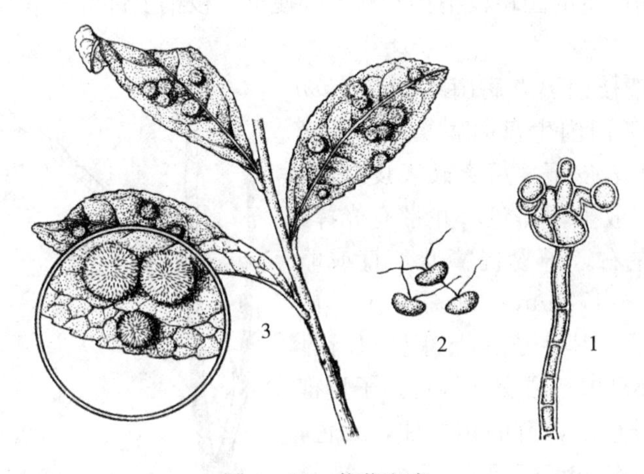

图 4－11　茶藻斑病

1. 孢囊梗及孢子囊　2. 游动孢子　3. 症状

3. 侵染循环　病原藻以营养体在病叶上越冬，翌春温、湿度等环境条件适宜时，产生孢子囊和游动孢子，游动孢子借风雨传播，落到健康叶片的表面，在表皮细胞间蔓延发展，形成新的病斑，新病斑上又形成孢子囊和游动孢子，实现新一轮的再侵染。

4. 发病条件　茶藻斑病病原是一种弱寄生藻，高湿多雨有利于该病的发生。因此，常以管理粗放、杂草丛生、阴湿、通风透光不良的茶园发生较重。

5. 防治方法

（1）加强茶园管理　参照茶云纹叶枯病防治。

（2）药剂防治　茶藻斑病严重的茶园，于秋茶采摘结束后或早春喷一次 0.6%～0.7%石灰半量式波尔多液，对预防该病发生有一定的作用。

第二节　枝干部病害

茶树枝干病害种类较多，普遍发生的主要有茶枝梢黑点病、茶寄生性植物和寄生藻类等。广东、云南、湖南等省部分茶区茶红锈藻病发生较严重。华南茶区常有茶黑腐病、茶线腐病的发生与流行。除此之外，枝干部还有茶膏药病、茶毛发病等。罹病茶树养分和水分运输受阻，造成树势衰弱，芽叶稀少。对于枝干部病害，主要采用人工防除，结合搞好茶园卫生进行控制。

一、茶枝梢黑点病

目前，茶枝梢黑点病仅在我国有报道。最早于1961年在浙江杭州发现此病，以后湖南、安徽也相继报道，现全国各主要产茶区均有发生。

1. 症状 茶枝梢黑点病发生在当年生的半木质化的枝梢上。受害枝梢初期出现不规则形的灰色病斑，以后逐渐扩展，长可达10～15 cm，此时，病斑呈现灰白色，其表面散生许多黑色带有光泽的小粒点，圆形或椭圆形，向上凸起，这是病菌的子囊盘。发病严重的园块枝梢芽叶稀疏、瘦黄，枝梢上部叶片大量脱落，严重时全梢枯死。

2. 病原 茶枝梢黑点病菌（*Cenangium* sp.）为子囊菌亚门内生盘菌属真菌。子囊盘初埋生于枝梢表皮下，后突破表皮外露，盘革质，无柄，散生，黑色，并带有光泽，直径0.5 mm左右。子囊棍棒状，直或略弯，大小为114～172 μm×20～24 μm，内生8个子囊孢子，其在子囊上部呈双行排列，在子囊下部呈单行或交互排列。子囊孢子长椭圆形或长梭形，有的稍弯曲，无色，单胞，大小22～42 μm×5.5～7.5 μm，子囊间有侧丝，比子囊长，线形或有分支，大小66～363 μm×3.3～4.4 μm（图4-12）。

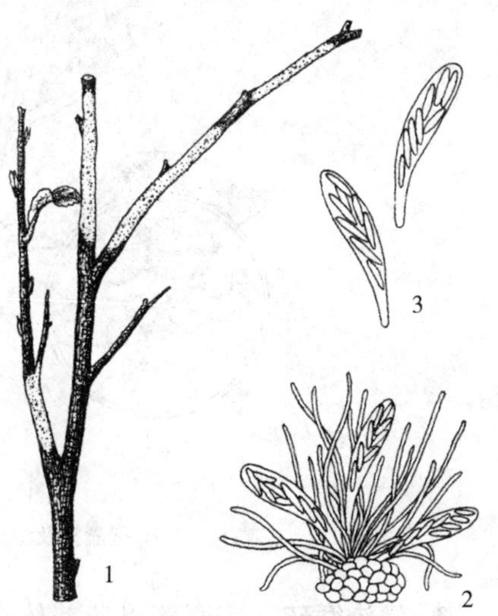

图4-12 茶枝梢黑点病
1. 症状 2. 子实体一部分 3. 子囊和子囊孢子

3. 侵染循环 茶枝梢黑点病以菌丝体或子囊盘在病梢组织中越冬。越冬病菌从3月下旬或4月上旬开始生长发育，5～6月中旬子囊孢子成熟，借风雨传播，侵入新梢。7月后由于温度偏高，并常伴随干旱，病害发展缓慢。该病属单病程病害，1年仅1次初侵染，无再侵染。

4. 发病条件 茶枝梢黑点病的发生与气候条件密切相关。一般气温上升到10 ℃以上病菌开始活动，15 ℃开始形成子囊，20～25 ℃子囊孢子成熟。所以，当气温20～25 ℃、相对湿度80%以上时，最有利于该病的发生和发展。当气温上升到30 ℃以上、相对湿度低于80%时，病菌生长发育受到抑制，病害也停止发展。不同茶树品种间有显著的抗性差异，一般枝叶生长繁茂、发芽早的品种较感病，而普通群体种发病相对较轻。

5. 防治方法

（1）因地制宜地选用抗病品种 注意抗性品种的保护和利用，延长抗性品种的种植年限。避免大面积连片种植单一品种。

（2）修剪对于防治该病有较好的效果 早春根据树势和上一年病情决定修剪的深度，应尽可能将剪下的枯枝落叶清理出茶园并妥善处理。重修剪后，结合喷药保护，效果更好。

（3）药剂防治　掌握在发病盛期前喷杀菌剂，注意安全间隔期。

二、茶红锈藻病

茶红锈藻病是由病原藻类寄生茶树引起的一种茎叶病害，主要分布于广东、海南、湖南、浙江、安徽、江西、湖北、广西、贵州、云南、台湾等省份。该病在华南大叶种茶区为害较重。侵害茶树1～3年生枝条，引起枯梢，连年发生则树势衰退，乃至全株死亡。据广州市郊等地茶园调查，长势不良的3类、4类茶园中株发病率可达100%，成为茶园大面积衰退的重要原因。

1. 症状　茶红锈藻病主要为害茶树枝干，尤以1～3年生枝条上为多，另外叶片、果实亦可受害。被害枝干初期在枝上呈现大小不一的灰黑色圆形或椭圆形斑块，逐渐扩大后包围枝干，呈紫黑色。在多雨季节，海南4～7月，湖南5～6月，病茎上呈铁锈色，此为病原藻类的子实体，用扩大镜观察可见枝干表面产生浓密的橙黄色毛状物。为害嫩梢枝干，杀死成块茎组织，引起茎梢枯死。

茶树枝干被害后，生长受阻，芽叶生长缓慢、瘦弱或影响顶芽和腋芽的萌发。严重时致使叶片出现不规则的黄白色斑驳状，进而叶片变褐，全叶干枯脱落。在旱季发病更明显，顶端枝梢干枯，枝干呈紫黑色，叶片稀疏，甚至形成光杆。枝干被寄生几年后，常表现皮层粗糙，甚至形成不规则开裂。

受害叶片主要为成叶，病斑圆形或近圆形，稍隆起，直径5～6 mm，边缘紫红色，中央灰色或褐色，有时病斑边缘有一透明的绿色环，病健部分界明显。海南茶区4～9月病斑正反两面均出现橙红色毛状子实体。

2. 病原　茶红锈藻病原（*Cephaleuros parasiticas* Karst）属绿藻门头孢藻属的低等寄生藻类。病部湿度大时产生的橙黄色毛状物即为病原藻类的孢囊梗和孢子囊。孢囊梗较粗短，长77.5～272.5 μm，梗顶端膨大，上生小梗，一般为1～3个。每小梗上再顶生1个孢子囊。孢子囊圆球形或卵圆形，大小为36.7～43.1 μm×29.7～32.0 μm。孢子囊成熟后遇水湿可释放大量游动孢子（图4-13）。

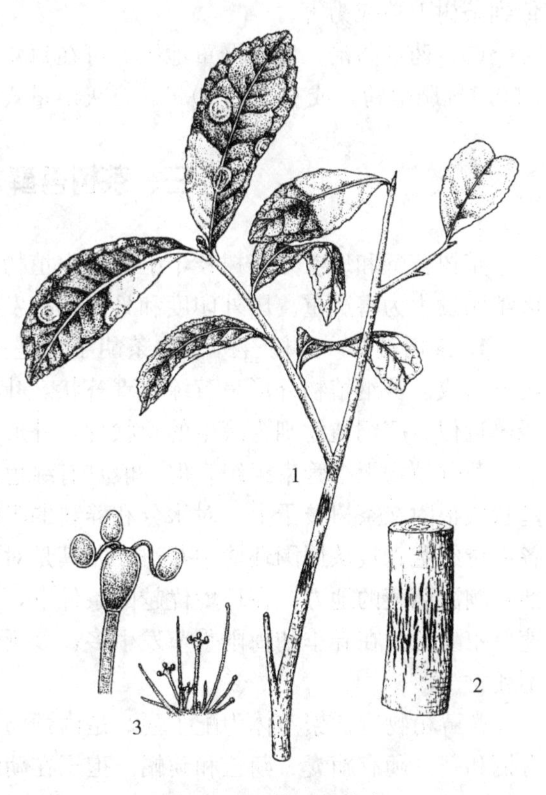

图4-13　茶红锈藻病
1. 症状　2. 枝干部病状（树皮裂开）
3. 孢囊梗及孢子囊

3. 侵染循环　病原藻以营养体

在病枝皮层组织内越冬。第2年春末夏初，营养体发育形成孢囊梗和孢子囊。成熟的孢子囊内产生大量游动孢子，借风雨传播，萌发后侵入寄主表皮组织，在寄主细胞组织间扩展蔓延，从而引起病害。以后营养体不断发育生长，若温湿度适宜，又产生孢子囊，进行传播和侵染。

在海南4～7月为病原藻的传播侵染期；在湖南一般在5月下旬到6月上旬为第1传播高峰期，8月下旬至9月下旬为第2传播高峰期。第1高峰期因温湿度均适宜，变化不大，而第2高峰期长短则往往因湿度变化而异，湿度小传播期短。

4. 发病条件 茶红锈藻病与栽培管理有很大关系。因为生长健壮的茶树，能够在受侵组织部位形成木栓层阻止侵染起保护作用。生长衰弱的缺乏这种能力。因而一切导致茶树生活力下降的不良环境，都会诱致茶红锈藻病的发生。如土壤瘠薄，通透性差，管理粗放，杂草丛生，易遭干旱，水渍园地，采摘过度，长势衰弱的发病重。不同品种间抗病性有差异。据海南调查，云南大叶种和水仙种均易感病，海南大叶种和台湾种较抗病。

5. 防治方法

（1）加强茶园肥培管理 对茶园实行深耕改土，增施有机肥，提高土壤肥力，增强树体抗病性。

（2）搞好茶园灌溉与遮阴 在干旱地区要注意灌溉保水，种植云南大叶种的茶园要种好遮阴树。间种山毛豆的茶园要在病原子实层出现之前拔除，以免将病原物传到茶树上造成为害。

（3）药剂防治 发病严重地区，可在每年病原物传播期前喷施0.2%硫酸铜液加0.1%肥皂粉，或0.5%～0.6%石灰半量式波尔多液。

三、茶树苔藓与地衣

茶树苔藓和地衣是茶树枝干上的附生植物。在国内各产茶区都有发生，尤以山区茶园发生为害严重。国外印度和日本亦有发生。

1. 茶树苔藓 茶树苔藓俗称茶胡子，是一种高等植物，由苔纲和藓纲的不同类群组成。苔纲植物外形呈黄绿色青苔状，叶状体为绿色小片状，紧贴基物上，与绿藻近似。藓纲植物则为簇生的丝状物，外形与维管植物相近。

苔藓植物无维管束组织，但一般具有绿色的假茎和假叶，可进行光合作用，以丝状假根附在茶树枝干上，对水分和养料的吸收非常有限，因而植物体还必须依靠各部位细胞直接从周围环境中获得，尤其是对水分的吸收。因此，苔藓植物一般生活在潮湿荫蔽的地方。在环境优越的条件下，苔藓植物茎叶体可不断产生新枝，迅速繁殖生长。在春季和梅雨季节发生多，蔓延快，在干旱季节或寒冷冬季不蔓延也不死亡。

苔藓植物有性繁殖体为配子囊，是由颈卵器与藏精器受精后产生的。配子囊具有柄和蒴。蒴有蒴囊、蒴盖和蒴帽。孢子在蒴囊内，成熟后蒴二裂，散出孢子，随风传播，遇到适宜的寄主，又产生叶茎状的营养体。苔藓植物营养体既无吸收器官，也无输导组织的分化，而只是由一层细胞构成的植物体。

生长在茶树上的苔藓种类很多。据陈雪芬（1988）报道，世界各国已报道的苔藓、地衣种类 37 种，我国报道 23 种。安徽部分茶区采集的标本，经陈邦杰先生鉴定，根据其营养体外形和内部细胞不同，分为悬藓、蔓藓、附干藓、耳叶苔、羽藓、绢藓、残齿藓、木衣藓、木令藓和假细罗藓等多种（图 4－14）。

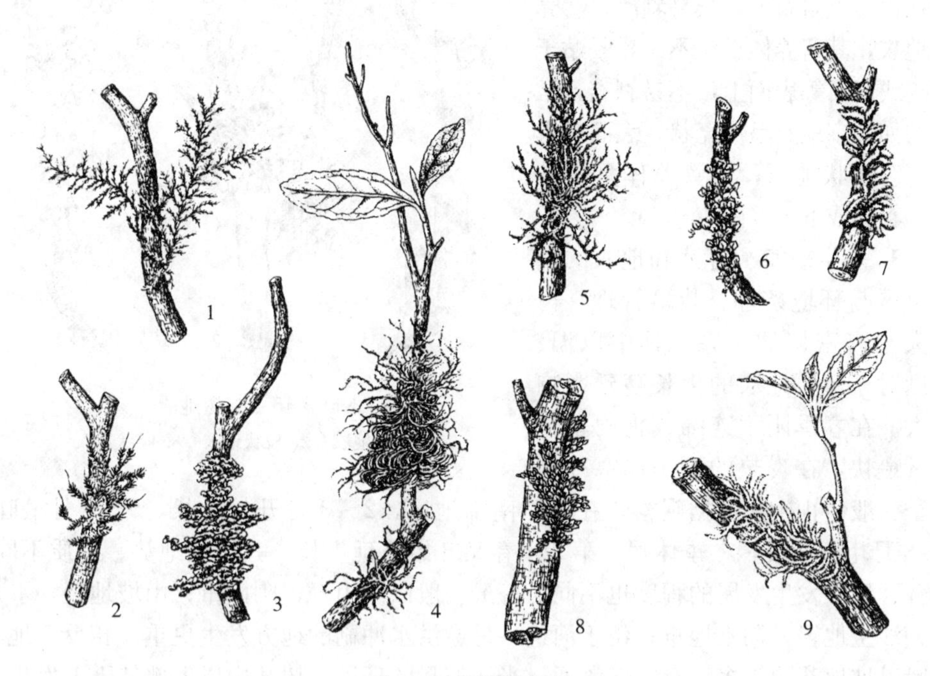

图 4－14　茶树苔藓

1. 羽藓　2. 木衣藓　3. 耳叶苔　4. 悬藓　5. 假细罗藓　6. 木令藓　7. 绢藓　8. 残齿藓　9. 附干藓

据邓欣（1994）报道，湖南省茶区苔藓植物种类鉴定计有 9 个科 17 个种，其中苔纲 5 个种，藓纲 12 个种，大多为我国茶树上首次报道。

苔藓植物附生于茶树枝干上，造成树势生长衰弱，严重影响茶芽萌发和新梢叶片生长。由于其覆盖枝干及树丛，致使树皮褐腐，而且大量苔藓植物体也有利于害虫的繁殖和潜伏越冬。

2. 地衣　地衣属于低等植物地衣门的类群，是菌类和藻类的共生体。藻类具有叶绿素，可摄取空气中的二氧化碳，制造有机物供给菌类。菌类的菌丝体可吸收水分和无机盐，亦可供给藻类生长，进行共生生活。

地衣中共生菌类绝大多数是子囊菌真菌，少数为担子菌，而共生藻类为蓝藻和绿藻。由于菌藻之间的长期结合，因此地衣不同于一般真菌也不同于一般藻类。这类可以进行共生的真菌称为地衣型真菌，而地衣的形态几乎完全由共生真菌来决定。

地衣繁殖主要以本身分裂为碎片的方式进行，即营养繁殖，以粉芽、针芽飞散而传播。粉芽是 1 个或多个被菌丝缠着的藻类细胞，针芽是地衣表面的突起，包含两个原生体的成分。另一种繁殖方式则以地衣型真菌来进行。子囊菌可以产生子囊孢子和分生孢子进行繁殖、传播，遇到适当的藻类而俘获，进行共生，形成地衣。

地衣为害的特点是以从下皮层伸出的无色至黑色的菌丝束（假根）、菌丝穿入寄主皮层甚至形成层，吸取水分和无机盐，从而妨碍植物的生长。

地衣的种类根据其外形可分为：①叶状地衣，其营养体形如叶状，平铺，有时边缘反卷，仅有数条假根附着在树皮、岩石上，很易剥离；②壳状地衣，其营养体形状不一，紧贴于树皮或岩石等表面上，不易剥离，常见的如文字地衣呈皮壳状，表面有黑纹；③枝状地衣，其营养体呈树枝状，直立或下垂（图4-15）。

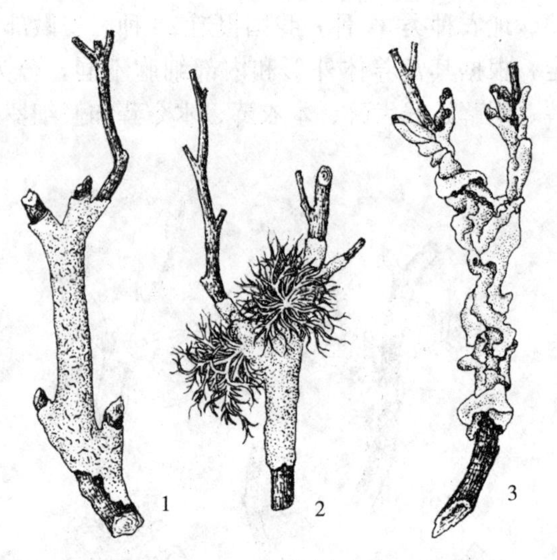

图4-15 茶树地衣
1. 壳状地衣 2. 枝状地衣 3. 叶状地衣

3. 发生规律 苔藓和地衣的发生发展与环境条件、栽培管理、树龄大小有密切的关系，其中以温、湿度对苔藓、地衣的生长蔓延影响最大。在春季阴雨连绵或梅雨季节生长最快，在炎热的夏季和寒冷的冬季一般停止生长。据观察，在安徽南部地区，2～3月开始生长，5～6月最旺，7～8月生长缓慢，冬季休眠。第2年春又开始蔓延生长。其次因地势、土质不同，苔藓、地衣发生发展的程度也不同。苔藓一般以阳山轻，阴山重；山坡地轻，平地重；沙土地轻，黏土地重；位于河边，易遭洪水冲刷的地方发生更重。相反，地衣一般以坡地茶园为多，喜空气流通、光线充足的环境，树丛中以上部枝干上发生为多。在工业区和城市中很少有地衣存在，对空气污染十分敏感。茶园管理粗放、杂草丛生、树势衰老、茶丛中枯枝落叶不及时清除的，苔藓和地衣发生均多。

4. 防治方法

（1）加强茶园栽培管理 结合中耕除草，随时清除苔藓和地衣埋入土下，并合理施肥，使茶树生长健壮，尤应清沟沥水，使茶园排水良好。衰老茶树可进行台刈修剪，使茶树重发新枝，恢复生长。

（2）化学防治 非采摘季节，可用1%石灰等量式波尔多液喷洒枝干有良好效果。注意在非采摘期使用，不与酸性农药混用。

四、茶菟丝子

茶菟丝子是菟丝子科菟丝子属植物。我国常见的有中国菟丝子（*Guscuta chinensis*）和日本菟丝子（*Cuscuta japonica*）。日本菟丝子除寄生茶树外，还寄生杨、柳、山茶、榆、槭等植物。国内主要分布于安徽、浙江、江西、广东、海南、云南和湖南等省。中国菟丝子主要为害草本植物，未见为害茶树的报道。

1. 症状 茶菟丝子是一种全寄生的种子植物，以黄色或橙色的细茎生长并缠绕在茶树枝干上，其茎的上部飘荡在空中，遇到茶树茎部便缠绕其上。伴随茶树生长而不断伸长，一般于夏末、秋初开花，秋季结实，其生长所需全部营养均来自茶树体内。受缠绕的茶树生长势减弱，叶片发黄，茶芽稀少、瘦弱，以致枝梢枯死。

2. 形态　菟丝子无根，茎细长，线状，以黄色或紫红色为多；花小，白色、黄色或浅红色，穗状花序或总状花序，花冠管状、球状或钟状；蒴果球形或卵形，种子1～4粒，无色，胚在肉质胚乳中，丝状，呈圆盘形弯曲或螺旋形，无子叶；吸盘开始呈块状，吸附在茶树表皮组织上，其上长出许多吸根，在茶树组织和细胞间或细胞内生长并吸收营养（图4-16）。

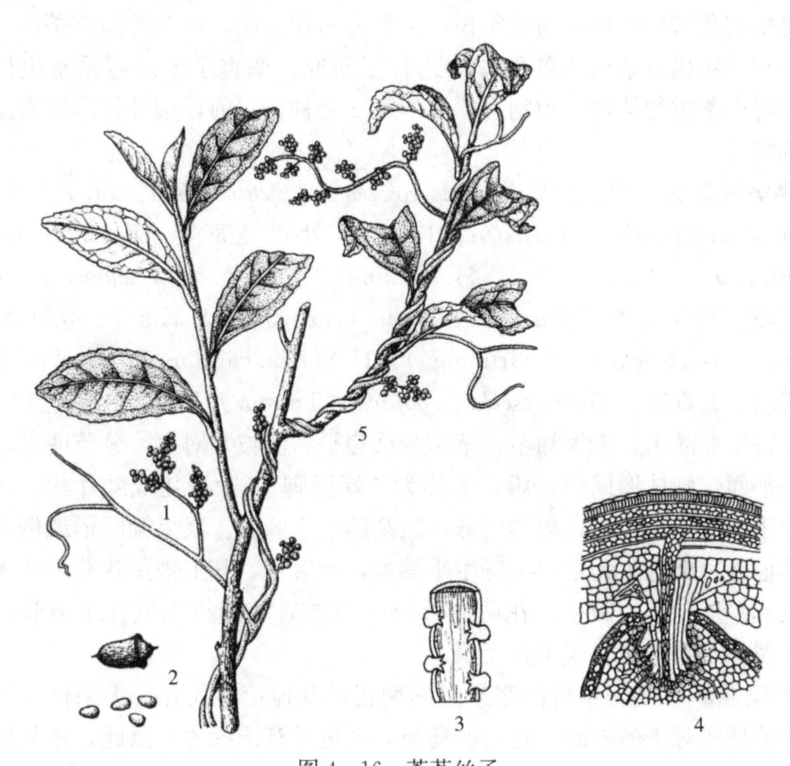

图4-16　茶菟丝子

1. 菟丝子茎和花　2. 果实和种子　3、4. 茶树和菟丝子断面　5. 症状

3. 侵染循环　秋季菟丝子种子成熟后便散落在周围的土壤中越冬。翌年4～5月萌发，长出幼苗，幼苗出土后，生长极快，如遇茶树茎干，便主动缠绕其上，且很快形成吸盘，固着在茶树枝干的组织中。吸盘的部分细胞组织分化为导管和筛管，并且分别与茶枝干的导管和筛管相连，菟丝子便直接从茶树体内吸收养分和水分，建立寄生关系。此时，菟丝子吸盘以下的茎、根失去作用而退化、消失。吸盘以上的茎继续生长攀缘，不断分枝，并在茶枝的适当部位再形成吸盘，直至攀满全树，甚至全园，茶树受害严重时，会出现枯死现象。菟丝子在山地茶园、梯坎沟边或密植茶园常发生较重。

4. 防治方法

（1）人工防除　待菟丝子种子成熟后，结合翻耕，将种子埋入8～10 cm土中，使之丧失萌发能力。对已发生的茶园也要结合中耕除草，进行深翻根除。个别茶树受害严重时，可在种子成熟前将受害部分连同菟丝子一起剪除。由于菟丝子的断茎仍具有发育成新株的能力，所以，剪下的藤蔓应带出茶园烧毁。发生严重的茶园可在菟丝子萌发和生长期，拔除幼苗和植株。

（2）药剂防治　可喷施生物农药“鲁保1号”防治茶菟丝子，用量为22.5～

33.5 kg/hm^2。雨后阴天喷洒可使菟丝子发生真菌病害而枯死，如在喷药前人为在菟丝子上造成伤口，效果会更好。

五、桑寄生

桑寄生在我国局部地区为害茶树，主要分布在云南、广东等南方茶区。喻盛甫于20世纪80年代对茶树上的桑寄生进行了研究，调查了云南省桑寄生植物的种类，发现寄生茶树的桑寄生植物有5属5种2变种。目前，国外仅印度有桑寄生为害茶树的报道。

1. 种类与形态 种类有鞘花［*Macrosolen cochinchinensis*（Lour.）Van Tiegh］、离瓣寄生（*Helixanthera parasitica* Lour.）、小红花寄生［*Scurrula parasitica* var. *craciliflora*（Wall. & Dc.）H. S. Kiu.］、红花寄生（*Scurrula parasitica* Linn.）、卵叶梨果寄生［*Scurrula chingii*（cheng）H. S. Kiu.］、亮叶木兰寄生［*Taxillus limprichtii*（Gruning）H. S. Kiu. var. *longifloius*（Lecte.）H. S. Kiu.］、栗寄生［*Korthalsella japonica*（Thunb.）Engl.］等。其中栗寄生为常绿半寄生亚灌木，无匍匐茎，茎和分枝扁平，侧枝常对生，分节明显，各节排列于同一平面，侧枝形同螃蟹脚，被称为“螃蟹脚”。叶退化成鳞片状，合生成环状，着生于节间。花单生，雌雄同株，数朵簇生于叶腋。浆果椭圆形或倒卵形，橙黄色。其他几种桑寄生为常绿半寄生小灌木，叶对生，其上被星状茸毛或无毛。总状、穗状或伞形花序，腋生，花两性，4～6基数，花瓣离生或合生成管状，开花时顶部开裂。子房下位，浆果，无根。

2. 侵染循环 桑寄生科的浆果成熟期正是其他植物无花、无果休眠状态的冬季。鲜艳的果实对于冬季缺乏食料的鸟类来说更具有诱惑力。因此，这类植物的种子大多依靠鸟类啄食传播。浆果的内果皮木质化，内果皮外有一层黏稠状物质，可以保护种子。种子虽然经过鸟类的消化系统，但不丧失发芽能力。种子随鸟类粪便排出，或自鸟嘴吐出后，内果皮外的黏胶状物质将种子黏在枝条上。种子吸水萌发，胚根尖端与寄主接触处形成吸盘，分泌消解酶，并从伤口、芽部或无伤的体表以初生吸根钻进茶树枝条皮层，到达木质部，再由初生吸根分生出次生吸根，与寄主的输导组织相连，从中吸收水分和无机盐类。同时，在胚根吸盘形成后，开始形成胚芽，发展成短枝。初生吸根和次生吸根上可以不断产生不定芽，并形成新枝条，使之呈丛生状。茎基部的不定芽又可长出匍匐茎，在寄主枝干的背面延伸，产生新的吸根，侵入树皮，并长出新的茎叶，不断蔓延为害。由于桑寄生分泌激素，使侵染部位形成肿瘤，受害寄主次年发叶迟，叶片小，对夹叶多，以致不发叶。与桑寄生吸盘接触的寄主导管组织，常发生胶状物和囊状细胞，形成堵塞情况。一般来说，桑寄生对茶树的破坏速度较慢。寄生部位以上的茶树枝梢生长衰弱，由于养分缺乏而逐渐黄化、枯死。

3. 防治方法 受害较轻的茶树可将桑寄生植物砍去，尤其要将不定芽削去，然后用10%的石灰液或草木灰液涂于伤口，12 h后再涂1次，以杀死寄生物的残存部分，防效可达90%左右。受害严重的茶树，可进行重修剪或台刈，使之发新枝，恢复树势。此外，用硫酸铜、氨基醋酸等防治也有一定的效果。

六、枝干部其他病害

除了上述茶树主要枝干病害外，还有一些病害在局部茶区造成为害。

（一）其他病害种类

1. 茶灰色膏药病　茶灰色膏药病主要为害茶树中部枝干，病原菌在介壳虫的分泌物上先产生白色绵毛状物，不断向四周延伸，形成中央厚、周围薄、膏药状的覆盖物。至5～6 月，其表面生有一层白粉，干燥时色淡，湿润时色深，老熟后呈紫褐色，干缩龟裂，逐渐剥落。

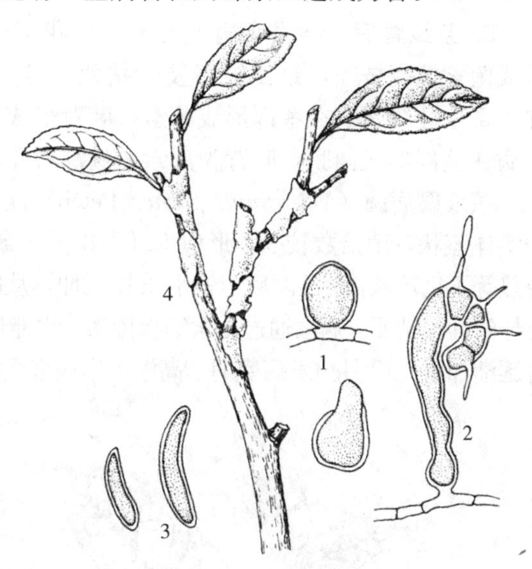

图 4－17　茶灰色膏药病

1. 前担子　2. 担子及担子小梗　3. 担孢子　4. 症状

灰色膏药病菌［*Septobasidium podicellatum*（Schw.）Pat］属担子菌亚门隔担菌属真菌。菌丝无色，有隔，担子圆筒形或棍棒形。担孢子长筒形或长椭圆形，两端圆，无色，单胞（图 4－17）。以菌丝体形成的菌膜在有病枝干上越冬。翌年春夏之交温湿度适宜时，菌丝恢复生长发育，并形成担子和担孢子，借雨水、气流传播到介壳虫的分泌物上，继续萌发侵染，形成新的菌膜。当病害严重发生时，菌膜可包围树干外部，使茶树生理活动受阻，树势渐趋衰弱。该病的发生与介壳虫发生情况紧密相关。茶园管理不善，介壳虫发生多，茶灰色膏药病发生也严重。

2. 茶毛发病　茶毛发病在受害茶树枝干上缠绕许多散乱无序的漆黑色毛发状物，似马尾，为病原菌的菌索，以吸器固着于枝干表面，并伸入组织吸收养分，使嫩梢枯死。

图 4－18　茶毛发病

1. 子实体　2. 症状

茶毛发病菌（*Marasmius equicrinis* Mull）为担子菌亚门。子实体形似小蘑菇，淡黄褐色，菌盖直径 4～5 mm。中央略凹陷（图 4－18）。以毛发状菌索在茶树枝叶上越冬。第

2 年春季温湿度适宜时开始萌动生长，伸展到无病的枝条或叶片上引起初侵染。一般于 6～8 月产生子实体，并产生担孢子。菌索和担孢子继续侵染危害健康枝叶，10 月达为害高峰，被害枝叶陆续枯死。气候温暖潮湿，茶园茂密郁闭，通风不良，利于病害的发生。

3. 茶线腐病 茶线腐病主要发生在我国广东、广西、海南等局部茶区。以菌丝或菌索缠绕枝叶，致使被害枝叶枯死。可分为寄生性线腐病和附生性线腐病两种。寄生性线腐病在茎部形成菌索，叶背形成扇形菌膜，未发现子实体；附生性线腐病在茎部形成菌膜，叶背为菌索，病部有盘状子实体。

茶线腐病菌（*Marasmius pucher* Petch）属担子菌亚门小皮伞菌属。菌丝白色，子实体盘状，菌褶数较少，形似木耳。担孢子葫芦形（图 4－19）。以菌索度过干旱、炎热等不良环境，9 月以后菌索沿茶枝延伸，从叶柄蔓延到叶背面，并扩展形成菌膜，可导致叶片枯死。病菌通过菌索攀缘传播，也能形成担孢子借风雨传播为害。10 月后病害逐渐加重，12 月为发病盛期。高温干旱病害受抑制，阴湿郁闭的茶园利于发病。

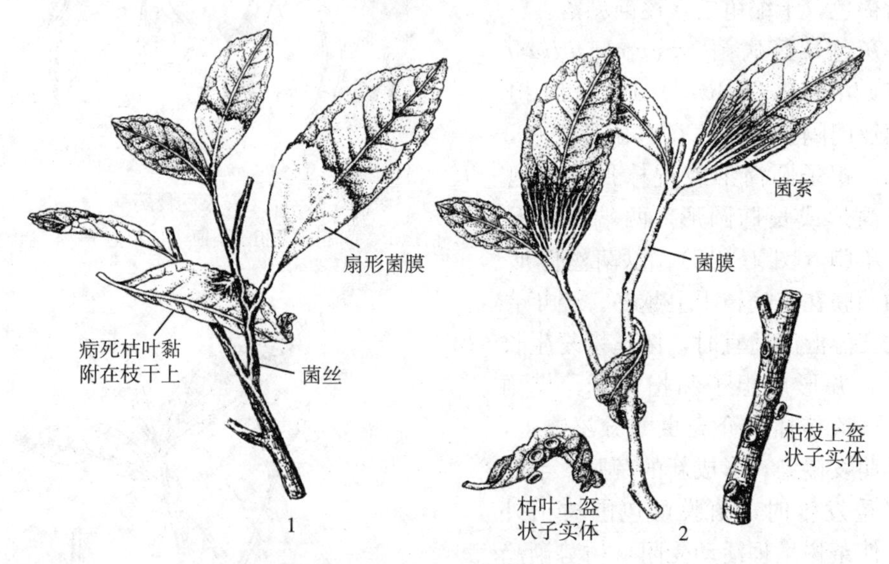

图 4－19 茶线腐病

1. 茶寄生性线腐病 2. 茶附生性线腐病

4. 茶黑腐病 茶黑腐病可分为菌核黑腐病和菌索黑腐病两种。菌核黑腐病病斑黑褐色，不规则形，其周围常有多个近圆形小斑，如遇阴雨，病斑上出现黏滑状。病叶常由菌丝黏结悬挂于茶树上。6 月在叶背出现白色粉状子实层，秋后在被害茎的隙缝中产生细小的菌核。菌索黑腐病病斑较大，初红褐色，酷似日灼，后逐渐变为黄褐色或灰白色，其上覆盖有网状菌丝。病叶由菌索悬挂在茶枝上而不脱落，叶背产生白色粉状的子实层（图 4－20）。

菌核黑腐病菌（*Corticium invisum* Petch）菌膜或菌丝小垫乳白色至淡红色。将要形成菌核时，两隔膜间缩短膨大呈藕节状，菌核细小，呈圆形或不规则形沙粒状。初为白色，后为褐色，子实层上是担子和担孢子。担孢子倒卵形。菌索黑腐病菌（*Corticium theae* Bernard）菌膜乳白色至褐色，菌索较粗，淡褐色至紫褐色。叶背子实层上生有许多担子和倒卵形的担孢子。

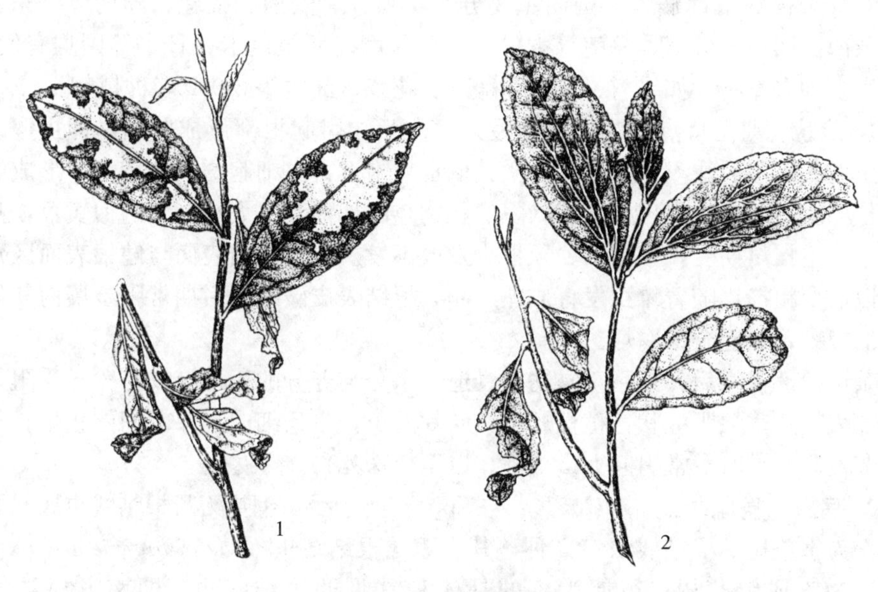

图 4-20　茶黑腐病

1. 茶菌核黑腐病　2. 茶菌索黑腐病

茶黑腐病以菌核或菌索越冬，5月长出菌丝，沿着茎部蔓延到叶片上为害，产生菌丝和担孢子，引起再侵染。菌丝可借助病健株接触以及某些农事活动侵染扩展，担孢子可通过气流雨水传播。高温、高湿，郁闭无风的条件有利于发病，管理粗放、杂草丛生的茶园病情也较重。

（二）其他病害防治方法

（1）加强茶园管理　中耕除草，合理施肥，避免偏施氮肥，注意有机肥和无机肥的配合施用；结合修剪，搞好茶园卫生。

（2）药剂防治　早春修剪、清理茶园后可喷0.6%～0.7%石灰等量式波尔多液保护健康茶树枝条免受侵染。

第三节　根部病害

根部病害也是茶树病害的重要类型，其中茶根癌病、茶根结线虫病和茶白绢病都发生在苗期，全国各大茶区均有发生，常引起茶苗的大量死亡；茶紫纹羽病在我国长江以北及长江以南茶区小叶种茶树上发生较重。此外，茶红根腐病等根腐类病害在海南、广西等茶区发生频率较高。根部病害主要影响水分和养分的吸收，常引起茶树全株死亡，一旦流行，破坏性极大。主要控制措施有建立无病苗圃、严禁病苗出圃、挖除病株、土壤处理、挖隔离带等。

一、茶根结线虫病

茶根结线虫病是苗圃中一种毁灭性病害，也是世界各国茶园常见的一种为害茶苗和幼龄茶树的根部病害。国内主要分布于浙江、安徽、福建、湖南、广东、广西、云南、四川、台湾、海南等省份；国外印度、斯里兰卡、日本等国均有发生。可为害多种农作物，如果树、林木、蔬菜、花卉、药材等2 000多种植物。

1. 症状 典型特点是病原线虫侵入寄主后，引起根部形成肿瘤，即虫瘿。此系线虫侵入寄主后注入分泌液，刺激其取食点附近寄主细胞增殖和增大，形成巨型细胞，同时引起病根出现根结症状。瘤状物小的如油菜籽大小，大的似黄豆，甚至更大。若主根早期受害，侧根、须根少发或不发。初期根结表面与健根表面区别不大，以后变粗糙，随着雌虫发育成熟产卵，根结表皮破裂，后期常因土壤内其他微生物的侵染，引起全根腐烂。

茶苗根部受害后，根系正常功能衰退，水分与养分的正常吸收与输导受阻，使地上部表现缺水缺肥症状，植株矮小，叶片发黄，枝条细弱，芽、梢停止生长。干旱季节发病严重时，常引起大量落叶，以至全株死亡。

2. 病原 病原线虫（*Meloidogyne* spp.）属于线虫纲垫刃目根结线虫属。国外报道，为害茶树的根结线虫有5种，其中短尾根结线虫（*Meloidogyne brevicauda* Loos）为害成龄茶树；苗期为害的是4种常见的根结线虫，即南方根结线虫［*Meloidogyne incognita*（Kofoid et White）Chitwood］、爪哇根结线虫［*Meloidogyne javanica*（Treub）Chitwood］、花生根结线虫［*Meloidogyne arenaria*（Neal）Chitwood］和北方根结结虫（*Meloidogyne hapla* Chitwood）。国内报道的有南方根结线虫、爪哇根结线虫和花生根结线虫。

根结线虫与其他多数线虫相比较，其主要特征是雌雄成虫异型。雌成虫梨形或柠檬形，头部尖，有明显的颈部，体躯膨大，长0.44～1.30 mm，宽0.33～0.70 mm。初为白色，后为黄白色。卵产于体末的胶质卵囊内，卵囊常外露于根结表面。雄成虫线形，无色透明。头部略尖，尾部钝圆，长1.20～1.50 mm，宽0.03～0.04 mm。初期雌雄分化不明显，经数次蜕皮后逐渐分化为雌、雄成虫。卵椭圆形或长椭圆形，大小为0.08 mm×0.03 mm，通常卵囊中有数百粒卵，多者可达1 000粒（图4-21）。

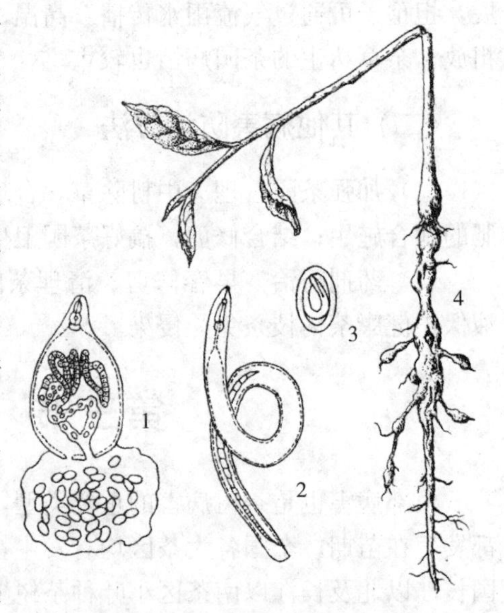

图4-21 茶根结线虫病

1. 雌成虫及产卵状 2. 雄成虫 3. 1龄幼虫 4. 症状

3. 侵染循环 1龄幼虫在卵内生活，破卵壳出来的是2龄幼虫。2龄幼虫为侵染幼虫，通过土壤或虫瘿组织到达新根。由于此时口针穿刺能力弱，故多半从根尖附近侵入，头接近中柱，体部在皮层内尾朝根尖定居取食，生长发育，并分泌刺激物质促使寄主根形成根结。幼虫与雌成虫均为固定寄生，成熟雄虫逸出根部在土中自由生活，寻找雌虫交配。有的雌虫在环境适宜时，20～30 d可完成1代。据海南岭头茶叶科学研究所室内繁殖试验报道，南方根结线虫在5～6月平均气温28.9 ℃条件下，每世代需35～40 d；10～12月平均气温 20.3 ℃条件下，每世代约需 56 d。每年发生 7～8 代。茶根结线虫以幼虫在土壤中或以成虫和卵在病根的根结中越冬。病根与病土均可通过人为活动做远距离传播。

4. 发病条件　根结线虫病的发生与土壤状况关系密切。病原线虫一般集中于土壤表层 10～30 cm。质地疏松、通透性好的沙壤土苗圃地，有利于线虫活动与发育，因而发病重。生长发育最适的土温为 25～30 ℃，最适的土壤相对湿度为 40%左右，幼虫在 10 ℃时即停止活动。前作物为感病作物的熟地发病重，生荒地发病轻；浅翻的苗圃地发病重，深翻的苗圃地发病轻；肥水管理好的苗圃地比管理差的发病轻。不同树龄的茶树感病性差异很大。一年生茶苗较二年生的显著感病，随着树龄增加抗病性增强。不同品种的茶树，感病性差异也大，如云南大叶种最易感病，苔茶发病率亦高，而广东饶平水仙种抗病力较强。

5. 防治方法　茶苗根结线虫病一旦发生，很难根治，在防治上应以预防为主，宜采用以无病地育苗和定植为基础的综合防治措施。

（1）选用无病地育苗与植苗　尽量选用生荒地育苗和植茶，不使用前作是感病作物地育苗与种植。沙质土利于发病，选地时亦应注意。播种前先试种高度感病的茶园绿肥作物大叶绿豆，观察根是否感病，可有效检测土壤中有无根结线虫的存在。

（2）翻耕翻晒土壤　使用前作为感病作物地育苗或植苗时，提前 2 个月在烈日晴天翻耕土地，将线虫翻至表土层暴晒数日，同时清除病株残根、杂草，可大大减少病原线虫的数量。

（3）加强肥水管理　采用合适的农业技术措施，促进根系生长健壮，提高抗病力。主要措施是施有机肥，改善土壤线虫天敌微生物活动环境，从而提高对线虫的自然控制率。其次是多次少量施肥、灌溉，及时清除杂草寄主，均有利于根系生长，减轻线虫为害。

（4）防止病苗扩散　必须严格控制病苗出圃移栽或外运，并注意病土的传病作用，勿使病区扩大。未判明病情又亟待移栽茶苗时，选用 2 年生以上的无症状苗为妥。同时做好栽前栽后的肥培管理。

（5）选育抗病品种　茶树不同品种对该病表现出较大的抗病性差异。选用、选育抗病品种，是作为防治该病的根本途径。

（6）药剂防治　可采用微生物菌剂淡紫拟青霉，配合菌肥进行土壤处理。使用时应将药剂用细土拌匀，开沟在茶苗行间施入，盖土，干燥时要浇透水。

二、茶白绢病

白绢病是一种常见的茶苗根部病害。国内分布很广，浙江、安徽、湖南、湖北、广东、四川、云南等省均有发生。受病茶苗整株枯萎，叶片脱落，严重时成片死亡。除茶树外，还能为害棉、麻、烟、花生、大豆、梨、苹果、柑橘等 500 多种植物。

1. 症状　茶白绢病主要发生在近地表的根颈部。病部开始呈褐色，表面有白色绵毛状菌丝，并逐渐向四周及土面扩展，形成白色绢丝状菌索和菌膜层。后期病组织上产生油菜籽样菌核，菌核颜色由白变黄，最后呈褐色。由于病组织腐烂，茶树的水分及营养物质的输送受阻，引起叶片枯萎脱落，以至全株死亡。

2. 病原 茶白绢病有性时期（*Pellicularia rolfsii* Sacc. West.）是担子菌亚门薄膜革菌属罗氏白绢病菌，无性时期（*Sclerotium rolfsii* Sacc.）为半知菌亚门小核菌属罗氏白绢病菌。菌丝初为白色，以后稍带褐色。担子棍棒形，大小 9～20 μm×5～9 μm，担孢子梨形或卵形，单细胞，无色，基部稍歪斜，大小为 5～10 μm×3.5～6.0 μm。菌核球形或椭圆形，直径 0.5～1.5 mm。有性时期不常发生。病菌生长温度范围为 13～38 ℃，最适温度 32～33 ℃，pH 1.9～8.4，最适 pH 5.9（图 4-22）。

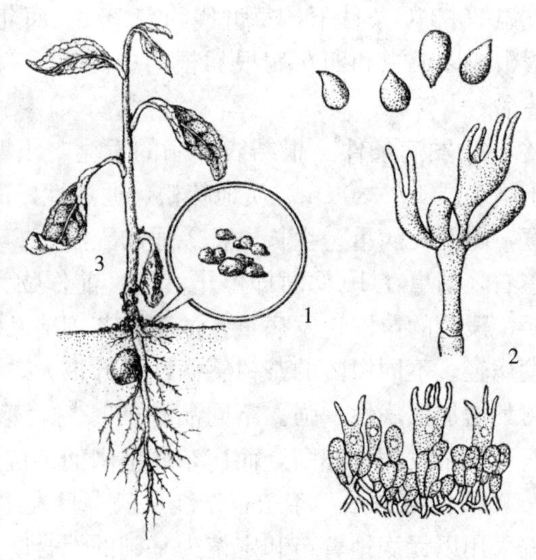

图 4-22 茶白绢病
1. 菌核 2. 担子及担孢子 3. 症状

3. 侵染循环 茶白绢病菌主要以菌核遗留于土壤内或附着于病组织上越冬。次年当环境适宜时，菌核萌发产生菌丝体在土表蔓延伸展，遇寄主进行侵染。菌核耐干旱，在土壤中可存活 5～6 年。病株上的菌丝亦可在土表延伸到邻近茶苗为害。担孢子的传病作用不大。病菌可借雨水、流水传播，也可通过农事活动、苗木调运扩大传播。

4. 发病条件 茶白绢病菌喜高温、潮湿环境，一般 6～7 月发生较多，土壤酸度过大、土质黏重、排水不良、茶苗生长不好，或前作为感病作物的熟化土壤，有利于病害发生。

5. 防治方法

（1）选用无病地作苗圃 应避免在前作物为感病寄主的地上建苗圃或开茶园，病害发生重的实行轮作，如种玉米、高粱等。

（2）加强茶园管理 注意茶园苗圃地排水，增施有机肥，改良土壤，促进茶苗生长健壮，提高抗病力。田间发现病株应及时清除，周围土壤消毒，健苗茎基部以下用 20%石灰水消毒。

（3）药剂防治 成片发生时可用药剂进行处理，可淋施波尔多液、木霉菌、绿黏帚菌、荧光假单胞菌。

三、茶根癌病

茶根癌病又称茶根头癌肿病，是发生在茶苗根部的一种细菌性病害，尤其在短穗扦插的苗圃中发生更为严重。世界各主要产茶国均有报道，我国各大茶区均有发生。根癌病菌的寄主范围很广，除茶树外，还能为害桃、梨、苹果、李、梅、杏、葡萄、柑橘等多种作物，寄主范围达 50 余科 140 多属 300 多种植物。

1. 症状 茶根癌病菌主要从扦插苗的切口处侵入，刺激茶树根部细胞和组织增生。初期表现为浅褐色球形膨大，逐渐扩大呈瘤状；后期许多小的瘤状物常在根茎交界处聚集，形成大瘤。瘤褐色，内部木质化，质地坚硬，表面粗糙。发病茶苗很少有须根，重者几乎无须根。病苗地上部生长不良，叶片发黄，渐脱落，严重时整株枯死。实生苗上也可感染根癌病菌，形成不规则瘤状物，主要在细根上，但主根上也偶有发生。

2. 病原 茶根癌病菌［*Agrobacterium tumefaciens*（Smithet Townsend）Conn］属土壤杆菌属根癌土壤杆菌。菌体短杆状，大小为 0.4～0.8 μm×1.0～3.0 μm，有 1～5 根侧生鞭毛，能游动，有荚膜，无芽孢。革兰氏染色阴性。能在人工培养基上培养。菌落白色，圆形，稍突起，有光泽。病菌的发育温度为 10～37 ℃，最适温度为 25～30 ℃，致死温度为 51 ℃。pH 5.7～9.2 时病菌能生存，生长最适 pH 7.3。病菌在人工培养基上能长期保持毒性和致病性（图 4-23）。

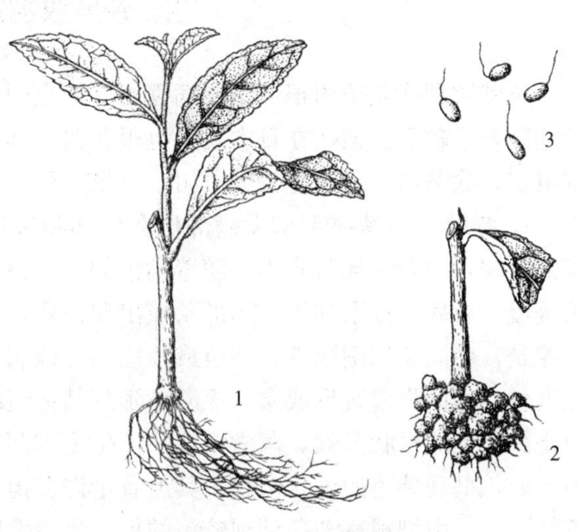

图 4-23 茶根癌病

1. 健株 2. 症状 3. 病原细菌

3. 侵染循环 茶根癌细菌在病株周围的土壤中或病组织中越冬。该菌是一种土壤习居菌，在土壤或枯枝落叶中可以腐生状态存活多年。春季当环境条件适宜时，病菌借雨水、灌溉水、地下害虫以及农事活动等近距离传播。远距离传播主要是通过苗木的调运。病菌由伤口侵入皮层的细胞和组织，在其内生长发育，并分泌激素，刺激茶树细胞过度分裂，形成肿瘤。瘤肿的形成实质是分生细胞不断增生的结果。由于细胞的相互挤压造成其内部输导组织紊乱，水分和无机盐运输受阻。随着瘤肿的不断增大，瘤状物外部病组织脱落，细菌也随着组织的脱落而进入土壤中，再进行新一轮的侵染。短穗扦插的茶苗，大量人为伤口为病菌侵入提供了途径，这就是扦插苗圃发病率高的原因。现已发现，病原细菌细胞内存在一种 Ti 质粒，正是 Ti 质粒控制着癌瘤的形成。另外，土壤黏重、排水不良、pH 较高的茶园发病重。

4. 防治方法

（1）选择苗圃地 应选择避风向阳、土质疏松、排水良好的无病地育苗。如果在有病史的苗圃地育苗，一定要进行土壤处理，可用 1%硫酸铜液或波尔多液浇灌土壤，也可用抗生素液浇灌，以减少苗圃地中细菌数量。

（2）插穗处理 扦插前将插穗浸渍在 0.1%硫酸铜液或链霉素液中 5 min，再移入 2%石灰水中浸 1 min，可保护伤口免受细菌的侵染。扦插时，要尽量避免伤口的出现，还要做好地下害虫的防治，以减少病菌传播和侵染的机会。

（3）清除病株 发现病株要及时连同根际土壤一并挖掉，妥善处理，并用石灰水进行土壤消毒。

（4）实行苗木检疫 移栽或调运苗木时，应严格检查，发现病苗坚决淘汰，不要在病区或病苗圃中调运苗木，防止病害扩大蔓延。

（5）生物防治　澳大利亚、美国等国家采用 *Agrobacterium radiobacter* 对蔷薇根癌病进行生物防治，取得了良好的效果。这些国家已将这种生物制剂商品化，并在生产中应用。国外也用此菌株悬浮液浸渍茶苗，可获得良好的防效。

四、茶紫纹羽病

茶紫纹羽病是茶树根部主要病害之一，全国各主要产茶区均有发生和报道，局部地区发生较重。该病在日本发生也很普遍，其他产茶国未见报道。病菌的寄主范围很广，除茶树外，还能侵染桑树、苹果、梨、桃、花生、马铃薯等百余种植物。

1. 症状　茶紫纹羽病发病部位在根部和接近地面的根颈处。发病初期地上部难以发现，一般无异常表现。随着病情的扩展，病株生长势衰弱，叶小，色黄，生长缓慢。后病情逐渐加重，局部茶枝出现枯死，最后全株死亡。先是单株，如不及时控制，会波及周围数株，甚至成片死亡。罹病茶树根表皮先失去光泽，逐渐变为黑褐色。病菌先侵害形成层，逐渐蔓延到其他组织。皮层腐烂后即脱落。病根表面缠绕着紫色的根状菌索，菌索上往往产生很多菌核。菌丝体常聚集成层，包在茶树根颈处，呈现紫色的绒状菌膜，其上着生许多担子和担孢子。开始只有部分细根变色枯死，后由细根逐渐蔓延到较粗的根，最后发展到主根，整个根系腐烂，茶株死亡。一般来说，茶苗罹病后死亡较快，而成年茶树罹病后则需要 1 年或数年才死亡。

2. 病原　茶紫纹羽病病菌（*Helicobasidium mompa* Tanaka）属担子菌亚门卷担菌属真菌。茶树细胞和组织内的菌丝体黄白色，在根部表面则呈紫红色。雨季其上可产生白色粉状的担子层。担子无色，圆柱状或棍棒状，向一侧弯曲，3 个分隔，并在 4 个细胞上顶生 4 个小梗。小梗无色，圆锥形，每个小梗上着生 1 个担孢子。担孢子卵形或肾形，无色，单胞。病根表面的菌核半球形，紫红色，内部呈白色或黄褐色（图 4－24）。病原菌在 8～35 ℃均可生长发育，以 20～29 ℃为最适宜，生长最适 pH 为 5.2～6.4。

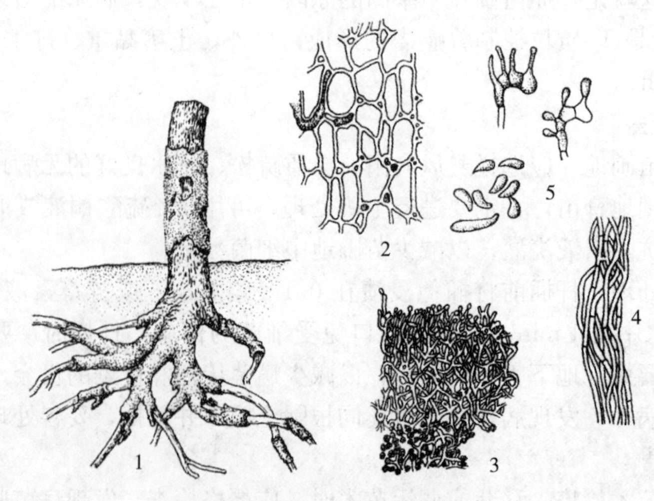

图 4－24　茶紫纹羽病

1. 症状　2. 病组织细胞间隙的菌丝　3. 病原菌子实层纵切面　4. 根状菌索　5. 担子及担孢子

3. 侵染循环　茶紫纹羽病病菌以菌丝体、根状菌索和菌核在土壤中越冬。其中菌核在土壤中可以存活多年。当环境条件适宜时，从根状菌索和菌核上长出菌丝，从皮孔或毛细根侵入茶树新根的幼嫩组织，溶解寄主细胞的中间膜，使根部细胞内细胞质分离收缩，最后剩下细胞膜，此时，病根皮层腐烂，其表面形成新的菌丝束，向茎部及土壤表面扩展。病害可通过流水、农事活动和病健根接触侵染为害，且以病健株接触传染为主。子实层上的担孢子可借风雨传播，但在病害循环中作用不大。远距离传播主要是带菌苗木的调运。发病较重的茶园，挖除病株后，仍有病根的残余组织存在土壤中，必须对土壤进行处理，才能补栽茶树。茶园管理粗放，排水不良，土壤黏重等利于该病的发生，高温、高湿也利于病害的扩展。

4. 防治方法

（1）加强茶园管理　挖除病株，土壤消毒，清沟排水，中耕除草，合理施肥。

（2）建立无病苗圃地和选用无病苗木　参照茶根癌病防治方法。

五、茶其他根腐病

茶根腐病类（包括茶紫纹羽病在内）使茶树根部产生腐烂症状，其病原物有子囊菌、担子菌和半知菌等，据粗略统计不少于40种。它是一类为害严重且难以防治的病害，在我国南方局部茶区发生，主要有茶红根腐病、茶褐根腐病、茶根朽病、茶黑根腐病和茶白纹羽病等（表4-1）。

表4-1　茶根腐病类一览表

病　名	症　状	病　原	侵染循环
茶红根腐病	病根表面有黏稠状物质，黏有一层平整的泥沙，且易洗去，皮层与木质部间有白色分支状菌膜，后期变红色或紫红色。凋萎的叶片常附着在树上，不脱落	*Poria hypolateritia* 属担子菌亚门卧孔菌属，子实体粉红色或红色，平伏，菌肉白色或浅色，生于病树的根颈部	以菌丝体、菌核或菌索在土壤残体中越冬。翌春土壤温湿度等条件适宜时，菌核或菌索萌发产生菌丝，引起侵染。主要以病健根接触或菌索延伸传播。担孢子在传播中作用不大
茶褐根腐病	根表黏有泥沙，凹凸不平，不易洗去，其上有褐色、薄而脆的菌膜和铁锈色茸毛状的菌丝体，皮层与木质部间有白色或黄色的菌丝体，后期木质部剖面呈蜂窝状褐纹	*Phellinus noxius* 属担子菌亚门层孔菌属。菌盖红褐色，渐转茶褐色，后呈黑褐色。菌肉褐色，壁较厚，菌丝辐射状排列，壁厚，栗黑色	
茶根朽病	主根和茎基部有呈放射状蔓延的菌丝体，根部出现纵裂，根皮与木质部间有扇状黄白色的菌丝层。茶株矮小，叶片黄化	*Armillaria mellea* 属担子菌亚门蜜环菌属。菌盖半球形，浅黄色。担子长棍棒形。担孢子卵形或椭圆形，无色，表面平滑，培养基上产生较强的荧光	

（续）

病　名	症　状	病　原	侵染循环
茶黑根腐病	根表覆盖白色菌丝体，渐转为黑色、羊绒状的网状结构。地上部症状与茶红根腐病相似	*Rosellinia arcuata* 属子囊菌亚门座坚壳菌属。子囊壳球形，有乳头状孔口。子囊圆柱形，内有8个子囊孢子。子囊孢子单胞，暗褐色，船形，两端稍尖	以菌丝体、菌丝束或菌核在病部或土壤中越冬。翌春菌核或菌索萌发长出菌丝，侵染健康茶树根部，引起根腐。病根与健根接触为主要传播方式
茶白纹羽病	茎基和根表有密集的菌丝束，罹病主根的树皮下形成有扇状分支的白色菌丝束，后期为暗灰色，上有菌核。地上部生长不良，叶片脱落	*Rosellinia necatrix* 属子囊菌亚门座坚壳菌属。子囊壳球形，黑色，有乳头状孔口。子囊圆柱形，囊内有8个子囊孢子。子囊孢子船形，暗褐色	

防治方法：茶根腐类病害的防治参照茶紫纹羽病。

复习思考题

1. 比较为害茶树新梢嫩叶的几种病害的症状、病原发生规律及防治措施。
2. 简述为害茶树成叶、老叶的几种重要病害的症状及病原。
3. 简述茶树叶部病害的综合防治措施。
4. 比较为害茶树枝干的真菌病害的症状。
5. 茶树枝干病害的其他病原物致病症状及病原形态如何？
6. 对茶树枝干病害如何进行防治？
7. 茶树根部病害的种类、症状、病原、发生规律及防治方法有何不同？

第五章 茶树病虫害综合防治与绿色防控技术

[**本章提要**] 本章介绍了农业病虫害综合防治的基本原理与主要方法，根据茶园环境因子、茶树生物学特性和茶树病虫害发生特点，提出了茶园病虫害绿色防控技术。随着我国无公害茶叶生产的深入发展，在了解茶叶农药残留量现状和成因、茶园常用化学农药特性的基础上，掌握无公害茶园农药的科学合理使用方法，重点理解茶树病虫害综合防治与无公害茶叶生产的关系。

人类一开始从事农业生产，就遇到病虫防治问题。几千年来，人们在与植物病虫害的斗争中积累了丰富的经验。随着科学技术的不断进步，病虫害防治技术也有了很大发展。但是，人和病虫害的斗争还将长时期地继续下去。病虫害防治实际上包括“防”与“治”两方面。“防”是指预防，防患于未然。凡是能恶化病菌、害虫生长发育繁殖的条件，使之不发生，或虽已发生，但尚未扩散蔓延造成为害之前加以控制，均属于“防”的范畴。“治”是指病虫害已普遍大量发生之后，采取措施加以除治，控制为害，挽回损失。这时，治是必要的，但在经济上和生态方面得付出代价，在战略上不及防的意义深远。防是治的前提，防好了，治就容易，甚至不必要；防不好，治就困难，甚至造成重大的损失。要保证茶叶生产的高产优质无污染，就必须做好病虫害防治。

第一节 病虫害综合防治的概念、基本原理与主要方法

很早以前，人们就致力于寻找一种理想的防治病虫害的方法。19 世纪末，美国从澳大利亚引进澳洲瓢虫（*Rodolia cardinalis* Mulsant）防治柑橘吹绵蚧（*Icerya punchasi* Maskell）获得成功，引起了人们对生物防治的极大兴趣。此后，许多国家都开展生物防治的研究，想以此作为理想的防治方法。但像澳洲瓢虫那样突出的例子并不多。到 20 世纪 40 年代，化学工业迅速发展，人工合成的有机化学农药对病虫害杀伤力强大，且使用方便、价格便宜，使化学防治成为最主要的防治手段。化学农药经长期大量使用后，产生的副作用越来越明显，甚至病虫害未能控制住，反而越来越严重。人们终于从历史的经验中得出结论：依赖任何单一方法解决病虫害防治问题都是不可能的。于是，从 20 世纪 50 年代中期开始在国际上兴起一种新的防治对策，即病虫害的综合防治（integrated pest control，IPC）。1967 年联合国粮食及农业组织（FAO）在罗马召开了有害生物综合防治专家组会议，在

会上对综合防治的定义作了阐述，认为综合防治是一种对有害生物的管理系统。1975年我国政府正式确定“预防为主，综合防治”为我国现阶段的植物保护方针。2020年5月1日，我国开始施行《农作物病虫害防治条例》，仍坚持农作物病虫害防治实行预防为主、综合防治的方针，坚持政府主导、属地负责、分类管理、科技支撑、绿色防控。

一、综合防治的基本概念

病虫害的综合防治是长期以来人们防治实践的经验总结，也是当今国际上普遍关注的重要问题。其含义可以概括理解为：从生物与环境的整体观点出发，本着预防为主的指导思想和安全、经济、有效、适用的原则，以农业防治为基础，因时因地制宜，合理地运用生物的、物理的、机械的或化学的方法，以及其他有效的生态措施，把病虫杂草的种群密度控制在经济损失水平以下，并将对生态系统的有害副作用降低到最低限度，以达到保护环境、保护人畜安全和保证作物高产、优质的目的。现在综合防治的含义进一步加深为“综合治理”（integrated pest management，IPM），更加强调为理性上的管理，而不仅仅是简单的防治。

综合防治与综合治理作为学术用语，如要加以区别的话，可以理解为前者是后者的初级阶段，后者是前者更深层次的发展。

二、综合防治的基本原理

1. 综合防治的基础是以生态学为理论依据 农业生态系统是以栽培植物为中心的次生生态系统。在这样的生态系统中，栽培植物与非生物环境不断进行着物质与能量交换，同时存在栽培植物与杂草等其他植物的竞争和相互影响；又通过食物链、食物网与许多害虫、病菌、天敌发生联系。病虫与天敌更是相互依存、相互制约。如果没有人为干扰，作为一个自然生态系统（如原始森林），它会具有较好的自我调节能力，保持较好的生态平衡状态。但是，在人为干扰频繁的农业生态系统中，一切栽培管理措施都会引起农业生态环境的深刻变化，左右病、虫、杂草的发生。如大量施用化肥，尤其是偏施氮肥，会改变作物体内的碳氮比例，使之抗性降低，诱发病菌的寄生或引起害虫的猖獗。又如化学农药的大量使用，会杀伤很多害虫的天敌，使病、虫、杂草与天敌的群落结构发生改变，导致病虫发生再增猖獗，次要的、潜伏性的病虫有可能上升为主要病虫。因此，病虫害的大发生与否是一个复杂的生态学问题，防治病虫害也应从生态学的角度全面考虑。在无公害生产中，更要强调合理使用化肥、农药，维护和改善农业生态环境，增进对病虫害的生态控制能力。

2. 综合防治的目标是将有害生物种群数量控制在经济允许水平以下 病、虫、草害的发生情况与作物受害损失情况存在着一定的关系。防治病虫害需要一定的人力、物力、财力，有时有害生物造成的损失还不足以抵偿防治成本。病虫害防治有一个经济阈值（economic threshold，ET）和经济允许水平或称经济受害水平（economic injury level，EIL）问题。经济阈值是指病虫害种群数量增长到造成经济损害、须采用防治措施时的种群密度临界值。实际工作中常把害虫种群数量或病害的发生程度增长到引起的损失相当于实际防治费用时的临界值当作经济阈值。经济允许水平是指农作物能够忍耐的损害界限（如能耐受减产多少、品质降低多少）以及与此相对应的种群密度的合称。经济阈值指出何时应采取防治措施以避免种群密度达到经济受害水平以上，因此又称为防治阈值（control action threshold）或防治指标。所以，合理确定防治指标是制订病虫害综合防治方案的前提。从实践经验可知，要彻底干净地消灭病虫害是不可能的，要追求100%的防治效果，不仅难以达到，而且所需成本很高，有时会得不偿失；保留一定数量的有害生物，对天敌和整个生态系统都有好处。所以，综合防治要改变“一定要把病虫消灭光”或“见虫就打药”的老观念，允许造成一定经济损失的虫口密度或病害的发生程度。在实践中不断总结提出病虫害与允许经济损失水平相对应的防治指标。按照防治指标采取措施，有助于节约防治成本，减少天敌伤亡及其他不良影响。当然，防治指标的制订不能只限于成本核算和当时的经济效益，还应考虑更长远的生态效益和社会效益，防治指标应适当放宽。

3. 综合防治的效果要讲求安全、有效、经济、适用　综合防治的效果不能只以达到一个防治率作为衡量标准，要全面考虑安全、有效、经济、适用。所谓“安全”是指采取的措施在实施过程中或实施以后较长时间内，对人畜等高等动物安全，对作物安全，对天敌安全，对整个生态系统和人类生存环境安全。“有效”是指防治的效果要好，虽不能片面追求100%的效果，但防效太低，会造成病虫继续为害，引起作物减产、品质下降，甚至需要重新采取防治措施。“经济”是指防治成本要低，要经济实惠，既要考虑防治的人力、物力、财力的许可和防治的费用，也要考虑防治后所挽回的损失收益。“适用”是指防治措施要简单易行，要便于生产者接受，实施方便，可操作性强，推广容易。在无公害农业生产中，综合防治首先要强调安全、有效，其次才是经济、适用。有时为了安全有效地防治病虫害，多花费一点人力、物力，操作上多花一点时间也是值得的。

4. 综合防治的方法强调各种防治措施协调运用　各种防治措施都有其优点和局限性，甚至一种措施的优点，同时也就是它的缺点。如一种广谱性农药可以防治多种害虫，但同时也容易杀死很多天敌。中耕除草可以破坏害虫的生活环境，但也破坏了天敌的栖息场所。黑光灯可以诱杀害虫，同时也能诱杀天敌。因此，不能指望一种防治措施就能解决复杂的病虫防治问题。必须因时因地制宜，综合协调运用各种有效措施，取长补短、相辅相成，充分发挥不同措施的潜力。如生物防治与化学防治，二者既重要又矛盾，要讲究合理用药，尽量免除或减少对天敌的杀伤，注意天敌的保护利用，又可减少用药次数，做到二者有机结合。从农业生态系统来说，也需要通过各种措施的协调运用，以繁荣农田群落，维护和增进自然天敌资源及其对病虫害的持续控制效应。天敌资源保护利用的水平，也是评价综合防治成效的指标之一。

对病虫害进行综合防治是减少对化学农药的依赖、保证作物高产优质、保护农业生态环境的重要途径，是发展无公害生产的重要组成部分。在无公害农业生产中，只要采取正确的综合防治措施，配合其他生产技术，完全可以减少化学农药的使用，有时甚至不用化学农药也能达到满意的效果。

三、综合防治的基本方法

病虫害防治方法按其作用原理和应用技术可以分为5类，即植物检疫、农业防治法、生物防治法、物理与机械防治法、化学防治法。这些防治方法各有其特点，有的是限制危险性病虫害的传播、蔓延和为害；有的是恶化病虫害的环境条件，增强作物的抗性能力；有的是控制病虫害的种群数量；有的是直接杀灭病虫害。生产实践中的某些具体措施有时可同时归属于几种防治方法。如禁止有病虫苗木出圃、调运，既可看作植物检疫，也可当作农业防治。在具体运用时不必机械地划分，关键是如何综合地运用。防治方法通过不同的作用途径达到控制病虫害的目的，其关系见图5-1。

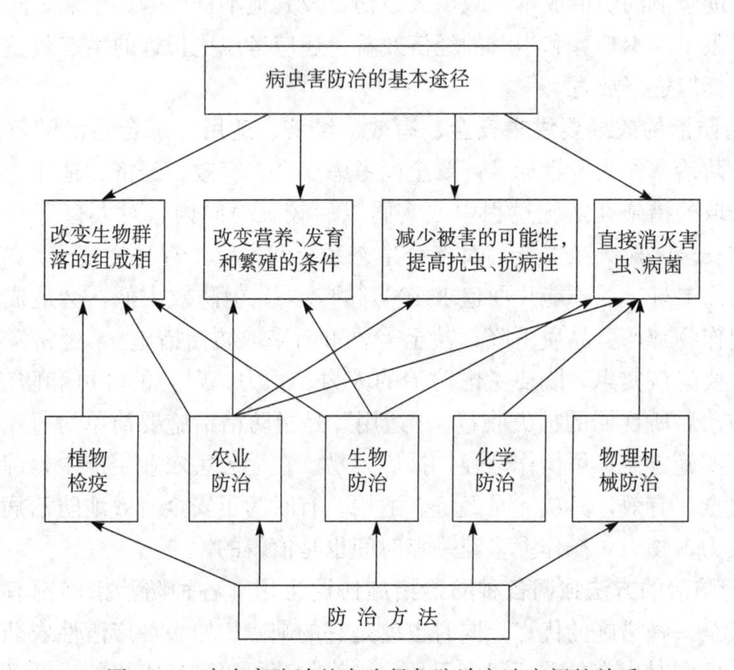

图5-1 病虫害防治基本途径与防治方法之间的关系

1. 植物检疫 植物检疫是由国家或地方行政机关颁布具有法律效力的植物检疫法规，并建立专门机构进行工作，目的在于禁止或限制危险性病、虫、杂草人为地从国外传入国内，或从国内传到国外，或传入以后限制其在国内局部地区传播的一种措施，以保障农业生产的安全发展。

在自然情况下，病、虫、杂草的分布具有区域性，各个国家、各个地区发生的种类不尽相同。然而，当某些危险性种类传入新区后，有可能生存下来并造成严重为害。这是由于新区往往没有这种病虫害的天敌控制，作物也没有产生抗性，加上农业技术措施不能很好起作用，因而一旦迅速发展就难以防治。如蚕豆象和甘薯黑斑病都是抗日战争期间随日本军队从马料中传入我国的，现已成为我国的主要病虫害。棉红铃虫于1907年从印度传入埃及，曾使埃及的棉花产量损失达80%。

植物检疫按其任务与工作范围的不同，分为出入境检疫和国内检疫两类。

出入境检疫又分为入境检疫和出境检疫两种。其目的是防止随植物及其产品输入国内尚未发生或虽有发生但分布不广的植物检疫对象的扩散，以保护国内农业生产安全；其次是履行国际义务，按输入国的要求，禁止危险性有害生物自国内输出，以满足对外贸易的需要，维护国际信誉。出入境检疫是国家在对外港口、机场以及其他国际交通要道设立检疫机构，对出入境植物及其产品或过境物资、运载工具等进行检疫和处理。

国内检疫是防止国内已有的危险性有害生物从已发生的地区扩散蔓延。由各省、自治区、直辖市检疫机关会同交通、邮政等部门，根据政府公布的国内植物检疫条例和检疫对象，执行检疫，采取措施，将局部发生的检疫对象控制在原发地，并逐步进行消灭。

植物检疫工作的对象主要是人为传带的危险性有害生物，是根据国家所制定的植物检疫法规、条例，进行多方面的限制来实施的，也即带有法制性，故又称为法规防治。植物检疫工作具有相对的独立性，但又是整个植物保护体系中不可分割的一个重要组成部分。它能从根本上杜绝危险性有害生物的传播和扩散，是真正体现“预防为主，综合防治”方针的积极措施。随着我国国际贸易日趋繁荣、旅游活动日益便捷，植物检疫的任务越来越重，植物检疫工作也显得越来越重要。

2. 农业防治法　农业防治是指利用农业技术措施预防或控制病虫害的方法。农业防治是在认识和掌握作物、病虫害和环境条件三者之间相互关系的基础上，结合整个生产过程中的各种农业技术措施，有目的地创造有利于作物生长发育而不利于病虫害发生的农业生态环境。作物是病虫害生存的必要条件，而栽培技术措施的实施或变动，不仅影响作物的生长发育状况，同时也影响病虫害的营养条件和栖居的生态环境，从而直接或间接地影响病虫害发生的数量和增长趋势。某些农业技术措施本身就有直接杀灭病虫害的作用。因此，农业防治是一项具有长久效益和预防作用的重要方法。

（1）农业防治在病虫害的综合防治中具有明显的优越性

① 通过农业栽培技术措施，有可能在控制田间生物群落、调节有害生物与有益生物的种群数量与避开作物危险生育期等方面起作用。可以减少或压低病虫害的基数，恶化病虫害的生存环境，达到预防的作用。

② 农业防治符合经济、安全、简易的原则。农业防治在大多数情况下是结合耕作栽培管理的必要措施进行的，不需特殊的设备和器材，不需增加过多的劳动力和成本负担。可以减少化学农药的使用，无副作用，从而减轻环境污染和杀伤天敌的危险。

③ 持续效果长，增产效益大。农业防治一旦被生产者接受，推广面积大，持效期长。同时紧密结合增产措施进行，增产效益大。

当然，单纯依靠农业防治也不能解决所有病虫害防治问题，特别是在病虫害与作物高产优质发生矛盾时，必须与其他防治方法配合使用，才能充分发挥作用。

（2）农业防治在控制病虫害方面的主要途径

① 通过压低病虫害基数控制种群发生数量：病虫害的数量总是在一定的基数上发展起来的。在相同的环境条件下，发生基数的大小，必然会影响种群数量增长的快慢，如在越冬期间剪去病虫枝叶、翻耕培土就可减少第2年病虫的发生基数。

通过修剪、台刈部分严重为害的病虫茶丛，就可防止全园的扩散蔓延。

② 通过影响作物长势减轻作物受害程度：栽培管理措施得当，作物生长旺盛，就能提高作物的抗病虫能力，减轻为害损失。如选育抗性品种，就能减轻某些危险性病虫害的发生。增施有机肥料，或增施磷、钾肥，就能提高作物的抗病虫能力。干旱季节在茶园喷灌，不仅可恢复茶树长势，还可减轻螨类和某些病害的发生。

③ 通过影响天敌发生条件加强生物防治作用：农业技术措施可以改善天敌生存环境，增加天敌数量。如幼龄茶园间作绿肥，待绿肥开花时，可为寄生蜂、寄生蝇补充营养，提高其繁殖率，增加天敌数量。茶园种植行道树、防风林，可以为天敌提供栖息场所，减少茶园施药对天敌的伤害。

④ 通过农业措施直接控制病虫害的发生数量：很多农业措施对病虫害的直接控制作用相当明显。如及时采摘可直接采去小绿叶蝉的卵、茶细蛾的虫苞、茶蚜和茶橙瘿螨等。灌水可以杀死蛴螬、小地老虎等地下害虫。

农业防治涉及多方面问题，在设计和应用上应注意先满足作物生长发育的需要，至少应对作物不会造成不利的影响。除考虑对某一种病虫害的作用外，还要注意对该作物、该地区其他病虫害产生的影响。同时，必须结合当地的实际情况，根据作物的特点因时因地制宜，制订出切实可行的措施。

3. 生物防治法 生物防治是应用某些生物（一般指病虫害的天敌）或某些生物的代谢产物来防治病虫害的方法。

（1）生物防治的优缺点 生物防治对人畜无毒、无害，不污染环境；对作物和自然界很多有益生物无不良影响；不少具有预防作用，有的且能收到较长时期的控制效果；一般不会产生抗性；天敌资源丰富，有的可就地取材，很多可以工厂化生产。因此，生物防治的应用范围越来越广，是一项很有发展前途的防治方法，是病虫害综合防治的重要组成部分。

生物防治也有其局限性，由于人们对有益、有害生物及其与环境间的复杂关系认识还很不够，不是对所有病虫害都能立即加以应用；防治效果通常受环境因素影响较大；有的需要较长时间才能产生明显的效果；菌种、天敌昆虫种类有可能退化；有些方法使用较麻烦。生物防治与农药防治如何协调有待进一步深入研究。

（2）生物防治的主要内容 生物防治主要包括以虫治虫、以菌治虫、利用其他有益生物和昆虫激素治虫以及生物防治病害等。

① 以虫治虫：以虫治虫是有害生物防治中最早使用的技术。主要是利用害虫的天敌昆虫通过寄生或捕食的方法直接消灭害虫，控制害虫的种群数量。害虫在一个地区长期生活后，必然相应地会发生一定种类和数量的天敌伴随。由于各种生活条件的限制，特别是在农业生态系统中，由于各种农业措施的干扰，天敌的种类与数量减少，往往不足以控制害虫为害。如果采取适当的措施，避免伤害天敌，并促进天敌的繁殖，增加天敌的种类与数量，就可以控制害虫的发生与为害。其应用的主要途径有保护和利用本地自然天敌昆虫、人工繁殖和释放天敌昆虫，以及引进外来天敌昆虫等。

② 以菌治虫：自然界中有很多病原微生物（如真菌、细菌、病毒、线虫等）能引起害虫发病，利用这些病原微生物或其代谢产物来防治害虫称为以菌治虫。其应用途径如下：一是从当地寻找罹病昆虫，将其分离，获取菌种，然后在致病性试

验中选择效果最好的菌种，通过人工扩大培养，制成菌剂，再释放到田间；二是田间应用已工厂化生产的微生物制剂，如 Bt 乳剂、苏云金杆菌粉剂、白僵菌粉剂、各种病毒制剂等防治害虫；三是创造良好的生态环境，有利于自然界中能引起害虫发病的病原微生物的繁衍和扩散。

③ 其他动物治虫：鸟类、蜘蛛、捕食螨、青蛙、蜥蜴、蛇等都是害虫的重要天敌。如一只灰椋鸟每天能捕食 180～200 g 蝗虫；大山雀每昼夜吃的害虫重量约等于自身的重量；一只燕子 1 d 能消灭上千头毛虫；啄木鸟能啄食树干中的各种蛀心虫；麻雀能有效控制农田、茶园、果园、菜地的各种害虫。常见的鸟类捕虫能手还有灰喜鹊、白头翁、黄鹂、杜鹃等。因此，保护森林，种植防护林、行道树，可以招引鸟类来捕食害虫。蜘蛛在茶园中种类多、数量大，是叶蝉类、粉虱类成虫、蜡蝉类等害虫的主要控制因子，对鳞翅目成虫等也有很好的控制作用，甚至还能捕食金龟子、叶甲等成虫。此外，利用鸭子捕食稻田害虫，利用鸡啄食果园、茶园害虫等都是有效的防治方法。

④ 昆虫激素治虫：目前应用于害虫防治的主要有性外激素，其人工合成剂称为性引诱剂（简称为性诱剂）。常用的方法是直接诱杀，把性外激素或性诱剂与黏胶、农药、化学不育剂、灯光、微生物农药等结合起来使用，直接杀灭害虫，或者使用干扰交配法（或称为迷向法），把大量的某种害虫的性诱剂施于田间，使田间弥漫此性外激素的气味，于是该种害虫异性个体失去定向寻找配偶的能力，由于不能交配，雌虫不能产卵或产卵不育。

⑤ 植物病害生物防治：植物病害生物防治主要是利用微生物之间的颉颃作用和交叉保护作用。颉颃作用是指一种生物的存在和发展对另一种生物的存在和发展产生不利的影响，具有颉颃作用的微生物称颉颃微生物。颉颃微生物在自然界广泛存在。颉颃作用的机制包括：抗生作用，即一种生物的代谢产物能够杀死或抑制其他生物，具有抗生作用的微生物称抗生菌，利用抗生菌或抗生素来防治病害有很多成功的例子，如春雷霉素、井冈霉素、多氧霉素、灰黄霉素等都是农用抗生素；寄生作用，有些有益微生物可以寄生于病原物上，从而削弱、消灭病原物或降低其致病力，使病害减轻，如病毒对细菌和真菌的寄生、噬菌体等都是寄生现象；竞争作用，有益微生物在空间、养料、水分等方面与病原物竞争，从而起到减轻病害的作用；交叉保护作用，在寄主植物上接种低致病力或无致病力的微生物后，诱导寄主植物增强抗病性，甚至可保护寄主不受侵害。

4. 物理与机械防治法　物理与机械防治法是指利用各种物理因子、机械设备以及多种现代化除虫工具来防治病虫害的方法。物理与机械防治的领域和内容相当广泛，包括光学、电学、声学、力学、放射物理、航空、雷达以及地球卫星的利用等。

（1）物理与机械防治法的特点　物理与机械防治法的特点是有些措施见效快，能迅速降低或控制病虫害的数量；有些措施具有特殊的作用（如红外线、高频电流），能杀死隐蔽为害的害虫；不会产生像化学防治所带来的副作用。但是物理与机械防治有时需花费较多人力，成本投入较高，有些方法对天敌也有影响。

（2）物理与机械防治目前常用的方法

① 捕杀：根据害虫的生活习性，设计比较简单的器械进行捕杀。如钩杀天牛

幼虫用的铁丝钩，刮除蜡蚧、苔藓用的竹刀，捕杀小绿叶蝉、蜡蝉、蛾子用的捕虫网，梳除松毛虫茧子用的梳茧器等，都是很简单的除虫工具。

② 诱杀：利用害虫的趋性，人为设置其所好，诱集害虫加以消灭。如利用害虫趋化性，可设置糖醋液诱杀小地老虎、蝼蛄；利用害虫趋光性，可设置黑光灯诱杀蛾类和金龟子；利用蚜虫的趋黄习性，设置黄盘诱蚜；利用害虫的潜伏习性，设置干草把或干草堆诱集害虫潜伏，集中消灭。

③ 阻隔：利用害虫的活动习性，设计各种障碍物，阻止害虫为害或蔓延。如果实套袋可防止害虫取食和产卵；在树干上涂白或涂胶，可阻止害虫上树为害或下树越冬，也可阻止害虫在树干上产卵、潜伏。

④ 种子处理；利用风选、水选，可以去掉有病种子；利用高温暴晒，可以杀死种子表面的病菌；利用温汤浸种和石灰水浸种，可以杀死种子的病菌，提高种子的发芽率。

⑤ 新技术应用：随着现代科技进步，许多新的技术和设备用来防治病虫害。如利用辐射不育进行遗传防治；利用放射能、激光直接杀死害虫；利用微波处理土壤防治地下害虫和土传病菌；利用红外线进行预测预报；利用雷达探测害虫迁飞；利用飞机或无人机喷药直接杀灭病虫害等。

5. 化学防治法 化学防治法是指利用有毒的化学物质（通常指农药）预防或杀灭病虫害，这种方法又称为植物化学保护。

（1）化学防治法的特点 化学防治最显著的特点是有效性、简易性、适应性。当病虫害大发生时，可在短时间内达到防治目的。使用简便、容易掌握，能工厂化生产和大面积机械化应用，受环境条件影响小，农药种类多、作用方式广，各种病虫害均有相应的农药品种来防治。因此，现代化学防治虽然时间不长，但发展迅速，使用广泛，成了目前最主要的一种防治方法。

（2）化学防治法存在的问题及克服途径 化学防治存在的问题，国际上通称为“3R”问题，即残留（residue）、抗药性（resistance）和再增猖獗（resurgence）。

① 残留问题：任何农药都是有毒的，尤其是人工合成的有机化学农药，它们本来是自然界不存在的，人工合成后大量施放到自然界，在一定时期内不会完全消解，残留在大气、土壤、水体、植物体内乃至农产品中，通过生物富集作用累积到高等动物体内，产生累积中毒现象（图 5-2）。

20 世纪 60 年代以来，农药的残毒被认为是一种公害，普遍认为人类一些疾病的增多与化学污染紧密相关，而其中农药污染是主要因素。因此，引起了世界各国对农药残毒的关注。为了减少农药对自然界和人类的影响，目前各国的农药开发都在朝高效、低毒、低残留的方向发展；禁止某些高毒、高残留的农药在某些作物上的使用；制定每种农药对作物的安全间隔期和最高残留限量；加强农药残留量的监测，以保证食品卫生质量和保护人体健康。

② 抗药性问题：长期使用某种农药或某些农药会使目标病虫害产生抗药性，从而对这些农药产生强大的抵抗力，如果继续使用这些农药就要成倍增加使用量、使用次数，甚至完全失效。目前已知对某些农药产生明显抗药性的害虫、病菌达几百种。产生抗药性的原因主要是由于病菌、害虫不断受到同一种药剂特别是高浓度

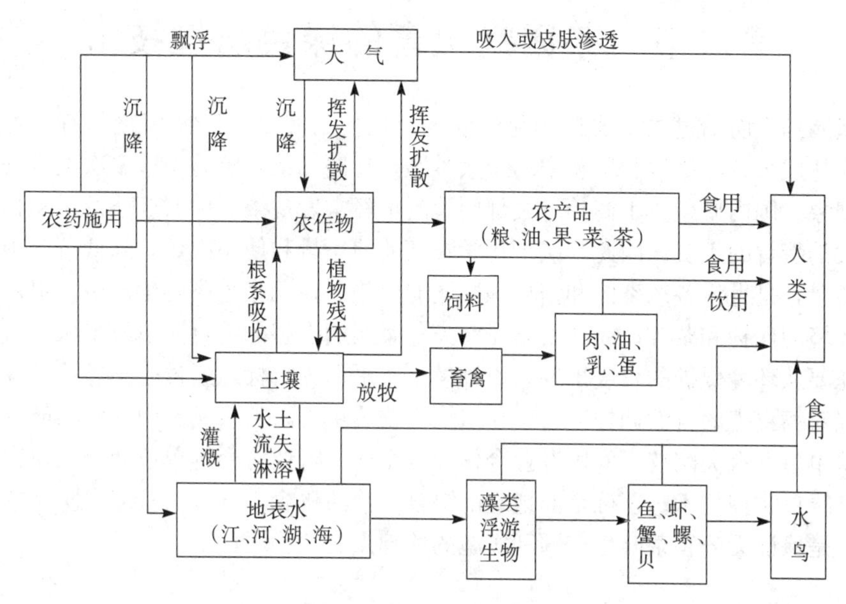

图 5-2　农药使用后在自然界的转移

药剂的处理，存留下来的少数抗性强的个体经过若干代的选择淘汰，其后代对这种药剂产生适应性变异，成为抗药性品系。一般认为昆虫的抗性机制主要包括代谢抗性和靶标抗性。代谢抗性是指表皮穿透作用降低，解毒酶活性增加，使药剂代谢加速而引起的抗性。靶标抗性是指因杀虫剂作用靶标敏感度降低而引起的抗性。这些作用靶标主要包括乙酰胆碱酯酶、神经轴突钠离子通道和 r-氨基丁酸受体等。对有机氯的抗性多属靶标抗性，有机磷抗性多与酯酶活性有关，氨基甲酸酯抗性多由乙酰胆碱酯酶的敏感性降低引起，拟除虫菊酯类抗性与代谢抗性和靶标抗性都有关系。病虫害抗药性还有一个重要特点，对一种药剂产生抗药性后，常对化学结构相似的其他药剂也具抗性，称为交互抗药性。

克服抗药性的主要途径包括：适时施药，保证施药质量，提高防治效果，减少残存病虫数量；利用不同毒理机制的农药不易产生交互抗药性的特点，正确、合理、交替使用不同农药；在农药中添加能抑制解毒酶活性的增效剂；深入研究抗性机制，创制不易产生抗药性的药剂。

③ 再增猖獗问题：长期大量使用某种农药一段时间后反而引起防治对象或非防治对象越来越严重的现象，称为病虫害的再增猖獗或种群复起。最易产生再增猖獗的是蚧、螨、叶蝉、粉虱、蚜虫、蓟马等小型刺吸式口器害虫。主要原因是农药杀伤了这些害虫的天敌，破坏了生态平衡，使这些害虫失去天敌控制而越来越严重，或有些农药的化学成分可刺激某些害虫的生长发育，如波尔多液、硫酸铜的铜离子可延长螨类成虫的寿命，增加产卵量；此外，农药控制了主要害虫，使次要害虫的营养条件改善，从而引起次要害虫上升为主要害虫等。

防止害虫的再增猖獗，关键是将化学防治与生物防治有机结合。应当注意农药对天敌的选择性和农药的剂型、施用方法、施用次数、施用时期以及与害虫和周围生物群落的关系等。

第二节　茶园病虫害的绿色防控技术

茶园病虫防治过去主要依赖化学农药，致使茶叶中农药残留量和有毒物质偏高，往往成为茶叶销售和贸易中的一大难题，在国际茶叶贸易中曾多次发生销毁和索赔现象。国内质检、工商等有关部门检测也经常发现茶叶中农药残留量超标，引起广大消费者的不安。因此，减少化学农药的使用量和使用次数，降低茶叶中的农药残留量，是世界各产茶国和销售国共同的愿望。在无公害茶叶生产中，更加强调生态环境的保护和茶叶产品的安全无污染，茶园病虫害的综合防治所采取的每项措施首先要从环境保护的角度出发，以维护生态平衡为目标，通过生态环境的综合治理增强对病虫害的自然调控能力。在《农作物病虫害防治条例》中，国家鼓励和支持科研单位、有关院校、农民专业合作社、企业、行业协会等单位和个人研究、依法推广绿色防控技术。正确全面地理解综合防治的概念，认真执行综合防治的各项措施，是保证无公害茶叶生产顺利实施的关键点之一。

一、茶园病虫害绿色防控的重要意义

茶树是多年生常绿灌木作物，植株不高，树冠密集，树幅宽大，四季常青，一经种植可连续生产几十年甚至上百年。在现行的栽培管理条件下，新植的茶园几年就可封园，形成树冠茂密郁闭、小气候变幅较小的特殊生态环境，且比较稳定，使得茶园中的生物群落结构（包括有害生物和有益生物）较其他农业生态系统（如农田、菜地、果园等）复杂，生物种类和数量丰富，其年间变化也较平稳。不同种群的数量虽略有起伏，但在一个较长时期内能保持相对的平衡。

茶园也是受人为干扰较大的次生生态系统。从开荒垦地、茶苗种植到茶树修剪、采摘、施肥、病虫防治等无不受到人为因素的干扰。近几十年来，由于大环境的变化，栽培措施的变革，茶园生态环境趋于简单化，利于某些病虫的流行和扩散；推广良种而抗性育种未跟上，使茶树抗性减弱；普遍大量使用化学肥料，使茶园地力衰退，土壤活性降低，土壤微生物群落结构受到破坏，尤其是大量偏施氮肥，改变了茶树体内的碳氮比例，有利于吸汁性害虫发生。在茶园病虫防治上只注重病虫本身而忽视茶园环境，多依赖化学农药而忽略其他措施的协调，多采取治的手段而忽视防的措施，致使茶园生态平衡遭到破坏而不易恢复，引起茶园病虫区系发生急剧变化，危险性害虫不断发生，且越来越严重，“3R”问题越来越突出。同时，茶树是叶用作物，农药直接喷洒在采收的芽叶上，且采摘频繁，生产季节5～7 d就可采摘1个轮次，采下的芽叶不经任何洗涤就加工成干茶饮用，容易造成农药残留。因此，保持茶园良好的生态环境，减少农药的使用量乃至不使用化学农药就成了当前茶园病虫防治的主攻方向。

根据生态学原理，任何一个生态系统都具有一定的结构和功能，都是按照一定的规律进行物质、能量和信息的交换，从而推动生态系统不断发展。生态系统的每个因素都表现了功能和结构的依赖性，任何一个因素发生变化，都会引起其他因素发生相应的变化。因此，进行茶园病虫的综合防治，必须全面调查茶园及周围环境

中各种生物的种类与数量，明确主要种群的动态及群落间的相互联系。其中，尤其要掌握茶树的生物学特性与病虫发生的关系，茶园病、虫、天敌亚群落的特征及消长规律，茶园土壤微生物亚群落、茶园杂草亚群落与茶园病虫害发生的联系等。生物群落结构一般可用丰富度、多样性指数、均匀度、优势度等指数来分析。茶园生物群落还涉及其稳定性与生产力，与茶叶生产紧密相关。一般来说，茶园这种特殊生态环境，生物群落结构越复杂，其稳定性也越大。因此在设计茶园病虫综合防治措施时，应以维持茶园生态系统平衡为目标。

茶园病虫的绿色防控就是在了解茶园这种特殊生态环境中有利和不利因素的基础上，按照生态学的基本原则，从病虫害、天敌、茶树及其他生物和周围环境整体出发，在充分调查、掌握茶园生态系统及周围环境的生物群落结构的前提下，研究各种生物与非生物因素之间的联系；掌握各种益、害生物种群的发生消长规律及相互关系；全面考虑各种措施的防控效果、相互联系、连锁反应及对茶树生长发育的影响，充分发挥以茶树为主体的、以茶园环境为基础的自然调控作用。

二、茶园病虫害绿色防控的主要技术措施

1. 坚持以生态调控为基础，加强茶园栽培管理措施　茶园栽培管理既是茶叶生产过程中的主要技术环节，又是病虫防治的重要手段。它具有预防和长期控制病虫的效果和良好的生态调控作用。在设计和应用上既要满足茶叶生产的需要，又要充分发挥其对病虫害的调控作用。茶园病虫害绿色防控应提倡以农业技术为基础。

（1）避免大面积单一栽培，丰富茶园群落结构　大规模的单一栽培会使群落结构及物种单纯化，容易导致特定病虫害的猖獗，茶叶生产的实践也说明了这点。日本在20世纪70年代大量推广薮北种，曾引起茶轮斑病的大面积流行。凡是周围植被丰富、生态环境复杂的茶园，病虫害大发生的概率就较小；凡是大面积单一栽培的茶园，某些病虫流行和扩散的概率就大。如茶饼病、茶白星病、小贯小绿叶蝉等在大面积茶园中往往发生较重。对于自然条件较差的丘陵和平地茶园，要通过植树造林、种植防风林、行道树、遮阳树，增加茶园和周围的植被。树种可根据各地的情况，分别选用杉、松、女贞、山鸡椒、乌桕、水杉、相思树等。也可采取茶果间作、茶林间作，如海南和云南的茶与橡胶间作，长江流域的茶与柑橘、茶与梨树、茶与乌桕间作等。部分茶园还应该调整作物布局，退茶还林、退茶种果。这样使茶园成为较复杂的生态系统，从而改善茶园的生态环境，增强茶园小气候和茶园环境的稳定性，有利于恢复和维持茶园生态系统平衡。

（2）优化茶园生态环境，增强茶园自然调控能力　一般来说，山区和半山区茶园自然条件较好，植被丰富，气候适宜，素有“高山云雾出好茶”之说。同时，由于环境的多样性，生物群落结构复杂，病虫害的优势种也不容易造成大的为害，因而化学农药的使用也会相应减少。因此，新辟茶园最好向生态环境较复杂的山区和半山区发展。坡度在25°以上的山地不宜开垦种茶，以免造成水土流失。山坡开辟茶园可推广“山顶戴帽子，山脚穿鞋子，山腰围裙子”的模式，即山顶保留一定的植被，山脚留出道路和缓冲带，山腰开辟茶园，避免大面积单一种植。这样有利于水土保持和生态环境的多样性。新茶园可以采取大集中、小分散的方式。大集中指

茶园面积相对要多一点，有利于集中加工，形成产业化生产；小分散指茶园地块应根据地形地貌的特点适当分散，地块之间应有植被隔离，周围以保持较丰富的植被为宜，使茶园和周围环境融为一体，有利于增强自然调控能力。

（3）选育和推广抗性品种，增强茶树抗病虫能力　选育和推广抗性品种是防治病虫害的一项根本措施。茶树品种间抗病、抗虫性差别很大。如鞣质含量高、叶片厚且硬的品种，对茶炭疽病有较强的抗性；大叶种、叶片厚且柔软多汁的品种最易感染茶饼病。在浙江，政和大白茶往往受到多种害虫的为害，而毛蟹则受害较轻。我国茶园过去主要是种植群体品种，这些茶树生长参差不齐，抗性能力不一，既不利于修剪、采摘等管理，影响茶叶品质，又易成为某些病虫的发生与为害中心。近几十年来选育和推广的无性系良种，又对抗性鉴定重视不够。有些品种产量高且品质好，但抗性弱，不宜全面推广。因此，选育和推广茶树良种，必须重视抗性鉴定。可以通过引种、选种、杂交育种、单倍体育种、组织培养以及基因工程（有机茶园不能使用）等方法，发掘、利用并选育理想的抗病、抗虫品种。在推广抗性品种时，要根据各地的气候、土质、适制茶类进行选择，尤其是要了解主要病虫害与品种的关系。还应加强各种病虫的综合抗性研究，使垂直抗性向水平抗性发展。

（4）加强植物检疫，严防危险性病虫害远距离传播　我国2020年公布的《全国农业植物检疫性有害生物名单》《应施检疫的植物及植物产品名单》中虽尚无专门的茶树病虫害种类，但蚧类、粉虱、螨类、卷叶蛾、茶细蛾、茶梢蛾、茶根结线虫、茶饼病等都能随苗木传播，茶角胸叶甲的卵和幼虫可随苗圃土壤携带，调运时应予注意。调运前应进行检查，最好从无上述病虫茶园调运。对有病虫的苗木、插穗在出圃后要采取有效防治措施（如化学药剂熏蒸、浸根）处理后才能调运。

（5）增施有机肥，严格控制化肥的使用　合理施肥、增施有机肥是促进茶树生长、提高茶树营养的需要，也有助于提高茶树的抗病虫能力。如施肥不当，常助长某些病虫害的发生，尤其是要防止过量施用氮肥、偏施氮肥。土壤肥力不足，茶树抗性降低，也会使病虫为害加重。据报道，钾肥对神泽叶螨有抑制作用，当土壤缺钾时，茶树螨为害显著加重。有机肥可以改良土壤、促进土壤通风透气、增加土壤微生物的种类和数量，有利于茶树生长健壮、增强对病虫害的控制能力，减少土传病害的发病率。秋、冬季节，茶树处于休眠状态，茶园可进行翻耕施肥。基肥应以农家肥等有机肥为主，适当补充磷、钾肥。厩肥、粪肥等有机肥要经腐熟才能施用，未经腐熟的有机肥易诱致种蝇、蝼蛄、蟋蟀等的为害。每年茶叶生产季节可及时适量追施生物菌肥和复合肥。有机茶园要严格禁止化学肥料的使用。对茶饼病、茶白星病等叶部病害发生严重的茶园，可配合使用磷酸二氢钾、增产菌等进行叶面施肥。

（6）及时采摘，抑制芽叶病虫的发生　芽叶是茶叶采收的原料，营养物质高，病虫发生也严重。达到采摘标准，要及时分批多次采摘。蚜虫、小绿叶蝉、茶细蛾、侧多食跗线螨、茶橙瘿螨、丽纹象甲、茶饼病、茶芽枯病、茶白星病等多种重要病虫主要发生在幼芽嫩梢上，茶叶采摘可恶化这些病虫的营养条件，还可破坏害虫的产卵场所和减少病害的侵染寄主。据殷坤山等（1987）的调查，不同采摘标准对茶细蛾、茶蚜、小贯小绿叶蝉、侧多食跗线螨、茶橙瘿螨的采除率见表5-1。

表 5-1　不同采摘标准对 5 种害虫的采除率

采摘部位	采除率（累计分布率，%）				
	茶细蛾	茶蚜	小贯小绿叶蝉卵	侧多食跗线螨	茶橙瘿螨
芽	0	3.9	0	0.4	0
第 1 叶	15.5	40.5	10.1	46.3	13.3
第 2 叶	53.5	82.2	41.2	87.7	48.8
第 3 叶	92.6	97.7	85.5	98.6	67.5
第 4 叶	100.0	99.4	99.4	99.4	76.6

如及时采摘 1 芽 3 叶至 4 叶，可有效防止这些害虫的发生。茶尺蠖、茶毛虫等食叶性害虫也喜取食幼嫩叶片，及时采摘可抑制其发生。对有病虫芽叶还要注意重采、强采，但病叶、虫叶不能与正常芽叶混在一起加工。如遇春暖早，要早开园采摘。夏、秋季节尽量少留叶采摘。秋季如果病虫多，可适当推迟封园。

（7）合理修剪、台刈，控制枝叶上的病虫　病虫害在茶树上是多方位发生。蚜虫、小绿叶蝉、茶细蛾、茶饼病、芽枯病、茶白星病等主要发生在表层的采摘面上，也可发生在中、下层的幼芽嫩梢上。很多蚧类、蛀干害虫、苔藓、地衣等主要发生在中、下层的枝干上，藻斑病、云纹叶枯病等主要发生在成熟的叶片上。通过不同程度的轻修剪、深修剪、重修剪，可以剪去其寄生在枝叶上的病虫（表 5-2）。

表 5-2　不同修剪程度能控制的茶树病虫种类

病虫名称	虫态	分布部位	可控制的修剪类型	病虫名称	虫态	分布部位	可控制的修剪类型
茶蚜	各虫态	表层	轻修剪	茶跗线螨	各虫态	表层	轻修剪
瘿螨类	各虫态	中、上层	轻、深修剪	蜡蝉类	若虫、卵	中、上层	轻、深修剪
茶梢蛾	幼虫	中、上层	轻、深修剪	卷叶蛾类	幼虫	中、上层	轻、深修剪
茶网蝽	各虫态	中、上层	深修剪	蛇眼蚧	各虫态	中、上层	轻深修剪
长白蚧	各虫态	中、上层	深修剪	茶梨蚧	各虫态	中、上层	深修剪
红蜡蚧	各虫态	中、上层	深修剪	角蜡蚧	各虫态	中、下层	重修剪
龟蜡蚧	各虫态	中、上层	深修剪	牡蛎蚧	各虫态	中、下层	重修剪
堆砂蛀蛾	幼虫	中、上层	深修剪	茶枝镰蛾	幼虫	中、下层	重修剪
芽枯病	病菌	表层	轻修剪	枝梢黑点病	病菌	上层	轻、深修剪
茶饼病	病菌	中、上层	深修剪	茶白星病	病菌	中、上层	深修剪
藻斑病	病菌	中、下层	重修剪	其他叶病	病菌	中、上层	深修剪
其他枝梗病	病菌	中、下层	重修剪	苔藓地衣	病菌	中、下层	深修剪

另外，如早春进行一年一度的轻修剪，有利于抑制小绿叶蝉、茶细蛾。蓑蛾类初孵幼虫有明显的发生为害中心，通过轻修剪可剪去群集在叶片背面的虫囊；在蓑蛾大发生后期，需重修剪才能剪去枝干上的虫囊。对介壳虫、黑刺粉虱严重发生的茶园，也需进行重修剪，甚至台刈，将茶丛中、下部枝叶上的病虫清除干净。轻、深修剪下来的枝叶，最好开沟深埋；重修剪、台刈下来的枝梗，最好用机械铡碎，

再施用到茶园。对茶天牛、黑翅土白蚁、根腐病等为害的茶树，最好采用挖除的办法，彻底挖除被害茶蔸，清除巢穴，对白蚁和根腐病发生的被害处进行土壤消毒。

(8) 适当翻耕，合理除草　土壤是很多天敌昆虫的活动场所，也是很多害虫越冬、越夏的场所。如尺蠖类在土中化蛹、刺蛾类在土中结茧，角胸叶甲在土中产卵，象甲类幼虫在土中生活，很多病害的叶片掉落在土表。翻耕可使土壤通风透气，促进茶树根系生长和土壤微生物的活动，破坏地下害虫的栖息场所，有利于天敌入土觅食，也可利用夏季的高温或冬季的低温直接杀死暴露在土表的害虫，对土表的病叶或害虫卵可深埋在土下使其腐烂。一般以夏、秋季节浅翻 1～2 次为宜。对丽纹象甲、角胸叶甲幼虫发生较多的茶园，也可在春茶开采前翻耕 1 次。翻耕时要特别注意树冠下面和根颈部附近的土层，如果翻耕后能在根颈部四周培土，适当镇压，可使土中越冬蛹无法羽化，或羽化后无法出土。对于茶园恶性杂草切忌使用除草剂，最好通过人工耕锄、刈割，割锄下来的杂草就地埋入茶园土中，让其腐烂，增加肥料、改良土壤。一般杂草不必除草务净，保留一定数量的杂草有利于天敌栖息，可调节茶园小气候，改善生态环境。

(9) 及时排灌，加强茶园水分管理　排水不良的地块，不宜选作苗圃。地下水位高或靠近水源的茶园，要开沟排水。及时排水不仅有助于茶树生长，对茶根腐病、白绢病、藻斑病等有明显的抑制作用。高温干旱季节，茶园缺水会引起赤叶斑病的发生和茶树螨类的暴发，茶园灌水或喷灌可以减轻病害和螨类的为害。

2. 保护和利用天敌资源，积极开展生物防治　茶园天敌资源非常丰富。据湖南农业大学与湖南省茶叶研究所等单位 1986—1994 年对全省茶园病虫害及天敌资源的调查，茶树害虫 300 余种，蜘蛛和天敌昆虫 380 多种。加上各种鸟类和其他天敌，种类更加可观。由于过去盲目使用化学农药，有的茶园天敌种类与数量锐减。进行茶园病虫绿色防控，天敌是一种强有力的自然控制力量。

(1) 加强生物防治的宣传和教育　过去由于过分依赖化学农药，茶农的生物防治意识不强。有的认为天敌防治不了多少病虫；有的嫌生物防治麻烦，费工、费力，不如化学农药省事；有的认为天敌控制害虫花的时间太长，效果欠佳；还有的茶农对天敌不了解，错把天敌当害虫，养成了见虫就杀的习惯；更有甚者猎杀茶园鸟类、青蛙、蛇等天敌。深入发展无公害茶叶生产，必须转变茶农的思想和传统做法，加强对生物防治意义的认识。可通过举办培训班、科技咨询、科技服务等形式进行宣传、教育，加强生物防治的意识。利用标本、挂图、实物等向茶农介绍常见天敌的种类和保护措施，让茶农分清“敌我”，提高保护茶园天敌、利用天敌的自觉性。

(2) 开展本地天敌资源的调查研究　茶园病虫害生物防治，目前的重点应是加强本地天敌的保护利用。因此，首先要开展本地天敌资源的调查研究，查明本地天敌资源类群、分布范围及数量、取食对象等。明确哪些是主要天敌，哪些是次要天敌，哪些是有潜在利用价值的天敌，以及各种天敌可以控制哪些害虫等。进一步通过田间观察和室内饲养，掌握主要天敌的发生规律、生活习性、天敌与害虫的消长情况、对外界环境条件的要求等。有条件的可结合害虫的自然种群生命表，分析天敌的作用及其机制，找出天敌的优势种类。根据调查研究的结果，制订出本地优势天敌种群的保护利用与整个茶园天敌的保护利用措施。

（3）给天敌创造良好的生态环境　茶园周围种植防护林、行道树，或采用茶林间作、茶果间作，幼龄茶园间种绿肥，均可给天敌创造良好的栖息、繁殖场所。这样在进行茶园耕作、修剪、采摘、打药等人为干扰较大的操作时给天敌一个缓冲地带，减少天敌的损伤。特别要提倡夏、冬季在茶树行间铺草。根据有关报道，1 hm^2 稻田的稻草可铺盖 2 hm^2 茶园。也可用油菜秸秆、小麦秸秆等铺盖，但要注意不能用施农药过多的稻草和秸秆，以免对天敌造成杀伤和对土壤造成农药残留。还可以用山青和茶园梯壁上刈割下来的杂草和灌木覆盖茶园。茶园铺草不仅保水保肥、降温保湿、减少杂草的生长，还可以给茶园土壤增加有机肥，尤其是为天敌越冬、越夏和栖息繁殖提供了良好的环境。在生态环境较简单的茶园，可设置人工鸟巢，招引和保护鸟类进园捕食害虫。在茶园行间设置一些草把或在附近行道树上绑草，让天敌在其内越冬、越夏，尤其对保护蜘蛛类特别有效。如发现草把里有害虫也可集中消灭。

（4）结合农业措施保护天敌　茶园合理密植、培育强壮的树势、增加茶园覆盖度，有利于天敌昆虫和虫生真菌的生存繁衍。茶园修剪下来的茶树枝叶，先集中堆放在茶园附近，让天敌爬离或飞回茶园后再处理。人工采除的害虫卵块、虫苞、护囊等先放在带沿的坛子中，坛沿放水，害虫跑不掉，寄生蜂、寄生蝇类可飞回茶园。可因地制宜地创造其他形式的天敌保护器，如卵寄生蜂保护器、蛹寄生昆虫保护笼等。在茶园种植开花绿肥或在茶园附近种植有花植物，可给天敌补充蜜源，增加繁殖力。

（5）人工助迁和释放天敌　天敌与害虫有追随现象。害虫发生多的茶园，天敌也较多。但害虫一旦控制后，天敌的食料就会受到影响，这时需要人工帮助迁移。害虫大发生的地块，也可从别的茶园或果园助迁天敌来取食。如贵州茶叶科学研究所报道，在长白蚧发生的茶园，每丛茶树助迁释放 4 头红点唇瓢虫即可控制其为害。人工释放天敌包括常见的捕食性天敌昆虫如瓢虫、草蛉、猎蝽等以及蜘蛛和寄生蜂等。可先在室内饲养一部分天敌，然后再释放到茶园中去。也可用柞蚕、蓖麻蚕、米蛾卵大量培养寄生蜂，在害虫大发生时释放到茶园，让其自然寄生。靠近居民区的茶园，可饲养鸡、鸭来食虫。如本地天敌不足以抑制害虫种群发生，尤其是某些外来害虫缺乏有效天敌制约时，需要从外地引进有效天敌。如我国引进澳洲瓢虫防治吹绵蚧取得了很好的成效。

（6）采取保护措施使天敌安全越冬　在自然界很多天敌常因冬季低温而不能顺利越冬，因此必须采用有效的措施使天敌安全越冬。尤其是北方茶区，应设置安全蛰伏的场所。除茶园铺草可帮助天敌越冬外，还可采取室内保护越冬的办法。如湖北利用大红瓢虫防治吹绵蚧，采取了在地下室贮藏的办法；河南利用马蜂防治棉铃虫，将马蜂窝放在有柴草的空屋内越冬。也可采取在树干上束草把或在茶园附近堆草垛，助迁瓢虫、蜘蛛等在其内越冬。

（7）保护利用蜘蛛，充分发挥蜘蛛对害虫的控制作用　茶园里的蜘蛛种类与数量相当丰富。据调查，茶园蜘蛛种群数量占茶园捕食性天敌数量的 80%～90%。蜘蛛对害虫具有良好的攻击效应，一般活虫均可捕食，且无严格的选择，即使遇到较大的虫体，也常先将其咬死，而后慢慢食用。一些优势种的捕食量相当可观，如八斑球腹蛛平均每天可捕食茶小卷叶蛾 1 龄幼虫 1.4 头；斜纹猫蛛平均每天可捕食茶尺蠖1龄、2龄幼虫1.2头。蜘蛛对环境条件要求比较严格，在生态环境复杂和稳定的茶园发生最多，对化学农药特别敏感，经常用药的茶园种群数量锐减。1年喷施3次敌敌畏的茶园，迷宫漏斗蛛的种群数量下降77.7%，斜纹猫蛛下降51.2%。对蜘蛛一是要保护，创造良好的生存环境，减少农药的使用；二是可移殖，从其他生态环境中，如森林、草地、荒山等处移殖成蛛和卵块到茶园，增加蜘蛛的种群数量，充分发挥蜘蛛对害虫的控制作用。

（8）使用微生物或微生物制剂治虫　茶园生态环境较稳定，温、湿度适宜，极有利于病原微生物的繁殖和流行，是目前无公害茶叶生产中应该大力推广的无公害生物制剂。

应用真菌制剂治虫时，因真菌通过表皮感染，附着在虫体表皮的真菌孢子要在适温、高湿条件下才能萌发产生芽管而穿入寄主表皮，吸收寄主体液而生长发育，而后在寄主体内产生大量菌丝体和毒素，使虫体僵硬而死亡，并在寄主体表长出不同颜色的霉状物。因此，使用真菌制剂一般在18～28℃，雨后或相对湿度较高的天气时喷施效果较好。

细菌杀虫剂一般通过昆虫口服感染，细菌菌体或芽孢被昆虫吞食后在中肠内繁殖，芽孢在肠道中经16～24 h萌发成营养体，24 h后形成芽孢，并放出毒素。昆虫中毒后先停止取食，肠道破坏乃至穿孔，芽孢进入血液繁殖，最后因患败血症而死亡。虫体得病症状表现为体躯软腐，流出带臭味的黑褐色脓液。哺乳动物和鸟类胃中的酸性胃蛋白酶能迅速分解苏云金杆菌的两种毒素，因此当人畜和禽鸟误食苏云金杆菌不会中毒，更不至于死亡。细菌制剂产品较多，各个产品的菌种不一，对各种害虫的防效差异较大。因此，根据不同的害虫筛选菌种和生产不同产品是十分必要的。使用细菌对环境条件的要求不太严格，但应避免在阳光猛烈的天气和低温（低于18℃）下使用。使用时应将菌液均匀喷洒在植物表面，使害虫尽可能多取食菌体。一般喷施3 d后幼虫开始大量死亡，7～10 d可达到最高防治效果，但有的产品药效较慢，害虫要到化蛹前才死亡。不同工厂生产的净含量不同的制剂，防治不同的害虫，用量都不一样。如防治茶刺蛾用每毫升含孢子0.3亿～0.5亿个的苏云金杆菌粉剂溶液喷雾可取得较好的防效。

昆虫病毒有较强的传播感染力，可以造成昆虫流行病。病毒经昆虫口服或伤口感染。经口服进入体内的病毒被胃液消化，游离出杆状病毒粒子，经过中肠上皮细胞进入体腔，侵入体细胞并在细胞核内大量增殖，而后再侵入健康细胞，直至昆虫死亡。死亡虫体变黑褐腐烂，流出的脓液无臭味，有些害虫以尾足抓住枝叶倒挂而死。病虫粪便和死虫再感染其他个体，使病毒病在害虫种群中流行。病毒还可通过卵传给昆虫子代，且专化性很强。一种病毒只能寄生一种昆虫或类似种群。病毒只能在活的寄主细胞内增殖，比较稳定，在无阳光直射的自然条件下可保存数年不失活。迄今为止未见害虫产生抗药性，且对人、畜、鸟类、鱼类和益虫等安全。病毒不耐高温，易被紫外线杀灭，阳光照射会使其失活，也能被消毒剂杀灭，因此，对生态环境十分安全。应用病毒制剂治虫时，应该在1～2龄幼虫期喷施，使用时充分摇匀原液后再稀释。病毒是通过幼虫取食后感染的，因此，喷施时必须将害虫取食部位喷湿。幼虫取食病毒后的潜伏期较长，一般超过10 d后才开始死亡。死亡前还会为害茶树，引起减产，因此，防治策略是抓住虫口密度较小、发生整齐的第

1 代防治。每年喷施一次即可控制年内其他各代的发生。也可选择幼虫密度大的茶园，喷射少量病毒液，待田间幼虫大量死亡时收集虫尸，或室内饲养大量幼虫，至中龄期用浸渍有病毒液的叶片喂养 2～3 d，待幼虫开始死亡后每天收集虫尸。收集到的虫尸放在瓶内，标记上虫尸数量后加入少量水，放在冰箱中或室内阴凉处避光保存。待田间幼虫为害时，将此虫尸取出研碎过滤，滤液加水稀释成病毒液，按总虫尸数和加水总量，计算出每毫升所含的虫尸数。在田间 1～2 龄幼虫期，每公顷喷施 450～750 头虫尸的病毒量，可取得较好的防治效果。

（9）控制和合理使用化学农药，减少天敌伤亡　在无公害茶叶生产中，应尽量减少化学农药的使用，有条件的地方尽量不用化学农药，最大限度地保护天敌。在必须使用化学农药时，应加强虫情测报，适当放宽防治指标，控制施药面积。采用挑治、点治、片治、隔行治等方法，克服盲目普治，减少单位面积投药量。尽量选用无公害制剂和高效、低毒、低残留、选择性强的药剂。根据害虫生活习性，采用土壤施药、蓬面快速喷雾、侧位喷药等，留下丛间天敌活动空间。在施药时间上，除了考虑害虫的防治适期外，应尽可能避免在天敌数量多、活动旺盛时用药，以减少天敌伤亡。

3. 加强人工防治，推广新的防治技术　人工防治是一种传统的方法，简单易行，效果明显。由于人工防治效率不高，不如化学农药快速，因而被茶农忽视。在无公害生产中，为了减少农药的使用，人工防治即使效率不高也需大力加强。此外，现在有许多新的防治技术也应在茶树病虫绿色防控中加以推广。

（1）人工捕杀　在病虫害发生数量少时，利用人力或简单器械进行捕杀。如用捕虫网捕杀小绿叶蝉和蜡蝉成虫，用竹篾片扑打尺蠖成虫，用铁丝钩杀天牛幼虫，用竹刀刮除蜡蚧和苔藓、地衣，剪除病虫枝叶，拔除病株等。利用某些害虫的假死习性进行集中捕杀，如茶丽纹象甲、茶角胸叶甲等成虫大发生期，可在早、晚用薄膜铺在茶行中，用棍棒轻轻敲打茶蓬，使害虫掉落在薄膜上集中消灭。有条件时可在薄膜上涂一些粘虫胶，使害虫不容易逃离。也可用塑料盆或其他器皿，涂上粘虫胶，承接在茶蓬下，敲打茶蓬，使害虫掉落集中消灭。

（2）灯光诱杀　利用害虫的趋光性，可以设置诱虫灯，作为测报之用，也可以用来直接歼灭害虫。一般以电灯、黑光灯、太阳能作为光源。灯挂在高出茶园 1 m 左右的地方，下方置水盆，水面上滴少许煤油或肥皂水，或灯下安装集虫漏斗或毒瓶。开灯时间以 19：00～24：00 为宜，在闷热、无风雨、无明月的夜晚诱虫较多。也可使用高压电网诱杀害虫。高压电网要安装在较高的电杆上，严防人畜接触。灯光诱杀有时也会诱杀天敌，需对诱虫灯进行改进，或尽量避开天敌活动高峰期开灯。一年中开灯的时间以准确掌握几种主要害虫的成虫羽化高峰期为最好，其他时间尽量少开，以防止杀伤天敌。

（3）食物诱杀　利用害虫的趋化性，用食物制作饵料可以诱杀到某些害虫。糖醋诱杀液可用糖（45%）、醋（45%）、黄酒（10%）调成，放入锅中微火熬煮成糊状糖醋液，倒入盆钵底部少量，并涂抹在盆钵壁上，将盆钵放在茶园中，略高出茶蓬，具有趋化性的卷叶蛾、小地老虎等成虫会飞来取食，接触糖醋液后被粘住致死。也可用谷物或代用品炒香后制成饵料诱杀地老虎等幼虫和蝼蛄，或在茶园内堆干草垛或杨树枝也可诱杀一部分害虫。

（4）异性诱集或诱杀　利用害虫异性间的吸引能力来诱集或诱杀害虫。如将刚羽化的雌蛾置于四周涂有黏胶物质的笼内，雌蛾散发的性激素可以诱集到雄蛾来交配，通过大量捕杀雄蛾，减少田间雌雄交配的概率，达到减少下代有效卵量的目的。也可采集一定数量的未经交配的雌蛾，剪下腹部末端几节，用二氯甲烷、二氯乙烷、二甲苯或丙酮等溶剂浸泡、捣碎、过滤，将滤液稀释再喷到用过滤纸做成的诱芯上。对于茶毛虫、茶小卷叶蛾等害虫，已人工合成性诱剂，用橡皮塞做成诱芯。诱芯中间穿一铅丝，搁在水盆上，盆内盛水，并加入少量洗衣粉，每天傍晚放到茶园，可诱集大量雄蛾。谭济才等（2001）用中国科学院动物研究所研制的茶毛虫性诱剂做成的橡皮塞诱芯在岳阳、长沙、株洲等地大面积试验，每公顷放 20 个诱芯，效果显著。一个诱芯一个晚上最多诱到 132 只茶毛虫蛾子，试验的 80 hm^2 茶园茶毛虫的发生量普遍减少 75%。也可直接将性引诱剂喷洒在茶园，利用“迷向法”扰乱田间雌雄的正常交配，减少后代的发生量。

（5）辐射不育　利用放射性物质的照射造成害虫不能正常生育的方法。由于昆虫生殖细胞的放射敏感性比体细胞高，利用具有放射性的 ^{60}Co 等物质辐射，破坏害虫的精子或卵子，接受辐射的昆虫虽能正常羽化，甚至交配，但不能产出正常发育的卵，可达到绝育的目的。张觉晚（1987）曾用 ^{60}Co 照射油桐尺蠖蛹，使羽化的成虫不能正常交配，或造成雄性不育，使油桐尺蠖种群数量大为下降。

4. 抓住越冬期防治，认真贯彻“预防为主，综合防治”的植保方针　每年 10 月至翌年 3 月是茶树的休眠期，时间长达 5～6 个月，此时也是很多茶园病虫害的越冬期。茶园病虫害的越冬场所一般都在茶树中下部的枝叶上、地表层、枯枝落叶下或茶园土壤中。越冬期间可结合茶园管理措施防治病虫害，如翻耕、施基肥时，可挖除尺蠖类的蛹、刺蛾类的茧以及蛴螬、小地老虎等地下害虫。对病虫发生严重、树势比较衰老的茶树进行重修剪、台刈等措施进行更新。也可采取清蔸亮脚的方法，剪去茶丛下部的枯枝、纤弱枝、病虫枝，特别注意剪除蛀干性害虫的被害枝干。还可人工采除茶饼病、茶白星病等严重的病叶，摘除茶毛虫卵块、卷叶蛾虫苞、蓑蛾护囊，击碎枝干上的绿刺蛾、褐缘绿刺蛾、黄刺蛾的茧，用竹刀刮除被害枝干上的蜡蚧类害虫、苔藓类植物。对黑刺粉虱、蚧类、螨类及病害较多的茶园可在秋季封园后喷施一次 0.3～0.5 波美度的石硫合剂。经过这些措施，可消灭大部分越冬虫源，减少越冬以后的病虫基数。总之，越冬期是茶园病虫防治的大好时机，此时不采茶，劳力充足，病虫处于休眠状态易于清除，不会影响天敌的生存，不会污染茶园环境，是全年中病虫绿色防控的关键，真正体现了“预防为主，综合防治”的植保方针。

第三节　无公害茶叶生产与茶叶农药残留量控制

人类进入工业化社会以来，工业高度发展，农业日新月异，给人类生产了丰富多彩的物质产品，创造了现代的物质文明。但同时也忽视了自然法则，无节制地按照自己的需要向自然界索取，破坏资源，污染环境，增产靠化肥，病虫防治靠农药，大量排放污染物，污染了大气、土壤、水质，破坏了全球的生态平衡，给人类

自身的生存环境带来了严重威胁。这些有毒有害物质对人类环境的污染和破坏，就造成了公害。公害不同于自然灾害，它是人为造成的对人类赖以生存的社会公共环境的污染与破坏性的危害。为了保护和改善人类生存环境，保证食品卫生质量，必须防止种种公害的发生，把这类污染和破坏降低到最低限度。在农业生产中要推广无公害生产。

一、无公害生产的内涵与发展无公害茶叶生产的意义

为了寻求人类的农业生产活动与自然法则的协调，减少环境污染、保护生态平衡，近几十年来，世界各地涌现出很多组织，提出了建立良好的生态、社会和经济环境，并能永久存在和持续发展的新型的无公害生产方式。

1. 无公害农业生产的发展趋势　无公害农业生产在20世纪20～30年代就在西方发达国家出现，当时各个国家和有关组织的名称和要求都不一样。1972年11月，由美国、英国、法国、瑞典、南非5个国家的代表发起成立了有机农业运动国际联盟（International Federation of Organic Agriculture Movements，IFOAM），在全世界倡导有机农业（organic agriculture）。现在对有机农业的基本认识是：遵从自然法则和生态学原则，合理利用自然资源，保护生物多样性，保持生态平衡，防止水土流失；不使用人工合成的农药、化肥、添加剂、激素、生长剂等化学物质；不使用基因工程品种和产品，按常规选用优质抗性品种；建立作物轮作制度，作物秸秆还田，施用有机肥料培肥土壤；利用生态的和生物的方法防治病虫草害；协调种植业和养殖业的平衡，维持农业的可持续发展。按照有机农业生产方式生产出来的产品称为有机产品（organic product）或有机食品（organic food）。

为了维护我国的农业生态环境，把经济发展与环境保护紧密结合起来，20世纪90年代初，农业部提出了开发“绿色食品”的战略任务。1992年，隶属于农业部的中国绿色食品发展中心和中国绿色食品管理办公室正式成立，并于1993年成为IFOAM的会员。我国的绿色食品工程参照国际有机农业的标准和要求，根据我国的国情和农业生产的实际情况，制定了一系列绿色食品标准、管理规则和监测体系，并制定了“绿色食品”标志，实行标志使用管理，标志着我国的绿色食品工程作为有机农业的一种方式已被国际社会所承认，使我国的绿色食品工程得到蓬勃发展。绿色食品分为A级和AA级两种标准，AA级基本上等同于有机食品。

为了与国际贸易接轨，执行IFOAM的标准，1994年10月，国家环境保护总局成立了中国有机食品发展中心（Organic Food Development Center，OFDC），并同时加入了IFOAM。中国有机食品发展中心已经制定了我国有机食品标志和《有机食品标志管理章程》《有机食品生产与加工技术规范》等管理规则和技术文件。

从20世纪90年代中期起，我国山东、江苏、湖北、湖南等省根据各自的农业生产实际情况，考虑到“有机食品”和“绿色食品”的要求和标准较高，我国大多数农产品一时还难以达到，分别提出了发展“无公害农产品”的计划。进入21世纪来，农业部正式提出了“无公害食品行动计划”。准备用8～10年时间，基本上实现从土地到餐桌全程质量控制，使大多数农产品达到无公害标准，保证广大消费者吃上安全无公害的食品。无公害茶叶现行有效的农业行业标准有《无公害食品

茶叶生产管理规范》(NY/T 5337—2006)、《无公害食品　茶叶加工技术规程》(NY/T 5019—2001)、《无公害食品　窨茶用茉莉花生产技术规程》(NY/T 5124—2002)、《无公害食品　茉莉花茶加工技术规程》(NY/T 5245—2004)。

2. 有机茶、绿色食品茶与无公害茶叶的区别　无公害农业生产从广义上包括了有机农业生产、绿色食品生产和无公害农产品生产。三者的目标是一致的，都是为了保护农业生态环境，协调农业生产与环境保护的关系，实行从土地到餐桌的全程质量控制，保证产品的安全、无污染。其环境监测和食品卫生质量检测的方法和手段也基本相同。三者依据、标准不同，因此要求和管理也不一致。其主要区别如下：

(1) 生产和加工的依据不同　有机茶生产和加工的标准是根据国际 IFOAM 的基本准则制定的，虽然各个国家和组织在具体执行上稍有差异，但总的准则不变。绿色食品茶是根据我国绿色食品生产、加工标准进行生产与加工的，虽然参考了国际有机食品的标准和要求，但带有我国特有的国情。无公害茶叶是依据我国的食品卫生质量标准和环境监测标准生产与加工的。

(2) 生产和加工的标准不同　有机茶在生产和加工过程中禁止使用一切人工合成的化学农药、化学肥料、生长激素、有害的化学添加剂等；只能使用有机肥、生物农药，产品中不得含有任何农药、化肥和有害化学添加剂残留；不得使用基因工程种子和产品。绿色食品 A 级在生产与加工过程中，可以限量使用国家绿色食品发展中心制定的生产绿色食品的农药、化肥、兽药、食品添加剂等使用准则中的品种，但必须严格执行使用的规则。无公害茶叶在生产与加工过程中，目前全国尚未统一使用的农药、化肥等标准，但农业部推荐了一些宜使用的肥料和农药。

(3) 颁证单位和管理方法不同　IFOAM 通过审定的认证机构才有资格进行有机食品的颁证。我国有机食品的颁证和管理部门有南京国环有机产品认证中心、北京中绿华夏有机食品认证中心、杭州中农质量认证中心（主要认证有机茶）等。国外也有一些有机食品认证机构如德国的生态认证中心（ECOCERT）、瑞士的生态市场研究所（IMO）、美国的有机作物改良协会（OCIA）、日本有机和自然食品协会（JONA）等在我国设有办事处，也可对我国的有机食品进行检测和颁证。有机茶生产基地一般要有 2～3 年的转换期，转换期间只能颁发有机食品转换证书。有机食品的证书有效期不超过 1 年，第 2 年必须重新进行检查颁证，有些产品每一批都要颁证，颁证的面积和产量必须与申报和检查的一致。采用的是生产基地证、加工证和贸易证，要求三证齐全。

绿色食品唯一的颁证单位是我国农业农村部绿色食品管理办公室和中国绿色食品发展中心，设立在各省、自治区、直辖市的绿色食品管理办公室只负责检测和申报，不能颁证。绿色食品的证书有效期是 3 年，采用的是一品一证，即只颁证给申报的产品。即使是绿色食品生产基地，生产的每种产品也需单独申报、检测，才能颁证。如茶叶中的绿茶、红茶等茶类，甚至绿茶中的毛尖、炒青等均不能使用同一个证书。

无公害茶叶认证单位是农业农村部农产品质量安全中心。无公害农产品认证是我国农产品认证的主要形式之一，虽然是自愿性认证，但与其他的自愿性产品认证相比有本质的区别：①无公害农产品认证是政府推行的公益性认证。无公害农产品是政府推出的一种安全公共品牌，目的是保障基本安全，满足大众消费。无公害农产品执行的标准是强制性无公害农产品行业标准，产品主要是老百姓日常生活离不开的“菜篮子”和“米袋子”产品，如蔬菜、水果、茶叶、猪牛羊肉、禽类、乳品禽蛋和大米、小麦、玉米、大豆等大宗初级农产品。因此，无公害农产品认证实质上是保障食用农产品生产和消费安全而实施的政府质量安全担保制度，属于公益性事业，实行政府推动的发展机制，认证不收费。②无公害农产品认证采取产地认定与产品认证相结合的模式。产地认定主要解决生产环节的质量安全控制问题，产品认证主要解决产品安全和市场准入问题。无公害农产品认证的过程是一个自上而下的农产品质量安全监督管理行为，产地认定是对农业生产过程的检查监督行为，产品认证是对管理成效的确认，包括监督产地环境、投入品使用、生产过程的检查及产品的准入检测等方面。

3. 发展无公害茶叶生产的意义 茶叶作为一种国际贸易商品和全世界三大无酒精天然饮料之一，对其自然品质和卫生指标的检验在各国都较为严格。因此，发展无公害茶叶生产尤其显得重要。

无公害茶叶生产从广义上也包括有机食品茶（简称有机茶）、绿色食品茶和无公害茶叶的生产与加工。从狭义上讲无公害茶叶不同于有机茶和绿色食品茶，它是指茶叶产品中的有害物质包括农药残留、重金属、有害微生物等卫生质量指标达到国家有关标准的要求，对公众身体健康无危害。无公害茶叶是市场准入最基本的要求，发展无公害茶生产是政府行为，而有机茶和绿色食品茶生产是企业行为，是生产发展的更高要求。一般讲的无公害茶叶生产是广义上的，有所特指的时候才细分。

发展无公害茶叶生产对我国茶产业的进一步发展和深化有着非常重要的意义：

（1）发展无公害茶叶生产是适应人民生活水平提高的要求 随着人民生活水平不断提高，人们越来越关注健康；对农产品的多样、优质和安全提出了更高的要求。客观上要求农业生产由过去的追求产量增长向高品质、多样化的方向发展。今后茶叶消费更加注重卫生安全，茶叶生产必须适应市场需求变化，大力发展无污染、环保型、健康型、生态型的茶叶产品。

（2）发展无公害茶叶生产是适应茶叶出口创汇的要求 茶叶是我国农产品中很重要的传统出口产品，有害物质的污染，尤其是农药残留的问题已成为制约我国茶叶出口的重要因素。欧盟、美国、日本等国家和地区对茶叶卫生质量要求越来越高，已对我国茶叶出口构成威胁。所以，要进一步巩固和扩大我国茶叶出口，必须大力发展无公害茶叶生产。

（3）发展无公害茶叶生产是适应茶业乃至整个农业可持续发展的要求 我国茶叶主要分布在山区，一般都生长在青山绿水之中。正因为如此，我国的茶叶质量总体是好的，但也有一些地方因为未科学合理地施用农药、化肥，造成环境污染，生态条件恶化，茶叶质量安全受到严重影响。发展无公害茶叶不仅有利于美化、保护农业生态环境，而且是农业可持续发展的重要内容。发展无公害茶叶可以大量减少农药、化肥的用量，有效降低茶叶生产成本，还有利于控制石油等自然资源的过度消耗。

(4) 发展无公害茶叶生产是适应农业结构战略性调整的要求　在农业生产进入新阶段后，面临着农业结构的战略性调整，调整的核心就是提高农产品质量。农产品质量包括卫生质量、外观质量、营养质量、商业质量、加工质量等，而卫生质量是前提，是首位。茶叶生产结构调整是农业结构战略性调整的重要组成部分，茶叶生产关系到我国数千万茶农的生活，关系到贫困山区的致富，也是很多主产区地方财政收入的重要来源，茶叶结构的调整同样要以提高质量为核心。我国茶叶市场放开较早，茶叶在农产品中率先进行了结构调整，尤其是名优茶得到快速发展，茶叶总体质量有所提高，但茶叶卫生质量安全（包括农药残留、重金属和有害微生物等）有待提高。当前最迫切需要解决的是农药残留问题。

二、农药的基本知识与茶叶农药残留量成因

农药在茶园使用已有很长时间，对控制病虫害的发生为害、保证茶叶的产量起了一定的作用。目前，除了有机茶园禁止使用化学农药外，A级绿色食品茶园和无公害茶园都还允许使用化学农药。对于长期使用化学农药的茶区和单位全部禁用农药还是不现实的，当前最紧迫的是尽快全面地把茶叶中的农药残留量控制在允许残留量标准以下。关键是要正确选择农药种类，强调化学农药的合理使用，了解化学农药的性质、作用方式和使用方法。同时，化学农药的研究与开发正在朝高效、低毒、低残留的方向发展，并且在大力开发生物性的无公害制剂。在今后相当一段时间内，化学防治仍将是有些茶园病虫害防治的方法之一。因此，必须了解农药的基本知识和掌握无公害茶叶生产中的农药使用。

(一) 农药的基本性质

1. 农药的分类

(1) 按防治对象分类　可分为杀虫剂、杀螨剂、杀菌剂、杀线虫剂、除草剂等。

(2) 按化学成分分类　可分为无机化学农药如硫制剂、铜制剂等，有机化学农药等。有机化学农药又根据所含的主要化学成分分为有机氯、有机磷、有机氮、有机硫、拟除虫菊酯类等。

(3) 按生产来源分类　可分为人工合成农药、植物性农药、微生物农药、抗生素农药。

(4) 按作用方式分类　杀虫剂分为胃毒剂、触杀剂、内吸剂、熏蒸剂、忌避剂、不育剂等，杀菌剂分为保护剂、治疗剂等。

2. 农药的加工剂型　由工厂生产出来的未经加工的农药称为原药，其中具有杀虫、杀菌等作用的成分称为有效成分。原药除少数品种外，绝大多数不能直接在生产上使用，必须加入一定的辅助剂加工成不同的剂型才能使用。农药的加工剂型主要有：

(1) 粉剂　由原药与填充料经机械粉碎加工制成的粉状混合物制剂。粉剂不易被水湿润，不能分散和悬浮于水中，只能喷粉或拌土使用。

(2) 可湿性粉剂　由原药与填充料、湿润剂经机械粉碎加工制成的混合物。可

湿性粉剂易在水中分散、湿润和悬浮，可加水喷雾使用。

（3）乳剂　又称乳油，在原药中加入溶剂和乳化剂加工而成的油状液体制剂，兑水后能形成稳定的药液。乳剂的湿润性、展布性、附着力都好，是当前茶园最常用的剂型。

（4）水剂　将水溶性原药直接溶于水中制成水剂。水剂使用时加水稀释到所需浓度即可喷施。水剂成本较低，但不耐贮藏，湿润性差，附着力弱。

（5）胶体剂　由原药与分散剂（如氯化钙、纸浆废液、茶皂素等）经过融化、分散、干燥等过程制成的粉状制剂。胶体剂加水稀释可成为胶体溶液或悬浮液，如胶体硫。

3. 农药的毒性、毒力、药效和持效　农药的毒性是指药剂对人、畜等高等动物引起毒害的性能，分为急性毒性和慢性毒性。急性毒性是指高等动物接触一定剂量后，在短时间内引起急性病理反应，用 LD_{50}（致死中量）或 LC_{50}（致死中浓度）来表示。LD_{50}是指受试动物（如大白鼠）一次口服或接触试验药剂引起50%的个体死亡时的剂量，按 LD_{50}值的大小将农药分为剧毒、高毒、中毒、低毒、微毒等几种类型。LD_{50}的单位是mg/kg，LD_{50}数值越大，毒性越小。慢性毒性指残留毒性，要在较长时间后才能表现。农药的毒力是指农药在较单纯的条件下或在室内人为控制的条件下对病虫草害等有害生物毒害的程度。农药的药效是指农药在田间实际使用中对病虫草害的防治效果。农药的持效是指药剂防治病虫草害的有效持续时间。农药的毒性、毒力、药效和持效之间有相关性，但不一定都密切相关。如甲胺磷、对硫磷等毒性大、毒力大、药效也高；溴氰菊酯、氯氰菊酯等毒性较低，药效却很高；有些药剂药效高，持效期也长，如呋喃丹；有些药剂药效高，但持效期较短，如辛硫磷在茶园施用，受日光照射分解，持效期只有3～5 d。

（二）茶叶中农药残留的来源

茶叶中的农药残留有直接和间接两种来源。

1. 农药残留的直接来源　农药喷施在茶树叶片上后，部分留在叶片表面，部分渐渐渗入茶树叶组织内部，在日光、雨露、温度、茶树体内的酶类等因素的影响下，逐渐分解和转变成其他无毒的物质，这个过程就是农药的降解过程。一般在茶树叶片表面的农药比渗入到内部的农药更容易降解。如果在这些农药还未完全降解或降解到很低水平时就采收下来，鲜叶经加工后制成的成茶中，便可能有农药残留。这种农药残留量的高低决定于农药的性质以及茶树本身特点两方面。

在农药因素中首先是农药的种类。不同农药种类由于其化学性质不同，喷施在茶树叶片上后降解速度也不同，这就导致茶树叶片上的农药残留水平不同，如有机氯农药和拟除虫菊酯类农药一般性质都比较稳定，在茶树叶片上不易降解，在同样条件下，它们的残留水平相对会比较高。有些内吸性农药在进入茶树体内后可以随液流而传递到其他组织，特别是芽梢部，因此，残留水平很高，而且不易降解。

除了农药的种类外，农药商品的有效成分含量对残留水平有很大影响。有效成分含量愈高，喷药后的原始沉积量（就是喷药后留在茶树叶片上的残留量）也愈高。

农药的加工剂型也是影响残留水平高低的一个因素。在同样施药剂量条件下，乳剂施用后的残留量比施用可湿性粉剂和粉剂的残留量高。因为粉剂和可湿性粉剂在茶树叶片上的附着力不如乳剂，易被雨水淋失。同时，乳剂中含有一定数量的溶剂和乳化剂，可以溶解植物表面上的蜡质层，使更多的农药渗入到茶树叶片的表皮层中，减少了外界因素的影响。

施药剂量和浓度与残留量高低也有直接关系。施药量愈多、浓度愈高，茶树叶片上的残留量相应也愈高。

除了农药因素外，茶树本身的形态结构和生物学特性对残留水平也有很大影响。芽梢的生长对喷施在其上的农药起着稀释作用，施药一定时间后，刚萌发的新梢（如1芽1叶新梢）其残留水平比萌发较早的芽梢（如1芽2叶、3叶芽梢）农药残留要低。此外，茶树芽梢和叶片上的茸毛数量、光滑和粗糙程度也和农药残留水平有关，叶表茸毛数量多和叶面粗糙的茶树往往聚集有较多的农药，比叶面茸毛少和光滑的茶树上的残留水平高。

2. 农药残留的间接来源 除了因农药喷施在茶树叶片上构成残留外，农药残留还有如下间接来源。

（1）从土壤中吸收 在喷药过程中有80%～90%的农药会流失到土壤中，这些农药中的一部分在土壤中蓄积。如内吸性农药可通过茶树根系在吸取水分和营养物质的同时，将农药输送到茶树芽梢部。

（2）由水携带 茶树喷药和灌溉需要大量的水喷施在茶树上，因此，水中的农药就会随着水分转移到茶树上。其决定因素是农药在水中的溶解度，有的农药在水中溶解度很低，以这种形式转移到茶树芽梢上的可能性很小。但有些水溶解度很高的农药便有可能随着用水转移到茶树芽梢上。有的农药在茶叶生产上是禁止使用的，但由于在茶园周边环境中大量使用过这种农药，可能污染该区水域，进而转移到茶树芽梢上，导致茶叶中检测到禁用农药的微量残留，在选择有机茶的原料基地时要考虑到这种可能性，以规避不必要的风险。

（3）空气飘移 空气飘移是茶树芽梢中农药残留的另一个重要来源。农药在喷施后可以通过挥发进入大气，或吸附在大气中的尘粒上，或呈气态随风转移。这些被吸附在尘粒上或直接随气流转移的农药会在一定距离外直接沉降或被雨水淋降。这样，茶树芽梢就有可能接受外来的农药污染。

三、安全合理使用农药，控制茶叶农药残留量

解决农残问题，除了大力提倡发展绿色食品茶和有机茶外，对于大量长期使用化学农药的产区和单位全部禁用农药还是不现实的，当前最紧迫的是尽快全面把茶叶中的农残量控制在国家标准或有关茶叶进口国家允许标准以下，这就要求科学合理使用农药，既保证防治病虫效果，又不致使农药超标，还要使天敌和环境少受影响。

1. 严禁使用剧毒、高毒、蓄积性大、残效期长的农药品种 根据农业农村部《禁限用农药名录》（2019年），禁止（停止）使用的农药（46种）：六六六、滴滴涕、毒杀芬、二溴氯丙烷、杀虫脒、二溴乙烷、除草醚、艾氏剂、狄氏剂、汞制剂、砷类、铅类、敌枯双、氟乙酰胺、甘氟、毒鼠强、氟乙酸钠、毒鼠硅、甲胺磷、甲基对硫磷、对硫磷、久效磷、磷胺、苯线磷、地虫硫磷、甲基硫环磷、磷化

钙、磷化镁、磷化锌、硫线磷、蝇毒磷、治螟磷、特丁硫磷、氯磺隆、胺苯磺隆、甲磺隆、福美胂、福美甲胂、三氯杀螨醇、林丹、硫丹、溴甲烷、氟虫胺、杀扑磷、百草枯、2,4-滴丁酯（2023年1月29日起禁用）。在茶树上禁止使用的农药（17种）：甲拌磷、甲基异柳磷、克百威、水胺硫磷、氧乐果、灭多威、涕灭威、灭线磷、内吸磷、硫环磷、氯唑磷、乙酰甲胺磷、丁硫克百威、乐果、氰戊菊酯、氟虫腈。

2. 选用高效、低毒、低残留的农药品种　我国适用于茶园中的农药品种见表5-3。

表5-3　茶园适用农药的防治对象和使用技术

（陈宗懋、孙晓玲，2013　有改动）

农药名称和剂型	每667 m^2 使用剂量（mL或g）	稀释倍数（×）	防治对象	施药方式	安全间隔期（d）	适用茶园
敌敌畏80%乳油	50～75	1 000～1 500	茶梢蛾、叶蝉类、蓟马类、茶绿盲蝽	喷雾	6	国内销售茶园可用
	75～100	800～1 000	毒蛾类、尺蠖类、卷叶蛾类、刺蛾类、蓑蛾类、茶蚕、茶吉丁虫	喷雾	6	
	150～200	100	茶黑毒蛾、茶毛虫	毒沙（土）、撒施		
马拉硫磷（马拉松）45%乳油	100～125	800	蚧类、茶黑毒蛾、蓑蛾类	喷雾	10	国内销售茶园、出口欧盟和日本茶园可用
联苯菊酯2.5%乳油（天王星）	12.5～25	3 000～6 000	尺蠖类、毒蛾类、卷叶蛾类、刺蛾类、茶蚕	喷雾	6	国内销售茶园、出口欧盟和日本茶园可用
	25～40	1 500～2 000	叶蝉类、蓟马类		7	
	75～100	750～1 000	茶丽纹象甲		7	
三氟氯氰菊酯2.5%乳油（功夫）	12.5～15	6 000～8 000	尺蠖类、毒蛾类、卷叶蛾类、刺蛾类、茶蚕	喷雾	5	国内销售茶园、出口欧盟和日本茶园可用
	25～35	2 000～3 000	叶蝉类、蓟马类		6	
	50～75	1 000～1 500	茶叶螨类		6	
氯氰菊酯10%乳油	12.5～15	6 000～8 000	尺蠖类、毒蛾类、卷叶蛾类、刺蛾类	喷雾	3	国内销售茶园、出口欧盟和日本茶园可用
	20～25	3 000～4 000	叶蝉类		5	
溴氰菊酯10%乳油	12.5～15	6 000～8 000	毒蛾类、卷叶蛾类、尺蠖类、刺蛾类、茶蚜	喷雾	5	国内销售茶园、出口欧盟和日本茶园可用
	25～35	3 000～4 000	油桐尺蠖、木橑尺蠖、茶细蛾		5	
	25～50	2 000～3 000	长白蚧、黑刺粉虱		6	
阿里卡22%悬浮剂（94%高效功夫菊酯+12.6%噻虫嗪）	4～8	6 000～8 000	小绿叶蝉	喷雾	5	国内销售茶园、出口日本茶园可用

（续）

农药名称和剂型	每667 m^2 使用剂量（mL或g）	稀释倍数（×）	防治对象	施药方式	安全间隔期（d）	适用茶园
溴虫腈（虫螨腈）10%悬浮剂	15～18	4 000～5 000	小绿叶蝉	喷雾	7	国内销售茶园、出口欧盟和日本茶园可用
	18～20	4 000～4 500	螨类		7	
茚虫威15%乳油	12～18	2 500～3 500	叶蝉类、尺蠖类、毒蛾类、卷叶蛾类	喷雾	10～14	国内销售茶园、出口欧盟和日本茶园可用
鱼藤酮2.5%乳油	150～250	300～500	尺蠖类、毒蛾类、卷叶蛾类、茶蚕、蓑蛾类、叶蝉类、茶蚜	喷雾	7～10	国内销售茶园、出口日本茶园可用
清源保（苦参碱）0.6%乳油	50～75	1 000～1 500	茶黑毒蛾、茶毛虫	喷雾	7*	国内销售茶园和出口日本茶园可用
白僵菌（每克含50亿～70亿孢子）	700～1 000	50～70	叶蝉类、茶丽纹象甲、尺蠖类	喷雾	3～5*	国内销售茶园、出口欧盟和日本茶园可用
苏云金杆菌（Bt）	75～100	800～1 000	叶蝉类	喷雾	3～5*	国内销售茶园、出口欧盟和日本茶园可用
	150～250	300～500	毒蛾类、刺蛾类			
四螨嗪20%浓悬浮剂（螨死净、阿波罗）	50～75	1 000	茶叶螨类	喷雾	10*	国内销售茶园、出口日本茶园可用
克螨特73%乳油	45～50	1 500～2 000	茶叶螨类	喷雾	10*	国内销售茶园、出口欧盟和日本茶园可用
石硫合剂45%晶体	375～500	150～200	茶叶螨类，茶树叶、茎病	喷雾	封园农药，采摘茶园不宜使用	国内销售茶园、出口日本茶园可用
	500～750	100	蚧类、粉虱类	封园防治		
甲基托布津70%可湿性粉剂	50～75	1 000～1 500	茶树叶、茎病	喷雾	10	国内销售茶园、出口日本茶园可用；出口欧盟茶园因标准严格应慎用
	80～100	500～600	茶树根病	穴施		
苯菌灵50%可湿性粉剂（苯来特）	75～100	1 000	茶炭疽病、茶轮斑病	喷雾	7～10	国内销售茶园、出口日本茶园可用；出口欧盟茶园因标准严格应慎用
多菌灵50%可湿性粉剂（苯并咪唑44号）	75～100	800～1 000	茶树叶、茎病	喷雾	7～10	国内销售茶园、出口日本茶园可用；出口欧盟茶园因标准严格应慎用
	80～100	500～600	茶苗根病	穴施		
百菌清75%可湿性粉剂	75～100	800～1 000	茶树叶病	喷雾	10	国内销售茶园、出口日本茶园可用；出口欧盟茶园因标准严格应慎用

注：表中农药具体使用时应参照国家及行业最新标准。

* 表示暂定安全间隔期。

大力推广低毒生物农药，加快低毒低残留农药的推广应用，保障农业生产安全和农产品质量安全，是农业主管部门狠抓的一项重要工作。为更好地开展此项工作，农业主管部门制定了《种植业生产使用低毒低残留农药主要品种名录（2016）》，以便于各地筛选和确定适合当地实际的低毒生物农药补助品种，指导一线生产者科学合理使用。

基于《食品安全国家标准　食品中农药最大残留限量》（GB 2763—2019）《出口食品原料种植场备案管理规定》，以及日本和欧盟实施的茶叶农残新标准，茶叶所面临的农药残留挑战越来越严峻。因此，茶农和生产企业应严格遵守新增限量农药的使用规定，按照要求使用登记农药，加强茶叶农残检测。

3. 根据防治对象和农药的性质对症下药　农药品种很多，其理化性质、生物活性各不相同，不是任何一种农药对所有茶树病虫都有效。如内吸剂对小绿叶蝉和蚜虫有效，但对茶尺蠖效果较差；广谱性杀菌剂对茶云纹叶枯病、茶炭疽病有良好效果，但对茶根结线虫病无效。这是由不同农药的不同性质决定的。对咀嚼式口器的茶树害虫应选用有胃毒和触杀作用的农药，而对刺吸式口器害虫应选用触杀作用强的农药或内吸剂，对螨类应选用杀螨剂，特别是杀卵力强的杀螨剂进行防治。对有卷叶和虫囊的害虫（如茶小卷叶蛾、蓑蛾类等），除了选用强胃毒作用的农药，应兼具强的熏蒸或内渗作用。对茶树叶部病害的防治，应在发病初期喷施具保护作用的杀菌剂（如硫酸铜），以阻止病菌孢子的侵入，但也可选用既具保护作用又有内吸和治疗作用的杀菌剂，这样既可以阻止病菌孢子的侵入，又可以发挥内吸治疗效果，抑制病斑的扩展和蔓延。

4. 根据病虫防治指标和茶树生长状况适期施药　茶树病虫的防治应按“防治指标”进行施药，减少施药的盲目性，克服“见虫就治”的片面做法，降低农药用量。茶树主要病虫的防治指标见表 5-4。

表 5-4　茶园主要病虫在各地的防治指标

病虫名称	防治指标	资料来源
茶尺蠖	成龄园 6.75 万头/hm^2 或每米茶行有虫 10 头	国家标准
油桐尺蠖	每公顷产干茶 1 125 kg，夏、秋茶允许损失 10%以下，1.8 万头/hm^2	浙江
茶毛虫	成龄园 3.0 万～4.5 万头/hm^2 或每米茶行有虫 3～4 头	湖南
茶黑毒蛾	成龄园 4.5 万～6.0 万头/hm^2	安徽
茶小卷叶蛾	第 1 代、第 2 代，每米茶行幼虫数大于 8 头；3 代、4 代适当放宽	安徽
小绿叶蝉	百叶虫口＞10 头	安徽
茶蚜	有蚜芽梢率 4%～5%，有蚜叶芽下 2 叶平均 20 头/叶	安徽
茶硬胶蚧	中部枝干（茶枝粗 0.7～1 cm，长 10 cm）4～5 头雌虫	浙江
茶橙瘿螨	每叶虫口数在 20 头左右	浙江
茶白星病	叶罹病率 6%	湖南
茶芽枯病	嫩梢芽叶罹病率 4%～6%	浙江
云纹叶枯病	成叶罹病率 10%～15%	浙江
茶红锈藻病	越冬期病枝率＞30%	湖南

注：防治指标的制定涉及很多方面，各地各茶类均有差异，此表仅供参考。

另外，在害虫对农药最敏感的发育阶段适期施药。如蚧类和粉虱类的防治应掌握卵孵化盛末期（卵孵化84%以上时）施药，这时若虫体表还未形成蜡质或盾壳，因而较低浓度的药液即可收到良好效果；茶尺蠖、茶毛虫、刺蛾类等鳞翅目害虫应在3龄前幼虫期防治；小绿叶蝉应在高峰前期，若虫占总虫量80%以上时施药。对茶树病害应在病害发生前或发病初期开始喷施，使用保护性杀菌剂应在病菌侵入茶树叶片前进行施药。

茶园中农药的喷施还要考虑茶叶的采摘期。如果茶园近期数日即将采摘，就必须选择安全间隔期比较短的农药。在非采摘茶园可适当选择持效期较长的农药。采摘茶园中不宜使用对茶叶品质影响较大的农药，如波尔多液应严格控制在封园后停采期或非采摘茶园中使用。石硫合剂要掌握在初冬季节使用。为了做到适期用药，应加强测报工作。

5. 根据有效剂量适量用药 使用剂量是推荐用于防治病虫对象的有效剂量。使用剂量一般有两种表达方式：一是用稀释倍数表示。取一定重量（或体积）的商品农药，按同样重量单位（或体积单位）的倍数进行稀释。如果是固体农药，就用重量单位进行稀释。另一表达方法是单位面积使用商品农药的数量。上述两种表达方式可以进行换算。

农药使用的有效剂量（或有效浓度）是根据田间反复试验获得的，因此应严格按照有效剂量施药，不可任意提高或降低。提高农药用量虽然在短期内能收到良好的药效，但往往会加速抗药性的产生，使防治效果逐渐下降，有的甚至会产生药害，还会增加茶叶中的残留量。

6. 合理选用施药方法 农药使用方法有喷雾、喷粉、熏蒸、土壤施药等。在茶叶生产中主要使用液剂或可湿性粉剂喷雾，而很少使用粉剂。目前喷雾的方法有常量喷雾、低容量喷雾和超低容量喷雾3种。常量喷雾是一种大容量喷雾方法，使用机具一般分手动喷雾器和机动喷雾器两类。手动喷雾器还可以根据喷片孔径大小调节出水量和雾滴大小，常用的手动喷雾器喷片孔径有1.6 mm、1.3 mm、1.1 mm、0.9 mm、0.8 mm、0.7 mm和0.5 mm等几种。孔径愈大，雾滴愈粗，喷雾面积大，飘散范围广，流失量也大。用小孔径喷雾时雾滴较细、喷雾面积小、流失量小，喷药人员受污染的可能性也小。如果喷药时风速较大（超过5 m/s）或高温烈日下则不宜使用过小的喷片。一般以0.9 mm孔径喷片为宜。机动喷雾器在大型茶场中广泛应用，由于一台机上有多个喷头，因此工效高，其喷雾雾滴大小也可通过喷片孔径进行控制。

低容量喷雾是20世纪70年代出现的喷雾方法。由于喷雾雾滴较细（雾滴直径在100 nm左右），因此用药液量也比常量喷雾法少，一般每公顷用药液量为105～150 L。我国目前许多大型茶场和部分农户采用这种喷雾技术，如机动弥雾机就属于这一类。它具有工效高、药效高、成本低的优点。由于单位面积上的用药液量减少，因此在计算药量时不能采取和常量喷雾法同样的稀释倍数，而应参照每公顷用农药商品量确定稀释倍数，以保证有一定的农药有效成分沉积分布在茶树叶片上。

超低容量喷雾可使农药以更小的雾滴分布在茶树叶片上，雾滴直径在50 nm左右。每公顷用药液量仅1 500～3 000 mL。因此，用药液量大大减少。但是由于它的雾滴非常细，因此用于超低容量喷雾时的剂型不是水剂，而是加工成油剂，以避免药滴在未到达植物表面时就已经挥发。由于单位面积用药液量只是常量喷雾法的1/700～1/300，因此超低容量喷雾用的油剂剂型中的农药有效成分含量较高，一般为25%～50%，最高的可达80%以上。这种剂型在使用时不再加水稀释。由于这种以油为介质的农药与水质农药相比更能耐光、耐温、抗雨，残留期也适当延长，同时防治效果也有所提高，流失量也较低，但相应的安全间隔期也将延长。超低容量喷雾对栖息在叶片背面的害虫（如螨类、粉虱类）往往效果不甚理想。但对在茶树丛面栖息为害的害虫（如茶尺蠖、小绿叶蝉等）效果比常量喷雾法要好。我国茶叶生产中使用超低容量喷雾的还不多，但随着超低容量喷雾技术的进步，它在茶叶生产中的应用也会逐渐扩大。

7. 严格按照安全间隔期用药和采摘　安全间隔期又称为等待期，是指最后一次施药与茶叶采摘之间必须等待的天数。这是解决农药残留的一项关键措施。农药在茶叶上的残留量是随着时间延长而逐渐降低的。可以根据农药的降解速度和农药的毒性大小以及农药的最大残留限量确定该农药的安全间隔期。在无公害茶叶生产中，必须严格按照安全间隔期采茶，才能保证茶叶农药残留量不超标。需注意的是，安全间隔期是根据正常使用剂量制定的，因此在生产中必须强调按规定的使用剂量用药。如果提高使用剂量，安全间隔期要相应延长。

复习思考题

1. 农业病虫害防治有哪些方法和技术？
2. 为什么防治病虫害要提倡综合防治？
3. 我国茶叶生产为什么必须发展无公害生产技术？
4. 茶树病虫害综合防治（生态控制）的基本原理是什么？
5. 如何理解综合防治与无公害茶叶生产的关系？
6. 茶园病虫害综合防治（生态控制）的主要技术措施有哪些？
7. 无公害茶园如何科学合理使用化学农药？

第六章　茶树病虫研究的基本方法

[本章提要] 随着无公害茶叶生产的深入发展，茶树病虫害发生和综合防治面临着许多需要解决的新情况和新问题。本章主要介绍茶树病虫害种类、发生量及区系结构的调查统计方法，病虫害种群数量的预测预报技术，供科学研究和指导生产用的病虫标本的采集与制作，病原菌的分离培养，农药的药效试验和残留量分析等。

随着茶树栽培管理技术的改进，尤其是无公害茶叶生产的兴起，茶树病虫害防治面临新的要求和任务。茶树病虫区系以及优势种群的变化，发生规律预测预报和综合治理等新情况、新问题都需要研究解决。因此，掌握茶树病虫害研究的一些基本方法具有重要的理论和实践意义。

第一节　茶树病虫调查与统计方法

查明茶园中病、虫种群数量是掌握其发生动态，开展预测预报的基础工作。病、虫调查必须遵循客观性和代表性的基本原则。制订取样方案时要考虑经济、可靠、实用以及便利等因素。

一、病虫调查的目的与主要内容

病虫害的发生规律、种群数量及其波动是诸多内因（虫口基数、生理状态等）和外因（温度、湿度、光照、风、雨、农事等）综合作用的结果。可依据科学的方法对病虫害的发生期、发生量、为害程度和扩散分布趋势进行准确的预测预报，从而适时采取恰当的防治措施有效控制病虫为害。准确的测报是建立在可靠的调查基础上的，数据的采集具有基础性的作用，必须简便、可靠而又具有代表性。

病虫调查的目的不同，所调查的项目和内容也不同。有关茶树病虫研究方面的调查内容，大致包括以下几个方面：

1. 种类和数量调查　调查某一地区，某一茶园昆虫和病害的种类及数量，了解、掌握哪些是主要害虫、天敌或病害，哪些是次要的，以便明确主要防治对象和可供利用的主要天敌对象。

2. 分布调查　调查某种或某些昆虫和病害的地理分布，以及在各个地区或地块内的数量，从而指导病虫害的防治或天敌的保护利用。

3. 生物学和发生规律的调查　调查某一害虫或天敌和病害的寄主范围、出现时期、发生规律、越冬场所以及害虫各虫态所占比例、发生世代、越冬虫态等。还要调查在各种条件下不同时期的数量变动，从而掌握其生活史和发生规律。

4. 为害损失调查　通过茶树的被害程度、损失情况调查，确定是否需要防治或防治的时期和范围。

二、病虫调查的基本原则与类型

在调查某一块茶园病、虫发生数量或为害程度时，不可能也不必要对园中的病、虫逐株清点。园中某种病、虫的总和称为总体，每个病、虫称为个体，按照一定的方法从中取出的一部分个体称为样本。实际工作中都是用样本估计总体。

样本的调查要遵循两个基本原则：一是客观性，不带任何主观性选择个体；二是代表性，所抽取的样本可以较好地代表总体。

在制订方案时要考虑以下因素：一是经济性，即该方案要花费多少人力、物力和财力等；二是精确性，抽样结果可靠程度要高；三是对总体编号的难易程度；四是实际操作时是否简便。

常用的调查或抽样类型有随机抽样、分层抽样、多级抽样、序贯抽样和系统抽样等。

1. 随机抽样　随机抽样是病虫种群调查最常用的一种方法，即在一定空间内，对种群各个体机会均等地抽取样本以代表总体。如在 N 个个体中，机会均等地抽取第 1 个样本，再于（$N-1$）个个体中机会均等地抽取第 2 个样本。具体做法可将 N 个样点分别编号（1，2，3 至 N），再摸号中选。

2. 分层抽样　分层抽样常用于调查病虫种群动态，将总体中近似的个体分别归为若干层（组），对每层分别抽取一个随机样本，用以代表总体。如茶树上、下层黑刺粉虱的密度差异很大，可将茶丛分为几层，将每层看作一个小总体，分别对其进行随机抽样，获得分层样本的数据，再合并成总体样本数据。是否需要分层抽样，可在各层抽样后进行统计测验，分两层的用 t 测验，分 3 层以上的用方差分析。若差异显著，表示应分层；否则可不分层。此法较适合于聚集分布的种群。

3. 多级抽样　多级抽样是按地理空间分成若干级，再按级进行随机抽样。如调查一个省的茶白星病，先将全省产茶县编号，作为第 1 级抽样单元；每个县随机抽出若干乡，作为第 2 级样本；再在其中随机抽出若干村，作为第 3 级样本；直至抽出所要的样本为止。多级抽样与分层抽样的区别为：分层抽样是将每层作为一个小总体，分别抽取随机样本；多级抽样是按级依次往下抽样，最后才抽出所需的多级样本。

4. 序贯抽样　序贯抽样是用数理统计中的假设测验方法，在一定的概率保证下，根据较少的样本考虑接受或拒绝样本的调查结果。特点之一是不预先规定抽样数量，在既定的误差概率保证下可尽量减少抽样数量；二是序贯抽样的计算，因种群分布型而异。该方法适用于只需调查害虫发生程度是否达到防治指标，以及检验防治效果而不需精确掌握种群密度的情况。

5. 系统抽样　系统抽样又名机械抽样。按事先规定的号码顺序，依次进行随机抽样。抽样前对总体选取 1 个正整数 K，将集团 N 个个体逐一排列：

$$1，2，3，\cdots，K$$

$$K+1，K+2，K+3，\cdots，2K$$

$$2K+1，2K+2，2K+3，\cdots，3K$$

以此类推，直到 N 为止。对号码 1，2，3，…，K 做随机抽样（只抽 1 个），若 i 入样，则 $K+i$，$2K+i$ 等皆入样。N 个个体不一定恰好是 K 的整数倍，则各列个体数量后会有 1 行少于 K。但当各列个体数超过 50 时，这个差可忽略不计。

三、病虫发生分布类型及调查取样方法

1. 种群的空间分布型 各种测报方法都是以实地调查所获数据为依据的。一般按病虫分布型采取相应的抽样方法调查病、虫种群密度。对于有迁移活动的昆虫，还可采用标记-再捕值法调查其数量。一定时空条件下查获的数据即可作为各种测报统计分析的基础。

种群的空间分布型是种群的特征之一。通常，昆虫的空间分布类型包括随机分布、聚集分布和嵌纹分布。

（1）随机分布 总体中每个个体在取样单位中出现的概率均等，而与同种的其他个体无关。这类昆虫活动力强，在田间分布比较均匀。调查取样时数量可以少一些，每个取样点可稍微大一些，适用 5 点取样或对角线取样。可用 Poisson 分布理论公式描述。

（2）聚集分布 总体中 1 个或多个个体的存在影响其他个体出现于同一取样单位的概率。这类昆虫活动力弱，在田间分布不均匀，呈许多核心或小集团。取样时数量可多些。常用分行取样或棋盘式取样。可用 Neyman 分布、负二项分布、Poisson 正二项分布等理论公式描述。大多数病虫害的分布属于这种类型。

（3）嵌纹分布 个体在田间呈不均匀的疏密互间的分布，多由别处迁来或由密集型向周围扩散形成，分布不均匀，多少相嵌不一。调查时取样数量可多些，每个样点可适当小些，宜用 Z 形或棋盘式取样。

2. 取样方法 常用的取样方法包括对角线取样、5 点取样、棋盘式取样、平行跳跃取样、Z 形取样和分行取样（图 6-1）。

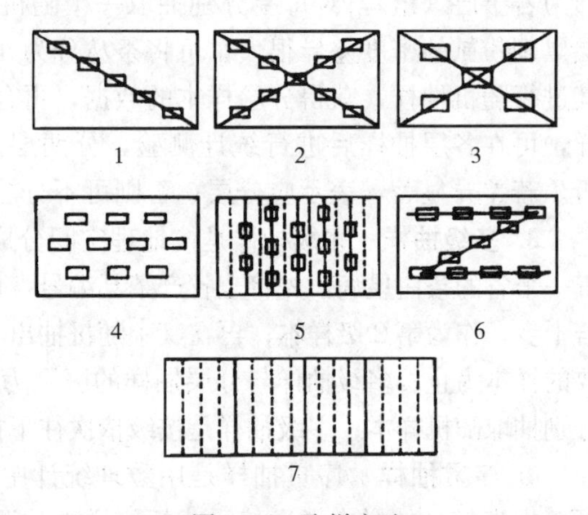

图 6-1 取样方法

1. 单对角线取样 2. 双对角线取样 3. 5 点取样 4. 棋盘式取样 5. 平行跳跃取样 6. Z 形取样 7. 分行取样

3. 取样单位 常依据病虫的分布型，采用样方法调查病虫种群。样方是用于调查病虫种群而随机设置的取样地块，样方法所用的取样单位可据实际情况（病虫种类、活动方式等）而定。常用指标如下。

（1）长度 1 m 或 10 cm 枝条上病虫数量。

（2）面积 计数单位面积（如 1 m^2）上病虫数量。

（3）体积 计数单位体积（如 1 m^3）内病虫数量。

（4）时间 统计单位时间（如 1 min、1 h）内观测到的病虫数量。

（5）寄主植物体的一部分　如叶、芽、花、果或茎等。

（6）器具　如捕虫网，计数每网捕到的昆虫数量。

四、病虫调查统计方法

（一）调查和实验数据及其处理结果的表示法

1. 列表法　简单易作，数据之间易于比较。1个表内可以同时表明多个变数的变化，信息量较大。列表应包括表的序号、表题、项目、附注等。当文中有2个或2个以上的表格时，就应依次编号。表题放在表的上面，简明扼要，尽可能全面反映表的内容。项目尽量简化，重要的放在前面。还可适当加上某些附注，对表中某些内容予以精确的说明。

2. 图解法　简明直观，可显示出最高点、最低点、中点、拐点和周期等。易于显示语言难以准确描述的种群、群落或某个生理过程的变化趋势。

3. 方程法　该方法也较常用，概括性较强。可由自变量预测因变量的变化等。

（二）常用的几个特征数及其计算方法

1. 病虫密度　易于计数的可数性状可用数量法，调查后折算成单位面积（或体积）的数量。如每平方米虫口、每平方米蛹量、每叶病斑数以及每株卵量等。不易计数时采用等级法，如将茶橙瘿螨螨情分为：0级为每叶0头，1级为每叶1～50头，2级为每叶51～100头，3级为每叶101～150头，4级为每叶151～200头，5级为每叶200头以上。有时调查只需要大体了解某茶区、某茶园病虫发生的基本情况，往往用“＋”的个数来表示数量的多少，如1个“＋”号表示偶然发现，2个“＋”号表示轻微发生，依此类推，分别表示较多、局部严重、严重发生等。

2. 茶树受害情况

$$被害率=\frac{被害株（茎、叶、花、果）数}{调查总株（茎、叶、花、果）数}\times 100\%$$

3. 病情指数　病害可造成芽、叶、花、果、茎以及根部的病变。以某种叶部病害为例，其对不同茶树叶片的为害程度不等。调查前按受害程度的轻重分级，再把田间取样结果分级计数，代入公式：

$$病情指数=\frac{\sum（各级值\times 相应级的叶数）}{调查总叶数\times 最高级值}\times 100$$

调查统计中常用的平均数、样本方差与标准差、变异系数等应用与分析可以参考生物统计方面的教材。

第二节　茶树病虫害的预测预报

一、病虫害预测预报的目的与意义

茶树病虫害的预测预报是病虫害综合治理的重要组成部分，是一项监测病虫害未来发生与为害趋势的重要工作。常年预测预报工作的开展是根据病虫害过去和现在的变动规律、调查取样、物候现象、气象预报等资料，应用数理统计分析和先进的测报方法，正确估测病虫害未来发生趋势，并向各级政府、植物保护站、生产单位和农户提供情报信息和咨询服务。

随着我国无公害茶叶生产的发展，对减少化学农药使用次数与剂量、适时防治茶树病虫害的工作日趋严格要求。要做到这点，就必须要求病虫害的预测预报工作更及时、准确。否则，就会错失有效的防治时期，导致药剂使用量和使用次数增多。因此，预测预报是实施茶树病虫害有效综合治理的前提条件，也是发展我国低农药残留或无残留优质茶的重要技术保障。

二、病虫害预测预报的内容与任务

病虫害预测预报可按其内容、预测时间的长短、预测空间等加以区分。按内容分成发生期预测、发生量预测或流行程度预测、为害程度预测与产量损失估计。按时间分成短期预测、中期预测和长期预测。按空间分成本地虫源或病源预报和异地虫源或病源预测。

发生期预测就是预测某种病虫某阶段的出现期或为害期，为确定防治适期提供依据。发生量或流行程度预测主要估测病原或害虫未来是否有大发生或流行的趋势，是否会达到防治指标。结合历史资料，为中、长期预测提供依据。为害程度预测与产量损失估计是在发生期、发生量等预测的基础上，研究预测作物对病虫害的最敏感期是否与病虫破坏力、侵入力最强且数量最多的时期相遇，从而推断病虫灾害程度的轻重或造成损失的大小；配合发生量预测进一步划分防治对象田，确定防治次数，选择合适的防治方法。

短期预测的期限大约在 20 d 内。如对害虫而言，即根据前 1～2 个虫态的发生情况，推算后 1～2 个虫态的发生时期与数量，以确定是否需要防治和防治适期。其准确性高，使用广泛。中期预测的期限一般为 20 d 至 1 个季度，通常根据当代发生情况，预测下一代的发生情况。长期预测的期限在 1 个季度或 1 年以上，主要预测病虫害的发生趋势，需要多年系统资料的积累。

三、茶树害虫的预测预报方法

茶树害虫的预测预报，除通过田间实地系统调查外，利用害虫的趋光性、趋化性及其他生物学特性进行诱测，则是另一重要手段。当然，预测预报的数据分析、处理还应与数理统计相结合。条件成熟后更应与计算机数据分析技术、网络技术、地理信息系统（GIS）紧密结合。

（一）发生期预测

生产上应用发生期预测，常将害虫某一虫期（或虫龄）的发生期分作始见期、始盛期、盛末期和终见期。盛期又称高峰期，而高峰期又常有第 1 高峰期和第 2 高峰期等。其中重要的是始盛期，以某一虫态出现 16％～20％表示；盛期，以某一虫态出现 45％～50％表示；盛末期，以某一虫态出现 80％～84％表示。如卵的孵化率达 20%时为孵化始盛期。计算公式：

$$孵化百分率=\frac{卵壳数}{活卵数+卵壳数}\times 100\%$$

$$化蛹百分率=\frac{活蛹数+蛹壳数}{活幼虫数+活蛹数+蛹壳数}\times 100\%$$

$$羽化百分率=\frac{蛹壳数}{活幼虫数+活蛹数+蛹壳数}\times 100\%$$

发生期预测的具体做法有：

1. 历期预测　在掌握害虫发育进度的基础上，参考当时气温预报，向后加相应的虫态或世代历期，推算以后的发生期。这是一种短期预测，准确性较高。通过田间发育进度系统调查得出某一虫期的始盛期、盛期、盛末期，分别向后加上当时气温条件下该虫态的历期，即为后一虫态相应的发生期；进一步同样还可再向后推测 1～2 个虫态的发生期。某一虫期的始盛期、盛期、盛末期，也可在室内连续饲养获得。如田间查得 5 月 14 日为第 1 代茶尺蠖化蛹盛期，5 月间蛹历期 10～13 d，产卵前期 2 d，卵历期 8～11 d，即可推算：产卵盛期为 5 月 14 日之后 10～13 d（蛹期）+2 d（产卵前期），为 5 月 26～29 日；卵孵化盛期为 5 月 26～29 日之后 8～11 d（卵期），为 6 月 3～9 日。

鳞翅目、粉虱、蚧类等均可采用此法。对鳞翅目害虫，其卵孵化盛期加上 1 龄和 2 龄历期，一般即为防治适期；对粉虱和蚧类，卵孵化盛期即为防治适期。

2. 分龄分级推算　对于各虫态历期较长的害虫，可以选择某虫态发生的关键时期（如常年的始盛期、高峰期等），做 2～3 次发育进度检查，仔细进行幼虫分龄、蛹分级，并计算各龄、各级占总虫数的百分率，然后自蛹壳级向前累加，当累加达始盛、高峰、盛末期的标准，即可由该龄级幼虫或蛹到羽化的历期，推算出成虫羽化始盛、高峰和盛末期，其中累计至当龄时所占百分率超过标准时，历期折半；并可进一步加产卵前期和当季的卵期，推算出产卵和孵化始盛期、高峰期或盛末期。如 1983 年在皖南宣城大田查得第 1 代茶小卷叶蛾于 5 月 17 日进入 4 龄盛期，按当时 25 ℃左右各虫态的发育历期推算为：第二代卵盛孵期为 5 月 17 日之后 3～4 d（4 龄幼虫历期）+5～7 d（5 龄幼虫历期）+7.5 d（蛹历期）+2～4 d（成虫产卵前期）+6～8 d（第二代卵历期），即 5 月 17 日之后 23.5～31.5 d，为 6 月 10～18 日。大田实际于 6 月 12 日盛期，与推算基本一致。

茶尺蠖、油桐尺蠖（除第 1 代）、茶黑毒蛾、茶毛虫等均可采用此法。其卵孵化盛期加上 1 龄和 2 龄历期，一般即为防治适期。

3. 期距预测　与前述历期预测相似。根据当地多年积累的历史资料，总结出当地各种害虫前后两个世代或若干虫期之间，甚至不同发生率之间期距的经验值（平均值与标准差）作为发生期预测的依据。其准确性要视历史资料积累的情况而定，愈久愈系统，统计分析得出的期距经验值即愈可靠。如根据杭州市茶叶科学研究所 1985—1992 年的田间调查，茶丽纹象甲成虫出土始期至出土盛期的平均期距为 17 d±2.9 d。根据某年调查或回归预测得到出土始期，再加上该期距，可推算出土盛期，即防治适期。

4. 物候预测 物候是指自然界各种随季节变化的生物现象。如燕子飞来，桃树开花，青蛙鸣叫，乌桕发芽，柳絮飘扬等，都有一定的季节性。物候现象反映一定节令的到来。害虫的发生与周围其他生物之间普遍存在着物候关系，这是不同物种对同一地区环境条件长期形成的时间性反应。在一个地域范围内，经过多年观察，找出某种动植物某一发育阶段或活动出现同害虫某一虫态的出现在时间顺序上的相关性，即可将某些有关物候现象作为害虫发生期预测的标志。如在杭州，茶尺蠖第1代幼虫初发，正值春茶萌发，芽叶伸展，车前盛花时节；春茶旺采时，进入2龄盛期。长白蚧第1代卵盛孵，正是枇杷大量采收、楝树盛花之时，也适值小贯小绿叶蝉第1虫口高峰初期，在楝树盛花期后3～4 d即可进行田间防治。在江苏无锡，绿盲蝽第1代若虫发生期与茶树生育进度密切相关。卵开始孵化恰为大毫茶1芽半展叶期、福鼎1芽1叶期、福云6号1芽期；孵化高峰与大毫茶1芽2叶期、福鼎1芽3叶期、福云6号1芽1叶期相遇。

物候观察是持续多年实践性很强的工作，应在详细观察记载害虫发生期的同时，注意其他物候现象的出现，但是不能只停留在同时出现的物候现象上，必须把重点放在害虫出现以前的物候现象的观察，并从中找出其与害虫发生期的期距相关性，才能更好地用于害虫发生期预测。

5. 积温预测 根据有效积温法则，在研究掌握害虫的发育起点温度（C）与有效积温（K）之后，便可结合当地气温（T），运用式（6-1）计算发育所需天数（N）；如果未来气温多变，则可按式（6-2）逐日算出发育速率（V），而后累加至$\sum V \approx 1$，即为发育完成之日。但是用于发生期预测，还必须掌握田间虫情，在其现有发育进度（如产卵盛期等）的基础上进行预测。

$$N = \frac{K}{T - C} \tag{6-1}$$

$$V = \frac{T - C}{K} \tag{6-2}$$

如茶尺蠖只要测定蛹的羽化进度，或利用诱蛾灯测得发蛾高峰，即可用卵的有效积温预测公式$N=153.9/(T-6.1)$，测得卵历期，再加上产卵前期，即为卵孵化期。在卵孵化盛末期加1龄幼虫历期，即为防治适期。1992年春，杭州茶叶科学研究所室内测得茶尺蠖越冬蛹的羽化盛末期在3月21日，至3月底基本羽化结束，而该地3月21～31日的日平均气温在6.1 ℃（卵发育起点温度）以上的积温为49.5 ℃，历年4月上旬平均气温13.1 ℃，即此间卵发育有效积温为（13.1－6.1）×10=70 ℃；历年4月中旬的气温平均15.5 ℃。这样，4月10日后需要的卵历期为：$N=(153.9-49.5-70)/(15.5-6.1)=3.7$ d。产卵前期为2.5 d，即第1代卵的孵化盛末期为4月10日以后3.7 d+2.5 d，即为4月16日。第1代1龄、2龄幼虫历期分别约为9.76 d和5.41 d，故推测田间防治适期在4月26～31日。田间实际调查，此时1龄、2龄幼虫占70%，3龄占30%，预测与实际相符。6种茶树害虫卵历期的预测公式见表6-1。

表 6-1　6 种茶树害虫卵历期预测公式

种　类	历期预测式
茶尺蠖	$N=153.9/(T-6.1)$
木橑尺蠖	$N=139.8/(T-10.1)$
茶黑毒蛾	$N=136/(T-8.29)$
茶毛虫	$N=191.0/(T-12.53)$
茶小卷叶蛾	$N=110.8/(T-9.57)$
黑刺粉虱	$N=234.57/(T-10.3)$

注：N 为历期，T 为气温。

6. 回归预测　根据历年害虫发生规律、气象资料等，采用多元回归、逐步回归等方法建立害虫发生期与气象等因子间的回归式。经验证后用于实际预测。如茶尺蠖第 1 代田间防治适期（2 龄、3 龄）与当地 3 月平均气温高低有密切关系。以当地实测 3 月平均气温（℃）为 x，防治适期为 y，令 $y=1$ 为 4 月 1 日，$y=2$ 为 4 月 2 日……则预测式 $y=45.878-2.375x$。只要代入 3 月的平均气温，即可求得第 1 代的防治适期。其他 6 种茶树害虫发生期（或防治适期）预测的回归式见表 6-2。

表 6-2　6 种茶树害虫发生期预测的回归式

种　类	回归式	注　解
木橑尺蠖	$y=49.67-1.659x$	3 月中下旬平均气温为 x，y 为第 1 代发蛾高峰，$y=1$ 为 4 月 1 日，以后以此类推
茶黑毒蛾	$y=71.55-5.2x$	3 月平均气温为 x，y 为第 1 代防治适期，$y=1$ 为 4 月 1 日，以后以此类推
茶丽纹象甲	$y=17.417-1.875x_1+0.024x_2$	1 月、2 月平均气温为 x_1，3 月、4 月降水量为 x_2，y 为成虫出土始期，$y=1$ 为 5 月 1 日，以后以此类推
小贯小绿叶蝉	$y=15.7665-0.65x$	3 月、4 月平均气温之和为 x，y 为第 1 高峰始期，$y=1$ 为 5 月 20 日之前进入高峰，$y=2$ 为 5 月 20～24 日进入高峰，$y=3$ 为 5 月 24 日以后进入高峰
	$y=1.96x_1+0.28x_2-4.652$	7 月日平均气温在 29 ℃以上的天数为 x_1，日平均气温在 29 ℃以上的积温为 x_2，y 为第 2 高峰始期，$y=1$ 为 7 月 21 日，以后以此类推
长白蚧	$y=44.91-0.91x_1+0.25x_2$	3 月、4 月平均气温之和为 x_1，2～4 月雨温系数（2 月、3 月、4 月降水总量/2 月、3 月、4 月平均气温之和）为 x_2，y 为第 1 代卵孵化盛末期，$y=1$ 为 5 月 1 日，以后以此类推
黑刺粉虱	$y=68.6583-5.2575x$	3 月平均气温为 x，y 为越冬代成虫高峰日，$y=1$ 为 4 月 1 日，以后以此类推
	$y=55.4692-3.3916x$	3 月 1 日至 4 月 10 日的平均气温为 x，y 为第 1 代卵孵化盛末期，$y=1$ 为 5 月 1 日，以后以此类推

注：资料主要来源于朱俊庆（1999）。小贯小绿叶蝉的高峰始期指百叶虫量达到 10 头（或虫量达到 225 000 头/hm^2）的起始日期。

7. 列联表法 列联表法将发生量与预报因子分成不同的级别，列表分析进行等级预测，即预测发生时间趋势或发生量趋势。如朱俊庆（1999）根据多年调查资料分析得知，在浙江杭州1月的降水量（x_1）和1月的相对湿度（x_2）对茶橙瘿螨出现螨口高峰日期的迟早及峰型（y）有很大影响，并建立了列联表法。其中各因素（x_1，x_2）及 y 的分级标准如下：

x_1：1级为小于或等于40 mm，2级为41～80 mm，3级为81～120 mm，4级为120 mm以上。x_2：1级为小于或等于70.5%，2级为70.6%～73.5%，3级为73.6%～76.5%，4级为76.5%以上。y：1级为8月3日之前，2级为8月4日至8月28日，3级为8月29日至9月22日，4级为9月22日之后。x_1 和 x_2 对 y 的频率贡献见表6－3。

表6－3 茶橙瘿螨出现螨口高峰日期的 x－y 列联表参数

（1999，浙江杭州）

因素		x_1				x_2			
		1	2	3	4	1	2	3	4
y	1	0.5	1	0	0	1	1	0	0
	2	0.5	0	0	0	0	0	0.33	0
	3	0	0	0	0.5	0	0	0.33	0
	4	0	0	1	0.5	0	0	0.33	1

应用时只要根据某地某时的 x_1、x_2 值的相应级别，在表中找出对应的 y 值，再将同一级别的 y 值相加，即为 p_i 值，以其中最大值为预测级别。当预测为1级时为双峰型，其他级别均为单峰型。如某地1996年1月降水量为86 mm（$x_1=3$ 级），平均相对湿度为83%（$x_2=4$ 级），则：$p_1=0+0=0$，$p_2=0+0=0$，$p_3=0+0=0$，$p_4=1+1=2$。结果以 p_4 为最大，因此，预测1996年该地该螨的螨口高峰日为4级，峰型为单峰型，高峰日在9月22日之后。

（二）发生量预测

发生量预测是预测未来虫口数量变化或为害程度，为制订防治决策提供依据。但是，由于发生量的影响因子太多，并且许多害虫大发生的原因尚不完全清楚，因此发生量预测多不理想。害虫发生量主要是根据有效基数预测。关于害虫种群数量的估量，正是对害虫发生量的预测。依据有效基数、死亡率、繁殖率等进行发生量的预测，对于年发生代数少的害虫，在气候、栽培、天敌等环境比较稳定的情况下，是比较准确的。关键是要摸清虫口基数，明确害虫种的生物学特性。发生量预测方法主要有有效基数预测法、气候图预测法、经验指数预测法（如湿温系数）、数理统计预测法等。其中前三者参阅第一章第五节昆虫生态部分。数理统计预测法在茶树害虫发生量趋势预测中已应用的有列联表分析法和回归分析法。

1. 列联表法 如朱俊庆（1999）用此法建立了小贯小绿叶蝉第1峰和第2峰发生趋势的预测。现以第2峰预测为例：小贯小绿叶蝉第2峰的影响因子有7月的温雨系数（x_1，7月降水总量/7月平均气温）和8月降水量（x_2）。各因素及 y（发生程度）分级标准如下。x_1：1级为小于5，2级为5～10，3级为大于10。

x_2：1 级为小于 100 mm，2 级为 100～140 mm，3 级为大于 400 mm。y：1 级为轻，2 级为中等，3 级为严重。x-y 的列联表参数如表 6-4 所示。应用时根据当地的 x_1、x_2，在表中找出对应的 y 参数，算出各因素对应 y 值之和，即为 pi，p 值最大者即为预测级别。

表 6-4　小贯小绿叶蝉发生第 2 峰的 x-y 列联表参数

（1999，浙江杭州）

因　素		x_1			x_2		
		1	2	3	1	2	3
y	1	0.75	0.50	0	0.80	0	0.33
	2	0	0.50	0	0.20	1	0
	3	0.25	0	1	0	0	0.67

如某地 1995 年 7 月平均气温为 28.4 ℃，7 月降水总量 196.2 mm，8 月降水量 60.5 mm，即，x_1 为 2 级、x_2 为 1 级，求得：

$p_1=0.5+0.8=1.3$，$p_2=0.5+0.2=0.7$，$p_3=0+0=0$。以 p_1 为最大，因此，可以预测该地 1995 年该虫第 2 峰属轻发生。

2. 回归预测法　采用回归分析的方法，建立发生量与有关预报因子（如温度、雨量等）间的回归方程式，经验证可靠后再加以应用。如小贯小绿叶蝉第 1 峰的最大虫量可用下式预测：

$$y=0.9941+37.5158x_1+5.0276x_2-0.4754x_3$$

式中，x_1——越冬后每 333 m^2 的虫量（头）；

x_2——每 333 m^2 的第 1 代若虫量（头）；

x_3——3～4 月的雨日数（d）；

y——第 1 峰的最大虫量。

在应用时，只要将当地的上述有关因素值代入此方程，即可求出第 1 峰的最大虫量。

四、茶树病害的预测预报方法

防治病害必须抓住时机，否则大面积流行造成的损失难以挽回。病害流行与否在不同年间波动大，流行速度快，更需要事先进行调查估计，及时发出预报，这就是病害的预测预报。

（一）病害预测的依据

1. 病害流行规律　掌握病害流行的历史规律，从全面分析病害流行的三要素入手，找出当时当地的主导因素，即流行的决定性因素、流行变化的有关因素和流行过程的特点，这是病害预测的基础。

2. 历年病情及气象资料　结合当地逐年病情消长资料和气象资料，分析历年测报的经验，以及品种和耕作栽培的改革情况等。

3. 了解和掌握当年诸方面基本情况

（1）病原物　调查、了解病原菌越冬基数和病原菌存活数量是决定病害初侵染和病害发生期的主要依据，还要在有代表性的田块定期进行病情消长规律的调查。

（2）寄主植物　主要了解品种的抗病性、植株发育状况及物候期是否进入感病阶段。

（3）环境条件　主要是气象条件，特别是温度和湿度最为重要。因此，需要当地气象记录和短期、中期的天气预报资料。一定范围内的小气候资料，必须自行观察记载。这是预测某些病害在局部地区流行程度的重要依据。

（二）病害测报方法

病害的测报方法可分为两种，即系统测报和一般测报。系统测报是针对病害发生为害过程，规定了较为全面的观测记载项目和综合分析的方法，以便积累资料，不断提高中、长期预报水平。一般测报是对调查内容和方法做适当的简化，指导当地当前的病害防治。主要做好定点病情调查和气象观察，具体调查内容和预测方法均可参照系统测报。现以茶芽枯病为例，将系统测报的步骤与方法介绍如下：

1. 调查内容和方法

（1）病菌越冬情况调查　12月至翌年2～3月在发病茶园里进行，调查田间遗留的病叶、病芽。调查方法采用5点随机取样，数500个芽叶，统计病芽率，记入表6-5。同时室内进行越冬菌源基数调查，每次采越冬芽叶和病芽叶各20片，用马铃薯、葡萄糖、琼脂培养基做成平板进行组织分离，10 d后分别检查带菌率。

表6-5　茶芽枯病定点系统调查统计表

品种：

调查地点	调查日期	调查总芽叶数	病芽叶数	病芽叶率（%）	备注

（2）定点系统病情调查　3月下旬至6月下旬进行，一般每隔5 d调查1次。春季寒流来临前后，须适当增加调查次数。选择主要的感病品种（发芽早、晚不同的品种），固定5点，每点随机检查100个芽梢，统计有病芽梢数，计算发病率和病情指数，并将结果填入表6-6内。

表6-6　茶芽枯病定点系统调查记载表

调查日期：　　年　月　日　　调查地点：　　品种：

样点号	各级病叶数						调查总数	病芽（叶）数	病芽叶率（%）	病情指数
	0	Ⅰ	Ⅱ	Ⅲ	Ⅳ	Ⅴ				
1										
2										
3										
4										
5										
总计										

此项调查资料逐年累积后，可明确发病的时间（始期、盛期、稳定期）、发病程度和历年气候条件的相关性，为预测提供依据。

（3）茶园病情普查　为了解面上茶芽枯病发生流行和损失程度，必须适时对茶芽枯病进行普查。在发病始期、盛期和稳定期，对当地不同品种、不同类型的茶园进行调查，并将结果逐项记入表内。

茶芽枯病流行程度预测指标，当发病面积在1%以下，发病率在5%以内，有病芽梢重损失在1%以内为轻病年；发病面积在10%以下，发病率在10%以内，有病芽梢重损失在5%以内为中病年；发病面积在20%以下，发病率在20%以内，有病梢芽重损失在10%以内为重病年。

茶园气象因素记录包括当地温度、湿度、雨日、雨量、日照时数，按旬统计，观察雾、露、寒潮出现时间和持续天数。

2. 测报方法

（1）发病始期预测　一般在早春茶芽萌动新叶初展时，感病品种上茶芽枯病即开始发病，应加强调查，做出预测。

（2）发病流行趋势预测　根据历年菌源数量、寄主感病性、气候条件、病害发生期流行程度的调查记载数据，绘制成图表，供流行趋势分析参考。再根据当年越冬菌源老叶发病率（4%～6%）和新芽萌发后1芽1叶或2叶初展时天气预报，即可估计茶芽枯病的发病趋势。在此期间，如果平均气温持续在15～20℃，最高气温在20～25℃，温度上升较慢，又有寒流侵袭，并伴随着阴雨天气，相对湿度在80%以上，则有可能导致病害流行，应发出预报，指导防治。对历年感病品种，更应列为重点防治茶园。如果3月下旬气温回升快，平均气温达13℃，最高达18℃左右，预示该年茶芽枯病发生早，对早芽感病品种应提早做好保护。若气温上升到29℃以上，则不利于病害发展，即使病梢率较高，也不必防治。

五、病虫害为害损失估计

病虫害为害损失估计包括产量损失和产品质量损失，受害虫发生数量或病害流行程度、发生时期、为害方式、为害部位等多种因素的综合影响。就产量损失而言，先计算受害百分率和损失系数，进而求得产量损失百分率。

1. 受害百分率

$$P=\frac{n}{N}\times 100\%$$

式中，P——被害或有病虫（株或梢等）百分率；

n——被害或有病虫（株或梢等）样本数；

N——调查样本总数。

样本不均匀程度的标准差（S）为

$$S=\sqrt{P\times(1-P)}$$

2. 损失估计

（1）损失系数

$$Q=\frac{A-E}{A}\times 100$$

式中，Q——损失系数；

A——未受害植株的单株平均产量；

E——受害植株的单株平均产量。

(2) 产量损失百分率

$$C=\frac{Q\times P}{100}$$

式中，C——产量损失百分率。

(3) 单位面积实际损失量

$$L=A\times M\times C$$

式中，L——单位面积实际损失产量；

A——未受害株单株平均产量；

M——单位面积总植株数。

对于刺吸式口器害虫和病害造成的损失，尚可用受害或病情指数来反映。如根据第四章第二节小贯小绿叶蝉的5个为害等级，按下式计算受害指数：

$$受害指数=\sum(各级受害芽叶数\times 该级级值)/(调查总芽叶数\times 最高级级值)$$

根据研究分析发生虫量或病害流行程度与产量损失率或受害指数的关系，应用数理统计方法即可建立产量损失率或受害指数间的统计模型。验证可行后，就能预测产量损失程度。如小贯小绿叶蝉引起茶叶的重量损失（y）与其百叶虫量（x）和受害指数（x）间的关系式分别为：$y=29.4215\lg x-7.6936$，$y=28.183\lg x-2.0129$。

此外，病害损失的测定也可参考高旭辉等的方法，即先调查，获得各项调查内容（表6-7），再按下式计算损失量。

表6-7 茶树病害损失率测定

调查地点	调查日期	病叶率（%）	百芽叶重（g）		损失率（%）	发芽势（芽头数/m^2）		损失量（g/hm^2）
			病芽（叶）	健芽（叶）		病区	无病区	

损失量（g/hm^2）=(健芽叶百芽重×无病区每平方米芽数－病芽叶百芽重×病区每平方米芽数)×10 000÷100

至于产品质量损失估计，就茶叶来说，则须经过干茶审评和茶叶化学成分分析，综合考虑其品质，进而对照标准样确定其等级下降情况。

第三节 茶树病虫标本的采集、制作与保存

生物标本是物种鉴定的实物依据。有了茶树病虫标本，才能进行病虫鉴定。因此，病虫标本的采集、制作、保存是不可忽视的基本建设工作，对教学和科研，乃至生产上都有重大的作用。

一、茶树病害标本的采集、制作与保存

（一）标本的采集

为了提高标本采集的质量以及标本的使用价值，采集标本应达到以下要求：

1. 标本的症状应具有典型性　有的标本还应包括不同部位、不同阶段的症状。这样标本才能对正确识别病害发挥作用。

2. 采集的组织如根、茎、叶、花、果等要完整　每件标本上的病害种类应力求单纯，即只能有一种病害，不能有多种病害混合发生，以便正确鉴定和使用。

3. 采集真菌应有子实体　采集真菌病害的标本，应具有子实体，以利于病害的诊断。

4. 标本采集时，应进行田间记录　主要内容有寄主名称、发病情况、环境条件以及采集地点、时间、采集人等。

5. 采集时期　病害标本采集一般宜在病害发生盛期进行，有时也可在病害发生后期采集。

采集标本时应注意：①对病菌孢子容易飞散脱落的标本，应用清洁光滑的纸或塑料纸包好，然后放入采集箱中。②含水分较多的组织如浆果、幼苗以及肉质标本，如木本植物上的蕈菌等，应用蜡纸或塑料纸包好，装入采集箱，防止挤压损坏。③体型较小或易碎的标本，如种子、菌体和干枯的病叶等，采后放入广口瓶内或纸袋内。④适于干制的标本或叶片易于干燥卷曲的应随采随压于标本夹中，否则不易平展。⑤对不认识或不熟悉的寄主植物，应采集花、果、叶、枝等一同带回鉴定。⑥每种病害的标本采集件数不宜太少，一般叶斑病害至少采 10 片，果实、枝干一般也不应少于 5 件，以便于鉴定、保存和交换。

（二）症状标本的制作

1. 干燥制作法　通常所称的腊叶标本就是经过压制而成的干标本。制作方法简单而经济，应用最广。具体做法是将采回的植物茎、叶以及去掉果肉的果皮等材料，分层压在标本夹中，材料不重叠，放一层吸水纸（3～4 张），放一层标本，然后将标本夹压紧捆好，置室内通风干燥处。为了促使标本迅速干燥，可日晒或加温（35～50 ℃）烘烤。每个标本夹的厚度以 10 cm 左右为宜，太厚不利于标本干燥。标本干燥越快，保持原有的色泽越好。干燥标本质量的好坏，关键在于勤换纸，勤翻晒。特别是在高温、高湿条件下，容易变色发霉，更应注意。夏季通常前 3～4 d 每天换 1～2 次，以后每 2～3 d 换 1 次，春秋季可适当减少换纸次数，直至干燥为止。在第 1 次换纸时，应将标本加以整理，使其保持一定的“姿势”，既美观又便于观察。

2. 浸渍法　有些标本，如多汁的果实、块茎、块根、幼苗、花及肉质的子囊菌和担子菌的子实体等，不适于干燥制作，常采用浸渍法制作和保存。常用的浸渍液和方法如下：

（1）普通防腐浸渍液　此种方法只适于防腐，使标本不致变形，但不能保持原色。适宜于无色的块根、块茎组织及根的浸渍。其配方为：福尔马林 25 mL，95%

酒精 150 mL，水1 000 mL。配方可简化为 5%福尔马林或 70%酒精溶液。浸渍时应将标本洗净，使浸渍液完全淹没标本。为防止标本上浮，可将标本用细线固定在玻棒或玻片上，若浸渍数量较多，可先将标本浸泡数日后再换 1 次浸渍液。

（2）醋酸铜-福尔马林浸渍法　将醋酸铜结晶逐渐加入 50%的醋酸中配成饱和醋酸铜液（约 1 000 mL 加醋酸铜结晶 15 g）。原液加水 3～4 倍后使用。稀释浓度因标本颜色的深浅而不同。浅色的用较稀的溶液，深色的用较浓的溶液。此溶液处理标本可用热处理和冷处理两种方法。

① 热处理：先将稀释液煮沸，放入标本后继续加热，当标本原有绿色褪去，再恢复绿色后将标本取出，用流水冲洗，最后保存在 5%福尔马林中或压制成干标本。

② 冷处理：对于不能煮制的标本如葡萄果实则用此法。将标本浸入 2～3 倍醋酸铜稀释液中，不加热浸 3 d 左右，待标本恢复原有绿色后，取出用清水冲洗，再将其保存在 5%福尔马林液中。

（3）硫酸铜-亚硫酸浸渍法　将标本洗净投入 5%硫酸铜液中冷浸 12～24 h，待标本变色后，取出用清水冲洗，然后保存在亚硫酸酒精液中（亚硫酸、酒精和水按 1∶1∶8 混合）。此法适宜于所有的绿色标本制作，效果好，应用广。

（三）植物病原玻片标本的制作

植物病害的病原物形态都很小，要观察其特征必须制成玻片在显微镜下才能见到，因此病原玻片的制作也是一项重要的工作。

徒手制片法在教学和研究上应用，不需要特殊的设备，好的徒手切片有时并不差于石蜡切片。具体操作方法如下：徒手切片可用刀片或剃刀将新鲜材料放在平整的小木板上，上面压一块载玻片或不压，然后随着手指慢慢地向后退，将材料切成薄片，切下的薄片用挑针或毛笔移下刀片，再挑入载玻片的浮载剂中，然后进行观察。徒手切片要求切得薄，而且要切到检查的结构，但不一定要求切片完整。木质化和组织材料粗大的，可将病部材料剥下或去掉不必要的寄主组织再切成薄片。

除切片外，也可将病组织上的病原物用针挑、刮取的方法或剥取部分病组织，压碎再观察，也可用镊子轻轻撕下表皮上的病原物一起进行观察等。

制片中常用的浮载剂有以下几种：

1. 乳酚油　其配方为：苯酚结晶（加热融化）20 mL，乳酸 20 mL，甘油 40 mL，蒸馏水 20 mL。配成的合剂有一定的稠度，类似油状物。

乳酚油在病害鉴定和制片中都常用，但封片困难。许多封固剂都能与乳酚油起作用，目前常用的为中性树胶。无论是哪种封固剂，载玻片和盖玻片都要清洁。在使用前要洗净，水洗后放在铬酸洗涤液中浸几小时，取出后用水冲洗几次，擦干水置于 95%的酒精中待用，用时擦干酒精或烧干。只有玻片干净，封固质量才好。

2. 甘油明胶　其配方为：明胶 5 g，甘油 35 g，水 30 mL。先将明胶在水中浸透，加热至 35 ℃融化，每 100 mL 加苯酚 1 g，将甘油和苯酚加入搅和，用纱布过滤后盛在玻瓶中。

真菌、线虫和徒手切片的标本，都可用甘油明胶制片。标本不经染色或染色后，先用甘油脱水，干燥或含水少的标本无需脱水。

制片时挑取小团甘油明胶放玻片上，微加热，待熔化气泡消失后，将脱水标本取出吸去多余甘油，移入浮载剂中，加盖玻片后轻轻向下压，擦去周围多余浮载剂。制成的玻片平放 10 d 以上，干燥后用封固剂封片，可长久保存。

3. 苯酚醋酸明胶　性状与甘油明胶相似，使用较方便，效果也很好。其配方：明胶 10 g，苯酚结晶 28 g，冰醋酸 28 mL。

先将苯酚溶在冰醋酸中，加明胶后任其熔化，约 2 d 时间，最后加甘油 10 滴搅拌均匀。配好后贮存在褐色玻璃瓶中，太干则加冰醋酸稀释。此种浮载剂不含水分，适于干标本制作。含水分多或新鲜标本则应先在冰醋酸中浸几分钟脱水，再用此液制片。该液制片干燥快，加盖玻片 1 d 后即可封片保存。

（四）病害标本的整理和保存

标本制好后，为了长期保存，需要进行认真的整理、分类，按一定的规则排列、收藏。标本整理最重要的是所有标本都要加贴标签。标签上应注明单位或标本室名称、病害名称、寄主名称、采集地、采集人、鉴定人、采集时间等。在较大的标本室或标本柜内，标本归类排列后要编制标本目录，便于查找。

标本的保存可按标本种类的制作方法不同而采用不同的方法保存。

1. 玻片标本的保存　玻片标本经制作、封片、整理后，一般都保存在玻片标本盒内或柜内。

2. 玻璃纸盒保存　腊叶标本一般都用此法保存，在玻璃纸盒底部放少量樟脑粉或驱虫药，其上铺上棉花，最上面放置标本和标签，盖上玻璃盖，再在盒的四周用大头针固定即可。

3. 封套内保存　一些不需用的标本或多余待用的标本，可放在牛皮纸制成的封套内保存。封套外面也应注明病害的名称、采集地、采集人及采集时间等。然后按一定顺序分别放在腊叶标本柜内，柜内也应放防潮和防虫药物。

4. 浸渍标本的保存　浸渍标本保存于标本瓶、标本缸或试管内。为避免标本的漂浮和移动，可将标本缚在玻璃棒上将其压下。浸渍标本必须封口，一般先用少量凡士林涂于瓶口摩擦处，盖紧，然后用石蜡或蜂蜡和松香各 1 份，融化后用毛笔将蜡涂于瓶口交接处即可。浸渍标本保存中，应经常检查瓶盖是否松动，标本是否霉变，保存液是否变色，是否减少，如有上述情况都应及时处理。

二、茶树昆虫标本的采集制作与保存

（一）昆虫标本的采集

昆虫标本是进行昆虫研究的重要材料，根据昆虫的不同习性，采用不同的采集用具和方法。常用的采集用具有：

1. 捕虫网　用于捕捉蝶、蛾等飞翔昆虫。网身用螺纹纱或尼龙纱等制作。网柄长约 1 m，或分成 2～3 节。网圈且可做成折叠式，便于携带。

2. 吸虫管　用以采集叶蝉、蓟马、小蜂等小型昆虫。通常用玻璃制成，瓶塞上钻孔插入 2 根细玻璃管，1 根作为虫子吸入的通道，另 1 根接上橡皮管，用以吸虫，其内端扎有纱布，以免虫子吸入口中。

3. 毒瓶 用于杀死成虫。在广口瓶底部先平铺厚 0.5～1.0 cm 的氰化钾（KCN）或氰化钠（NaCN），再铺上一层厚 1.0～1.5 cm 的锯木屑，压紧，加入厚约 0.5 cm 的熟石膏粉。压平后用毛笔蘸水均匀涂布或用小滴管滴入少许水，使石膏粉层稍稍湿润，同时用解剖针扎一些小孔，上面再盖一层与瓶底大小相等的硬纸或滤纸，待干燥后备用。临时用的简易毒瓶，则可以用一团脱脂棉蘸少量乙醚、氯仿或敌敌畏等，包以纱布放在瓶内压实，再盖上一层硬纸和泡沫塑料，即可使用。

4. 三角纸包和棉层纸包 用于成虫毒死后临时保存。三角纸包是用长宽比 3∶2 的长方形纸折叠而成，大小视需要而定，纸的质地坚硬光滑程度也根据昆虫类别而异。甲虫可用牛皮纸，蛾、蝶宜用玻璃纸。棉层纸包一般用道林纸或其他厚质纸剪折而成。纸包长 19 cm，宽 10 cm，内放一薄层脱脂棉，并在棉层下放樟脑粉。标本整齐放在棉层上，盖上一层玻璃纸并写明采集日期、地点，包好放入盒中保存。

5. 活虫采集盒、采集笼 采集盒一般为圆形或近于方形，用铁皮、铝片或塑料制成，也可用废盒改装。盒盖上挖 2 个圆孔，1 个孔可以开闭，放进虫体；另 1 个孔较大，装贴窗纱便于通气。采集笼系铁皮或木质制成，多呈肾形。围有窗纱并留有小门。采集盒与采集笼无固定尺寸，适合即可。临时使用也可用广口瓶等容器，瓶口用纱布、橡皮圈扎住。

6. 其他采集用具材料 如大小指形管、小瓶、镊子、剪刀、修枝剪、手铲、放大镜、铅笔、小刀、记录本、标签、70%酒精或 3%甲醛浸渍液等。同时还应有一只采集袋或采集箱，用以盛放采集用具。此外，且可携带诱虫灯，供夜间诱集昆虫使用。

采集时要注意不同生态环境、茶树不同部位，标本要求完整，从采集到制作、保存，都要使触角、足、翅等部分尽量少损坏。将同种昆虫的成虫、卵、幼虫和蛹，以及被害状尽可能采全。成虫及时毒死保存，卵、幼虫和蛹及时浸渍保存，按被害状放入标本夹中压平干燥（与病害标本压制相同）。同时逐一分别进行记载，在标签上写明采集地点（省、县、场、村）、采集日期（年、月、日）和采集人姓名，以及寄生植物名称，最好也注明海拔高度，以便日后查考。在采集过程中应在记录本上顺序编号，进一步记载采集地的环境、发生情况、为害程度和经济意义等。各种标本采集均要有一定数量，以便用于鉴定、保存和交换。

（二）昆虫标本的制作

昆虫标本通常有针插、浸渍、制片、盒装等制作方法。

1. 针插标本制作 昆虫成虫常需制成针插标本保存。

（1）常用的制作用具　包括昆虫针、三级台、展翅板、整姿台和还软器。

① 昆虫针：不锈钢制成，从细到粗分为 00 号、0 号、1 号、2 号、3 号、4 号、5 号 7 种。0～5 号针长 38～45 mm，直径以 0.1 mm 递增，其中以 3 号针最常用。

② 三级台：又称平均台，用以保持针插标本与标签的一定高度，一般由木板等制成。长 7.5 cm，宽 3.0 cm，呈三级梯形。第 1 级高 0.8 cm，第 2 级高 1.6 cm，第 3 级高 2.4 cm，各级中心都有一个垂直针孔，直穿底部（图 6-2）。

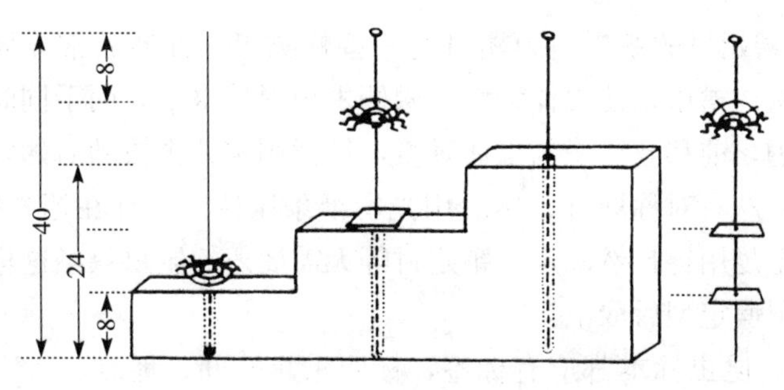

图 6-2　三级台

（单位：mm）

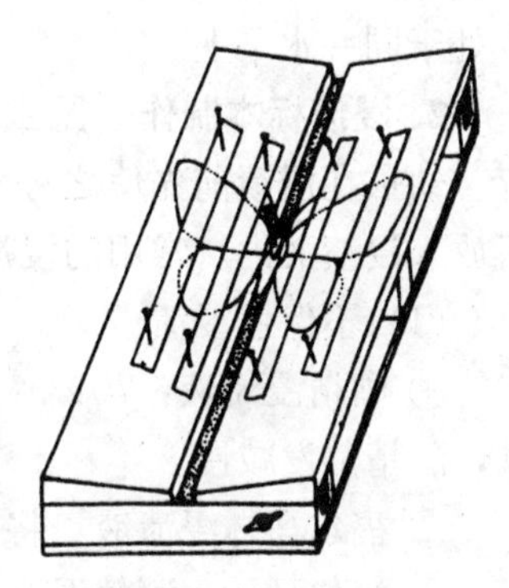

图 6-3　展翅板

③ 展翅板与整姿台：展翅板用于昆虫展翅。一般多由较软的木材或泡沫塑料厚板制成。板面为两块长方形板，略向中间倾斜，其间有槽，垫以软木条，可以插针。其中 1 块长板面可带有横向活动的装置，借以调节适应不同昆虫体宽的需要（图 6-3）。有些昆虫如鞘翅目、半翅目无需展翅，应在整姿板上用昆虫针将触角、足等附肢固定，整理自然。整姿板一般使用硬质泡沫塑料板即可。

④ 还软器：通常使用干燥器等密闭容器保湿，让干涸的昆虫标本还软，以便制作。采集的昆虫标本，如来不及制作，经干燥保存后，在制作前必须先使虫体还软。还软器底部放洗净的细沙或木屑，加入少许清水和少许石炭酸，增湿防霉，再把干标本放在隔板上，而后加盖密封。

（2）制作方法　包括虫体针插、展翅和装标签。

① 虫体针插：根据虫体大小选用粗细适当的昆虫针，垂直向下插穿虫体。针插的部位则因昆虫类别不同而异。半翅目异翅亚目一般从中胸小盾片中央插入，鞘翅目从右鞘翅基部约 1/4 处插入，鳞翅目、膜翅目、半翅目同翅亚目从中胸中央插入，双翅目从中胸中央偏右插入，直翅目从前胸中脊右后侧插入。一些微小昆虫，只能用微针针插，先在一根长针上插上一个硬三角纸片或一段长 10 mm 的火柴棒，再将微针连同虫体插在其上，或用透明胶黏着三角纸片的尖部（图 6-4）。

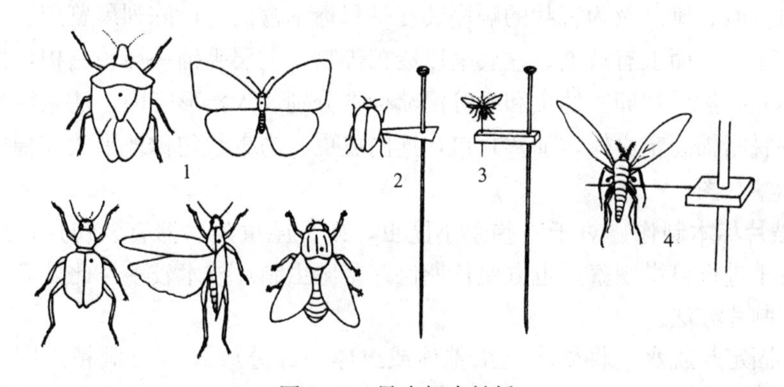

图 6-4　昆虫标本针插

1. 针插位置　2～4. 短针及小三角纸的使用方法

② 展翅：鳞翅目的蛾蝶、膜翅目的一些蜂类等，针插后常需展翅。将针穿过虫体插入展翅板沟槽中，使虫体背面与两侧木板保持水平，两手同时用两根细针左右拉动1对前翅，前移至后缘与虫体垂直，针插固定；再拨动后翅，使其前缘压于前翅后缘之下，左右对称展开。然后用光滑纸条压住，用针在翅外插入纸条固定。进而将触角乃至足用针自然固定。鞘翅目等无需展翅的昆虫只经这样整姿，而后置干燥柜或烘箱干燥定型后取下。

③ 装标签：昆虫标本都应有标签，标明采集时间、地点、寄主，针插于标签中央，并通过三级台保持第二级高度。同时在鉴定后还应有昆虫学名标签，针插保持在三级台的第一级高度。标本背面至针上端距离为0.8 cm。这样使各层次分别整齐处于同一水平上。

2. 浸渍标本制作 昆虫的卵、幼虫、蛹和软体或细小的成虫，多用浸渍液保存。幼虫在浸渍前先使之停食饥饿、排出粪便，较大幼虫最好在沸水中煮2 min，再放入浸渍液内。常用的浸渍保存液有以下配方：

(1) 不保色浸渍

① 酒精浸渍液：70%～75%酒精，加入0.5%～1.0%甘油，可使虫体保持柔软，酒精蒸发减慢。

② 福尔马林浸渍液：将40%甲醛加水稀释成4%，即10%福尔马林液。

③ 福尔马林、酒精混合浸渍液：10%福尔马林50 mL，5%酒精50 mL。

④ 冰醋酸、福尔马林、酒精混合浸渍液：40%甲醛12 mL，冰醋酸2 mL，95%酒精30 mL，蒸馏水60 mL。

(2) 保色浸渍

① 绿色浸渍液：40%甲醛4 mL，醋酸钠1 g，硝酸钾1 g，水100 mL。或硫酸铜10 g，水100 mL。溶化煮沸后停火，投入绿色幼虫，待退色又恢复绿色时，立即取出用清水洗净，再浸入5%福尔马林液中保存。

② 黄色浸渍液：无水酒精6 mL，氯仿3 mL，冰醋酸1 mL。混合后浸泡黄色幼虫24 h，再移入70%酒精液中保存。

(3) 螨类标本浸渍液 75%酒精87 mL，甘油5 mL，冰醋酸8 mL。

3. 生活史标本制作 将已经制作好的各虫态标本，按卵、幼虫（各龄期）、蛹、成虫（雌、雄）及为害状的顺序装在一只标本盒内，供陈列展览用。生活史标本盒大小不一，面上有玻璃。盆底铺以废棉等物，上层平铺一层脱脂棉，四角各放一粒樟脑丸。然后把卵、幼虫和蛹等浸渍标本分别装入指形管内，注入浸渍液，并衬以少许脱脂棉固定虫体，加塞封口，连同成虫、为害状匀称地平放在棉层上，放好大小标签（图6-5）。

4. 玻片标本制作 对于一些微小昆虫，或是昆虫某一器官、切片，制成玻片标本，便于进行显微观察，也方便长期保存。昆虫制片技术较多，此处简介加拿大树胶整体制片方法。

(1) 固定与脱水 将微小昆虫整体或虫体一部分放入75%酒精中固定，而后用经85%、90%、95%酒精逐步脱水，每个浓度约经15 min，视虫体骨化程度而定，然后再放入100%酒精中浸泡0.5 h以上，最后用滤纸或脱脂棉吸干。

××农学院昆虫标本			
中名		俗名	
学名			
科名			
寄主			
采地			
日期		采集人	

1

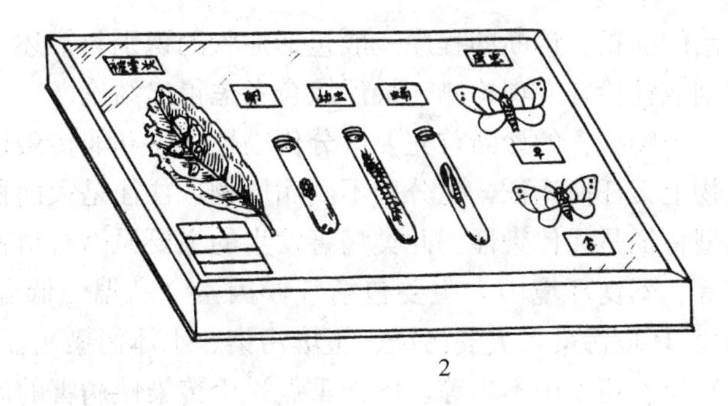

2

图 6-5　生活史标本

1. 标签　2. 标本盒

（2）透明　将经过脱水的标本放入二甲苯中把酒精替出，并起到透明作用，而后将虫体移到玻片中央整理端正。

（3）封片　用滤纸吸净标本边缘多余的二甲苯，而后立即滴上加拿大树胶，随即盖上盖玻片，平稳地放置在洁净处晾干。同时在左端贴上标签。

（三）昆虫标本的保存

对制作好的标本，经整理和登记后，需妥善保存。

昆虫针插标本可放入标本盒。标本盒木制或纸制，长、宽、高规格为 35.5 cm×26.7 cm×5.6 cm。盒底铺软木板或泡沫塑料板，适于针插。装有标本的标本盒应放置防虫蛀的药剂或樟脑丸。针插标本盒和生活史标本盒均可放入专用标本橱内保存，标本橱的大小和规格可根据需要进行设计。标本橱应放在干燥通风的地方。保存的标本应经常检查，发现虫蛀的应及时剔除并杀死标本虫，发现霉变的可滴加二甲苯杀死霉菌。

玻片标本待平放干燥后可放入专门的玻片标本盒内。玻片标本盒两边有齿槽，便于插放。

浸渍标本应注意密封，或在浸渍液表面加一层石蜡油，防止浸渍液挥发。如发现浸渍液混浊沉淀，应及时更换。浸渍标本也应放入专用标本橱中保存。

第四节　植物病害诊断与病原菌的分离培养

正确诊断是控制病害发展的前提。植物病害诊断主要有两大步骤：其一是症状观察，经调查、观察、分析对病害作出初步诊断；其二是病原鉴定，在观察的基础上，借助必要的手段，如徒手切片、分离、培养、染色、显微镜检查等，观察病原菌的形态特点，进而对病害作出准确的诊断。对于新病害或罕见病害一般要求按柯赫氏法则进行鉴定。病原菌的分离、培养大致要经过培养基制作、病组织采样、消毒、培养、观察、分析等几个过程。

一、植物病害诊断

认识病害、掌握其发生发展规律的根本目的是防治病害，而病害的正确诊断是防治的前提。诊断的程序一般包括症状的识别与描述，调查病史和查阅资料，采样解剖或镜检，专项检测，最后综合考虑得出结论。

植物病害的诊断首先要区分传染性病害和非传染性病害。非传染性病害在罹病植物上无任何病征，也分离不到病原物，往往是大面积同时发生同一症状，病害的典型特征是无传染性。此类病害发生的主要原因有植物遗传性疾病，不良的环境因素等。不良环境因素主要包括气候因素（高温、低温、涝害、干旱、干热风和日灼）、环境污染（大气污染、土壤污染、水体污染）、肥料不足（过量、不足或缺素症）及农药使用不当等。此处重点讨论传染性病害的诊断方法。

1. 各种植物传染性病害的诊断 植物传染性病害是由病原生物引起的。病害的典型特点是有传染性。开始是某一株或某一叶片发病，逐渐传染至邻近几株，形成发病中心，再扩展成片，即经历了一个发生发展的过程。有的传染性病害既有病状，也有病征，大多数植物病原真菌、细菌、线虫和所有的寄生植物引起的病害在罹病植株上都留下了特征性的结构物（病征）；有些真菌、细菌病害和所有的病毒病害，罹病植株的表面见不到病征，但症状特点仍然比较明显。

（1）真菌病害 大多数真菌病害在病部产生病征，或稍加培养就会长出子实体。通过病斑的形状和子实体的特点，一般情况下就可作出准确的诊断。对于病部长出的子实体要考虑是不是真正的病原物，因为有些腐生真菌也可在病部产生子实体，尤其是老病斑上常有真菌或细菌附生，会对诊断造成干扰。为了准确地诊断病害，最可靠的方法是对新鲜病斑的边缘进行镜检，或从新鲜病斑边缘切取小块组织进行分离、培养和接种，观察病原菌的生长情况及子实体的形态，进而作出准确诊断。对于新病害可采用柯赫氏法则进行鉴定。

（2）细菌病害 一般由细菌引起的植物病害，初期病斑边缘表现水渍状或油渍状，半透明，病斑上有菌脓外溢，切片镜检病组织有喷菌现象出现，这是检查细菌病害既简便易行又可靠的诊断技术。有的细菌要采用选择性培养基分离、培养，对分离的细菌进行致病性测定，这也是常用的诊断方法。有的细菌病害还要借助革兰氏染色、鞭毛染色、血清学检测和噬菌体反应等方法进行鉴定。柯赫氏法则同样适合于新细菌病害的诊断。

（3）菌原体病害 菌原体病害的症状特点是植株矮缩、丛枝或扁枝，小叶与黄化，少数出现花变叶或花变绿。只有在电镜下才能看到菌原体。注射四环素后，病害的症状可隐退消失或减轻。菌原体对青霉素不敏感。

（4）病毒病害 病毒引起的植物病害病状主要是花叶、矮缩、坏死等，无病征。在电子显微镜下可以见到病毒粒体和内含体。用病株汁液在指示植物或鉴别寄主上摩擦接种，通过出现典型的症状来鉴定病毒病；利用一些昆虫如蚜虫、叶蝉等传毒的专化性来诊断病毒病。此外，还可用血清学诊断技术对病毒病作出快速而准确的诊断。必要时还要作进一步的鉴定试验。

（5）线虫病害 在植物的根表、根内、根际土壤、茎或籽粒中均可见到有线虫寄生，或者发现有口针的线虫存在。线虫病害的主要症状有虫瘿、根结、胞囊、坏死、植株的矮化、黄化等。

（6）寄生性植物引起的病害 在感病植物体上可以直接看到寄生性植物的缠绕，如菟丝子、桑寄生等。

(7) 病原物的复合侵染　当一株植物上有两种或两种以上的病原物侵染时可能会产生与单独侵染时完全不同的复合症状，如花叶和斑点、肿瘤和坏死等。在茶树上，两种真菌复合侵染是常见的。对于这样的病害要作出正确的诊断，首先要确认或排除一种病原物，其次再对第2种病原物作鉴定。

2. 柯赫氏法则　柯赫氏法则（Koch's rule）又称柯赫氏假设（Koch's postulate），通常是用来确定侵染性病害病原物的操作程序，特别适用于新病害或某种不熟悉病害的鉴定。该法则主要包括以下内容：某种微生物与植物上出现的某种症状保持着经常的联系。对这种微生物分离进行纯培养，且明确其特征；在适宜该病害发生的条件下，把这种纯培养微生物接种到相同的植物上，应产生相同的病害症状；从接种的植物上应当能够对微生物再分离，再进行纯培养，这种纯培养与原来的纯培养相比较应是同样的微生物。

完成了上述步骤就可确认该微生物是这种病害的病原物。有些活体寄生物如病毒、菌原体和部分真菌等虽然目前还不能在人工培养基上培养，可以通过其他方法加以证明。因此，传染性病害的诊断与病原物的鉴定一般都可以按柯赫氏法则来验证，特别是新病害的确认更是如此。柯赫氏法则显得有些冗长、烦琐，但这些步骤也并不总是需要的，因为一个有经验的植物医生常常是一见症状就能识别病害、确定病原。

3. 病原菌鉴定技术研究进展　多种分子生物学技术介入病原物鉴定，进展很快。这些技术包括脂肪酸图谱分析（FAME analysis），蛋白质分析和以酶联免疫吸附反应（ELISA）为主要形式的血清学技术等。随着核酸杂交技术如PCR扩增等方法的开发，通过检测病原物的核酸序列，使检测的灵敏度达到十分精确的水平。由于该技术具有方便、快速、准确等特点，所以，在病原鉴定方面的应用越来越广泛。

二、植物病原菌的分离、培养与接种

（一）培养基的配制

培养基的种类很多。各种培养基所用的原料也有所差异。从营养角度分析，一般均含有碳、氮、无机盐类和生长素等。此外，培养基还要求具有适宜的pH和一定的缓冲能力、一定的氧化还原电位和合适的渗透压。根据培养基的物理性状可分为固体培养基和液体培养基。根据适用于微生物的范围可分为普通培养基和选择性培养基。普通培养基一般适用范围较广；选择性培养基较窄，一般是用来选择培养某种特定的微生物。此处介绍两种普通培养基的配制。

1. 马铃薯葡萄糖琼脂培养基　马铃薯葡萄糖琼脂培养基是一种使用最广泛的培养基，主要用于真菌的分离和培养，有时也用于植物病原细菌。各种成分及其用量分别如下：马铃薯200 g，葡萄糖或蔗糖10～20 g，琼脂17～20 g，水1 000 mL。

将马铃薯洗净后，去皮、切碎，加水1 000 mL，煮沸30 min，用纱布滤去马铃薯渣，再加水补足1 000 mL，然后加糖和琼脂，加热至琼脂完全熔化后，趁热用纱布过滤，或者用滤纸和保温漏斗过滤，然后分装于三角瓶或试管中灭菌。作平板培养的每管约装10 mL，作斜面培养的每管约装5 mL。培养基中如不加琼脂成分就配制成液体培养基，如不加糖分，培养效果则较差。此培养基略带酸性，可直接用于培养真菌。培养基分装后，三角瓶和试管必须塞紧棉塞，外包油纸，准备灭菌。

2. 肉汁胨培养基 肉汁胨培养基主要用于细菌的分离和培养，也可配成固体和液体两种。配制方法是取新鲜而无脂肪的牛肉500 g，经绞肉机绞碎后，放入大玻璃瓶中，加水1 000 mL，置冰箱内12 h，其浸出液经纱布过滤，加水补足1 000 mL，后加蛋白胨5～10 g和NaCl 5 g（也可不加）。酸度调到中性，煮沸20 min，滤纸过滤，滤液再加水补足1 000 mL，然后分装试管，每试管装5～10 mL，塞紧棉塞，等待灭菌。

为方便起见，配制肉汁胨培养液一般都用牛肉浸膏代替牛肉，其配方如下：牛肉浸膏3 g，蛋白胨5～10 g，水1 000 mL。

先将牛肉浸膏和蛋白胨溶于水中，酸度调到中性，分装试管灭菌。在肉汁胨培养液中，每1 000 mL加琼脂17～20 g，即配成固体培养基。无论是新鲜牛肉还是牛肉浸膏配制肉汁胨培养基，都不一定要加糖，但加糖有利于植物病原细菌的生长，所以，在1 000 mL培养基中可加葡萄糖或蔗糖10 g。蛋白胨和牛肉浸膏是配制培养基的重要原料，而酵母膏有时可用来代替牛肉浸膏，并且还可在其他培养基中使用。

（二）培养基及玻璃器皿的灭菌

一般采用湿热高压灭菌，在高压灭菌锅中进行。高压灭菌锅中的压力可以通过安全阀控制，也可以通过调节热源来控制，一般灭菌都采用10 260 kPa，此时的温度是121 ℃，可达到彻底灭菌的要求。其主要步骤如下：检查灭菌锅中的水量，加水到指定的标度；把需要灭菌的器物放入灭菌器内，将盖密闭，打开气门；开始加热，等空气完全排除后（蒸汽从气门有力地冲出），关闭气门；当压力上升到所需要的指标后，开始计算灭菌时间，一般需要20～30 min，灭菌过程中保持压力不变；到灭菌所需时间时，停止加热，稍微打开气门，排出蒸汽，使压力慢慢下降；等压力降到内外相等时，才能打开高压灭菌锅的盖。如用作斜面的培养基，可将试管斜靠在桌面的木条上，待其冷却后，即成斜面备用。

在灭菌过程中，使用高压灭菌锅前，对高压锅的安全性能做全面细致的检查。如灭菌材料不多，可用三角瓶盛其容量1/3左右的清水，塞紧棉塞，与培养基同时灭菌，制成无菌水，待用。开始灭菌时要注意排气，为保证将空气完全排除，在关闭气门后，当压力上升到3 420 kPa时，可再次打开气门，重复排气。灭菌完成后，排气快慢要适当。一般从排气到打开灭菌锅需8～12 min。排得太慢，培养基受高温处理时间长，有些营养成分会变性；排得太快，试管或三角瓶中的培养基会沸腾而冲脱或蘸湿棉花塞。

（三）病原菌的分离与培养

1. 准备工作 分离培养工作必须在非常清洁的环境中以无菌操作法进行，一般是在无菌室或无菌箱中进行。无菌室或无菌箱要经过喷雾除尘，并用药剂或紫外光消毒。如不具备上述条件，也可在清洁的房间内进行，关闭门窗，避免空气流动，要尽可能避免室内有人走动，通过无菌操作，也可达到比较理想的效果。除工作环境外，还要注意工作人员自身清洁，要保持衣服的整洁，操作前后要用肥皂洗手。

2. 分离培养 分离方法主要有组织分离法和稀释分离法。组织分离法主要用于植物病原真菌的分离，稀释分离法主要用于植物病原细菌的分离。以组织分离法为例，其主要步骤如下：

根据需要取灭菌培养皿若干个，用记号笔在皿盖上写明分离日期、材料和分离者姓名。以无菌操作的方法向皿内滴 2～3 滴 25%的乳酸，以排除细菌污染。

制作平板，将熔化并冷却至 45 ℃左右的马铃薯葡萄糖琼脂培养基以无菌操作的方法倒入培养皿内，每皿 10 mL 为宜，在光滑的桌面上缓慢旋转平移几次，制成平板。

取出待分离的病组织，用锋利的刀片在病健部交界处切 2～3 mm×2 mm 病组织小块若干。为了消除病组织表面的气泡，先将小块放入 70%酒精液中浸 3 s 左右，再移入 0.1%升汞液中处理 3～5 min，接着用无菌水冲洗 3 次。消毒时间长短视病组织大小和厚薄而定。

用灭菌镊子将病组织小块移入平板培养皿中，每皿可放 3～5 块，一般 3 块为宜，可排成“品”字形，要使病组织与培养基紧密接触。

完成上述操作后，将培养皿倒置，并放入 24～28 ℃培养箱中恒温培养。4～5 d 后，用接种环在菌落周围挑取无杂菌污染的菌丝，在无菌操作下移入斜面培养基上，并置于 24～28 ℃恒温下培养。1 周后观察病原菌的形态特征。若要保存可移入 4 ℃的冰箱中。

（四）病原菌的接种

要把分离到的病原菌接种到植物上以确定其致病性，必须要考虑 3 个方面的因素，即寄主植物的感病性、病原物的致病性和接种时的环境条件。

不同品种或同一品种不同生育期的感病性是不一样的。为了掌握病害的发展规律，可在不同品种间或同一品种不同发育阶段进行接种。茶树还可在不同发育阶段的水培枝条上接种。病原菌的致病性亦受多种因素的影响，其中菌龄长短就是重要影响因子之一。实验室内，随着培养时间的延长，病原菌的致病力渐弱。配制的病原菌悬浮液浓度与接种成功与否关系密切。茶树真菌病害的孢子悬浮液一般要求低倍镜下每个视野 20～30 个孢子。接种方法有喷雾法、剪叶法、拌种法、注射法和针刺法等。茶树上多采用喷雾法，将配制好的孢子悬浮液用喉头喷雾器均匀地喷到茶树叶片表面。接种条件以温湿度最为重要，因此要选择适宜的季节进行。接种后一定要保持 24～48 h 的表面湿润，因为孢子在植物体表萌发和芽管的侵入均需要一定时间的水膜或高湿度。保湿方法根据接种数量多少或采用塑料棚，或采用塑料袋等。

寄主植物接种后，需要观察和记载，项目主要包括接种日期、接种地点、品种名称、发育阶段、接种方法、管理措施、病害发生发展情况等。试验结束后，对数据进行整理、分析，并得出科学结论。

第五节 农药的药效、残留量试验

农药的药效是指在一定温、湿度及光照等环境条件下，某种浓度的农药对病、虫的防治效果。农药的药效试验包括室内测定和田间试验，计算防治效果及校正防治效果。农药残留量的测定是茶叶质检和环保的基本技术，主要是检测茶叶中农药残留量，以保留时间为定性标准，据内标峰面积相对定量。

一、室内药效试验

1. 供试病虫的准备 试验用的病虫从同一条件下培养的群体中挑选，或自田间采集，要求各个个体生理状况（虫龄、大小、活性等）一致。原则上每处理至少重复3次，每重复50～100头，小型昆虫和螨类应多于100头；菌类孢子密度以显微镜10×10倍视野下80～100个为宜。

2. 试验设计 除了药剂处理之外，还要设一个不施药的对照组，重复次数相同。如果是测定新农药药效，一般还要设一个当地常用农药作为比较标准，重复相同的次数。

准确称取（量取）农药药剂，先加少量水稀释，再加水均匀稀释至预定的浓度，备用。

3. 测定 常用的害虫测定方法为喷雾法、浸渍法等。对于病菌，则有孢子萌发法、抑菌圈法等。

（1）喷雾法 将供试昆虫饲养在新鲜的盆栽寄主植物或其枝叶上，用喉头喷雾器将药剂喷布于虫体和植物上，至欲滴时为准。

（2）浸渍法 对于蚜虫、粉虱等小型昆虫和螨类，取其一定数量饲于新鲜的寄主植物叶片上。把叶片浸于药液中数秒后取出，放在垫有滤纸的培养皿中，晾干后，盖上皿盖。

（3）孢子萌发法 适于产孢真菌。先用记号笔在玻片上作直径约1 mm的圆圈数个。再向试管培养的病菌注入无菌水，刮下斜面上的孢子，摇匀成孢子悬浮液。分别用吸管吸取1 mL药液、1 mL孢子悬浮液，在小烧杯中混匀。用滴管移1滴于玻片的圆圈中，再置入培养皿中，在适宜温、湿度下培养。

4. 试验结果计算 通常在24 h之后检查害虫的防治效果，在48 h、72 h分别再查一次。有时根据药剂的性质和要求还要延长检查时间，观察、记载害虫死亡数。至于病菌，于处理后根据孢子萌发和菌丝生长情况，确定12 h、24 h，甚至更长时间进行检查。每次镜检200个孢子，观察萌发数。对照查300个孢子。

计算害虫死亡率、孢子萌发率。如果对照组的死亡率在5%以下，不必校正防治效果；如果对照组的死亡率在5%～20%，则需校正防治效果；如果对照组的死亡率超过20%，则需重新进行试验。

$$\text{害虫死亡率}=\text{死亡虫数}/\text{总虫数}\times100\%$$

$$\text{校正死亡率}=\frac{\text{处理组虫口死亡率}-\text{对照组虫口死亡率}}{1-\text{对照组虫口死亡率}}\times100\%$$

$$\text{病菌孢子萌发率}=\text{孢子萌发数}/\text{检查孢子数}\times100\%$$

$$\text{校正孢子萌发率}=\text{处理组萌发率}/\text{对照组萌发率}\times100\%$$

二、田间药效试验

1. 试验地的选择与小区控制 选择土壤、地势、作物生长、田间管理和虫情等情况基本一致，病虫害发生较多的田块。每处理重复3～5次，每个重复作为1个小区。每个小区的面积根据害虫、病菌的发生情况而定。对害虫个体较大、虫口数量较少的，小区面积相对宜大；对螨类、粉虱等小型害虫，小区面积相对可小；一般以≥67 m^2 为宜。小区采用完全随机试验设计、随机区组设计或者裂区设计。茶园病虫田间药效试验一般采用随机区组设计较好。

2. 喷药前病虫基数的调查　喷药前，在各小区内以平行跳跃法或棋盘式取样法调查虫口密度、发病率和病情指数。

3. 配药与喷药　精确配药，混合、摇匀。用喷雾器喷布均匀。对于每种药剂的几个处理，应该从低浓度到高浓度。一种农药喷完之后，喷另一种农药前要把喷雾器洗干净，以免相互影响。

4. 药效检查与统计分析

(1) 防治效果计算　一般在喷药后24 h检查虫口，新药或长效药在1 d、2 d、5 d、7 d、10 d后各检查1次虫口。计算害虫减退率、校正减退率。

$$\text{虫口减退率}=\frac{\text{喷药前活虫数}-\text{喷药后活虫数}}{\text{喷药前活虫数}}\times 100\%$$

$$\text{校正虫口减退率}=\frac{\text{防治区虫口减退率}\pm\text{对照区虫口减退率}}{1+(-)^{*}\ \text{对照区虫口减退率}}\times 100\%$$

$$\text{病害防治效果}=\frac{\text{喷药前病情指数}-\text{喷药后病情指数}}{\text{喷药前病情指数}}\times 100\%$$

$$\text{校正病害防治效果}=\frac{\text{防治区病情指数下降率}\pm\text{对照区病情指数下降率}}{1+(-)^{*}\ \text{对照区病情指数下降率}}\times 100\%$$

(2) 药效的统计分析　不同农药、不同浓度防治效果之间的差异，应采用适宜的统计方法进行深入的分析。两种农药对同一种害虫防治效果的差异，或者一种农药的两个不同浓度防治效果间的差异，可用 t 测验进行比较。如果同时有多种农药，每种农药又设有几个浓度，可用方差分析比较差异。裂区设计可用多因素统计分析方法。

三、农药残留量试验

农药残留严重影响着食品、茶叶等产品的卫生质量，农药残留量的检测也就成了食品、植物保护和环境保护工作的重要一环。

(一) 农药残留量测定的基本方法

农药残留分析就是从样品中提取、净化痕量农药，再借助一定的仪器和化学药剂进行定性定量分析。农药的提取、净化，应根据待测样品的理化性状、农药的理化性质和在样品中的存在形式和含量，选择适宜的方法。

1. 提取　如果水中农药含量较高，所使用的检出方法较灵敏，可取水样100～500 mL，加适量有机溶剂提取。若水中农药含量较低，所使用的检出方法不够灵敏，可使用水样1～100 L通过树脂，农药就被吸附，再用20～30 mL溶剂洗脱。

* 对照区虫口或病情指数较以前增加时，式中用“＋”号，减少时用“－”号。

对于气样，则可用自动定时取样仪取样。至于动、植物的组织，如果农药附在表面，则用溶剂漂洗；否则进行组织捣碎，用适量的溶剂连续两次过滤，取其滤液。对于某些难以提取的样品，可放在索氏提取仪中，加入适宜的溶剂，反复回流提取。

常用的提取剂有正己烷、丙酮和苯等。提取剂的沸点以45～80℃为宜，采用相似相溶的原则，如对于极性小的有机氯农药用极性小的溶剂提取，如正己烷。强极性的有机磷农药和含氧除草剂，要用强极性溶剂提取，如二氯甲烷、丙酮和氯仿等。有时可能要按照一定的程序，依次使用几种提取剂提取。视情况，使用超声波等器具。

提取的一般操作是先准确称取一定量磨碎的茶叶样品，置于具塞锥形瓶中，加入提取剂浸泡后，再用超声提取15～30 min，将提取液进行过滤或离心，收集提取液。

2. 浓缩 从样品中提取的农药残留溶液的浓度很稀，需要浓缩。浓缩过程中，蒸汽压高、稳定性差的农药易于损失。常用减压蒸馏、KD浓缩器以及在减压状态下进行浓缩的旋转蒸发仪等。

3. 净化 用有机溶剂提取残留农药时，会将蜡质、脂肪和色素等一起提取出来，必须将农药与上述杂质分离，再对痕量农药进行分析测定。常用的有柱层析法、液-液分配法、磺化法、低温冷冻法和吹蒸法。柱层析法较常用，使农药和杂质一起通过一支适宜的吸附柱，被吸附在表面活性吸附剂上，再用适当极性溶剂来淋洗，农药先被淋洗出来，杂质留在吸附柱上。

弗罗里硅土（Florisil）是最常用的净化剂，主要由硫酸镁和硅酸钠发生化学反应，产生沉淀，再过滤、干燥而得。这是一种多孔的、有很大表面积的固体，比表面积达297 m^2/g。一般认为，1 g弗罗里硅土吸附相对分子量为200的化合物100 mg的活性较合适。月桂酸的相对分子量在200左右，是一种固体，用作测试化合物。1 g弗罗里硅土吸附的月桂酸质量（mg）称为月桂酸值，以LA表示。理论上，LA应为110以上，市售弗罗里硅土的LA值为75～116。实验前进行活化就可达到要求，即将弗罗里硅土在650 ℃加热1～3 h，以提高对杂质的吸附力，而不影响农药的淋洗率。活化后的弗罗里硅土存放在干燥器里，可维持4 d活性，过期后在130 ℃加热过夜即可。

常用的弗罗里硅土淋洗体系：A液为二氯甲烷、正己烷按1∶4混合，B液为三氯甲烷、乙腈、正己烷按50∶0.35∶49.65混合，C液为二氯甲烷、乙腈、正己烷按50∶1.5∶48.5混合。

A、B、C液极性依次增强。用A液淋洗时，γ-六六六、α-六六六、β-六六六、p，p′-滴滴涕和五氯硝基苯等被淋洗出来；继续用B液淋洗，极性大一些的农药，如狄氏剂和甲基对硫磷等被淋出；再用C液淋洗，强极性的克菌丹和马拉松等被淋出。回收率大于90%。茶树上农药残留还有其他淋洗体系。

4. 检测 农药残留量检测是微量或超微量分析，必须采用高灵敏度的检测仪器才能实现。由于农药品种多，化学结构和性质各异，待测组分复杂，有的还要检测其有毒代谢物、降解物、转化物等，尤其是近年来，高效农药品种不断出现，残留在农产品和环境中的量很低，国际上对农药最高残留限量要求越来越严格，对农药残留量检测技术提出了更高的要求。检测方法应具备简便、快速、灵敏度高的特点，根据检测目的、待测农药性质和样本的种类等，采用符合要求的方法。用于农药残留检测的方法有：分光光度计法、极谱法、原子吸收光谱法、薄层色谱法、气相色谱法、液相色谱法、生物测定法、同位素标记法、核磁共振波谱法、酶联免疫法、气相色谱-质谱联用法等。目前采用最普遍的方法是气相色谱法、液相色谱法和气相色谱-质谱连用法，它们具有简便、快速、灵敏以及稳定性和重现性好，线性范围宽、耗资低等优点。气相色谱法是采用气体作流动相的色谱法，用于农药残留量检测的检测器主要是电子捕获检测器（ECD）、火焰光度检测器（FPD）、氮磷检测器（NPD）。液相色谱法是以液体作为流动相的一种色谱法，可以分离检测极性强、分子量大及离子型农药，尤其对不易汽化或受热易分解的农药检测更能显示其突出优点。用于农药残留量检测的检测器主要是紫外吸收检测器（UV）、荧光检测器（FD）、二极管阵列检测器（DAD），其中紫外吸收检测器是目前应用最广泛的检测器，而荧光检测器是一种灵敏度高、选择性强的检测器，虽不如紫外吸收检测器应用广泛，但它具有比紫外吸收检测器灵敏度高1～2个数量级的优点，故也是较常用的检测器，二极管阵列检测器则是近年来发展起来的新型检测器，其应用正日趋广泛。

应用色谱法测定农药残留量时，先在样品中加入一定量的标准品，根据标准样品的保留时间对分析样品中的残留农药进行定性，即从色谱柱流出的样品各组分中，若某组分的保留时间与标准样品的保留时间一致，就认为该组分与标准样品相同。

根据内标峰面积，对残留农药进行相对定量。因为标准色谱峰为正态分布，每个正态曲线下的面积为样品中相应组分（包括残留农药）的质量，色谱仪可自动对每个正态曲线进行积分，也可手工计算。

（二）茶叶中不同农药残留量测定

1. 三氯杀螨醇、六六六及滴滴涕残留量测定

（1）提取　取茶叶样品100 g，用粉碎机粉碎，称取均匀样品5.00 g，置于125 mL具塞锥形瓶中，加20 mL石油醚，超声振荡30 min，过滤到50 mL刻度的离心管中，再用少量石油醚洗涤残渣，洗液并入离心管，用氮气挥吹浓缩定容至10.0 mL。

（2）净化　于上述提取液中加入1.0 mL浓硫酸，振摇数次后打开塞子放气，然后振摇1 min，经1 600 r/min离心15 min，用吸管将石油醚吸至KD浓缩器中，浓缩至1.0 mL供气相色谱测定。

（3）标准液的配制　取适量三氯杀螨醇标准储备液，用石油醚配制成1.0 μg/mL作为工作液，吸取该溶液5.0 mL于离心管中，加1.0 mL浓硫酸，振摇，放气，再振摇1 min，经1 600 r/min离心机离心15 min，将石油醚层移至另一干净试管中，再以不同浓度与六六六、滴滴涕混合配成标准系列，供气相色谱测定。

（4）检测　用气相色谱仪检测。色谱柱为DB-1弹性石英毛细管柱（30 m×0.25 mm），工作条件为柱温230 ℃，进样口温度280 ℃，检测器温度300 ℃，载气为氮气，压力150 kPa，流量40 mL/min，分流比为50∶1。根据标准峰面积对样品进行相对定量。

2. 菊酯类农药残留量测定（氯氰菊酯、溴氰菊酯、氰戊菊酯、甲氰菊酯、氯氟菊酯等）

(1) 提取　称取粉碎混匀的茶叶样品 10 g，放入具塞锥形瓶中，加入石油醚 40 mL，振荡 1 h，过滤，残渣用少量石油醚冲洗，收集全部滤液于 250 mL 分液漏斗中，加入 100 mL 20 g/L 氯化钠溶液。振荡，分出石油醚层，用 10 mL 石油醚再提取一次，所有石油醚均通过装有 15 g 无水硫酸钠的漏斗干燥，收集液经真空干燥器蒸发至数毫升后，用氮气吹至 1 mL 并进行净化。

(2) 净化　在玻璃层析柱底部垫少量脱脂棉，经乙酸乙酯、石油醚（体积比为 2∶98）混合液浸洗处理，再从下至上依次装入 2 cm（高度）无水硫酸钠、4 g 弗罗里硅土、0.02～0.03 g 层析活性炭粉和 2 cm（高度）无水硫酸钠，稍振荡使其充实。用 10 mL 乙酸乙酯、石油醚混合液预淋层析柱，弃去预淋液，把浓缩的提取液倒入柱中，用上述混合液 50 mL 淋洗，将淋洗液浓缩至 1 mL，待测。

(3) 标准液的配制　用甲苯分别将 5 种农药配制成 1 g/L 标准储备液储存于冰箱中。依据检测灵敏度，使用时用正己烷稀释成所需浓度的混合标准使用液。

(4) 检测　用气相色谱仪检测。色谱柱为 30 m×0.53 mm（内径）宽口径弹性石英毛细管柱，工作条件为柱温 230～280 ℃，程序升温速率 2 ℃/min，进样口温度 280 ℃，样品出口温度 300 ℃，柱前压 9.61×10^4 Pa，不分流进样，进样2.0 μL。结果计算采用外标法，峰面积定量。

3. 有机磷农药残留量测定（敌敌畏、甲胺磷、乙酰甲胺磷、甲拌磷、氧乐果、乙拌磷、异稻瘟净、乐果、皮蝇磷、毒死蜱、杀螟硫磷、对硫磷、水胺硫磷、杀扑磷、乙硫磷、三唑磷、芬硫磷、苯硫磷、亚胺硫磷、伏杀硫磷、吡嘧磷共 21 种）

(1) 提取　取代表性样品 500 g，用粉碎机粉碎并通过 2.0 mm 圆孔筛、混匀，均分成两份作为试样。提取时称取 0.5 g（精确至 0.001 g）试样于 10 mL 试管中，加入 1～1.5 mL 水，浸泡 10 min。加入无水硫酸钠使之饱和后，用 2×2 mL 乙酸乙酯提取两次，每次振荡 2 min，于 2 000 r/min 离心 3 min，收集上层有机相；残渣再用 2 mL 乙酸乙酯、正己烷（1∶1，体积比）提取，合并上层有机相，待净化。

(2) 净化　在活性炭固相萃取柱上端装入 1 cm 高无水硫酸钠，用乙酸乙酯 4 mL 预淋洗小柱，弃去流出液，然后将提取液全部倾入柱中，再分别用 4 mL 乙酸乙酯和 2 mL 乙酸乙酯、正己烷（1∶1，体积比）洗脱，收集全部流出液于 5 mL 具塞刻度离心管中，于 40 ℃下用氮气流吹至 0.50 mL，供气相色谱分析。

(3) 标准液的配制　准确称取适量的单个有机磷农药标准品，用丙酮配成 100 μg/mL 的储备液，使用时根据需要用乙酸乙酯稀释成适当浓度的混合标准工作液。

(4) 检测　用气相色谱仪检测。色谱柱为 EQUITY－1701 石英毛细管柱，30 m×0.53 mm（内径）×1.0 μm，工作条件为柱温 240 ℃，程序升温速率 2 ℃/min，进样口温度 250 ℃，检测器温度 250 ℃，载气为氮气，纯度大于等于 99.99%，流量 5.0 mL/min，氢气 75 mL/min，空气 100 mL/min，尾吹气 20 mL/min，进样方式为无分流进样，1.0 min 后开阀，进样量 2.0 μL。结果计算采用外标法，峰面积定量。

4. 有机氯农药残留量测定 [六六六的 4 种异构体（α－BHC、β－BHC、γ－BHC、δ－BHC）、滴滴涕的 4 种异构体（p，p′－DDE、O，p′－DDT、p，p′－DDD、p，p′－DDT）、六氯苯、五氯硝基苯、七氯、环氧七氯、艾氏剂、狄氏剂、异狄氏剂、硫丹、八氯二丙醚等]

（1）提取　将 100 g 茶叶样品磨碎成粉，置于离心管中，加入 1 g 氯化钠和 3 mL 水，用旋涡混合仪高速振荡 3 min，再加入 3 mL 正己烷、丙酮（体积比2：1）混合液，振荡提取 3 min，离心，将上层提取液移至另一离心管中，残渣反复提取两次，合并提取液，于 40 ℃水浴中吹入氮气使其浓缩至 1～2 mL。

（2）净化　在弗罗里硅土固相萃取小柱中填装 1 cm 高的无水硫酸钠，并用 2 mL 丙酮淋洗 3 次。然后将提取液倾入弗罗里硅土柱中，弃去流出液，再用 10 mL 正己烷、乙酸乙酯（体积比 9：1）混合液进行洗脱。收集洗脱液，于 40 ℃水浴中吹氮浓缩至干，用正己烷溶解并定容至 1.0 mL，供气相色谱-质谱分析。

（3）检测　用气相色谱-质谱连用仪检测。

GC 条件：进样口温度 250 ℃，不分流进样，柱温采用程序升温。升温程序如下：初始温度 50 ℃，保持 1 min 后，以 25 ℃/min 的升温速率升至 100 ℃并保持 3 min，再以 10 ℃/min 的升温速率升至 200 ℃，然后以 3 ℃/min 的升温速率升至 280 ℃，最后以 20 ℃/min 的升温速率升至 320 ℃并保持 1 min。传输线温度300 ℃，载气为氦气，总流量 1.5 mL/min。

MS 条件：电子轰击（EI）电离模式，电离能 70 eV；检测器温度 230 ℃；溶剂延迟 5.0 min；质量范围 50～400u。

复习思考题

1. 茶园病虫害调查与统计包括哪些主要内容和具体方法？
2. 茶园病虫害的发生为什么要进行预测预报？
3. 茶园病虫害预测预报有哪些主要方法和技术？
4. 茶园病虫及天敌标本的采集、制作、保存要注意哪些问题？
5. 如何进行病原菌的分离培养与茶树病害诊断？
6. 农药药效试验有哪些内容和方法？
7. 如何进行茶叶农药残留量检测和分析？

主要参考文献

包强，黄飞毅，黄安平，等，2015. 松毛虫赤眼蜂对茶尺蠖田间控制作用的初步研究 [J]. 茶叶通讯，42 (2)：35-38.

边磊，罗宗秀，孟召娜，等，2018. 全国主产茶区茶树小绿叶蝉种类鉴定及分析 [J]. 应用昆虫学报，55 (3)：514-526.

边磊，吕闰强，邵胜荣，等，2018. 茶天牛食物源引诱剂的筛选与应用技术研究 [J]. 茶叶科学，38 (1)：94-101.

边文波，2012. 十九种植物精油对茶丽纹象甲的生物活性及茶树多酚氧化酶基因的克隆 [D]. 南京：南京农业大学.

边文波，王国昌，龚一飞，等，2012. 十九种植物精油对茶丽纹象甲成虫的驱避和拒食活性 [J]. 应用昆虫学报，49 (2)：496-502.

蔡晓明，2016. 茶小绿叶蝉与植物间化学通讯物质的鉴定与田间功能验证 [D]. 杭州：中国农业科学院茶叶研究所.

陈菊红，米倩倩，詹海霞，等，2020. 茶翅蝽生长发育、繁殖及若虫各龄期形态特征研究 [J]. 应用昆虫学报，57 (2)：392-399.

陈向阳，唐鑫生，邹运鼎，等，2012. 茶小卷叶蛾幼虫空间格局及抽样技术 [J]. 安徽农业大学学报，39 (2)：252-256.

陈雪芬，金建中，孙椒德，等，1994. 韦伯虫座孢菌及其在防治黑刺粉虱上的应用 [J]. 中国茶叶 (2)：45.

陈银方，宋昌琪，刘林敏，等，2000. 中国茶园蜘蛛种类研究 [J]. 茶叶科学，20 (1)：59-66.

陈宗懋，2003. 茶树对轮斑病菌抗性的遗传分析 [J]. 中国茶叶，25 (3)：37.

陈宗懋，2003. 农药喷施对茶园生态系中捕食性天敌和寄生性天敌的影响 [J]. 中国茶叶，25 (5)：39.

陈宗懋，陈雪芬，1990. 茶树病害的诊断和防治 [M]. 上海：上海科学技术出版社.

陈宗懋，陈雪芬，2000. 新编无公害茶园农药使用手册 [M]. 北京：人民出版社.

陈宗懋，许宁，韩宝瑜，等，2003. 茶树-害虫-天敌间的化学信息联系 [J]. 茶叶科学，23 (B06)：38-45.

程永祥，石春华，叶小江，等，2018. 短稳杆菌防治茶尺蠖幼虫的试验效果 [J]. 茶叶，44 (3)：136-138.

戴轩，韩宝瑜，2009. 贵州省茶园蜘蛛区系分布特征 [J]. 生态学报，29 (5)：2356-2367.

邓欣，1994. 湖南省茶树苔藓植物种类调查与鉴定初报 [J]. 湖南农学院学报，20 (2)：132-137.

邓欣，刘红艳，谭济才，等，2006. 不同种植年限有机茶园土壤微生物群落组成及活性比较 [J]. 湖南农业大学学报，32 (1)：53-56.

邓欣，刘红艳，谭济才，等，2006. 有机茶园土壤微生物区系年度变化规律研究 [J]. 中国农学通报，22 (5)：389-392.

邓欣，谭济才，1992. 东山峰农场茶白星病发生规律研究 [J]. 湖南农学院学报，18 (增刊)：200-204.

邓欣，谭济才，2002. 生态控制茶园内害虫、天敌种类与数量的季节变化规律 [J]. 生态学报，

22 (7): 1166 - 1172.

邓欣，谭济才，胡加武，等，1991. 茶饼病在国营东山峰农场发生流行规律研究 [J]. 湖南农学院学报，17（增刊）：613 - 620.

丁坤明，瞿和平，唐诗，等，2018. 茶叶螨类害虫的发生与防治技术 [J]. 植物医生，31 (11): 60 - 62.

冯明祥，王佩圣，2002. 崂山茶区茶树病虫害记述 [J]. 中国茶叶，24 (2): 14 - 15.

冯添泉，林成业，2011. 性信息素诱虫板控制茶小绿叶蝉应用技术 [J]. 广东茶业 (6): 22.

付建玉，席羽，唐美君，等，2011. 茶毛虫核型多角体病毒不同分离株的毒力水平与遗传结构关系分析 [J]. 茶叶科学，31 (4): 289 - 294.

付雪莲，2017. 茶淡黄刺蛾生物学特性及在温度胁迫下抗氧化反应研究 [D]. 成都：四川农业大学.

付雪莲，李品武，盛忠雷，等，2016. 三种信息化合物对叶蝉及其优势天敌的生态效应 [J]. 应用昆虫学报，53 (3): 536 - 544.

高旭晖，郭胜好，1997. 茶赤叶斑病的发生规律 [J]. 植物保护学报，26 (2): 133 - 136.

高旭晖，胡淑霞，1990. 皖南丘陵地区茶芽枯病流行因素的研究 [J]. 中国茶叶 (1): 30 - 31.

高宇，陈宗懋，孙晓玲，2013. 茶丽纹象甲触角感器的扫描电镜观察 [J]. 植物保护，39 (3): 45 - 50.

葛超美，2016. 灰茶尺蠖的生物学特性及其体色遗传规律研究 [D]. 杭州：中国农业科学院茶叶研究所.

葛超美，孙钦玉，张家侠，等，2019. 灰茶尺蠖雌成虫生殖器形态特征与组织结构的研究 [J]. 茶叶科学，39 (1): 98 - 104.

郭华伟，唐美君，王志博，等，2019. 茶尺蠖和灰茶尺蠖幼虫及成虫的鉴别方法 [J]. 植物保护，45 (4): 172 - 175.

郭华伟，肖强，周孝贵，2020. 会“包粽子”的茶树害虫——茶细蛾 [J]. 中国茶叶，42 (7): 16 - 19，22.

韩宝瑜，陈宗懋，2001. 茶蚜在茶树不同部位上刺探行为的差异 [J]. 植物保护学报，28 (1): 7 - 11.

韩宝瑜，陈宗懋，张钟宁，2001. 异色瓢虫对蚜害茶梢挥发物和蚜虫利它素 EAG 和行为反应 [J]. 生态学报，21 (12): 2131 - 2135.

韩宝瑜，崔林，2003. 茶园黑刺粉虱自然种群生命表 [J]. 生态学报，23 (9): 1781 - 1790.

韩宝瑜，崔林，王成树，1996. 茶园瓢虫群落结构、动态及优势种生态位 [J]. 茶叶科学，16 (1): 77 - 78.

韩娟娟，李喜旺，刘丰静，等，2017. 茶丽纹象甲对茶树品种的取食选择及其诱导的 4 种萜烯类化合物 [J]. 茶叶科学，37 (2): 220 - 227.

韩善捷，叶火香，李金珠，等，2016. 茶树信息物质强化黑刺粉虱趋色效应的田间检测 [J]. 植物保护学报，43 (2): 275 - 280.

侯柏华，谭济才，张润杰，2004. 茶园害虫生态控制若干问题的探讨 [J]. 生态科学，23 (3): 261 - 265.

侯茜，2015. 茶细蛾雕绒茧蜂的交配与寄主搜索行为研究 [D]. 杨陵：西北农林科技大学.

侯茜，李鑫，于建光，等，2015. 茶细蛾雕绒茧蜂的交配行为研究 [J]. 西北农林科技大学学报（自然科学版），43 (11): 113 - 117.

胡拥军，余云水，2000. 赣北地区茶园蜘蛛种类调查研究初报 [J]. 茶叶科学，20 (1): 74 - 76.

扈克明，王佳芳，谢太华，等，2003. 不同茶树品种间小绿叶蝉类群数量动态与抗虫性比较 [J]. 茶叶科学，23 (1): 57 - 60.

黄安平，2012. 茶树-茶刺蛾-棒须刺蛾寄蝇间化学通讯研究 [D]. 长沙：中南大学.

黄安平，包强，王沅江，等，2016. 茶刺蛾成虫的羽化昼夜节律 [J]. 茶叶通讯，43 (4): 28 - 30.

黄安平，李正文，肖蕾，等，2013. 茶刺蛾危害诱导茶树挥发物释放变化的研究［J］. 茶叶通讯，40（4）：6-9，28.
黄百芬，倪韵晨，徐小民，等，2020. QuEChERS-气相色谱-串联质谱-同位素内标法快速测定茶叶中氟虫腈及其代谢物残留量［J］. 食品科学，41（12）：312-317.
黄丽莉，阙海勇，车飞，2014. 茶园茶黄蓟马及其近似种的DNA条形码鉴定［J］. 植物检疫，28（6）：68-72.
黄晓琴，束怀瑞，张丽霞，等，2009. 冰核细菌在山东茶树上的分布规律及消长动态研究［J］. 茶叶科学，29（4）：289-294.
黄亚辉，张觉晚，张贻礼，等，1998. 茶树抗假眼小绿叶蝉的叶片解剖特征［J］. 茶叶科学，18（1）：35-38.
黄云霞，孟志娟，赵丽敏，等，2020. 快速滤过型净化结合气相色谱-串联质谱法同时检测茶叶中10种拟除虫菊酯农药残留［J］. 色谱，38（7）：798-804.
贾慧，王晟强，郑子成，等，2020. 植茶年限对土壤团聚体线虫群落结构的影响［J］. 生态学报，40（6）：2130-2140.
姜楠，王志博，殷坤山，等，2019. 一种茶树害虫新记录——蕾宙尺蛾［J］. 茶叶通讯，46（3）：302-306.
柯胜兵，周夏芝，毕守东，等，2011. 大别山区茶园鞘翅目主要害虫与其捕食性天敌的关系［J］. 应用昆虫学报，48（3）：695-700.
赖传雅，赖传碧，曾凡凯，等，2012. 茶扦插苗根腐性苗枯病菌茄镰孢霉专化型研究及相关问题的商榷［J］. 云南农业大学学报（自然科学），27（5）：665-669.
李萃邦，2017. 十种植物提取物对茶树叶部病原菌生物活性的研究［D］. 武汉：华中农业大学.
李登昆，刘祥萍，张云，等，2020. 气相色谱-三重四极杆质谱法结合 QuEChERs 前处理同时测定茶叶中三氯杀螨醇、溴虫腈、6种拟除虫菊酯类农药［J］. 环境与职业医学，37（8）：812-817.
李慧玲，王庆森，王定锋，等，2013. 茶黄蓟马在茶梢上的分布调查研究初报［J］. 茶叶科学技术（4）：35-36，41.
李慧玲，吴光远，张辉，等，2018. 3种冬季封园处理对次年春茶期两种主要害虫发生的影响［J］. 茶叶学报，59（2）：86-88.
李良德，李慧玲，王定锋，等，2018. 一株茶大灰象甲寄生真菌的分子鉴定及其毒力测定［J］. 茶叶科学，38（3）：313-318.
李良德，王定锋，李慧玲，等，2015. 茶尺蠖蜕皮激素受体基因 *Eo-EcR* 的克隆、生物信息学分析和表达检测［J］. 昆虫学报，2015，58（10）：1063-1071.
李密，何振，夏永刚，等，2013. 湖南主要油茶产区茶角胸叶甲的发生与防治［J］. 中国森林病虫，32（2）：32-35，43.
李品武，付雪莲，陈世春，等，2016. 温度胁迫对茶淡黄刺蛾四种保护酶活力和总抗氧化力的影响［J］. 应用昆虫学报，53（4）：809-816.
李齐，周红春，谭济才，等，2011 湖南省茶园鳞翅类害虫发生种类与为害情况［J］. 茶叶通讯，38（4）：7-10.
李荣林，李珍珍，杨亦扬，等，2013. 以诱导抗性为基础的茶树病虫害控制新技术［J］. 江苏农业科学，41（11）：145-147.
李尚，余燕，张书平，等，2019. 茶园害虫匮乏期天敌与蚊虫的空间关系［J］. 生态学报，39（12）：4400-4412.
李帅，杨春，杨文，等，2018. 茶扁叶蝉 *Chanohirata theae*（Matsumura）的生物学特性［J］. 植物保护，44（3）：156-162.
李廷轩，王晟强，俞琳飞，等，2018. 植茶品种对土壤动物群落结构的影响［J］. 生态学杂志，

37 (4): 1220 - 1226.

李喜旺，张瑾，辛肇军，等，2016. 烟碱对假眼小绿叶蝉和茶尺蠖的忌避（拒食）活性 [J]. 应用昆虫学报，53 (3): 528 - 535.

李先文，谭济才，柏晓勇，等，2008. 几种药剂对茶角胸叶甲的室内杀虫活性测定及田间药效试验 [J]. 现代农药，17 (3): 44 - 47.

李兆群，罗宗秀，苏亮，等，2018. 灰茶尺蠖性信息素田间应用技术研究 [J]. 茶叶科学，38 (2): 140 - 145.

李正英，姚永松，2011. 茶云纹叶枯病的发生与药剂防治试验 [J]. 茶叶科学技术 (2): 31 - 32.

林金丽，韩宝瑜，周孝贵，等，2009. 色彩对茶园昆虫的引诱力 [J]. 生态学报，29 (8): 4303 - 4316.

刘丰静，李慧玲，王定锋，等，2015. 茶丽纹象甲取食习性与防治指标研究 [J]. 茶叶学报，56 (1): 45 - 50.

刘桂华，杨大荣，1999. 茶茸毒蛾形态特征的研究 [J]. 云南农业大学学报，14 (2): 132 - 135.

刘红艳，周凌云，周琳，等，2018. 一种引起茶叶褐斑病的茶格孢腔菌病原鉴定 [J]. 茶叶通讯，45 (2): 39 - 41, 62.

刘建雄，李明，陶栋材，等，2013. 基于高光谱技术的茶尺蠖危害程度研究 [J]. 湖南农业大学学报（自然科学版），39 (3): 315 - 318.

路梅，叶美娟，凌丹燕，等，2012. 影响茶花炭疽病孢子萌发与附着胞形成的因子 [J]. 微生物学杂志，32 (6): 37 - 41.

吕召云，郅军锐，周玉锋，等，2015. 茶棍蓟马（*Dendrothrips minowai* Priesner）触角感器的扫描电镜观察 [J]. 茶叶科学，35 (2): 185 - 195.

潘铖，韩善捷，韩宝瑜，2015. 管理模式对 4 类茶园节肢动物群落时空格局和多样性影响 [J]. 茶叶科学，35 (4): 316 - 322.

潘铖，林金丽，韩宝瑜，2016. 茶梢信息物引诱叶蝉三棒缨小蜂效应的检测 [J]. 生态学报，36 (12): 3785 - 3795.

彭海娇，2015. 茶蚜降低茶树对茶尺蠖幼虫防御反应的研究 [D]. 长春：东北师范大学.

彭萍，李品武，侯渝嘉，等，2006. 不同生态茶园昆虫群落多样性研究 [J]. 植物保护，32 (4): 67 - 70.

秦道正，肖强，王玉春，等，2014. 危害陕西茶区茶树的小绿叶蝉种类订正及对我国茶树小绿叶蝉的再认识 [J]. 西北农林科技大学学报（自然科学版），42 (5): 124 - 134, 140.

任亚峰，赵晓珍，王勇，等，2018. 茶饼病病原—*Exobasidium vexans* 侵染茶树叶片过程的形态学观察 [J]. 中国农学通报，34 (5): 117 - 122.

上官明珠，2013. 茶树 miRNA 的分离鉴定及其与茶尺蠖取食诱导的差异表达特征研究 [D]. 合肥：安徽农业大学.

盛忠雷，2012. 性信息素对茶园主要鳞翅目害虫控制的研究 [D]. 重庆：西南大学.

盛忠雷，王晓庆，彭萍，等，2011. 茶毛虫和茶细蛾性诱剂的田间防控效果研究 [J]. 西南农业学报，24 (5): 1775 - 1778.

施龙清，林美珍，陈李林，等，2014. 福建主要茶区茶小绿叶蝉种名的存疑与鉴别 [J]. 福建农林大学学报（自然科学版），43 (5): 456 - 459.

石春华，2006. 茶园病虫害防治彩色图说 [M]. 北京：中国农业出版社.

宋星陈，文小东，王勇，等，2018. 茶轮斑病病原菌（*Pseudopestalotiopsis camelliae - sinensis*）生物学特性研究 [J]. 中国植保导刊，38 (10): 19 - 25.

孙威江，高峰，危赛明，等，2004. 茉莉花污染对花茶农药残留量的影响 [J]. 福建农林大学学报（自然科学版），33 (3): 285 - 287.

孙威江，叶秋萍，张孔禄，等，2007. 茶叶和茉莉花中八氯二丙醚的残留动态及降解 [J]. 福建农林大学学报（自然科学版），36（5）：546-549.
孙晓玲，陈宗懋，2009. 基于化学生态学构建茶园害虫无公害防治技术体系［J］. 茶叶科学，29（2）：136-143.
谭济才，1995. 湖南省茶园蜡蝉种类调查研究初报［J］. 茶叶科学，15（1）：33-37.
谭济才，邓欣，1996. 茶园病虫生态控制的原理和方法［C］//中国植物保护研究进展：第三次全国农作物植物病虫害综合防治学术讨论会论文集．北京：中国科学技术出版社：157-162.
谭济才，邓欣，2001. 湖南省茶园害虫群落演替趋势与防治对策［J］. 湖南农业大学学报，27（5）：370-373.
谭济才，邓欣，侯柏华，等，2003. 有机茶园病虫生态控制中农业技术的作用［C］//中国茶叶学会，台湾中兴大学．第三届海峡两岸茶业学术研讨会论文集．长沙．335-341.
谭济才，邓欣，袁哲明，等，1997. 南岳茶场害虫天敌群落结构及季节动态［J］. 植物保护学报，24（4）：341-346.
谭济才，邓欣，袁哲明，等，1998. 不同茶园昆虫、蜘蛛群落结构及排序聚类分析［J］. 生态学报，18（3）：305-320.
谭济才，邓欣，张汉鹄，等，1993. 茶树病虫害防治彩色图册［M］. 长沙：湖南科学技术出版社．
谭琳，谭济才，文国华，等，2008. 不同茶园土壤对八氯二丙醚降解的影响［J］. 农业环境科学学报，27（4）：1692-1696.
唐颢，唐劲驰，黎健龙，等，2012. 茶树不同轻修剪模式对假眼小绿叶蝉种群及茶叶产量、品质的影响［J］. 广东农业科学，39（14）：89-90，97.
唐美君，殷坤山，郭华伟，等，2012. 茶刺蛾核型多角体病毒大量增殖的最优条件［J］. 植物保护学报，39（5）：473-474.
唐美君，郭华伟，殷坤山，等，2014. 茶刺蛾的防治适期与防治指标［J］. 植物保护，40（3）：183-186.
唐美君，郭华伟，殷坤山，2015. 茶刺蛾幼虫的发育起点温度和有效积温［J］. 植物保护，41（2）：139-141.
唐美君，郭华伟，殷坤山，等，2016. 茶网蝽卵的形态及其分布［J］. 中国茶叶，38（4）：22-23.
唐美君，郭华伟，殷坤山，等，2017. 茶树新害虫湘黄卷蛾的初步研究［J］. 植物保护，43（2）：188-191.
唐美君，王志博，郭华伟，等，2017. 介绍一种茶树新害虫——黄胫侎缘蝽［J］. 中国茶叶，39（11）：10-11.
田耀辉，张培芳，侯树银，等，2007. 甘肃茶区主要病虫害发生规律及防治技术［J］. 中国茶叶（2）：22-24.
汪荣灶，方仁香，2015. 茶窗蛾生活史及习性研究［J］. 广东茶业（3）：33-35.
王琛，2014. 茶黄蓟马嗜好颜色和敏感光源的筛选及利用研究［D］. 海口：海南大学．
王定锋，黎健龙，李慧玲，等，2015. 茶丽纹象甲白僵菌广东分离株的鉴定及生物学特性研究［J］. 茶叶科学，35（5）：449-457.
王定锋，李良德，黎健龙，等，2017. 茶角胸叶甲高毒力球孢白僵菌菌株的筛选［J］. 茶叶科学，37（3）：229-236.
王定锋，杨广，王庆森，等，2014. 两株棒束孢菌的鉴定及其对茶卷叶蛾和茶小卷叶蛾的致病力［J］. 植物保护学报，41（5）：531-539.
王瑾，戚丽，张正竹，2011. 真菌侵染引发的茶树内源糖苷酶基因差异表达［J］. 植物学报，46（5）：552-559.
王敏鑫，邵元海，徐德良，2013. 茶跗线螨空间分布型及理论抽样技术研究［J］. 茶叶，39（1）：8-11.

王晓庆，郭萧，盛忠雷，等，2012. 茶细蛾成虫生物学特性及其种群动态研究 [J]. 西南农业学报，25 (2)：534-536.
王晓庆，彭萍，杨柳霞，等，2014. 茶黑毒蛾的发生规律与预测预报 [J]. 环境昆虫学报，36 (4)：555-560.
王晓庆，冉烈，彭萍，等，2014. 炭疽病胁迫下的茶树叶片高光谱特征分析 [J]. 植物保护，40 (6)：13-17.
王瑶，慕卫，张丽霞，等，2017. 杀虫剂对茶园 3 种常见刺吸式口器害虫的室内毒力评价 [J]. 茶叶科学，37 (4)：392-398.
王友平，李儒海，毛迎新，等，2015. 不同修剪模式对有机茶园节肢动物群落多样性的影响 [J]. 茶叶学报，56 (3)：179-183.
王政，孟倩倩，刘爱勤，等，2017. 茶角盲蝽触角和前足感器的扫描电镜观察 [J]. 热带作物学报，38 (11)：2165-2170.
吴平昌，马良才，张敏，2012. 茶网蝽虫口密度调查方法和为害程度的分级 [J]. 茶业通报，34 (3)：141-143.
席羽，2011. 茶尺蠖地理种群对茶尺蠖核型多角体病毒的敏感性差异及遗传变异研究 [D]. 杭州：中国农业科学院茶叶研究所.
席羽，殷坤山，唐美君，等，2014. 浙江茶尺蠖地理种群已分化成为不同种 [J]. 昆虫学报，57 (9)：1117-1122.
肖能文，谭济才，侯柏华，等，2004. 湖南省茶树害虫地理区划分析 [J]. 动物分类学报，29 (1)：17-26.
肖强，2006. 茶树病虫无公害防治技术 [M]. 北京：中国农业出版社.
肖强，2019. 茶园害虫“双胞胎”——茶尺蠖和灰茶尺蠖的识别 [J]. 中国茶叶，41 (11)：11-12.
肖强，周孝贵，2019. 钻在袋子里的茶园害虫——茶蓑蛾和茶褐蓑蛾 [J]. 中国茶叶，41 (8)：12-13，23.
肖强，周孝贵，2020. 茶树食叶害虫——茶黑毒蛾 [J]. 中国茶叶，42 (4)：13-15.
邢树文，朱慧，马瑞君，等，2017. 不同生境条件与管理方式对茶园蜘蛛群落结构及多样性的影响 [J]. 生态学报，37 (12)：4236-4246.
许丽艳，2013. 茶园间作不同绿肥对假眼小绿叶蝉和主要茶虫天敌的影响 [D]. 福州：福建农林大学.
许宁，陈雪芬，陈华才，等，1996. 茶树品种抗茶橙瘿螨的形态与生化特征 [J]. 茶叶科学，16 (2)：125-130.
许宁，陈宗懋，游小清，1998. 三级营养关系中茶树间接防御茶尺蠖危害的生化机制 [J]. 茶叶科学，18 (1)：16.
杨道伟，刘奇志，李星月，等，2011. 茶天牛幼虫危害程度与茶丛距诱虫灯及路边距离的关系 [J]. 浙江农业学报，23 (1)：97-100.
杨林，郭骅，毕守东，等，2012. 合肥秋冬季茶园天敌对假眼小绿叶蝉和茶蚜的空间跟随关系 [J]. 生态学报，32 (13)：4215-4227.
杨智斌，张晓明，赵子华，等，2020. 茶园不同显花植物访花昆虫群落组成及优势种活动规律 [J]. 生态学杂志，39 (7)：2364-2373.
姚雍静，牟春林，赵志清，等，2011. 施用沼液对茶饼病和炭疽病田间发生的影响 [J]. 中国茶叶，33 (6)：14-15.
叶恭银，胡萃，1994. 茶尺蠖感染核型多角体病毒后病死时间分布的数学模拟 [J]. 生态学报，14 (2)：196-200.
叶恭银，胡萃，朱俊庆，等，1994. 茶尺蠖核型多角体病毒对宿主种群的控制作用 [J]. 植物保护学报，21（3）：231-237.
殷坤山，唐美君，肖强，2011. 茶毛虫不同地理种群幼虫期龄数与历期的差异性［J］. 中国茶叶，33（3）：14，16.
殷坤山，唐美君，熊兴平，等，2003. 茶橙瘿螨种群生态的研究［J］. 茶叶科学，23（增刊）：53-57.
余玉庚，2015. 茶尺蠖和灰茶尺蠖体内 EoNPV 增殖动态及 Hemolin 基因克隆与表达分析［D］. 中国农业科学院.
俞素琴，王林志，万玲，等，2012. 有机茶园黑足角胸叶甲的防控措施［J］. 贵州茶叶，40（2）：21-22.
喻盛甫，1985. 云南茶树桑寄生科植物病害的研究［J］. 茶叶科学（1）：45-50.
张春花，单治国，魏朝霞，等，2012. 茶饼病菌侵染对茶树挥发性物质的影响［J］. 茶叶科学，32（4）：331-340.
张春艳，谭济才，谭琳，2005. 我国茶树昆虫化学生态学的研究与应用概述［J］. 湖南农业大学学报，31（2）：105-109.
张从从，2015. 茶毛虫性信息素的全合成探索研究［D］. 杨陵：西北农林科技大学.
张桂华，2014. 茶尺蠖两个地理种群遗传杂交与生殖干扰研究［D］. 杭州：中国农业科学院茶叶研究所.
张汉鹄，韩宝瑜，1999. 中国茶树昆虫区系及其区域性发生［J］. 茶叶科学，19（2）：81-86.
张汉鹄，谭济才，2004. 中国茶树害虫及其无公害治理［M］. 合肥：安徽科学技术出版社.
张家侠，孙钦玉，赵强，等，2015. 茶尺蠖雄成虫生殖系统形态学与组织学观察［J］. 茶叶科学，35（6）：527-533.
张贱根，毛平生，2012. 不同茶树品种茶赤星病发生情况初步调查［J］. 中国茶叶，34（9）：14-15.
张金钰，李鑫，姜超，等，2011. 温度与营养对丝角姬小蜂及茶细蛾绒茧蜂发育和寿命的影响［J］. 西北农林科技大学学报（自然科学版），39（6）：153-158.
张觉晚，王沅江，1994. 合理用药生态控制茶小绿叶蝉主要措施与评价［J］. 生态学杂志，13（5）：13-17.
张亮，袁争，朱蔚，等，2012. 4 种植物提取物对茶炭疽病菌的体外抑制作用［J］. 植物保护，38（4）：137-140.
张叶大，王迅磊，2013. 两种喷雾方法对茶棍蓟马防治效果的研究［J］. 茶叶，39（1）：15-16.
张正群，2013. 非生境植物挥发物对茶树害虫的行为调控功能［D］. 杭州：中国农业科学院茶叶研究所.
赵冬香，陈宗懋，程家安，2002. 茶树-假眼小绿叶蝉-白斑猎蛛间化学通讯物的分离与活性鉴定［J］. 茶叶科学，22（2）：109-114.
赵晓珍，2017. 茶叶重大病害病原鉴定及药物筛选［D］. 贵阳：贵州大学.
周红春，2011. 湖南茶园鳞翅类害虫物种组成及标本信息化［D］. 长沙：湖南农业大学.
周慧平，陈艺欢，肖铁光，等，2013. 油茶茶枝镰蛾部分生物学特性观察及防治［J］. 作物研究，27（4）：365-366.
周建宏，刘君昂，邓小军，等，2011. 植物提取物对油茶主要病害的抑菌作用［J］. 中南林业科技大学学报，31（4）：42-45.
周玲玲，2018. 来源于茶拟盘多毛孢的一个新金色病毒的鉴定及生物学特性的研究［D］. 武汉：华中农业大学.
周凌云，秦国杰，吴华清，等，2014. 茶白星病发生规律及防控模式的研究［J］. 茶叶通讯，41（1）：18-20.
周铁锋，石春华，余秋珠，等，2011. 常用封园药剂对茶橙瘿螨和假眼小绿叶蝉防治效果试验初报［J］. 茶叶，37（1）：11-13.

周铁锋，叶恭银，余秋珠，等，2011. 茶园冬季封园对茶橙瘿螨和假眼小绿叶蝉控害效果评价 [J]. 浙江农业科学（4）：892-894.

周夏芝，毕守东，黄勃，等，2013. 茶园主要天敌对 4 种害虫的空间跟随关系 [J]. 华南农业大学学报，34（4）：489-498.

周叶鸣，邹晓，瞿娇娇，等，2016. 一种寄生茶小绿叶蝉蜡蚧菌的鉴定及产孢条件优化 [J]. 微生物学通报，43（5）：935-941.

朱涛，杨会敏，卢东升，2009. 茶树轮斑病病原菌毒素生物测定方法研究 [J]. 安徽农业科学，37（5）：1991-1994.

朱蔚，2013. 柑橘皮乙醇提取物的分离鉴定及其对茶云纹叶枯病病原菌的抑制作用 [D]. 合肥：安徽农业大学.

邹华娇，王美珍，2012. 喹螨醚悬浮剂防治茶红蜘蛛药效试验 [J]. 农药科学与管理，33（8）：49-51.

Antony B, Sinu P A, Das S, 2011. New record of nucleopolyhedroviruses in tea looper caterpillars in India [J]. Journal of Invertebrate Pathology, 108 (1): 63-67.

Cernava T, Chen X Y L, Krug L, et al, 2019. The tea leaf microbiome shows specific responses to chemical pesticides and biocontrol applications [J]. Science of the Total Environment, 667: 33-40.

Chen L L, You M S, Chen S B, 2011. Effects of cover crops on spider communities in tea plantations [J]. Biological Control, 59 (3): 326-335.

Elango V, Manjukarunambika K, Ponmurugan P, et al, 2015. Evaluation of *Streptomyces* spp. for effective management of *Poria hypolateritia* causing red root-rot disease in tea plants [J]. Biological Control, 89: 75-83.

Feng M G, Pu X Y, Ying S H, et al, 2004. Field trials of an oil-based emulsifiable formulation of *Beauveria bassiana* conidia and low application rates of imidacloprid for control of false-eye leafhopper *Empoasca vitis* on tea in southern China [J]. Crop Protection, 23 (6): 489-496.

Gnanamangai B M, Ponmurugan P, 2012. Evaluation of various fungicides and microbial based biocontrol agents against bird's eye spot disease of tea plants [J]. Crop Protection, 32: 111-118.

Han B Y, Han B H, 2007. EAG and behavioral responses of the wingless tea aphid *Toxoptera aurantii* (Homoptera: Aphididae) to tea plant volatiles [J]. Acta Ecologica Sinica, 27 (11): 4485-4490.

Han B Y, Zhou C S, 2007. Rhythm of honeydew excretion by the tea aphid and its attraction to various natural enemies [J]. Acta Ecologica Sinica, 27 (9): 3637-3643.

Hazarika L K, Bhuyan M, Hazarika B N, 2009. Insect pests of tea and their management [J]. Annual Review of Entomology, 54 (1): 267-284.

Ishii T, Takatsuka J, Nakai M, et al, 2002. Growth characteristics and competitive abilities of a nucleopolyhedrovirus and an entomopoxvirus in Larvae of the smaller tea tortrix, *Adoxophyes honmai* (Lepidoptera: Tortricidae) [J]. Biological Control, 23 (1): 96-105.

Jin S, Chen Z M, Backus E A, et al, 2012. Characterization of EPG waveforms for the tea green leafhopper, *Empoasca vitis* Göthe (Hemiptera: Cicadellidae), on tea plants and their correlation with stylet activities. [J]. Journal of Insect Physiology, 58 (9): 1235-1244.

Lee E S, Shin K S, Kim M S, et al, 2006. The mitochondrial genome of the smaller tea tortrix *Adoxophyes honmai* (Lepidoptera: Tortricidae). [J]. Gene, 373: 52-57.

Liang L Y, Liu L F, Yu X P, et al, 2012. Evaluation of the resistance of different tea cultivars to tea aphids by EPG technique [J]. Journal of Integrative Agriculture, 11 (12): 2028-2034.

Ma T, Wang H F, Liang S P, et al, 2019. Effects of soil - treatment with fungal biopesticides on pupation behaviors, emergence success and fitness of tea geometrid, *Ectropis grisescens* (Lepidoptera: Geometridae) [J]. Journal of Asia - Pacific Entomology, 22 (1): 208 - 214.

Ma X C, Shang J Y, Yang Z N, et al, 2007. Genome sequence and organization of a nucleopolyhedrovirus that infects the tea looper caterpillar, *Ectropis obliqua* [J]. Virology, 360 (1): 235 - 246.

Miao J, Han B Y, 2007. Probing behavior of the tea green leafhopper on different tea plant cultivars [J]. Acta Ecologica Sinica, 27 (10): 3973 - 3982.

Morang P, Devi S P, Jha D K, et al, 2018. Tea root brown - rot fungus disease reduction and yield recovery with rhizobacteria inoculation in both nursery and field trials [J]. Rhizosphere (6): 89 - 97.

Mukhopadhyay A, De D, 2009. Pathogenecity of a baculovirus isolated from *Arctornis submarginata* (Walker) (Lepidoptera: Lymantriidae), a potential pest of tea growing in the Darjeeling foothills of India [J]. Journal of Invertebrate Pathology, 100 (1): 57 - 60.

Nakai M, Goto C, Kang W K, et al, 2003. Genome sequence and organization of a nucleopolyhedrovirus isolated from the smaller tea tortrix, *Adoxophyes honmai* [J]. Virology, 316 (1): 171 - 183.

Pallavi R V, Nepolean P, Balamurugan A, et al, 2012. In vitro studies of biocontrol agents and fungicides tolerance against grey blight disease in tea [J]. Asian Pacific Journal of Tropical Biomedicine, 2 (1 - supp): S435 - S438.

Perumalsamy K, Selvasundaram R, Roobakkumar A, et al, 2009. Life table and predation of *Oligota pygmaea* (Coleoptera: Staphylinidae) a major predator of the red spider mite, *Oligonychus coffeae* (Acarina: Tetranychidae) infesting tea. Biological Control, 51 (1): 96 - 101.

Pu X Y, Feng M G, Shi C H, 2005. Impact of three application methods on the field efficacy of a *Beauveria bassiana* - based mycoinsecticide against the false - eye leafhopper, *Empoasca vitis* (Homoptera: Cicadellidae) in the tea canopy [J]. Crop Protection, 24 (2): 167 - 175.

Rabha A J, Naglot A, Sharma G D, et al, 2016. Morphological and molecular diversity of endophytic *Colletotrichum gloeosporioides* from tea plant, *Camellia sinensis* (L.) O. Kuntze of Assam, India [J]. Journal of Genetic Engineering & Biotechnology, 14 (1): 181 - 187.

Sanjay R, Ponmurugan P, Baby U I, 2008. Evaluation of fungicides and biocontrol agents against grey blight disease of tea in the field [J]. Crop Protection, 27: 689 - 694.

Saravanakumar D, Vijayakumar C, Kumar N, et al, 2007. PGPR - induced defense responses in the tea plant against blister blight disease [J]. Crop Protection, 26 (4): 556 - 565.

Singh S, Pandey A, Palni L M S, 2009. Screening of arbuscular mycorrhizal fungal consortia developed from the rhizospheres of natural and cultivated tea plants for growth promotion in tea [*Camellia sinensis* (L.) O. Kuntze] [J]. Pedobiologia, 52 (2): 119 - 125.

Sinniah G D, Wasantha Kumara K L, Karunajeewa D G N P, et al, 2016. Development of an assessment key and techniques for field screening of tea (*Camellia sinensis* L.) cultivars for resistance to blister blight [J]. Crop Protection, 79: 143 - 149.

Sun Y Y, Jiang Z H, Zhang L P, et al, 2019. SLIC _ SVM based leaf diseases saliency map extraction of tea plant [J]. Computers and Electronics in Agriculture, 157: 102 - 109.

Takahashi M, Nakai M, Nakanishi K, et al, 2008. Genetic and biological comparisons of four nucleopolyhedrovirus isolates that are infectious to *Adoxophyes honmai* (Lepidoptera: Tortricidae) [J]. Biological Control, 46 (3): 542 - 546.

Wang S Q, Li T X, Zheng Z C, 2018. Response of soil aggregate - associated microbial and nematode communities to tea plantation age [J]. Catena，171：475-484.

Wang S Q，Li T X，Zheng Z C，et al，2019. Soil aggregate-associated bacterial metabolic activity and community structure in different aged tea plantations [J]. Science of The Total Environment，654：1023-1032.

Yang H M，Xie S X，Wang L，et al，2011. Identification of up-regulated genes in tea leaves under mild infestation of green leafhopper [J]. Scientia Horticulturae，130 (2)：476-481.

Ye G Y，Xiao Q，Chen M，et al，2014. Tea：Biological control of insect and mite pests in China [J]. Biological Control，68：73-91.

图书在版编目（CIP）数据

茶树病虫防治学 / 谭琳，谭济才主编. —3 版. —北京：中国农业出版社，2021.8（2024.1 重印）
普通高等教育“十一五”国家级规划教材　普通高等教育农业农村部“十三五”规划教材
ISBN 978-7-109-28538-5

Ⅰ.①茶…　Ⅱ.①谭… ②谭…　Ⅲ.①茶叶—病虫害防治—高等学校—教材　Ⅳ.①S435.711

中国版本图书馆 CIP 数据核字（2021）第 142708 号

茶树病虫防治学

CHASHU BINGCHONG FANGZHIXUE

中国农业出版社出版

地址：北京市朝阳区麦子店街 18 号楼
邮编：100125
责任编辑：戴碧霞
版式设计：杜　然　　责任校对：赵　硕
印刷：北京通州皇家印刷厂
版次：2002 年 6 月第 1 版　　2021 年 8 月第 3 版
印次：2024 年 1 月第 3 版北京第 3 次印刷
发行：新华书店北京发行所
开本：787mm×1092mm　1/16
印张：19
字数：415 千字
定价：42.00 元
